Schröder – Uchtmann

Einführung in die Mathematik

Herausgegeben von
HEINZ SCHRÖDER

für allgemeinbildende Schulen

9. Schuljahr

Walter Hänke
Karl-Heinz Mauß
Günther Schneider
Rudi Wölz

Verlag Moritz Diesterweg
Frankfurt am Main · Berlin · München

Einführung in die Mathematik
für allgemeinbildende Schulen

Begründet von:
Dipl.-Math. Heinz Schröder, Hannover, Dr. Hermann Uchtmann, Bremen

Mitarbeiter:
Ralf Dieter Beinhoff, Prof. Dr. Hans-Günther Bigalke, Wolf-Dieter Burghardt, Eckart Dzick, Ernst Eickmann, Jürgen Hammer, Dipl.-Math. Walter Hänke, Frank Heutger, Dr. Hermann Kittler, Theodor Klinker, Jürgen Lachner, Karl-Heinz Mauß, Klaus Schmidt, Dipl.-Math. Heinz Schröder, Günther Schneider, Hellmuth Spiess, Gerhard Tischel, Dr. Hermann Uchtmann, Gerhard Unterberg, Dipl.-Math. Dr. Horst Wedell, Rudi Wölz, Jürgen Wulftange

Genehmigt für den Gebrauch in Schulen.
Genehmigungsdaten teilt der Verlag auf Anfrage mit.

ISBN 3-425-07085-1

1. Auflage

© 1976 Verlag Moritz Diesterweg GmbH & Co., Frankfurt am Main.
Alle Rechte vorbehalten. Die Vervielfältigung auch einzelner Teile, Texte oder Bilder – mit Ausnahme der in §§ 53, 54 URG ausdrücklich genannten Sonderfälle – gestattet das Urheberrecht nur, wenn sie mit dem Verlag vorher vereinbart wurde.

Umschlaggestaltung: Hetty Krist-Schulz, Frankfurt am Main
Zeichnungen: Gottfried Wustmann, Mötzingen
Gesamtherstellung: Oscar Brandstetter Druckerei KG, Wiesbaden

INHALT

1. Bruchgleichungen und Bruchungleichungen mit einer Variablen . 1   **ALGEBRA**
   1.1. Was sind Bruchgleichungen und Bruchungleichungen? 1
   1.2. Das Rechnen mit Bruchtermen 8
   1.2.1. Erweitern und Kürzen 8
   1.2.2. Dividieren ganzrationaler Terme 15
   1.2.3. Multiplikation von Bruchtermen 21
   1.2.4. Division von Bruchtermen 26
   1.2.5. Addition und Subtraktion von Bruchtermen 29
   1.3. Bruchgleichungen 35
   1.4. Bruchungleichungen 38
   1.5. Bruchgleichungen mit Formvariablen 42
   1.6. Anwendungsaufgaben 45
   1.6.1. Zahlenrätsel 45
   1.6.2. Altersbestimmungen 47
   1.6.3. Verteilungsaufgaben 48
   1.6.4. Mischungsaufgaben 50
   1.6.5. Aufgaben aus der Geometrie 51
   1.6.6. Arbeit und Leistung 52

2. Systeme linearer Gleichungen und Ungleichungen 55
   2.1. Systeme von zwei Gleichungen mit zwei Variablen 55
   2.1.1. Graphische Lösungsmethoden 55
   2.1.2. Rechnerische Lösungsmethoden 59
   2.2. Systeme mit drei und mehr Variablen 71
   2.3. Ungleichungssysteme mit zwei Variablen 74
   2.3.1. Graphen von Ungleichungssystemen 74
   2.3.2. Lineares Optimieren 77
   2.4. Systeme mit Formvariablen 84

3. Von den rationalen zu den reellen Zahlen 92
   3.1. Die Gleichungen $x^2 = 2$ und $x^3 = 2$ 92
   3.2. Lösbarkeit der Gleichungen $x^2 = a$ und $x^3 = a$ in der Menge der rationalen Zahlen 96
   3.3. Lücken auf der Zahlengeraden 99
   3.4. Die reellen Zahlen 107
   3.5. Termumformungen mit Quadratwurzeln 116
   3.6. Quadrate, Quadratwurzeln und ihre Näherungszahlen . . . 124
   3.7. Kubikzahlen, Kubikwurzeln und ihre Näherungszahlen . . . 130

4. Der Satz des Pythagoras 133   **GEOMETRIE**
   4.1. Die Flächensätze am rechtwinkligen Dreieck 133
   4.2. Flächenverwandlung durch Scherung 136
   4.3. Das Messen von Streckenlängen und Flächeninhalten . . . 140
   4.4. Die Berechnung von Seitenlängen in einfachen Figuren . . . 142

4.5.	Die Umkehrung des pythagoreischen Satzes	144
4.6.	Der geometrische Ort	148

5. Figuren und Körper im Raum 150
   5.1. Prismen und Pyramiden 150
   5.2. Winkel zwischen Geraden und Ebenen im Raum 152
   5.3. Die fünf regelmäßigen Körper 156

6. Vektoren 158
   6.1. Erweiterung des Vektorbegriffs 158
   6.2. Die Gruppe der Vektoren in bezug auf die Addition 160
   6.3. Die Multiplikation eines Vektors mit einer reellen Zahl . . 164
   6.4. Komplanare Vektoren 166
   6.5. Darstellung eines Vektors durch Basisvektoren 169
   6.6. Das Distributivgesetz für die Multiplikation einer Vektorsumme mit einer Zahl 173
   6.7. Anwendungen der Vektorrechnung 176
   6.7.1. Beweise von einfachen geometrischen Sätzen 176
   6.7.2. Vektoren in der Physik 179
   6.7.3. Lösung von Gleichungssystemen mit Hilfe von Vektoren . 182

7. Die Strahlensätze 188
   7.1. Die Herleitung der Strahlensätze 188
   7.2. Umkehrungen der Strahlensätze 192
   7.3. Projektionen in der Ebene 195

8. Ähnlichkeitsabbildungen 198
   8.1. Zentrische Streckungen 198
   8.2. Die Verkettung zentrischer Streckungen mit demselben Zentrum 202
   8.3. Zentrisch ähnliche Figuren 203
   8.4. Der Satz des Desargues 206
   8.5. Die Verkettung beliebiger zentrischer Streckungen und Schiebungen 209
   8.5.1. Die Verkettung von Schiebungen mit zentrischen Streckungen 209
   8.5.2. Die Abbildungsgruppe aller zentrischen Streckungen und Schiebungen in einer Ebene 210
   8.6. Die zentrische Ähnlichkeit zweier Kreise 212
   8.7. Ähnliche Dreiecke 215
   8.8. Ähnlichkeitsbeziehungen am Kreis 218
   8.9. Besondere Eigenschaften ähnlicher Figuren 221
   8.10. Die gleichsinnigen Ähnlichkeitsabbildungen 223
   8.11. Die ungleichsinnigen Ähnlichkeitsabbildungen 226
   8.12. Die Gruppe der Ähnlichkeitsabbildungen 229
   8.13. Die zentrische Streckung im Raum 230

9. Von den Anfängen der Geometrie 232

10. Quadratische Aussageformen. . . . . 235 **ALGEBRA**

    10.1.   Die Funktion $x \to x^2$; $x \in \mathbb{R}$ und graphisches Lösen von quadratischen Gleichungen 235
    10.2.   Graphische Lösungsmethode für quadratische Ungleichungen 241
    10.3.   Lösen von quadratischen Gleichungen durch Rechnung . . . 242
    10.3.1. Reinquadratische Gleichungen 242
    10.3.2. Gemischtquadratische Gleichungen 246
    10.3.3. Quadratische Gleichungen mit Formvariablen 252
    10.3.4. Der Vietasche Wurzelsatz für quadratische Gleichungen . . . 255
    10.4.   Quadratische Funktionen $x \to x^2 + px + q$
             und $x \to -x^2 + px + q$ 260
    10.5.   Einfache Extremalaufgaben 265

    Quadratzahltafel 268

    Kubikzahltafel 270

    Sachwortverzeichnis 272

    Tafel der Gesetze 274

MATHEMATISCHE ZEICHEN UND ABKÜRZUNGEN:

$\mathbb{A}, \mathbb{B}, \mathbb{C}, \ldots$ **Mengen**

$\{1, 2, 3\}$ **Menge** mit den Elementen 1, 2, 3

$\mathbb{N}$ **Menge** der natürlichen Zahlen

$\mathbb{Z}$ **Menge** der ganzen Zahlen

$\mathbb{Q}$ **Menge** der rationalen Zahlen

$\mathbb{Q}^+$ **Menge** der positiven rationalen Zahlen

$\mathbb{Q}^-$ **Menge** der negativen rationalen Zahlen

$\mathbb{Q}_0^+ = \mathbb{Q}^+ \cup \{0\}$

$\mathbb{Q}^*$ **Menge** der rationalen Zahlen ohne die Null

$\mathbb{R}$ **Menge** der reellen Zahlen

$\mathbb{R}^+, \mathbb{R}^-, \mathbb{R}_0^+, \mathbb{R}^*$ **Mengen** reeller Zahlen; entspricht der Bedeutung nach den Mengen $\mathbb{Q}^+, \mathbb{Q}^-, \mathbb{Q}_0^+, \mathbb{Q}^*$

$\mathbb{I} = \mathbb{R} \setminus \mathbb{Q}$

$\emptyset$ **leere** Menge

$\in$ **ist Element von** $(1 \in \{1, 2, 3\})$

$\notin$ **ist nicht Element von** $(4 \notin \{1, 2, 3\})$

$\subseteq$ **ist Teilmenge von** $(\{1\} \subseteq \{1, 2, 3\})$

$\nsubseteq$ **ist nicht Teilmenge von** $(\{1, 2, 4\} \nsubseteq \{1, 2, 3\})$

$\mathbb{A} \subset \mathbb{B}$ $\mathbb{A}$ ist **echte Teilmenge** von $\mathbb{B}$

$\mathbb{A} \cap \mathbb{B}$ $\mathbb{A}$ **geschnitten mit** $\mathbb{B}$ (Schnittmenge)

$\mathbb{A} \cup \mathbb{B}$ $\mathbb{A}$ **vereinigt mit** $\mathbb{B}$ (Vereinigungsmenge)

$\mathbb{A} \setminus \mathbb{B}$ $\mathbb{A}$ **vermindert um** $\mathbb{B}$ (Differenzmenge, Restmenge)

$(3; 4)$ **geordnetes Zahlenpaar** aus den Zahlen 3 und 4

$[1; 2]$ **Intervall** von 1 bis 2

$\mathbb{A} \times \mathbb{B}$ **Menge der geordneten Paare** mit ersten Elementen aus $\mathbb{A}$ und zweiten aus $\mathbb{B}$

$=$ **gleich** $(6 = 2 \cdot 3)$ $\neq$ **ungleich** $(7 \neq 5 + 3)$

$\approx$ **ungefähr gleich** $(4{,}99 \approx 5)$ $\stackrel{\wedge}{=}$ **entspricht**

$>$ **größer als** $(5 > 3)$ $<$ **kleiner als** $(3 < 5)$

$+$ **plus** $-$ **minus**

$\cdot$ **mal** $:$ **dividiert durch**

$\dfrac{a}{b}$ **Bruch** (Zeichen für eine **Bruchzahl**)

a^n **Potenz** mit der Basis a und dem Exponenten n

$\sqrt[n]{a}$ n-te **Wurzel** aus a

$\begin{vmatrix} a & b \\ c & d \end{vmatrix}$ zweireihige **Determinante**

$\square, \triangle, \ldots, a, b, \ldots, x, y, z$ **Variablen**

$A(x) \Rightarrow B(x)$ $A(x)$ **impliziert** $B(x)$ $\Big\}$ $A(x)$ und $B(x)$ sind **Aussageformen**

$A(x) \Leftrightarrow B(x)$ $A(x)$ **äquivalent** $B(x)$

$\neg A(x)$ **Negat** der Aussageform $A(x)$

$\wedge$ **und**

$\vee$ **oder**

$\curvearrowright$ **Wenn . . . , so . . .**

$\curvearrowleftright$ **Genau dann . . . , wenn . . .**

g	**Gerade**		
AB	**Gerade** durch die Punkte A und B		
$\overline{AB}$	Name der **Strecke** mit den Endpunkten A und B oder ihre **Länge** (auch $L(\overline{AB})$)		
s	Name einer **Strecke**	s	**Länge** der Strecke s
$\overleftarrow{s}, \overrightarrow{QR}$	**Strahl**	E	**Ebene**
$\parallel$	**parallel** zu	$\perp$	**senkrecht** zu
$\alpha, \beta, \gamma \ldots$	Namen für **Winkel** oder ihre **Größe** (auch $W(\alpha), \ldots$)		
$\sphericalangle ABC$	**Winkel** mit dem Scheitel B	$\sphericalangle \overrightarrow{g}\,\overrightarrow{h}$	**Winkel** mit den Schenkeln $\overrightarrow{g}$ und $\overrightarrow{h}$
$\overset{\frown}{QRS}$	**Kreisbogen**		
A	**Flächeninhalt**		
$\cong$	**kongruent** zu	$\rightarrow$	**ist zugeordnet**
$\sim$	**ähnlich** zu		
(A, B)	**Pfeil** von Punkt A nach Punkt B		
$\overrightarrow{AB}$	**Vektor,** zu dem der Pfeil (A, B) gehört		
$\vec{v}$	**Vektor**	$|\vec{v}|$	**Betrag** des Vektors $\vec{v}$
$\vec{v}_1 + \vec{v}_2$	**Vektorsumme**	$\vec{v}_1 - \vec{v}_2$	**Vektordifferenz**
$\vec{o}$	**Nullvektor**	$-\vec{v}$	**inverser** Vektor zu $\vec{v}$
$(\vec{v}_1, \vec{v}_2)$	**Winkel** zwischen den Vektoren $\vec{v}_1$ und $\vec{v}_2$		
$W(\vec{v}_1, \vec{v}_2)$	**Größe** des Winkels $(\vec{v}_1, \vec{v}_2)$		
$k\,\vec{a}$	**Produkt** des Vektors $\vec{a}$ mit dem Skalar k		
$\binom{1}{2}$	**Pfeil** (Vektor) mit den Komponenten 1 und 2		
$\mathfrak{S}_g$	**Spiegelung** an der Achse g		
$\mathfrak{V}_{\overrightarrow{AB}}$	**Schiebung,** der der Vektor $\overrightarrow{AB}$ zugeordnet ist		
$\mathfrak{D}_{F;\delta}$	**Drehung** um den Punkt F mit dem Drehwinkel δ		
$\mathfrak{P}_F$	**Spiegelung** am Punkt F	$\mathfrak{G}$	**Gleitspiegelung**
$\mathfrak{I}$	**identische** Abbildung		
$\mathfrak{Z}_{Z;k}$	**zentrische** Streckung mit dem Zentrum Z und dem Streckfaktor k		
$\circ$	**verkettet mit:** $\mathfrak{Z}_1 \circ \mathfrak{Z}_2$: $\mathfrak{Z}_1$ verkettet mit $\mathfrak{Z}_2$		
$\underset{z}{\sim}$	**zentrisch ähnlich**		

Kleines griechisches Alphabet

Alpha	α	Ny	ν
Beta	β	Xi	ξ
Gamma	γ	Omikron	o
Delta	δ	Pi	π
Epsilon	ε	Rho	ρ
Zeta	ζ	Sigma	σ
Eta	η	Tau	τ
Theta	ϑ	Ypsilon	υ
Jota	ι	Phi	φ
Kappa	κ	Chi	χ
Lambda	λ	Psi	ψ
My	μ	Omega	ω

ZUR ORIENTIERUNG

1. Es bedeutet am **Randregister**

   1 bis **3** und **10** die Abschnitte des Kapitels **ALGEBRA**

   4 bis **9** die Abschnitte des Kapitels **GEOMETRIE**

   Numerierung der Teilabschnitte: 1.1 ; 1.2 ; 1.3 ; ... 2.1 ; 2.2 ; ...
   Überschriften der Teilabschnitte stehen auf dem Rand.

2. Numerierung der **Aufgaben** in rot: **1.**; **2.**; **3.**; ...

3. ▲ Kennzeichnet Lehrtexterweiterungen zur Differenzierung.

4. Das Zeichen ▲ hinter den Aufgabennummern kennzeichnet Aufgaben, deren Lösung die Kenntnis der Lehrtexterweiterungen voraussetzt.

5. ▲ Kennzeichnet zusätzliche schwierigere Aufgaben – sowohl im Fundamentum als auch in Erweiterungen zur Differenzierung.

6. Vorübungen dienen der Einführung in neue Lehrstoffe und sind in dieser Schrift (Grotesk) gehalten.

7. **Wichtige Ergebnisse und Merksätze sind blau gedruckt.**

8. Definitionen sind grün gedruckt.

9. Musterhaft ausgeführte Beispielaufgaben stehen auf einem grauen Raster.

Bildnachweis
Aero-Lux, Büscher & Co. KG, Frankfurt/Main: Abb. 150.1.

ALGEBRA I

1. BRUCHGLEICHUNGEN UND BRUCHUNGLEICHUNGEN MIT EINER VARIABLEN

1.1. Was sind Bruchgleichungen und Bruchungleichungen?

1. In einem Bruch ist

    a) der Zähler eine positive Zahl und der Nenner eine positive Zahl,
    b) der Zähler eine positive Zahl und der Nenner eine negative Zahl,
    c) der Zähler kleiner als Null und der Nenner größer als Null,
    d) der Zähler kleiner als Null und der Nenner kleiner als Null.

    Gib an, ob der Bruch eine positive Zahl (größer als Null) oder eine negative Zahl (kleiner als Null) darstellt.

2. Setze für x in dem Term

    a) $\dfrac{5x+3}{x^2+1}$, b) $\dfrac{5x+3}{x-2}$

    nacheinander die Zahlen der Menge $\{-3, -2, -1, 0, 1, 2, 3\}$ ein. Geht der Term für jede dieser Einsetzungen in eine rationale Zahl über?

3. Setze in dem Term $\dfrac{x}{x+2}$ für x die in der Tabelle angegebenen Zahlen ein. Trage jeweils die Zahl, in die der Term übergeht, in die Tabelle ein.

x	$\dfrac{x}{x+2}$
$-\dfrac{5}{3}$	
$-\dfrac{1}{2}$	
$\dfrac{1}{5}$	
$\dfrac{9}{8}$	

Für Verpackungszwecke sollen dickwandige Kästchen aus Schaumstoff hergestellt werden (Bild 1.1). Die Wandstärke soll 2 cm betragen. Der Hohlraum soll eine Grundfläche der Größe 5 cm × 4 cm haben. Mehrere Kästchen sollen jeweils in einen Karton gepackt werden, der gut ausgefüllt wird und dessen Gewicht besonders günstig ist, wenn der Quotient aus dem 10fachen der Maßzahl der äußeren Höhe (in cm) und der Maßzahl der Höhe des Hohlraumes (in cm) gleich der Maßzahl der Größe der Grundfläche (in cm²) des Hohlraumes ist.

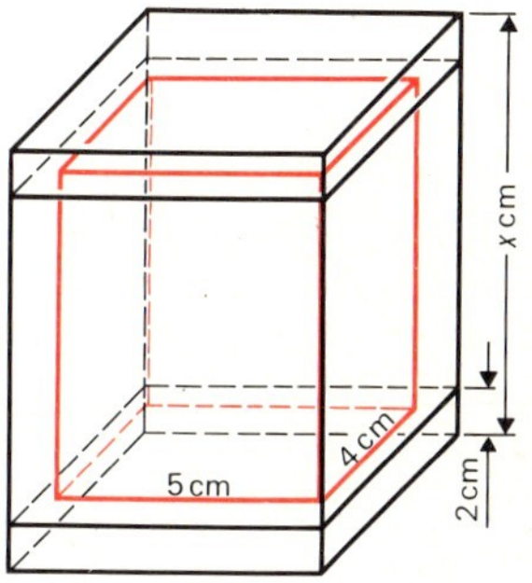

Text	Zeichen
Maßzahl der äußeren Höhe	x
10faches dieser Maßzahl	$10x$
Maßzahl der Höhe des Hohlraumes	$x-4$
Maßzahl der Größe der Grundfläche	20

Bild 1.1

Die Grundmenge ist $\mathbb{Q}^+$. Daher ist zu bestimmen

$$\mathbb{L} = \left\{ x \mid \dfrac{10x}{x-4} = 20 \right\}_{\mathbb{Q}^+}.$$

1. Bruchgleichungen und Bruchungleichungen mit einer Variablen

Die Gleichung $\frac{10x}{x-4} = 20$ unterscheidet sich von den Gleichungen und Ungleichungen mit einer Variablen, die wir bisher durch Äquivalenzumformungen gelöst haben: In dieser Gleichung kommt die Variable x auch im Nenner eines Bruches vor.

Brüche mit Variablen im Nenner haben wir zwar schon bei der Beschreibung von Relationen durch lineare Gleichungen und Ungleichungen kennengelernt. Dort kamen aber nur ganz einfache Gleichungen mit solchen Brüchen vor.

Zur Vereinfachung der Ausdrucksweise wollen wir verabreden:

Definition 1.1
Ein Term, der nur aus einer Zahl oder einer Variablen besteht oder aus Zahlen und Variablen nur mit Hilfe der Verknüpfungen Addition, Subtraktion und Multiplikation aufgebaut ist, heißt ein *ganzrationaler Term*.
Eine Gleichung oder Ungleichung, in der alle Terme ganzrational sind, heißt *ganzrationale Gleichung* bzw. *Ungleichung*.

Beispiele: 3, $x + 2$, $2x + 13$, $4x^2 + 7x - 20$, $\frac{1}{3}x + \frac{7}{4}$ und $\frac{3x^2 + 4}{6}$
sind ganzrationale Terme,
$3x - 17 = 23$ ist eine ganzrationale Gleichung,
$5x^2 + 23 > 48$ ist eine ganzrationale Ungleichung.

Definition 1.2
Ein Quotient zweier ganzrationaler Terme, dessen Nennerterm mindestens eine Variable enthält, heißt *Bruchterm*.
Eine Gleichung oder Ungleichung, die nur ganzrationale Terme und mindestens einen Bruchterm enthält, heißt *Bruchgleichung* bzw. *Bruchungleichung*.

Beispiele: $\frac{1}{x}$, $\frac{x+5}{2x-3}$, und $\frac{3x^2 - 17}{x+5}$ sind Bruchterme,
$\frac{4x - 11}{2x + 1} = \frac{2}{x - 1}$ ist eine Bruchgleichung,
$\frac{4x}{2x + 3} > 13$ ist eine Bruchungleichung.

$\frac{x+2}{3}$ ist also **kein** Bruchterm, $\frac{x+2}{3} = 3$ **keine** Bruchgleichung.

Die **Definitionsmenge eines Terms** bezüglich einer Grundmenge $\mathbb{G}$, $\mathbb{G} \subseteq \mathbb{Q}$, ist, wie wir wissen, die Menge aller Einsetzungen aus der Grundmenge, für die der Term eine rationale Zahl ergibt.
Die **Definitionsmenge einer Gleichung** oder **Ungleichung** bezüglich einer Grundmenge $\mathbb{G}$ ist die **Schnittmenge der Definitionsmengen** der in ihr auftretenden Terme bzgl. $\mathbb{G}$.

1. Bruchgleichungen und Bruchungleichungen mit einer Variablen

Die **Definitionsmenge** eines ganzrationalen Terms und damit die einer **ganzrationalen Gleichung** oder **Ungleichung** bezüglich $\mathbb{G}$ ist immer die gesamte Grundmenge $\mathbb{G}$.
Die **Definitionsmenge** einer **Bruchgleichung** bzw. **Bruchungleichung** ist die Differenzmenge aus der Grundmenge $\mathbb{G}$ und der Menge der Einsetzungen aus $\mathbb{G}$, für die einer der in ihr enthaltenen Bruchterme keine rationale Zahl ergibt.

Beispiele:
1. In der Bruchgleichung $\frac{4x-11}{2x+1} = \frac{2}{x-1}$ hat bei der Grundmenge $\mathbb{Q}$ der Term auf der linken Seite die Definitionsmenge $\mathbb{Q} \setminus \left\{-\frac{1}{2}\right\}$, der Term auf der rechten Seite hat die Definitionsmenge $\mathbb{Q} \setminus \{1\}$, da die Terme bei $-\frac{1}{2}$ für x bzw. 1 für x keine rationale Zahl ergeben. Für die Definitionsmenge $\mathbb{D}$ der Gleichung gilt also:
$$\mathbb{D} = \mathbb{Q} \setminus \left\{-\frac{1}{2}\right\} \cap \mathbb{Q} \setminus \{1\} = \mathbb{Q} \setminus \left\{-\frac{1}{2}, 1\right\}.$$

2. In der oben gewonnenen Bruchgleichung $\frac{10x}{x-4} = 20$ ist $\mathbb{G} = \mathbb{Q}^+$. Der einzige Bruchterm in der Gleichung hat die Definitionsmenge $\mathbb{Q}^+ \setminus \{4\}$. Für die Definitionsmenge $\mathbb{D}$ der Gleichung gilt also: $\mathbb{D} = \mathbb{Q}^+ \setminus \{4\}$.

Ist in den folgenden Abschnitten keine nähere Angabe gemacht, so soll immer $\mathbb{Q}$ **Grundmenge** sein.
Wir lösen jetzt die Bruchgleichung $\frac{10x}{x-4} = 20$ in der Grundmenge $\mathbb{Q}^+$. $\mathbb{Q}^+ \setminus \{4\}$ ist die Definitionsmenge dieser Gleichung in $\mathbb{Q}^+$.
$\frac{10x}{x-4} = 20 \Leftrightarrow \frac{x}{2(x-4)} = 1$ (Division der Terme auf beiden Seiten des Gleichheitszeichens durch 20)
Soll der Bruch $\frac{x}{2(x-4)}$ die Zahl 1 darstellen, so muß für x so eingesetzt werden, daß Zähler und Nenner in dieselbe Zahl übergehen:
$$x = 2(x-4) \Leftrightarrow x = 2x - 8 \Leftrightarrow x = 8.$$
Da $8 \in \mathbb{D}$, ist $\mathbb{L} = \{8\}$.
Als Beispiel für das Lösen einer Ungleichung bestimmen wir die Lösungsmenge von
$$\frac{x-1}{x+1} < 1$$
in der Grundmenge $\mathbb{Q}$.
Wir lösen diese Aufgabe durch Probieren.

Da mit -1 für x der Nenner $x + 1$ des Bruchterms die Zahl Null ergibt, gilt für die Definitionsmenge $\mathbb{D}$ des Bruchterms und damit der Ungleichung:
$$\mathbb{D} = \mathbb{Q} \setminus \{-1\}.$$

Setzen wir für x eine **positive** Zahl ein, so sind drei Fälle zu unterscheiden:

a) Ist die eingesetzte Zahl **größer als 1,** so enthält der Term auf der linken Seite sowohl einen positiven Zähler als auch einen positiven Nenner. Der Zähler ist stets kleiner als der Nenner, also der Bruch stets kleiner als 1, d.h. alle positiven Zahlen > 1 gehören der Lösungsmenge an.

b) Setzt man **1 für** x, so erhält man den Zähler 0, den Nenner 2. Der Quotient ist daher 0, d.h. 1 gehört der Lösungsmenge an, da $0 < 1$.

c) Setzt man für x eine positive **Zahl kleiner als 1** ein, so wird der Zähler negativ, der Nenner positiv, der Bruch also negativ, d.h. alle positiven Zahlen < 1 gehören der Lösungsmenge an.

Damit haben wir gefunden: Alle positiven rationalen Zahlen gehören der Lösungsmenge an.

Wir untersuchen nun, was sich durch die Einsetzung der **Null** und der **negativen** Zahlen ergibt:

d) **0 für** x ergibt $-1 < 1$, d.h. auch 0 gehört der Lösungsmenge an.

e) Liegt die für x gesetzte Zahl **zwischen -1 und 0,** so ist der Zähler negativ, der Nenner positiv, der Quotient also negativ, d.h. auch diese Zahlen gehören der Lösungsmenge an.

f) -1 gehört nicht zu $\mathbb{D}$, also auch nicht zur Lösungsmenge.

g) Setzt man schließlich für x eine negative Zahl **kleiner als -1** ein, so werden sowohl der Zähler als auch der Nenner negativ, der Quotient also positiv. Da nun aber im Zähler stets ein größerer Betrag steht als im Nenner, gehören alle diese Zahlen nicht zur Lösungsmenge.

Das Ergebnis können wir in der folgenden Form zusammenfassen (Bild 1.2):

$$\mathbb{L} = \left\{ x \,\middle|\, \frac{x-1}{x+1} < 1 \right\}_{\mathbb{Q}}$$
$$= \{ x \,|\, x > -1 \}_{\mathbb{Q}}$$

Bild 1.2

Anmerkung: Vorläufig sind wir noch auf Probierverfahren angewiesen; es ist natürlich unser Ziel, möglichst schnell zu besseren Lösungsverfahren zu kommen.

Für die Definitionsmengen von Termen und Aussageformen geben wir noch einige

Beispiele:

1. Die Definitionsmenge des **Terms** $\frac{5x+2}{3x-6}$ bezüglich der Menge $\mathbb{Q}$ ist die Menge aller rationalen Zahlen mit Ausnahme der Zahl 2, also die

1. Bruchgleichungen und Bruchungleichungen mit einer Variablen

> Differenzmenge von $\mathbb{Q}$ und $\{2\}$, da sich beim Einsetzen von 2 für x der Nenner Null ergibt:
> $$\mathbb{D} = \mathbb{Q}\setminus\{2\}$$
> 2. Die Definitionsmenge des **Terms** $\frac{2x-8}{x-1}$ bezüglich $\mathbb{N}$ ist
> $$\mathbb{D} = \mathbb{N}\setminus\{1\},$$
> weil der Term bei Einsetzung jeder natürlichen Zahl außer 1 in eine rationale Zahl übergeht.
> 3. Die Definitionsmenge der **Ungleichung** $\frac{x}{x-2} < \frac{x+1}{x-3}$ bezüglich $\mathbb{Q}$ findet man so:
> $$\mathbb{D} = \mathbb{Q}\setminus\{2\} \cap \mathbb{Q}\setminus\{3\} = \mathbb{Q}\setminus\{2; 3\}$$

Anmerkung: Zur Vermeidung von Mißverständnissen sollte man schreiben:
$$\mathbb{D} = (\mathbb{Q}\setminus\{2\}) \cap (\mathbb{Q}\setminus\{3\})$$
Es ist aber üblich, in diesem Fall die runden Klammern wegzulassen.

Wir merken uns:

Ersetzt man alle Variablen durch Zahlen aus der Definitionsmenge, so geht ein Term in eine rationale Zahl, eine Aussageform in eine Aussage über.

Auf die Definitionsmenge von Termen müssen wir z. B. beim **Dividieren von Potenzen** achten. Der Term $\frac{b^3}{b^2}$ z. B. hat die Definitionsmenge $\mathbb{Q}\setminus\{0\}$, da wir für b nicht 0 einsetzen dürfen.

Wir erinnern uns an die **Definition der Division**:

Definition 1.3
Für alle $a \in \mathbb{Q}$ und $b \in \mathbb{Q}\setminus\{0\}$ ist $a : b = \frac{a}{b} = a \cdot \frac{1}{b}$, wobei $\frac{1}{b}$ das inverse Element zu b in bezug auf die Multiplikation ist.

Die Definition der Division kürzen wir in Zukunft mit **Di** ab.

Für $a \in \mathbb{Q}$ hat der Term $\frac{a^m}{a^n}$ mit $m, n \in \mathbb{N}$ und $m > n$ die **Definitionsmenge** $\mathbb{Q}\setminus\{0\}$.

Nach Satz 6.1 in 7084 ist z. B. $a^3 \cdot a^{5-3} = a^5$ für alle $a \in \mathbb{Q}$. Nach dem Gesetz über inverse Elemente bei der Multiplikation (**i**) gibt es für alle $b \in \mathbb{Q}\setminus\{0\}$ jeweils genau ein inverses Element, nämlich $\frac{1}{b}$; das inverse Element zu a^3 ist $\frac{1}{a^3}$.

Für alle $a \in \mathbb{Q}\setminus\{0\}$ gilt:

$a^3 \cdot a^{5-3} = a^5 \curvearrowright \frac{1}{a^3} \cdot (a^3 \cdot a^{5-3}) = \frac{1}{a^3} \cdot a^5$ nach **G·**,

$\frac{1}{a^3} \cdot (a^3 \cdot a^{5-3}) = \frac{1}{a^3} \cdot a^5 \curvearrowright 1 \cdot a^{5-3} = \frac{1}{a^3} \cdot a^5$ nach **i·** und **A·**,

$1 \cdot a^{5-3} = \frac{1}{a^3} \cdot a^5 \curvearrowright a^{5-3} = \frac{a^5}{a^3}$ nach **n·** und der Definition der Division.

1. Bruchgleichungen und Bruchungleichungen mit einer Variablen

Mit Hilfe der Tafelgesetze, die am Schluß des Buches zusammengestellt sind, haben wir die Allgemeingültigkeit der Gleichung $\frac{a^5}{a^3} = a^{5-3} = a^2$ in ihrer Definitionsmenge bezüglich $\mathbb{Q}$ gezeigt.

Anmerkung: In diesem Buch werden die Zeichen $\frown$ und $\frown\!\!\!\frown$ für die Subjunktion bzw. Bijunktion benutzt, deren Bedeutung im Kapitel 7. von 7084 (8. Schuljahr) erarbeitet wurde. Wenn du dieses Kapitel nicht durchgearbeitet hast, mußt du folgendes beachten:
$\frown$ ist eine Abkürzung für „wenn ..., dann ..." und
$\frown\!\!\!\frown$ eine Abkürzung für „... genau dann, wenn ...".
Es bedeutet also z. B. „$a = b \land c \neq 0 \frown ac = bc$":
„Wenn $a = b \land c \neq 0$, dann ist $ac = bc$" und
„$a = b \frown\!\!\!\frown a + c = b + c$" bedeutet: „Genau dann, wenn $a = b$, ist $a + c = b + c$".
Mithin bedeutet z. B. „Für alle $x \in \mathbb{Q}$ gilt: $x + 5 = 8 \frown\!\!\!\frown x = 3$" dasselbe wie „$x + 5 = 8 \underset{\mathbb{Q}}{\Leftrightarrow} x = 3$", wobei verabredungsgemäß das $\mathbb{Q}$ unter dem Äquivalenzzeichen weggelassen werden kann.
Entsprechend kann man für alle Hochzahlen folgenden Satz begründen:

Satz 1.1
Für alle $a \in \mathbb{Q}\setminus\{0\}$; $m, n \in \mathbb{N}$ **und** $m > n$ **gilt:**
$$\frac{a^m}{a^n} = a^{m-n}$$

Beweis für beliebige Hochzahlen:

Für alle $a \in \mathbb{Q}\setminus\{0\}$; $m, n \in \mathbb{N}$ und $m > n$ gilt:

$a^n \cdot a^{m-n} = a^m \frown \frac{1}{a^n}(a^n \cdot a^{m-n}) = \frac{1}{a^n} \cdot a^m$ **G·**

$\frac{1}{a^n}(a^n \cdot a^{m-n}) = \frac{1}{a^n} \cdot a^m \frown 1 \cdot a^{m-n} = \frac{1}{a^n} \cdot a^m$ **i· und A·**

$1 \cdot a^{m-n} = \frac{1}{a^n} \cdot a^m \frown a^{m-n} = \frac{a^m}{a^n}$ **n· und Di**

Aufgaben

1. Bestimme die Definitionsmenge $\mathbb{D}$ der folgenden Terme bezüglich $\mathbb{Q}$.

   a) $2x - 13$ b) $5x^2 + 9$ c) $\frac{5y - 13}{y - 1}$

   d) $\frac{7y + 9}{y - 9}$ e) $\frac{2z^2 + 3z + 1}{z^2}$ f) $\frac{4z^2 + 3z - 12}{z^2 - 9}$

2. Bestimme die Definitionsmenge der folgenden Terme bezüglich der Grundmengen $\mathbb{N}$ und $\mathbb{Z}$ und vergleiche sie jeweils miteinander.

   a) $\frac{5x + 1}{x + 3}$ b) $\frac{2x - 1}{x^2 - 5}$ c) $\frac{(2y - 3)^2}{y^2 - 9}$

   d) $\frac{(2y + 1)^2 - 7}{y^2 - 16}$ e) $\frac{5z + 2}{4z^2 - 64}$ f) $\frac{10z + 3}{6z^2 - 216}$

1. Bruchgleichungen und Bruchungleichungen mit einer Variablen

3. Bestimme die Definitionsmenge der folgenden Aussageformen bezüglich
$\mathbb{G} = \{1, 2, 3, 4\}$.

a) $\dfrac{x+1}{x} + \dfrac{x}{x-5} < 3$

b) $\dfrac{x+2}{x-2} + \dfrac{x-3}{x+3} < 13$

c) $\dfrac{a-5}{a+5} + \dfrac{a-3}{a+2} = 17$

d) $\dfrac{b-2}{b+5} - \dfrac{b-12}{b+17} = 24$

e) $\dfrac{c-5}{c-7} \cdot \dfrac{c+16}{c+6} = 14$

f) $\dfrac{d-71}{d+31} \cdot \dfrac{d+25}{d-2} = 12\dfrac{1}{3}$

▲ **4.** Gib je eine Gleichung und eine Ungleichung an, zu deren Definitionsmenge alle Zahlen aus $\mathbb{Q}$ gehören außer

a) $-1; -15,$ b) $1; 5,$ c) $-3,5; 27,$ d) $-5\dfrac{2}{3}; -7\dfrac{1}{2}$.

5. Vereinfache folgende Terme nach Bestimmung der Definitionsmenge in $\mathbb{Q}$.

a) $\dfrac{a^7}{a^4}$

b) $\dfrac{x^9}{x^3}$

c) $\dfrac{4x^3}{x}$

d) $\dfrac{u^6}{2u^2}$

e) $\dfrac{3a^5 b^4}{a^2 b^2}$

f) $\dfrac{6x^4 y^2}{2xy^2}$

g) $\dfrac{42 a^7 b^{11}}{56 a^4 b^2}$

h) $\dfrac{(x+5)^{12}}{(x+5)^8}$

i) $\dfrac{(4-a)^3}{4-a}$

k) $\dfrac{36(x-11)^{13}}{48(x-11)^{12}}$

▲ l) $\dfrac{42(x-3)^9 (x+2)^4}{105(x-3)^5 (x+2)^3}$

▲ m) $\dfrac{3,4(2a-3)^3 (3a-2)^4}{8,5(3a-2)^4 (2a-3)}$

6. Welche rationalen Zahlen sind Lösungen der Ungleichung $\dfrac{x-1}{x+1} > 1$?

7. Gib alle natürlichen Zahlen an, die Lösungen der Ungleichung
$\dfrac{3}{x+2} < \dfrac{5}{x+1}$ sind. Stelle nach einigen Einsetzungen zunächst eine Vermutung auf und gib nachher eine Begründung für sie.

8. Bestimme durch probeweises Einsetzen die Lösungsmenge der Ungleichung $\dfrac{16}{x^2+3} > 4$ in der Grundmenge $\mathbb{Q}$.

▲ **9.** Durch eine Probe hat sich ergeben, daß

$$5 \in \mathbb{L} \text{ mit } \mathbb{L} = \left\{ x \,\Big|\, 2 + \dfrac{3}{x-4} < 7x \right\}_\mathbb{Q}.$$

Lassen sich hieraus weitere Lösungen dieser Ungleichung durch einfache Überlegungen mit Hilfe der Monotoniegesetze gewinnen?

Anleitung: Setze für x zunächst die Zahlen 6, 7 und 8 und beobachte, wie sich die auf beiden Seiten der Ungleichung dabei entstehenden Zahlen ändern.

10. Für welche rationalen Zahlen entsteht aus der Ungleichung $\dfrac{4}{x-3} > 2$ eine wahre Aussage?
Stelle zunächst durch Probieren mit ganzen Zahlen eine Vermutung über die Lösungsmenge auf und begründe sie dann.

1.2. Das Rechnen mit Bruchtermen

1.2.1. Erweitern und Kürzen

1. Erweitere die folgenden Brüche mit 2, 3 und 5.

   a) $\dfrac{2}{3}$ b) $\dfrac{3}{4}$ c) $\dfrac{3}{8}$

2. Forme die folgenden Brüche so um, daß der neue Nenner 60 lautet.

   a) $\dfrac{1}{3}$ b) $\dfrac{3}{4}$ c) $\dfrac{2}{5}$ d) $\dfrac{7}{12}$ e) $\dfrac{4}{15}$ f) $\dfrac{19}{30}$

3. Schreibe die folgenden Brüche mit dem Nenner 3.

   a) $\dfrac{6}{9}$ b) $\dfrac{5}{15}$ c) $\dfrac{96}{144}$

4. Forme die folgenden Brüche so um, daß der neue Zähler 5 lautet.

   a) $\dfrac{10}{26}$ b) $\dfrac{30}{36}$ c) $\dfrac{85}{119}$

5. Schreibe die folgenden Brüche einfacher.

   a) $\dfrac{8}{10}$ b) $\dfrac{14}{21}$ c) $\dfrac{96}{120}$

6. Stelle durch systematisches Probieren fest, welche rationalen Zahlen die Lösungsmenge von $\dfrac{2}{x+1} = \dfrac{1}{2}$ bilden.

7. Welche ganzen Zahlen sind Lösungen von $\dfrac{6}{x-3} = 2$?

In 1.1. haben wir einige einfache Bruchungleichungen und Bruchgleichungen gelöst. Das dort benutzte Lösungsverfahren ist aber zu umständlich. Wir wollen jetzt lernen, wie wir **Bruchgleichungen** ebenso wie ganzrationale Gleichungen durch Äquivalenzumformungen in einfachere Gleichungen umwandeln und dadurch lösen können.

Beispiel:
Bestimme die rationalen Zahlen, die Lösungen von $\dfrac{x+8}{x+3} = \dfrac{x+4}{x+1}$ sind.
Nach den Erfahrungen, die wir früher beim Vergleichen von Brüchen gemacht haben, liegt folgende Überlegung nahe:
Zunächst bestimmen wir die Definitionsmenge: $\mathbb{D} = \mathbb{Q}\setminus\{-3, -1\}$. Wir können dann den Bruchterm auf der linken Seite des Gleichheitszeichens mit $(x+1)$, den Bruchterm auf der rechten Seite des Gleichheitszeichens mit $(x+3)$ erweitern, weil $x+1$ und $x+3$ beim Einsetzen von Zahlen aus $\mathbb{D}$ von Null verschiedene Zahlen ergeben. Wir erhalten

$$\frac{(x+8)(x+1)}{(x+3)(x+1)} = \frac{(x+4)(x+3)}{(x+1)(x+3)}.$$

1. Bruchgleichungen und Bruchungleichungen mit einer Variablen

Die Nenner stimmen nun überein, die Gleichung gilt daher genau dann, wenn auch die Zähler gleich sind:

$$(x+8)(x+1) = (x+4)(x+3)$$
$$\Leftrightarrow x^2 + 9x + 8 = x^2 + 7x + 12$$
$$\Leftrightarrow 2x = 4$$
$$\Leftrightarrow x = 2$$

Da $2 \in \mathbb{D}$, haben wir also gefunden: $\mathbb{L} = \{2\}$

Wir haben zunächst beide Terme auf **denselben Nenner** gebracht, so daß wir nur noch die Zähler zu vergleichen brauchen. Damit wird die Lösung von Bruchgleichungen auf die Lösung ganzrationaler Gleichungen zurückgeführt. Unsere Aufgabe führt uns damit auf eine Umformung für Bruchterme, die wir früher, als wir nur mit Zahlen rechneten, als **Erweitern** bzw. **Kürzen** kennengelernt haben. Das Erweitern oder Kürzen ergibt eine andere Darstellung der mit dem Bruch gegebenen rationalen Zahl durch Multiplizieren von Zähler und Nenner mit derselben Zahl, dem **Erweiterungsfaktor** bzw. durch Dividieren von Zähler und Nenner durch dieselbe Zahl, den **Kürzungsfaktor**. So gilt z. B.

$$\frac{1}{2} = \frac{1 \cdot 3}{2 \cdot 3} = \frac{3}{6}, \quad \frac{8}{36} = \frac{2 \cdot 4}{9 \cdot 4} = \frac{2}{9}, \quad \frac{2}{3} = \frac{2 \cdot 5}{3 \cdot 5} = \frac{10}{15}.$$

Als **Begründung** für das **Erweitern** und **Kürzen** kann man ein Diagramm benutzen, das wir früher (6. Schuljahr) als Multiplikationsdiagramm kennenlernten. Wir entnehmen z. B. $\frac{1}{2} = \frac{3}{6}$ aus Bild 1.3. Man erhält so

Satz 1.2
Für alle $a \in \mathbb{Q}$ und $b, c \in \mathbb{Q} \setminus \{0\}$ gilt:

$$\frac{a}{b} = \frac{ac}{bc}$$

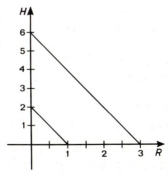

Bild 1.3

a, b und c können wir durch **Terme** ersetzen, die Variable enthalten, wenn wir nur solche Einsetzungen für diese Variablen zulassen, für die die Terme in rationale Zahlen übergehen und außerdem die Terme für b und c nicht die Zahl Null darstellen. Das heißt: Es werden nur **Einsetzungen aus der Definitionsmenge** der Gleichung $\frac{a}{b} = \frac{ac}{bc}$ zugelassen. Wir erweitern und kürzen dann mit dem **Erweiterungsterm** bzw. **Kürzungsterm**.

▲ **Beweis:** Wir beweisen den Satz mit Hilfe der Tafelgesetze:
Für alle $a \in \mathbb{Q}$ und $b, c \in \mathbb{Q}\setminus\{0\}$ gilt

$$\frac{a}{b} = a \cdot \frac{1}{b} \qquad \text{Di}$$

$$a \cdot \frac{1}{b} = \left(a \cdot \frac{1}{b}\right) \cdot 1 \qquad \text{n}^{\cdot}$$

$$\left(a \cdot \frac{1}{b}\right) \cdot 1 = \left(a \cdot \frac{1}{b}\right)\left[(b \cdot c) \cdot \frac{1}{b \cdot c}\right] \qquad \text{i}^{\cdot}$$

$$a \cdot \frac{1}{b} \cdot b \cdot c \cdot \frac{1}{b \cdot c} = a \cdot 1 \cdot c \cdot \frac{1}{b \cdot c} \qquad \text{i}^{\cdot} \text{ und A}^{\cdot}$$

$$a \cdot 1 \cdot c \cdot \frac{1}{b \cdot c} = a \cdot c \cdot \frac{1}{b \cdot c} \qquad \text{n}^{\cdot} \text{ und A}^{\cdot}$$

$$a \cdot c \cdot \frac{1}{b \cdot c} = \frac{a \cdot c}{b \cdot c} \qquad \text{Di}$$

Wegen der Transitivität der Gleichheitsrelation ergibt sich

$$\frac{a}{b} = \frac{ac}{bc}.$$

▲

Beispiele für das **Erweitern** von Termen:

1. Beim Erweitern von $\dfrac{a-1}{a+1}$ mit a erhält man:

$$\frac{a-1}{a+1} = \frac{(a-1) \cdot a}{(a+1) \cdot a} = \frac{a^2 - a}{a^2 + a} \quad \text{für alle } a \in \mathbb{D} \text{ mit } \mathbb{D} = \mathbb{Q}\setminus\{0; 1\}.$$

Es wurden Zähler und Nenner mit dem Erweiterungsterm a multipliziert.

2. Entsprechend gilt:

$$\frac{x-3}{x+1} = \frac{(x-3)(x+2)}{(x+1)(x+2)} = \frac{x^2 - x - 6}{x^2 + 3x + 2} \quad \begin{array}{l} \text{für alle } x \in \mathbb{D} \text{ mit} \\ \mathbb{D} = \mathbb{Q}\setminus\{-1, -2\}. \end{array}$$

Zähler und Nenner wurden mit dem Erweiterungsterm $x + 2$ multipliziert.

3. Der Term $\dfrac{a-b}{a+b}$ enthält zwei Variablen. Die Grundmenge für die Einsetzungen ist eine Menge von Zahlenpaaren, z.B. $\mathbb{Q} \times \mathbb{Q}$. Erweitert man mit dem Erweiterungsterm $a - b$, so ist

$$\frac{a-b}{a+b} = \frac{(a-b)(a-b)}{(a+b)(a-b)} = \frac{(a-b)^2}{a^2 - b^2} \quad \text{allgemeingültig in } \mathbb{D} \text{ mit}$$

$$\mathbb{D} = \{(a; b) \mid a + b \neq 0 \land a - b \neq 0\}_{\mathbb{Q} \times \mathbb{Q}}.$$

Beispiele für das **Kürzen** von Termen:

1. $\dfrac{x^2 - 4}{x^2 + 4x + 4} = \dfrac{x-2}{x+2}$ für alle $x \in \mathbb{D}$ mit $\mathbb{D} = \mathbb{Q}\setminus\{-2\}$;
Kürzungsterm: $x + 2$.

1. Bruchgleichungen und Bruchungleichungen mit einer Variablen

2. $\dfrac{x^2 - 6x + 8}{x^2 - 5x + 4} = \dfrac{x - 2}{x - 1}$ für alle $x \in \mathbb{D}$ mit $\mathbb{D} = \mathbb{Q}\setminus\{1; 4\}$; Kürzungsterm: $x - 4$.

Das Kürzen ist leicht, wenn man den Kürzungsterm kennt. Man kann ihn aber nur schnell finden, wenn Zähler und Nenner in Faktoren zerlegt sind. In den Beispielen brauchen wir für die Zerlegung der Terme die binomischen Formeln. Wir wollen überlegen, wie man die Kürzungsterme in diesen Fällen finden kann.

1. $\dfrac{x^2 - 4}{x^2 + 4x + 4}$ soll gekürzt werden.

Nach der binomischen Formel III gilt: $x^2 - 4 = (x + 2)(x - 2)$
und nach der binomischen Formel I: $x^2 + 4x + 4 = (x + 2)^2$.
Gemeinsamer Faktor von Zähler und Nenner ist $x + 2$, also ist in $\mathbb{D} = \mathbb{Q}\setminus\{-2\}$ allgemeingültig:

$$\frac{x^2 - 4}{x^2 + 4x + 4} = \frac{(x + 2)(x - 2)}{(x + 2)^2} = \frac{x - 2}{x + 2}$$

2. Soll $\dfrac{x^2 - 6x + 8}{x^2 - 5x + 4}$ gekürzt werden, so kommt man zur Faktorenzerlegung durch Anwendung der binomischen Formeln II und III:

$$x^2 - 6x + 8 = x^2 - 6x + 9 - 9 + 8 = (x - 3)^2 - 1^2$$
$$= [(x - 3) + 1][(x - 3) - 1] = (x - 2)(x - 4)$$
$$x^2 - 5x + 4 = x^2 - 5x + \frac{25}{4} - \frac{25}{4} + \frac{16}{4} = \left(x - \frac{5}{2}\right)^2 - \left(\frac{3}{2}\right)^2$$
$$= \left[\left(x - \frac{5}{2}\right) + \frac{3}{2}\right]\left[\left(x - \frac{5}{2}\right) - \frac{3}{2}\right] = (x - 1)(x - 4)$$

Damit erkennen wir den gemeinsamen Faktor $x - 4$ als Kürzungsterm. Also ist in $\mathbb{D} = \mathbb{Q}\setminus\{1; 4\}$ allgemeingültig:

$$\frac{x^2 - 6x + 8}{x^2 - 5x + 4} = \frac{(x - 4)(x - 2)}{(x - 4)(x - 1)} = \frac{x - 2}{x - 1}$$

Bei der Lösung der Gleichung $\dfrac{x + 8}{x + 3} = \dfrac{x + 4}{x + 1}$ (S. 8) haben wir angenommen, daß die Gleichungen $\dfrac{a}{c} = \dfrac{b}{c}$ und $a = b$ mit $(x + 8)(x + 1)$ für a, $(x + 4)(x + 3)$ für b und $(x + 3)(x + 1)$ für c in der Definitionsmenge der Gleichung $\dfrac{a}{c} = \dfrac{b}{c}$ äquivalent sind.

Diese Umformung ist erlaubt, denn für jede Einsetzung aus der Definitionsmenge werden die Terme für a und b zu rationalen Zahlen, der Term für c wird zu einer rationalen Zahl ungleich Null. Es werden also für jede mögliche Einsetzung die Terme auf beiden Seiten des Gleichheitszeichens mit derselben rationalen Zahl ungleich Null multipliziert.

1. Bruchgleichungen und Bruchungleichungen mit einer Variablen

Dadurch entsteht, wie wir früher am Multiplikationsdiagramm abgelesen haben, eine äquivalente Gleichung.

Satz 1.3
Für alle $a, b \in \mathbb{Q}$ und $c \in \mathbb{Q} \setminus \{0\}$ gilt: $\dfrac{a}{c} = \dfrac{b}{c} \leftrightarrow a = b$.

▲ **Beweis:** Wir beweisen den Satz wieder mit Hilfe der Tafelgesetze.

Für alle $a, b \in \mathbb{Q} \setminus \{0\}$ gilt:

$$\dfrac{a}{c} = \dfrac{b}{c} \rightarrow a \cdot \dfrac{1}{c} = b \cdot \dfrac{1}{c} \qquad \text{Di}$$

$$a \cdot \dfrac{1}{c} = b \cdot \dfrac{1}{c} \rightarrow a \cdot \dfrac{1}{c} \cdot c = b \cdot \dfrac{1}{c} \cdot c \qquad \mathbf{G}^{\cdot}$$

$$a \cdot \dfrac{1}{c} \cdot c = b \cdot \dfrac{1}{c} \cdot c \rightarrow a \cdot 1 = b \cdot 1 \qquad \mathbf{i}^{\cdot} \text{ und } \mathbf{A}^{\cdot}$$

$$a \cdot 1 = b \cdot 1 \rightarrow a = b \qquad \mathbf{n}^{\cdot}$$

Können wir nun aus dieser Rechnung $\dfrac{a}{c} = \dfrac{b}{c} \rightarrow a = b$ folgen?

Wir haben früher festgestellt, daß die Implikation $A(x) \underset{\mathbb{G}}{\Rightarrow} B(x)$ gleichbedeutend ist mit: Für alle $x \in \mathbb{G}$ gilt: $A(x) \rightarrow B(x)$. Diese Feststellung gilt auch, wenn in den Aussageformen mehrere Variablen auftreten.

Die **Implikationsbeziehung** zwischen Aussageformen ist **transitiv,** weil die Teilmengenrelation transitiv ist. Daher gilt auch: Wenn $A \rightarrow B \land B \rightarrow C$ allgemeingültig ist, dann ist auch $A \rightarrow C$ allgemeingültig. Dabei können für A, B und C Aussageformen mit beliebig vielen Variablen gesetzt werden.

Es ergibt sich also in unserem Beweis: $\dfrac{a}{c} = \dfrac{b}{c} \rightarrow a = b$.

Um nun auch $a = b \rightarrow \dfrac{a}{c} = \dfrac{b}{c}$ zu zeigen, gehen wir folgendermaßen vor:

$c \neq 0 \rightarrow \dfrac{1}{c} \neq 0$. Also gilt für alle $a, b \in \mathbb{Q}$ und $c \in \mathbb{Q} \setminus \{0\}$:

$$a = b \rightarrow a \cdot \dfrac{1}{c} = b \cdot \dfrac{1}{c} \qquad \mathbf{G}^{\cdot}$$

$$a \cdot \dfrac{1}{c} = b \cdot \dfrac{1}{c} \rightarrow \dfrac{a}{c} = \dfrac{b}{c} \qquad \text{Di}$$

$$a = b \rightarrow \dfrac{a}{c} = \dfrac{b}{c} \qquad \text{Transitivität der Implikation}$$

$\left(\dfrac{a}{c} = \dfrac{b}{c} \rightarrow a = b\right) \land \left(a = b \rightarrow \dfrac{a}{c} = \dfrac{b}{c}\right)$ ist gleichbedeutend mit

$$\dfrac{a}{c} = \dfrac{b}{c} \leftrightarrow a = b.$$

▲

Aufgaben

1. Erweitere folgende Brüche nacheinander mit 12, 25, x, $3(x + 1)$, $5(x^2 - 1)$.

   a) $\dfrac{2}{3}$ b) $\dfrac{5x}{2}$ c) $\dfrac{6x - 1}{3x}$ d) $\dfrac{5x + 2}{4x - 1}$ e) $\dfrac{6x^2 + 4}{3x - 2}$

   Gib jedesmal die Menge an, in der diese Umformungen allgemeingültig sind.

1. Bruchgleichungen und Bruchungleichungen mit einer Variablen

2. Erweitere die folgenden Bruchterme so, daß sich die hinter dem Semikolon angegebenen **Nenner** ergeben. Für welche Einsetzungen erhält man allgemeingültige Gleichungen?

a) $\dfrac{8}{15}$; 45   b) $\dfrac{3}{4}$; 204   c) $\dfrac{5x}{3y}$; $21y^2$ d) $\dfrac{4x^2}{3y^2}$; $12y^5$

e) $\dfrac{4a}{7b^2}$; $105b^6$ f) $\dfrac{5x}{3x^2y}$; $30x^5y$ g) $\dfrac{15ax^2}{14b^2y^3}$; $42b^4y^3$

h) $\dfrac{4a}{a+b}$; $2(a+b)$ i) $\dfrac{6a-2b}{4a-3b}$; $8a-6b$ k) $\dfrac{4a-b}{a+b}$; a^2-b^2

▲ l) $\dfrac{2a}{2a-b}$; $4a^2-b^2$ ▲ m) $\dfrac{5b}{3a+b}$; $9a^2-b^2$ ▲ n) $\dfrac{4a+2b}{5a+2b}$; $25a^2-4b^2$

o) $\dfrac{6a+3b}{2a-3b}$; $4a^2-9b^2$ p) $\dfrac{5a-b}{a+b}$; $(a+b)^2$ q) $\dfrac{2a-b}{(x-y)}$; $(x-y)^2$

r) $\dfrac{4a}{a+b}$; $a^2+2ab+b^2$ s) $\dfrac{6a-5b}{x-y}$; $x^2-2xy+y^2$

▲ t) $\dfrac{5x+2y}{2x+y}$; $4x^2+4xy+y^2$ ▲ u) $\dfrac{2x-y}{3x-y}$; $9x^2-6xy+y^2$

▲ v) $\dfrac{x}{2x+3y}$; $4x^2+12xy+9y^2$ ▲ w) $\dfrac{u+2v}{4u-2v}$; $16u^2-16uv+4v^2$

3. Forme die folgenden Bruchterme so um, daß sich die hinter dem Semikolon angegebenen **Zähler** ergeben. Für welche Einsetzungen erhält man allgemeingültige Gleichungen?

a) $\dfrac{3}{7}$; 15   b) $\dfrac{4}{9}$; 196   c) $\dfrac{4x}{5y}$; $20x^2$

d) $\dfrac{16a}{3b}$; $48a^3$ e) $\dfrac{6x^2}{13y}$; $18x^3$ f) $\dfrac{4u^3}{3v}$; $56u^7$

g) $\dfrac{3uv}{4w}$; $12u^2v$ h) $\dfrac{7xy}{3}$; $21xy^2$ i) $\dfrac{14x^2y}{5}$; $42x^3y$

k) $\dfrac{25xy^3}{7}$; $50xy^5$ l) $\dfrac{4x^2y^3}{5}$; $20x^4y^7$ m) $\dfrac{11u^3v^7}{5w}$; $77u^6v^{11}$

n) $\dfrac{2a+b}{a-2b}$; $3(2a+b)$ o) $\dfrac{a-b}{b}$; $4a-4b$ p) $\dfrac{c+d}{c-2d}$; c^2-d^2

q) $\dfrac{m-n}{m+3n}$; m^2-n^2 ▲ r) $\dfrac{2t-s}{3s+t}$; $4t^2-s^2$ ▲ s) $\dfrac{a-5b}{2a+5}$; a^2-25b^2

t) $\dfrac{2a+3t}{3t-a}$; $4a^2-9t^2$ ▲ u) $\dfrac{4a-7c}{2a+3c}$; $16a^2-49c^2$ v) $\dfrac{x+y}{x+2y}$; $x^2+2xy+y^2$

w) $\dfrac{c-d}{c+12d}$; $c^2-2cd+d^2$ ▲ x) $\dfrac{a-3b}{2a+5b}$; $a^2-6ab+9b^2$

▲ y) $\dfrac{2a-3b}{a+b}$; $4a^2-12ab+9b^2$ ▲ z) $\dfrac{4a+3b}{a-b}$; $32a^2+48ab+18b^2$

1. Bruchgleichungen und Bruchungleichungen mit einer Variablen

4. Kürze so weit wie möglich, nachdem du die Definitionsmenge in $\mathbb{Q}$ bestimmt hast.

a) $\dfrac{45}{70}$ b) $\dfrac{36}{200}$ c) $\dfrac{84}{120}$ d) $\dfrac{65}{104}$ e) $\dfrac{90}{198}$ f) $\dfrac{39}{650}$

g) $\dfrac{x^4}{x}$ h) $\dfrac{3y^2}{y^3}$ i) $\dfrac{x^4}{x^7}$ k) $\dfrac{y^3}{y^9}$ l) $\dfrac{4x^3}{16x^2}$ ▲ m) $\dfrac{36y^7}{84y^3}$

▲ n) $\dfrac{94a^{22}}{141a^{12}}$ ▲ o) $\dfrac{38b^{12}}{95b^4}$ p) $\dfrac{4(x+1)}{20(x+1)^2}$ q) $\dfrac{35(y-3)}{56(y-3)^5}$

r) $\dfrac{24(x-1)(x+1)}{56(x-1)^2}$ s) $\dfrac{27(y-2)(y+4)}{63(y+4)}$ ▲ t) $\dfrac{23(y-1)^2(y-2)(y-3)^3}{92(y-2)^4(y-3)^4}$

5. Kürze die folgenden Bruchterme.

a) $\dfrac{xy}{x^3y^2}$ b) $\dfrac{ab}{a^2b}$ c) $\dfrac{46c^3d^2}{69c^2d^5}$

d) $\dfrac{22cd^7}{77c^2d^4}$ e) $\dfrac{32x^7y^9}{48xy^3}$ ▲ f) $\dfrac{55x^2y^{12}}{77x^4y^3}$

g) $\dfrac{95x^2yz}{133xy^2z}$ ▲ h) $\dfrac{64x^3y^9z^2}{88x^4y^7z^9}$ i) $\dfrac{24a(b+1)}{32a^2}$

k) $\dfrac{34a^2(b-1)^2}{51(b-1)}$ l) $\dfrac{16(a-1)(b+2)}{24(a-1)^2}$ ▲ m) $\dfrac{42(a-5)(b+9)}{63(a-5)^2(b+9)^4}$

▲ n) $\dfrac{21c^2(5d+2)^4}{35(5d+2)^3}$ ▲ o) $\dfrac{44(e+2)^4(3x-2)^3}{198(e+2)^4(3x-2)^2}$ ▲ p) $\dfrac{153(3u+2)^2(4v-1)}{187(3u+2)^4(4v-1)}$

6. Kürze nach Angabe der Definitionsmenge in $\mathbb{Q}$.

a) $\dfrac{x^2+x}{x}$ b) $\dfrac{x^2-2x}{x}$ c) $\dfrac{x^3-x^2}{x^2}$ d) $\dfrac{x^3}{x^4+2x^2}$

e) $\dfrac{2a-2}{a-1}$ f) $\dfrac{2b+4}{3b+6}$ g) $\dfrac{a^2-16}{2(a+4)}$

h) $\dfrac{k^2-64}{3(k-8)}$ i) $\dfrac{c^2-4}{2c+4}$ k) $\dfrac{d^2-25}{10d+50}$

l) $\dfrac{x^2-1}{x^2-2x+1}$ m) $\dfrac{y^2-4}{y^2+4y+4}$ n) $\dfrac{x^2-3x+2}{x^2-6x+8}$

▲ o) $\dfrac{x^2+10x+25}{x^2+7x+10}$ p) $\dfrac{y^2+9y+8}{2y+16}$ q) $\dfrac{y^2+10y+16}{y^2+9y+8}$

▲ r) $\dfrac{z^2+4z+3}{2z^2+12z+18}$ s) $\dfrac{3z^2-27}{z^2-4z+3}$ ▲ t) $\dfrac{4t^2-100}{t^2+8t+15}$

u) $\dfrac{2t^2-18}{3t^2+15t+18}$ ▲ v) $\dfrac{2u^2+14u+20}{25+30u+5u^2}$ ▲ w) $\dfrac{3u^2-33u+72}{(3-u)^2}$

▲ x) $\dfrac{4v^2+4v-8}{6v-3v^2-3}$ ▲ y) $\dfrac{2v^2-8v+6}{15v-3v^2-12}$ ▲ z) $\dfrac{4x^2+12x-40}{50-10x^2-40x}$

7. Kürze die folgenden Bruchterme.

a) $\dfrac{a+b}{(a+b)(a-b)}$ b) $\dfrac{a-b}{a^2-b^2}$ c) $\dfrac{2x+y}{4x+2y}$

d) $\dfrac{3x+2y}{12x+8y}$ e) $\dfrac{c^2-d^2}{2c+2d}$ ▲ f) $\dfrac{3c^2-3d^2}{4c+4d}$

▲ g) $\dfrac{x^2 - 5xy + 6y^2}{x^2 - 6xy + 9y^2}$ ▲ h) $\dfrac{x^2 - 5xy + 4y^2}{x^2 - 6xy + 5y^2}$ ▲ i) $\dfrac{x^2 - 16y^2}{x^2 - 7xy + 12y^2}$

▲ k) $\dfrac{4x^2 - y^2}{6x^2 + xy - y^2}$ ▲ l) $\dfrac{4s^2 - 8st + 3t^2}{4s^2 - 4st - 3t^2}$ ▲ m) $\dfrac{16s^2 - 16st + 3t^2}{16s^2 - 8st - 3t^2}$

8. Mache die folgenden Bruchterme **gleichnamig,** d.h. bringe sie auf solche mit gleichen Nennern.

a) $\dfrac{3}{x}; \dfrac{2}{3}$ b) $\dfrac{x}{3}; \dfrac{4}{x^2}$ c) $\dfrac{5x}{3y}; \dfrac{4}{7y^2}$

d) $\dfrac{2x}{3z}; \dfrac{4x}{5z^2}$ e) $\dfrac{4}{x+1}; \dfrac{5}{x+2}$ f) $\dfrac{3x}{x-1}; \dfrac{5x}{x-3}$

g) $\dfrac{3x+1}{x+1}; \dfrac{4x}{2x+2}$ h) $\dfrac{2x-2}{2x+6}; \dfrac{3x}{x+3}$ i) $\dfrac{x}{2x+4}; \dfrac{3x-1}{3x+6}$

k) $\dfrac{2x-1}{3x+12}; \dfrac{4}{5x+20}$ l) $\dfrac{1}{x^2+2x+1}; \dfrac{3x}{x+1}$ m) $\dfrac{1}{x^2-4x+4}; \dfrac{5}{x-2}$

9. Gib die Lösungen der folgenden Bruchgleichungen in der Grundmenge ℚ an. Bestimme stets zunächst die Definitionsmenge und überprüfe deine Lösung durch Einsetzen.

a) $\dfrac{x+3}{x+5} = \dfrac{x-1}{x-4}$ b) $\dfrac{x+1}{x-3} = \dfrac{x-1}{x+2}$ c) $\dfrac{x+4}{3x+1} = \dfrac{x+3}{3x+2}$

d) $\dfrac{x-1}{2x-3} = \dfrac{x+3}{2x+4}$ ▲ e) $\dfrac{2x-5}{4x+3} = \dfrac{3x-2}{6x-1}$ ▲ f) $\dfrac{15x-3}{3x+2} = \dfrac{5x+4}{x+2}$

---

1. Erweitere $\dfrac{5}{12}$ so, daß der neue Nenner 24, 48, 60, 96, 120 lautet.

Wie findest du jeweils den Erweiterungsfaktor?

2. Forme $\dfrac{x-1}{x+1}$ so um, daß

a) der neue Nenner $x^2 + 2x + 1$, b) der neue Zähler $3x - 3$ lautet.

1.2.2. Dividieren ganzrationaler Terme

Wir wollen in diesem Abschnitt eine Methode kennenlernen, mit deren Hilfe man sich bei einer Reihe von Aufgaben zum Rechnen mit Bruchtermen die Arbeit erleichtern kann.

Um z.B. den Bruchterm $\dfrac{2x+1}{x}$ in einen Bruchterm mit dem Nenner $2x^2 + 3x$ zu verwandeln, hat man den **Erweiterungsterm** E zu bestimmen:

$$x \cdot E = 2x^2 + 3x,$$
$$E = \dfrac{2x^2 + 3x}{x}.$$

Zum Vereinfachen von E können wir zwei Methoden anwenden.

Methode 1: Ausklammern.
Da der Zähler von E sich in das Produkt $x \cdot (2x + 3)$ zerlegen läßt, ergibt sich:
$$E = \frac{x(2x + 3)}{x} = 2x + 3 \text{ für alle } x \in \mathbb{Q}\setminus\{0\}$$

Methode 2: Gliedweises Dividieren.
Mit Hilfe des Distributivgesetzes kann man schließen:
$$E = \frac{1}{x} \cdot (2x^2 + 3x) = \frac{1}{x} \cdot 2x^2 + \frac{1}{x} \cdot 3x = 2x + 3 \text{ für alle } x \in \mathbb{Q}\setminus\{0\}$$

In der Methode 2 haben wir ein Beispiel für den

Satz 1.4
Für alle $a, b \in \mathbb{Q}$ und $c \in \mathbb{Q}\setminus\{0\}$ gilt: $\frac{a + b}{c} = \frac{a}{c} + \frac{b}{c}$.

Für a, b und c können **Terme,** die Variablen enthalten, gesetzt werden, wenn man nur **Einsetzungen aus der Definitionsmenge** der Gleichung $\frac{a + b}{c} = \frac{a}{c} + \frac{b}{c}$ zuläßt.

Beweis: Wir beweisen den Satz wieder mit Hilfe der Tafelgesetze und schreiben den Beweis jetzt kürzer als z. B. den zu Satz 1.2, indem wir eine fortlaufende Gleichungskette benutzen. Das zur Begründung der Allgemeingültigkeit der jeweiligen Gleichung benutzte Tafelgesetz vermerken wir unter dem Gleichheitszeichen.

Für alle $a, b \in \mathbb{Q}$ und $c \in \mathbb{Q}\setminus\{0\}$ gilt:
$$\frac{a + b}{c} \underset{\mathbf{Di}}{=} (a + b) \cdot \frac{1}{c} \underset{\mathbf{D}}{=} a \cdot \frac{1}{c} + b \cdot \frac{1}{c} \underset{\mathbf{Di}}{=} \frac{a}{c} + \frac{b}{c}.$$

Nun können wir unsere Erweiterungsaufgabe zu Ende bringen. Da
$$(2x + 1)(2x + 3) = 4x^2 + 8x + 3$$
ist, ergibt sich die innerhalb der Definitionsmenge $\mathbb{Q}\setminus\left\{0, -\frac{3}{2}\right\}$ allgemeingültige Gleichung
$$\frac{2x + 1}{x} = \frac{4x^2 + 8x + 3}{2x^2 + 3x}.$$

Nun lösen wir eine weitere Aufgabe.
Um den Bruchterm $\frac{2x + 7}{x + 5}$ in einen Bruchterm mit dem Nenner $x^2 + 7x + 10$ zu verwandeln, haben wir den **Erweiterungsterm E** so zu bestimmen, daß
$$(x + 5) \cdot E = x^2 + 7x + 10$$
wird. Den Quotienten $(x^2 + 7x + 10) : (x + 5)$ können wir vereinfachen. In der Definitionsmenge $\mathbb{Q}\setminus\{-5\}$ ist die Gleichung
$$(x + 5) \cdot \frac{1}{x + 5} = 1 \qquad \text{allgemeingültig.}$$

1. Bruchgleichungen und Bruchungleichungen mit einer Variablen

Um dieses Ergebnis benutzen zu können, formen wir $x^2 + 7x + 10$ in folgender Weise um:

$$x^2 + 7x + 10 = x^2 + 5x + 2x + 10 = x \cdot (x + 5) + 2 \cdot (x + 5)$$

Nun können wir das Distributivgesetz anwenden. In der Definitionsmenge gilt:

$$E = \frac{x^2 + 7x + 10}{x + 5} = [x \cdot (x + 5) + 2 \cdot (x + 5)] \cdot \frac{1}{x + 5}$$
$$= x \cdot (x + 5) \cdot \frac{1}{x + 5} + 2 \cdot (x + 5) \cdot \frac{1}{x + 5} = x + 2$$

Nach der Bestimmung des Erweiterungsterms können wir unsere Aufgabe lösen: Da der Nennerterm mit $x + 2$ zu multiplizieren ist, um den neuen Nennerterm zu erhalten, muß auch der Zählerterm mit $x + 2$ multipliziert werden, d.h. der neue Zähler ist

$$(2x + 7) \cdot (x + 2) = 2x^2 + 11x + 14,$$

mithin ergibt sich die in $\mathbb{Q}\setminus\{-5, -2\}$ allgemeingültige Gleichung

$$\frac{2x + 7}{x + 5} = \frac{2x^2 + 11x + 14}{x^2 + 7x + 10}.$$

Die **Division zweier ganzrationaler Terme** läßt sich am einfachsten ausführen, wenn man sie ähnlich wie das schriftliche Dividieren natürlicher Zahlen schreibt. Dabei müssen die Summanden in beiden Termen nach fallenden (oder steigenden) Potenzen der Variablen geordnet sein.

Beispiel:

$$\begin{array}{l}
(x^2 + 7x + 10) : (x + 5) = x + 2 \\
\underline{-(x^2 + 5x)} \\
\qquad\quad 2x + 10 \\
\qquad\underline{-(2x + 10)} \\
\qquad\qquad\quad 0
\end{array}$$

Zum Vergleich: $462 : 21 =$
$$\begin{array}{l}
(400 + 60 + 2) : (20 + 1) = 20 + 2 \\
\underline{-(400 + 20)} \\
\qquad\qquad 40 + 2 \\
\qquad\underline{-(40 + 2)} \\
\qquad\qquad\quad 0
\end{array}$$

Die Teilergebnisse, also x und 2, findet man dadurch, daß man nur die Summanden mit den höchsten Exponenten durcheinander dividiert und die anderen Summanden zunächst unberücksichtigt läßt. Dies bedeutet in unserem Beispiel:

$$x^2 : x = x \quad \text{bzw.} \quad 2x : x = 2.$$

Dieses Verfahren führt auch bei schwierigeren Aufgaben zum Ziel.

Beispiele:

1.
$$\begin{array}{l}(x^3 + 4x^2 + 2x - 4) : (x + 2) = x^2 + 2x - 2 \\ \underline{-(x^3 + 2x^2)} \\ \qquad 2x^2 + 2x - 4 \\ \qquad \underline{-(2x^2 + 4x)} \\ \qquad\qquad -2x - 4 \\ \qquad\qquad \underline{-(-2x - 4)} \\ \qquad\qquad\qquad 0\end{array}$$

Die Summanden des Ergebnisses entstehen aus:
$x^3 : x = x^2$
$2x^2 : x = 2x$
$-2x : x = -2$

2.
$$\begin{array}{l}(8x^6 - 27y^3) : (2x^2 - 3y) = 4x^4 + 6x^2y + 9y^2 \\ \underline{-(8x^6 - 12x^4y)} \\ \qquad 12x^4y - 27y^3 \\ \qquad \underline{-(12x^4y - 18x^2y^2)} \\ \qquad\qquad 18x^2y^2 - 27y^3 \\ \qquad\qquad \underline{-(18x^2y^2 - 27y^3)} \\ \qquad\qquad\qquad 0\end{array}$$

Die Summanden des Ergebnisses entstehen aus:
$8x^6 : 2x^2 = 4x^4$
$12x^4y : 2x^2 = 6x^2y$
$18x^2y^2 : 2x^2 = 9y^2$

Die letzte Aufgabe zeigt, daß auch beim Rechnen mit Termen „Nullen" vorkommen können, d.h. daß gewisse Potenzen fehlen können. Dann müssen, wie in unserem 2. Beispiel, die Differenzen ebenso nach fallenden (oder steigenden) Potenzen einer Variablen geordnet sein wie die ursprünglichen Terme, d.h., in der 5. Zeile des 2. Beispiels ist $18x^2y^2 - 27y^3$ zu schreiben, **nicht** $-27y^3 + 18x^2y^2$.

Natürlich gibt es auch hier Aufgaben, bei denen ein **Rest** bleibt.

Beispiel:
$$\begin{array}{l}(x^3 + 2x^2 + 1) : (x - 2) = x^2 + 4x + 8 + \dfrac{17}{x - 2} \\ \underline{-(x^3 - 2x^2)} \\ \qquad 4x^2 + 1 \\ \qquad \underline{-(4x^2 - 8x)} \\ \qquad\qquad 8x + 1 \\ \qquad\qquad \underline{-(8x - 16)} \\ \qquad\qquad\qquad 17\end{array}$$

Anmerkung: Bei Divisionsaufgaben, in denen Dividend und Divisor nicht beide nach fallenden oder steigenden Potenzen der Variablen geordnet sind, muß man sowohl Dividend wie auch Divisor **vor** dem Dividieren in einer dieser beiden Weisen ordnen. Bei Aufgaben mit zwei Variablen verfährt man entsprechend bezüglich einer beliebigen der beiden Variablen.

1. Bruchgleichungen und Bruchungleichungen mit einer Variablen

Beispiele:
1. $(7x^2 + 2x^3 + 16x + 15) : (2x + 3) = (15 + 16x + 7x^2 + 2x^3) : (3 + 2x)$
   oder $\quad\quad\quad\quad\quad\quad\quad\quad\quad\quad\quad\; = (2x^3 + 7x^2 + 16x + 15) : (2x + 3)$
2. $(3ab^2 - 3a^2b + a^3 - b^3) : (a - b) = (a^3 - 3a^2b + 3ab^2 - b^3) : (a - b)$

Aufgaben

1. Löse die folgenden Divisionsaufgaben durch Zerlegung des Dividenden in Faktoren, nachdem du die Definitionsmenge bestimmt hast.
   a) $(3x + 9) : 3$
   b) $(8x + 2) : 2$
   c) $(x^2 + x) : x$
   d) $(y^3 - y^2) : y^2$
   e) $(a^2 - 1) : (a - 1)$
   f) $(b^2 - 4) : (b + 2)$
   g) $(c^2 - 2c + 1) : (c - 1)$
   h) $(a^2 + 12a + 36) : (a + 6)$
   i) $(4u^2 - 25) : (2u - 5)$
   k) $(9u^2 - 16) : (3u + 4)$
   l) $(4w^2 + 12w + 9) : (2w + 3)$
   m) $(9w^2 - 12w + 4) : (3w - 2)$
   n) $(25 - 36w^2) : (5 + 6w)$
   o) $(49 - 81x^2) : (9x - 7)$
   p) $(121 - 66y + 9y^2) : (3y - 11)$
   q) $(16z + 4z^2 + 16) : (2z + 4)$

2. Vereinfache durch Zerlegung des Dividenden in Faktoren:
   a) $(mx - nx) : (m - n)$
   b) $(sy - s) : s$
   c) $(tz - t) : (z - 1)$
   d) $(aw - cw) : (a - c)$
   e) $(ar - r) : (a - 1)$
   f) $(ab + a) : (b + 1)$
   g) $(3ax + 4bx) : (3a + 4b)$
   h) $(16xy - 24x^2) : (4y - 6x)$
   i) $(at - bt) : (a - b)$
   k) $(24x + 36y) : (2x + 3y)$
   l) $(21x^2 + 28xz) : (3x + 4z)$
   m) $(45a^2 - 36ab) : (5a - 4b)$
   n) $(189 - 9m) : (21 - m)$
   o) $(6a^2 + 6ab) : (a + b)$
   p) $(23a^2 - 46a^3) : (a^2 - 2a^3)$
   q) $(25b^2 - 30b^4) : (5 - 6b^2)$
   r) $(36x^2 - 18x) : (2x - 1)$
   s) $(12x^2y^2 - 36xy) : (xy - 3)$
   t) $(15x^3y - 20x^2) : (3xy - 4)$
   u) $(9a^2 + 12ab + 4b^2) : (3a + 2b)$
   v) $(36s^2 - 84st + 49t^2) : (6s - 7t)$
   w) $(49x^2 - 9y^2) : (7x + 3y)$
   ▲ x) $(ax - ay + bx - by) : (x - y)$
   ▲ y) $(21ax - 6ay - 14bx + 4by) : (7x - 2y)$
   ▲ z) $(3sx + 3tx + sy + ty) : (3x + y)$

3. Nach der Angabe der Definitionsmenge in der Menge $\mathbb{Q}$ ist zu berechnen:
   a) $(x^2 + 5x - 6) : (x - 1)$
   b) $(x^2 + 2x - 3) : (x + 3)$
   c) $(x^2 - 18x + 45) : (x - 15)$
   d) $(x^2 + 11x + 24) : (x + 8)$
   e) $(x^2 - 11x + 30) : (x - 6)$
   f) $(24 - 10x + x^2) : (4 - x)$
   g) $(20 - 23x + 6x^2) : (5 - 2x)$
   h) $(24 - 2x - 15x^2) : (4 + 3x)$
   i) $(5x^3 + 16x^2 + 13x + 2) : (5x + 1)$
   k) $(2x^3 - 7x^2 + 12x - 9) : (2x - 3)$
   l) $(6 - 5y + 6y^2 + 8y^3) : (3 + 2y)$
   m) $(4 - 11z - 8z^2 + 15z^3) : (4 + 5z)$
   n) $(27x^3 + 1) : (3x + 1)$
   o) $(1 - 8y^3) : (1 - 2y)$
   p) $(z^3 - 125) : (z - 5)$
   q) $(8 + 1000u^3) : (2 + 10u)$
   r) $(a^5 - 1) : (a - 1)$
   s) $(b^7 - 128) : (b - 2)$
   t) $(c^5 + 1) : (c + 1)$
   u) $(x^7 + 1) : (x + 1)$
   v) $(x^4 - 2x^2 + 1) : (x + 1)$

1. Bruchgleichungen und Bruchungleichungen mit einer Variablen

4. Dividiere, nachdem du die Summanden geeignet geordnet hast.
a) $(56 - 15x + x^2) : (x - 7)$
b) $(2y - 3 + y^2) : (y + 3)$
c) $(11z + z^3 - 6z^2 - 6) : (z - 3)$
d) $(3u - u^2 + 2u^3 - 9) : (2u - 3)$
e) $(x^3 - 49x - 120) : (5 + x)$
f) $(9b + 6b^3 - 15) : (3b - 3)$
g) $(7c^3 + 58c - 21 - 24c^2) : (7c - 3)$
h) $(87d - 18d^2 - 110 + d^3) : (d - 11)$
i) $(30 + e^2 - 11e) : (-6 + e)$
k) $(24 - 10f + f^2) : (f - 4)$

5. Berechne die Quotienten.
a) $(12x^2 + 25xy + 12y^2) : (4x + 3y)$
b) $(12x^2 - 7xy - 12y^2) : (3x - 4y)$
c) $(15a^3 - 44a^2b + 33ab^2 - 28b^3) : (3a - 7b)$
d) $(14a^3 + 3a^2b - 55ab^2 + 36b^3) : (7a - 9b)$
e) $(6c^3 + c^2d - 8cd^2 + 6d^3) : (2c + 3d)$
f) $(8p^3 + 14p^2q - 58pq^2 + 35q^3) : (4p - 5q)$
g) $(a^3 - b^3) : (a - b)$
h) $(p^3 - q^3) : (q - p)$
i) $(10a^2 + 10b^2 - 29ab) : (5a - 2b)$
k) $(23xy + 10x^2 + 12y^2) : (5x + 4y)$
l) $(a^2b - b^3 + a^3 - ab^2) : (a - b)$
m) $(6x^3y - 2x^2y^2 - 3xy^2 + y^3) : (2x^2 - y)$

6. Löse die folgenden Divisionsaufgaben.
a) $(x^2 + 6x + 8) : (x + 2)$
b) $(x^2 + 5x + 5) : (x + 1)$
c) $(x^2 + 3x + 4) : (x + 2)$
d) $(y^2 + 5y + 8) : (y - 2)$
e) $(3y^2 + 2y - 1) : (y - 1)$
f) $(4y^3 + 2y^2 - 2) : (y - 3)$
g) $(z^3 + 2) : (z - 1)$
h) $(z^4 + 3z + 1) : (z - 3)$
i) $(z^4 + 1) : (z - 1)$
k) $(x^3 + 2x^2y - y^3) : (x - y)$
l) $(8x^3 - 4x^2y + y^3) : (2x - y)$
m) $(27x^3 - 65y^3) : (3x - 2y)$

7. Erweitere die folgenden Bruchterme so, daß der hinter dem Semikolon stehende Term neuer Nenner wird.
a) $\dfrac{2x}{3x + 2}$; $12x^2 + 17x + 6$
b) $\dfrac{5x - 1}{2x + 4}$; $6x^2 + 24x + 24$
c) $\dfrac{3x - y}{2x + 3y}$; $6x^2 + 7xy - 3y^2$
d) $\dfrac{5x + 4y}{3x - 7y}$; $6x^2 - 2xy - 28y^2$
e) $\dfrac{2a + 3b}{4a - 3b}$; $24a^2 - 38ab + 15b^2$
f) $\dfrac{4c + 3d}{a - 3b}$; $a^3 + 3b^2 - 3a^2b - ab$

1. Bruchgleichungen und Bruchungleichungen mit einer Variablen

1. Berechne die folgenden Produkte durch wiederholtes Addieren.

   a) $\frac{5}{7} \cdot 4$ b) $\frac{3}{8} \cdot 5$ c) $\frac{2}{3} \cdot 7$

2. Welche Multiplikationen zeigt Bild 1.4?

3. Berechne die folgenden Produkte.

   a) $\frac{2}{3} \cdot \frac{1}{2}$ b) $\frac{1}{4} \cdot \frac{2}{3}$ c) $\left(\frac{2}{3}\right)^2$

   Stelle diese Multiplikationen im Diagramm dar. Wiederhole dabei, wie man Brüche miteinander multipliziert.

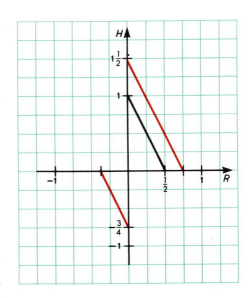

Bild 1.4

1.2.3. Multiplikation von Bruchtermen

Für das Multiplizieren von rationalen Zahlen, die durch Brüche bezeichnet sind, haben wir früher aus Diagrammen abgelesen, daß man das Produkt der Brüche bildet, indem man das Produkt der Zähler durch das Produkt der Nenner dividiert.
Entsprechend kann man aus Diagrammen ablesen:

Satz 1.5
Für alle $a, c \in \mathbb{Q}$ **und** $b, d \in \mathbb{Q} \setminus \{0\}$ **gilt:** $\frac{a}{b} \cdot \frac{c}{d} = \frac{a \cdot c}{b \cdot d}$.

a, b, c und d können wir durch **Terme** ersetzen, die Variablen enthalten, wenn wir nur **Einsetzungen** für diese Variablen **aus der Definitionsmenge** der Gleichung $\frac{a}{b} \cdot \frac{c}{d} = \frac{a \cdot c}{b \cdot d}$ zulassen.

▲ **Beweis:**
Für alle $a, c \in \mathbb{Q}$ und $b, d \in \mathbb{Q} \setminus \{0\}$ gilt:
$\frac{a}{b} \cdot \frac{c}{d} \underset{\mathbf{Di}}{=} \left(a \cdot \frac{1}{b}\right) \cdot \left(c \cdot \frac{1}{d}\right) \underset{\mathbf{A^{\cdot}, K^{\cdot}}}{=} (a \cdot c) \cdot \left(\frac{1}{b} \cdot \frac{1}{d}\right) \underset{\mathbf{n^{\cdot}}}{=} (a \cdot c) \cdot \left(\frac{1}{b} \cdot \frac{1}{d}\right) \cdot 1 \underset{\mathbf{i^{\cdot}}}{=}$
$(a \cdot c) \cdot \left(\frac{1}{b} \cdot \frac{1}{d}\right) \cdot (b \cdot d) \cdot \frac{1}{b \cdot d} \underset{\mathbf{A^{\cdot}, K^{\cdot}}}{=} (a \cdot c) \cdot \left(\frac{1}{b} \cdot b\right) \cdot \left(\frac{1}{d} \cdot d\right) \cdot \frac{1}{b \cdot d} \underset{\mathbf{i^{\cdot}}}{=}$
▲ $(a \cdot c) \cdot 1 \cdot 1 \cdot \frac{1}{b \cdot d} \underset{\mathbf{n^{\cdot}}}{=} (a \cdot c) \cdot \frac{1}{b \cdot d} \underset{\mathbf{Di}}{=} \frac{a \cdot c}{b \cdot d}$.

Beispiele:

1. $\frac{5}{3x} \cdot \frac{4}{7x} = \frac{5 \cdot 4}{3x \cdot 7x} = \frac{20}{21 x^2}$ für alle $x \in \mathbb{D}$ mit $\mathbb{D} = \mathbb{Q} \setminus \{0\}$.

1. Bruchgleichungen und Bruchungleichungen mit einer Variablen

2. $\dfrac{x+1}{x-2} \cdot \dfrac{x+3}{x-4} = \dfrac{(x+1)(x+3)}{(x-2)(x-4)} = \dfrac{x^2+4x+3}{x^2-6x+8}$ für alle $x \in \mathbb{D}$ mit $\mathbb{D} = \mathbb{Q}\setminus\{2, 4\}$.

Die Multiplikation von Brauchtermen kann man oft dadurch vereinfachen, daß man **vor** dem Multiplizieren **kürzt**.

Beispiele:

3. $\dfrac{x+2}{x-7} \cdot \dfrac{2x-14}{5x+10} = \dfrac{x+2}{x-7} \cdot \dfrac{2(x-7)}{5(x+2)} = \dfrac{(x+2) \cdot 2(x-7)}{(x-7) \cdot 5(x+2)} = \dfrac{2}{5}$

für alle $x \in \mathbb{D}$ mit $\mathbb{D} = \mathbb{Q}\setminus\{-2, 7\}$, Kürzungsterm $(x+2)(x-7)$.

4. $\dfrac{2x+16}{x^2-16} \cdot \dfrac{x^2+5x+4}{x+8} = \dfrac{2(x+8)}{(x+4)(x-4)} \cdot \dfrac{(x+4)(x+1)}{x+8}$

$= \dfrac{2(x+8)(x+4)(x+1)}{(x+4)(x-4)(x+8)} = \dfrac{2(x+1)}{x-4} = \dfrac{2x+2}{x-4}$

für alle $x \in \mathbb{D}$ mit $\mathbb{D} = \mathbb{Q}\setminus\{-4, 4, -8\}$, Kürzungsterm $(x+4)(x+8)$.

Die folgenden Sonderfälle von Satz 1.5 wollen wir noch erwähnen:

Setzt man in $\dfrac{a}{b} \cdot \dfrac{c}{d} = \dfrac{a \cdot c}{b \cdot d}$ (Satz 1.5) für a und d und für b und c jeweils dieselben Terme, so ergibt sich:

Für alle $a, b \in \mathbb{Q}\setminus\{0\}$ gilt $\dfrac{a}{b} \cdot \dfrac{b}{a} = \dfrac{a \cdot b}{b \cdot a} \underset{\mathbf{K}}{=} \dfrac{a \cdot b}{a \cdot b} \underset{\mathbf{Di}}{=} (a \cdot b) \cdot \dfrac{1}{a \cdot b} \underset{\mathbf{i \cdot}}{=} 1$.

Satz 1.6
Für alle $a, b \in \mathbb{Q}\setminus\{0\}$ gilt: $\dfrac{a}{b} \cdot \dfrac{b}{a} = 1$.

Das bedeutet: Das **inverse Element** zu $\dfrac{a}{b}$ ist $\dfrac{b}{a}$.

Da das eindeutig bestimmte inverse Element zu $\dfrac{a}{b}$ nach $\mathbf{i \cdot}$ $\dfrac{1}{\frac{a}{b}}$ ist, gilt $\dfrac{1}{\frac{a}{b}} = \dfrac{b}{a}$ für alle $a, b \in \mathbb{Q}\setminus\{0\}$.

Setzen wir in $\dfrac{a}{b} \cdot \dfrac{c}{d} = \dfrac{a \cdot c}{b \cdot d}$ 1 für d, so ergibt sich

Satz 1.7
Für alle $a, c \in \mathbb{Q}$ und $b \in \mathbb{Q}\setminus\{0\}$ gilt: $\dfrac{a}{b} \cdot c = \dfrac{a \cdot c}{b}$.

Beispiel:

$\dfrac{x+1}{x^2-4} \cdot (x-2) = \dfrac{x+1}{(x+2)(x-2)} \cdot (x-2) = \dfrac{(x+1)(x-2)}{(x+2)(x-2)} = \dfrac{x+1}{x+2}$

für alle $x \in \mathbb{D}$ mit $\mathbb{D} = \mathbb{Q}\setminus\{-2, 2\}$, Kürzungsterm $(x-2)$.

1. Bruchgleichungen und Bruchungleichungen mit einer Variablen

Mit Hilfe von Satz 1.7 können wir jetzt auch gewisse Bruchgleichungen einfacher lösen.

Beispiel:
$$\mathbb{L} = \left\{ x \,\middle|\, \frac{x-3}{x+3} = \frac{2x+3}{2x-1} \right\}_\mathbb{Q}.$$

In der Definitionsmenge $\mathbb{Q} \setminus \left\{-3, \frac{1}{2}\right\}$ ist für jede Einsetzung

$$(x+3)(2x-1) \neq 0.$$

Das Multiplizieren mit diesem Term liefert in der Definitionsmenge also eine Äquivalenzumformung. Damit erhält man:

$$\frac{x-3}{x+3} = \frac{2x+3}{2x-1}$$

$\Leftrightarrow \quad \dfrac{x-3}{x+3} \cdot (x+3)(2x-1) = \dfrac{2x+3}{2x-1} \cdot (x+3)(2x-1)$

$\underset{\text{Satz 1.7.}}{\Longleftrightarrow} \quad \dfrac{(x-3)(x+3)(2x-1)}{x+3} = \dfrac{(2x+3)(x+3)(2x-1)}{2x-1}$

$\underset{\text{Kürzen}}{\Longleftrightarrow} \quad (x-3)(2x-1) = (2x+3)(x+3)$

$\Leftrightarrow \quad 2x^2 - 7x + 3 = 2x^2 + 9x + 9$

$\Leftrightarrow \quad -16x = 6$

$\Leftrightarrow \quad x = -\dfrac{3}{8}$

$$\mathbb{L} = \left\{-\frac{3}{8}\right\}$$

Aufgaben

1. Bestimme zuerst die Definitionsmenge in $\mathbb{Q}$ und dann das Produkt.

a) $\dfrac{3}{4} \cdot 12$ b) $\dfrac{6}{7} \cdot 21$ c) $\dfrac{6}{7} \cdot 21$ d) $\dfrac{2x}{3} \cdot 4x$

e) $\dfrac{5x^2}{3} \cdot 4x$ f) $\dfrac{2x^3}{3} \cdot 3x^2$ g) $\dfrac{2x+4}{x} \cdot x^2$ h) $\dfrac{5x-3}{x^2} \cdot x$

i) $\dfrac{2x^2+x}{3} \cdot x^4$ k) $\dfrac{4y-1}{3} \cdot y^2$ l) $\dfrac{1-2y}{3} \cdot y^3$ m) $5y \cdot \dfrac{3-y}{y^2}$

n) $6y^4 \cdot \dfrac{3-y}{y}$ o) $(2y-1) \cdot \dfrac{5}{4y-2}$ p) $(6y-3) \cdot \dfrac{3y}{2y-4}$ q) $(a-2) \cdot \dfrac{4}{(a-2)^2}$

r) $(2r+1) \cdot \dfrac{6r}{4r^2+4r+1}$ s) $(t+7) \cdot \dfrac{5t^2}{t^2-49}$ t) $(x-5) \cdot \dfrac{4x+3}{x^2-25}$

2. Bestimme die folgenden Produkte.

a) $\dfrac{4}{3} \cdot 2xy$ b) $\dfrac{4x}{3} \cdot 2y$ c) $\dfrac{4xy}{3} \cdot 2$

d) $\dfrac{2xy}{3} \cdot 6x^2y$ e) $\dfrac{5x^3y}{6} \cdot 2x^3y^2$ f) $\dfrac{4xy^2}{3} \cdot 9x^2y$

1. Bruchgleichungen und Bruchungleichungen mit einer Variablen

1

g) $(a-b)^2 \cdot \dfrac{6b}{a-b}$ h) $(x-y)^3 \cdot \dfrac{4}{(x-y)^2}$ i) $(4x-3z) \cdot \dfrac{5x+3z}{16x^2-9z^2}$

k) $(2y+3u) \cdot \dfrac{4y-1}{4y^2-9u^2}$ l) $\dfrac{x^2+y^2}{x-y} \cdot (x^2-y^2)$ m) $\dfrac{x^2-y^2}{x+2y} \cdot (x+2y)^2$

n) $\dfrac{7a-3b}{7a+3b} \cdot (49a^2-9b^2)$ ▲ o) $\dfrac{4z+9w}{4z-9w} \cdot (16z^2-81w^2)$

▲ p) $\dfrac{4(x+3y)}{5(x-3y)} \cdot 25(9y^2-x^2)$ ▲ q) $\dfrac{5(7a+2b)}{7(5a+2b)} \cdot 14(4b^2-25a^2)$

3. Berechne das Produkt nach der Bestimmung der Definitionsmenge in ℚ.

a) $\dfrac{2}{3} \cdot \dfrac{12}{25}$ b) $\left(-\dfrac{4}{9}\right) \cdot \dfrac{5}{8}$ c) $\left(-\dfrac{2}{3}\right) \cdot 1\dfrac{3}{4}$

d) $5\dfrac{5}{12} \cdot \left(-\dfrac{4}{13}\right)$ e) $4\dfrac{7}{12} \cdot \dfrac{3}{22}$ f) $\left(-6\dfrac{2}{9}\right) \cdot \left(-\dfrac{7}{8}\right)$

g) $\dfrac{5x}{7} \cdot \dfrac{14}{25x}$ h) $\left(-\dfrac{3y}{17}\right) \cdot 1\dfrac{5}{12}y$ i) $\left(-\dfrac{4}{7x}\right) \cdot \left(-1\dfrac{1}{13}y\right)$

k) $1\dfrac{1}{15}y \cdot 3\dfrac{3}{4}y^2$ l) $2\dfrac{2}{7}x \cdot \dfrac{5}{16x^2}$ m) $\dfrac{4x^3}{15} \cdot 2\dfrac{1}{12}x^2$

n) $\dfrac{4a^2}{7} \cdot \dfrac{5}{3a} \cdot \dfrac{14}{15a^4}$ o) $\dfrac{11}{16b^2} \cdot \dfrac{b}{5} \cdot \dfrac{4b^4}{55}$

p) $\left(-\dfrac{14x^2}{19}\right) \cdot \left(-\dfrac{38}{7x}\right) \cdot \dfrac{x^5}{2}$ q) $\dfrac{5(x-1)}{3} \cdot \left(-\dfrac{12}{35(x-1)^2}\right) \cdot \dfrac{4}{x}$

r) $\dfrac{4(x+2)}{5} \cdot \dfrac{25x}{x^2+4x+4} \cdot \dfrac{2x+4}{35}$ s) $\dfrac{4x-12}{35x+7} \cdot \dfrac{25x^2-1}{3x-9} \cdot \dfrac{7x}{15x-3}$

▲ t) $\dfrac{2y-1}{3y+1} \cdot \dfrac{2y+1}{3y-1}$ ▲ u) $\dfrac{9y^2-4}{8} \cdot \dfrac{3y+2}{3y-2}$ ▲ v) $\left(\dfrac{3x-1}{2x+1}\right)^2 \cdot (1-4x^2)$

4. Schreibe die Produktterme, die sich bei den folgenden Aufgaben ergeben, möglichst einfach.

a) $\dfrac{a}{2x} \cdot \dfrac{x}{2a}$ b) $\dfrac{ab}{x} \cdot \dfrac{x}{a}$ c) $\dfrac{2a}{5x} \cdot \dfrac{15x}{4}$

d) $\left(-\dfrac{3x}{2y}\right)^2$ e) $\dfrac{3x^2}{8b^2} \cdot \dfrac{4bx}{27}$ f) $\dfrac{38a}{35b} \cdot \dfrac{49b^5}{95a^3}$

g) $\dfrac{105a^3}{72b} \cdot \dfrac{5b^2}{42c}$ h) $\dfrac{3x^4}{4y^3} \cdot \dfrac{6y^7}{x^3y}$ i) $\dfrac{143x^2}{64b^2} \cdot \dfrac{48x^3}{55a^3b}$

k) $\dfrac{99rs}{134q} \cdot \dfrac{67s^5}{88r^3}$ l) $\dfrac{225xy}{49u^2} \cdot \dfrac{28uw}{625x^3}$ m) $\left(-\dfrac{192s^2}{99r}\right) \cdot \left(-\dfrac{121s^3}{176r^5}\right)$

n) $\left(-\dfrac{85s^2}{24t^5}\right) \cdot \dfrac{75t^4}{34s^2}$ o) $\left(\dfrac{2a}{3b}\right)^2$ p) $\left(\dfrac{3x}{5y}\right)^2$

q) $\left(-\dfrac{a+1}{b-1}\right)^2$ r) $\left(-\dfrac{3-x}{2}\right)^2$ s) $\left(-\dfrac{2x+1}{3x-2}\right)^2$

t) $\left(-\dfrac{x+1}{y}\right)^3$ u) $\left(-\dfrac{x+y}{x-y}\right)^2 \cdot \left(-\dfrac{x}{y}\right)$ v) $\left(-\dfrac{a-b}{b}\right)^2 \cdot \dfrac{b^2}{a-b}$

1. Bruchgleichungen und Bruchungleichungen mit einer Variablen

▲ w) $\left(\dfrac{x-y}{x+2y}\right)^3 \cdot \dfrac{(x+2y)^2}{x-y}$ ▲ x) $\left(\dfrac{a-2b}{a+2b}\right)^3 \cdot \left(\dfrac{a+2b}{a-2b}\right)^2$

▲ y) $\left(-\dfrac{c^2-d^2}{c+2d}\right)^2 \cdot \dfrac{c+2d}{c+d}$ ▲ z) $\left(\dfrac{x^2-49y^2}{x^2-25y^2}\right) \cdot \left(\dfrac{x+5y}{x-7y}\right)^2$

5. Vereinfache die folgenden Terme so weit wie möglich.

a) $\left(\dfrac{7x}{3y}+\dfrac{28x}{9y}\right) \cdot \dfrac{3y}{14x}$
b) $\left(\dfrac{25x^2}{6y^2}-\dfrac{35x^3}{12y^2}\right) \cdot \left(-\dfrac{9y}{5x}\right)$

c) $\left(\dfrac{4a}{9b}-\dfrac{8a^2}{15b^2}+\dfrac{10a}{21b^3}\right) \cdot \dfrac{6b^3}{a}$
d) $\left(\dfrac{11x^2}{25c}+\dfrac{22x^3}{15c^4}-\dfrac{33x}{10c^3}\right) \cdot \left(-\dfrac{35c^4}{44x^2}\right)$

e) $\left(\dfrac{3a^2}{2d}-\dfrac{4}{5d}\right) \cdot \left(\dfrac{10d^2}{a}\right)^2$
f) $\left(\dfrac{4b^2}{9m^3}-\dfrac{16b}{15m^2}\right) \cdot \left(-\dfrac{3m^2}{2b^2}\right)^2$

g) $\left(\dfrac{1}{x}-2\right)^2$
h) $\left(\dfrac{3}{y}-2a\right)^2$

i) $\left(2-\dfrac{1}{a}\right) \cdot \left(2+\dfrac{1}{a}\right)$
k) $\left(5-\dfrac{3}{x}\right) \cdot \left(\dfrac{3}{x}-5\right)$

l) $\left(a+\dfrac{y}{3}\right) \cdot \left(b+\dfrac{y}{3}\right)$
m) $\left(2c-\dfrac{3x}{4}\right) \cdot \left(2y+\dfrac{4}{3x}\right)$

▲ n) $\left(\dfrac{3p}{4q}-\dfrac{9p}{8q^2}\right) \cdot \left(\dfrac{2q}{9p}-\dfrac{8q}{3p^2}\right)$ ▲ o) $\left(\dfrac{16b}{27k^2}-\dfrac{32b^3}{15k}\right) \cdot \left(\dfrac{81b}{4k}-\dfrac{16b^2}{3k^3}\right)$

6. Löse folgende Bruchgleichungen nach dem auf S. 23 angegebenen Verfahren. Bestimme für alle Aufgaben die Lösungen in $\mathbb{N}$, $\mathbb{Z}$ und $\mathbb{Q}$.

a) $\dfrac{x-1}{x+1} = \dfrac{2x-5}{2x+3}$
b) $\dfrac{2x+1}{2x+3} = \dfrac{x-1}{x+5}$
c) $\dfrac{x-6}{2x+1} = \dfrac{3x-2}{6x+2}$

d) $\dfrac{2x-5}{x-4} = \dfrac{4x+3}{2x-3}$
▲ e) $\dfrac{3x+5}{2x-6} = \dfrac{2+6x}{3+4x}$
▲ f) $\dfrac{1-2y}{5-3y} = \dfrac{5-6y}{2-9y}$

g) $\dfrac{4-9y}{3y+2} = \dfrac{2-3y}{y+1}$
h) $\dfrac{5-4z}{3-2z} = \dfrac{9-10z}{6-5z}$
i) $\dfrac{2x+5}{2x-2} = \dfrac{x-4}{x-1}$

k) $\dfrac{3x+4}{3x-6} = \dfrac{2x+5}{2x-4}$
l) $\dfrac{5y+1}{10y-30} = \dfrac{2y+3}{4y-12}$
m) $\dfrac{4y}{6y+24} = \dfrac{2y}{3y+12}$

▲ n) $\dfrac{6y+2}{3y+3} = \dfrac{2y+2}{y-2}$
o) $\dfrac{4y-1}{2y+2} = \dfrac{2y+1}{y+3}$

p) $\dfrac{10x-10}{2x-2} = \dfrac{5x+5}{x+1}$
q) $\dfrac{x+2}{3x+6} = \dfrac{5x+10}{15x+30}$

1.2.4. Division von Bruchtermen

1. Bestimme folgende Quotienten.

   a) $\frac{8}{9} : 4$ b) $\frac{16}{17} : 8$ c) $\frac{9}{11} : 3$

2. Löse folgende Aufgaben mit Hilfe des Multiplikationsdiagramms.

   a) $\frac{4}{9} : 2$ b) $\frac{5}{7} : 3$ c) $\frac{4}{7} : 5$

   Kannst du diese Aufgaben ebenso lösen wie die Aufgaben in 1., nachdem du den Dividenden passend erweitert hast?

3. Welche Division zeigt Bild 1.5?

4. Bestimme die Quotienten

   a) $\frac{3}{4} : \frac{1}{2}$ b) $\frac{6}{7} : \frac{3}{5}$ c) $\frac{4}{9} : \frac{2}{3}$

   mit Hilfe des Diagramms. Welche Regel für das Dividieren durch einen Bruch hast du früher gelernt?

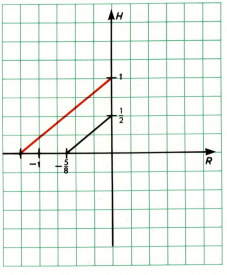

Bild 1.5

Für das Dividieren von Brüchen gilt der

Satz 1.8
Für alle $a \in \mathbb{Q}$ und $b, c, d \in \mathbb{Q} \setminus \{0\}$ gilt: $\quad \frac{a}{b} : \frac{c}{d} = \frac{a}{b} \cdot \frac{d}{c} = \frac{a \cdot d}{b \cdot c}$

Auch hier können wir a, b, c und d durch **Terme** ersetzen, die Variablen enthalten, wenn wir nur **Einsetzungen** für diese Variablen **aus der Definitionsmenge** der Gleichung $\frac{a}{b} : \frac{c}{d} = \frac{a \cdot d}{b \cdot c}$ zulassen.

Der **Beweis** des Satzes ergibt sich unmittelbar aus den Sätzen 1.5 und 1.6:

$\frac{a}{b} : \frac{c}{d} \underset{\textbf{Di}}{=} \frac{a}{b} \cdot \frac{1}{\frac{c}{d}} \underset{\text{Satz 1.6}}{=} \frac{a}{b} \cdot \frac{d}{c} \underset{\text{Satz 1.5}}{=} \frac{a \cdot d}{b \cdot c}$ für alle $a \in \mathbb{Q}$ und $b, c, d \in \mathbb{Q} \setminus \{0\}$.

Wenn wir $\frac{d}{c}$ den **Kehrterm** zu $\frac{c}{d}$ nennen, können wir uns merken:

Man dividiert durch einen Bruchterm, indem man mit dem Kehrterm multipliziert.

Beispiele:
1. $\frac{5x+1}{x^2} : \frac{x-1}{2x} = \frac{5x+1}{x^2} \cdot \frac{2x}{x-1} = \frac{(5x+1) \cdot 2x}{x^2 \cdot (x-1)} = \frac{2(5x+1)}{x(x-1)} =$
   $= \frac{10x+2}{x^2-x}$
   Diese Gleichung ist allgemeingültig in der Definitionsmenge $\mathbb{Q} \setminus \{0, 1\}$.

2. $\dfrac{3x+1}{x+2} : \dfrac{x}{2x+4} = \dfrac{3x+1}{x+2} \cdot \dfrac{2x+4}{x} = \dfrac{(3x+1) \cdot 2(x+2)}{(x+2) \cdot x}$
$= \dfrac{(3x+1) \cdot 2}{x} = \dfrac{6x+2}{x}$

Diese Gleichung ist allgemeingültig in der Definitionsmenge $\mathbb{Q} \setminus \{-2, 0\}$.

Term und Kehrterm können in derselben Grundmenge verschiedene Definitionsmengen haben. Z. B. hat $\dfrac{x-1}{x-2}$ in $\mathbb{Q}$ die Definitionsmenge $\mathbb{Q} \setminus \{2\}$, der Kehrterm $\dfrac{x-2}{x-1}$ die Definitionsmenge $\mathbb{Q} \setminus \{1\}$.

Da der Kehrterm zu c der Term $\dfrac{1}{c}$ ist, ergibt sich mit 1 für d der folgende Sonderfall von Satz 1.8:

Satz 1.9
Für alle $a \in \mathbb{Q}$ und $b, c \in \mathbb{Q} \setminus \{0\}$ gilt: $\dfrac{a}{b} : c = \dfrac{a}{b} \cdot \dfrac{1}{c} = \dfrac{a}{b \cdot c}$.

Beispiele:
1. $\dfrac{6x+12}{x-1} : (3x+6) = \dfrac{6x+12}{x-1} \cdot \dfrac{1}{3x+6} = \dfrac{6(x+2)}{(x-1) \cdot 3(x+2)} = \dfrac{2}{x-1}$

Diese Gleichung ist allgemeingültig in der Definitionsmenge $\mathbb{Q} \setminus \{-2, 1\}$.

2. $\dfrac{x^2-4}{2x+7} : (2x-4) = \dfrac{x^2-4}{2x+7} \cdot \dfrac{1}{2x-4} = \dfrac{(x+2)(x-2)}{(2x+7) \cdot 2(x-2)} = \dfrac{x+2}{4x+14}$

Diese Gleichung ist allgemeingültig in der Definitionsmenge $\mathbb{Q} \setminus \left\{-\dfrac{7}{2}, 2\right\}$.

Aufgaben

1. Bestimme zuerst die Definitionsmenge und löse dann die Divisionsaufgaben.

a) $\dfrac{3}{5} : 2$ b) $\dfrac{7}{8} : 3$ c) $\dfrac{14}{19} : 7$ d) $\dfrac{16}{21} : 8$ e) $\dfrac{27}{34} : 9$ f) $\dfrac{2x}{3} : 4$

g) $\dfrac{3x^2}{4} : 2x$ h) $\dfrac{5y^3}{2} : 25y$ i) $\dfrac{24z^5}{5} : 4z^3$ k) $\dfrac{36w^7}{7} : 9w^3$ l) $\dfrac{2(x-4)}{3} : 4$

m) $\dfrac{5(x+3)}{12} : 20$ n) $\dfrac{6(x-5)}{7} : (x-5)$ o) $\dfrac{3x+6}{2} : (x+2)$

p) $\dfrac{4x+12}{x-3} : (x+3)$ q) $\dfrac{2x-16}{x+4} : (6x-48)$ r) $\dfrac{(a-1)^2}{3a} : (3a-3)$

s) $\dfrac{(b+3)^3}{4b-1} : (4b+12)$ t) $\dfrac{(b-2)}{(b-1)} : (-3b)$ u) $\dfrac{(b^2-1)}{b+4} : (b+1)$

v) $\dfrac{6c+12}{c-8} : (c+2)^2$ w) $\dfrac{(2x+3)^2}{4x+7} : [-(2x+3)^3]$ x) $\dfrac{4b^2-9}{9b-18} : (3-2b)$

2. Vereinfache die folgenden Quotienten.

a) $\dfrac{3x}{4} : 2y$ b) $\dfrac{4x^2}{3} : 2z$ c) $\dfrac{5x^2 y}{4} : 2x$

d) $\dfrac{15x^2 y^3}{4} : 2xy$ e) $\dfrac{18x^3 y^5}{5} : 5x^2 y^3$ f) $\left(-\dfrac{25a^4 b^9}{18}\right) : 30a^2 b^4$

g) $\left(-\dfrac{5}{a^2 b^3}\right) : (-10a^2)$ h) $\left(-\dfrac{46c^2}{21b^2}\right) : (-23d^2)$ i) $\dfrac{56c^2 d^3 e^5}{19f} : (-8a^2 f^3)$

k) $\dfrac{24m^3 n^2}{230} : (-12n^5)$ l) $\dfrac{(x-y)^2}{3x} : (x-y)$ m) $\dfrac{(x-1)^3}{2y} : 2(x-1)$

n) $\dfrac{x^2 - y^2}{3x} : (x+y)$ o) $\dfrac{x^2 - 49y^2}{x+3y} : (x-7y)$ p) $\dfrac{4a^2 - 25b^2}{a+2b} : (5b-2a)$

q) $\dfrac{16m^2 - 9n^2}{2m-n} : (3n-4m)$ r) $\dfrac{x^2 + 3xy}{3} : (x+3y)$

s) $\dfrac{a^2 - 5ab}{a+2b} : (5b-a)$ t) $\dfrac{x^2 + 2xy + y^2}{x-y} : (x+y)$

▲ u) $\dfrac{x^2 + 4xy + 3y^2}{x-2y} : (x+3y)$ ▲ v) $\dfrac{4x^2 - 12xy + 9y^2}{3xy} : (3y-2x)$

▲ w) $\dfrac{a^2 - 5ab + 6b^2}{a+2b} : (a-2b)$ ▲ x) $\dfrac{c^2 - 11cd + 24d^2}{c-8d} : (c-3d)$

▲ y) $\dfrac{e^2 - 12ef + 35f^2}{2e - 14} : (3e-15f)$ ▲ z) $\dfrac{k^2 + 11km + 28m^2}{3k+21} : [-(4m+k)]$

3. Berechne nach der Bestimmung der Definitionsmenge in $\mathbb{Q}$:

a) $\dfrac{2x}{3} : \dfrac{3x}{4}$ b) $\dfrac{3x^2}{4} : \dfrac{6x^3}{7}$ c) $\dfrac{5}{3a^2} : \dfrac{15}{a^4}$

d) $\left(-\dfrac{3x^2}{4}\right) : \dfrac{5x^3}{2}$ e) $\left(-\dfrac{25y^3}{16}\right) : \left(-\dfrac{15}{4y^2}\right)$ f) $\dfrac{48}{23b} : \left(-\dfrac{24b^5}{5}\right)$

g) $\dfrac{x^2 - 1}{x+2} : \dfrac{x-1}{2x+4}$ h) $\dfrac{3x^2 - 12}{x-1} : \dfrac{2x+4}{3}$ i) $\dfrac{4a^2 - 100}{2a-5} : \dfrac{10-2a}{2a}$

▲ k) $\dfrac{x^2 + 5x + 6}{x-2} : \dfrac{x+3}{x+2}$ ▲ l) $\dfrac{m^2 - 6m + 5}{m-3} : \dfrac{m-5}{m-1}$ ▲ m) $\dfrac{w^2 + 7w + 12}{w-3} : \dfrac{3w+9}{2w-6}$

4. Schreibe die Ergebnisterme der folgenden Aufgaben möglichst einfach.

a) $\dfrac{2x}{3y} : \dfrac{4x^2}{9y}$ b) $\dfrac{6xy}{5} : \dfrac{5x^2 y^2}{9}$

c) $\dfrac{15a^2 b^3}{26c^4} : \dfrac{25c^2}{52a^3}$ d) $\dfrac{(x+3y)^2}{x-3y} : \dfrac{3y+x}{xy}$

e) $\dfrac{x^2 - 9y^2}{x+2y} : \dfrac{x-3y}{(x+2y)^2}$ ▲ f) $\dfrac{x^2 - xy - 2y^2}{x-4y} : \dfrac{x-2y}{8y-2x}$

▲ g) $\dfrac{6x^2 - xy - y^2}{x+3y} : \dfrac{2x-y}{x^2 - 9y^2}$ ▲ h) $\dfrac{9x^2 - 4y^2}{6x^2 + 7xy + 2y^2} : \dfrac{2y-3x}{2x+y}$

▲ i) $\dfrac{x^2 + 5xy + 4y^2}{x^2 + 7xy + 12y^2} : \dfrac{x^2 - y^2}{x^2 - 9y^2}$ ▲ k) $\dfrac{a^2 + 11ab + 30b^2}{a^2 - 4b^2} : \dfrac{15b^2 + 8ab + a^2}{4b^2 + 4ab + a^2}$

1. Bruchgleichungen und Bruchungleichungen mit einer Variablen

1.2.5. Addition und Subtraktion von Bruchtermen

1. Bilde aus den folgenden Brüchen die Summe und beide möglichen Differenzen.

   a) $\frac{3}{7}, \frac{1}{7}$ b) $\frac{4}{5}, \frac{3}{5}$ c) $\frac{1}{3}, \frac{13}{60}$ d) $\frac{4}{5}, \frac{3}{10}$ e) $5\frac{1}{2}, \frac{2}{3}$ f) $6\frac{5}{12}, 4\frac{3}{8}$

   Stelle diese Verknüpfungen auf der Zahlengeraden dar.

2. Wie lassen sich die folgenden Aufgaben am einfachsten rechnen?

   a) $38 \cdot \frac{2}{3} + 62 \cdot \frac{2}{3}$

   b) $412 \cdot \frac{2}{5} - 518 \cdot \frac{1}{5}$

   c) $36\frac{1}{2} \cdot \frac{2}{3} + 63\frac{1}{2} \cdot \frac{2}{3}$

   d) $53\frac{1}{2} \cdot \frac{4}{9} - 41\frac{3}{4} \cdot \frac{8}{9}$

In der Bruchrechnung hast du gelernt, daß man rationale Zahlen, die durch Brüche mit gleichen Nennern bezeichnet sind, addiert bzw. subtrahiert, indem man ihre Zähler addiert bzw. subtrahiert und den Nenner beibehält.

Beispiele:

1. $\frac{7}{15} + \frac{4}{15} = \frac{7+4}{15} = \frac{11}{15}$

2. $\frac{11}{12} - \frac{1}{12} = \frac{11-1}{12} = \frac{10}{12} = \frac{5}{6}$

Haben die Brüche verschiedene Nenner, so müssen sie durch Erweitern erst auf den gleichen Nenner gebracht werden, bevor man sie addieren bzw. subtrahieren kann.

Beispiele:

3. $\frac{2}{3} + \frac{5}{6} = \frac{4}{6} + \frac{5}{6} = \frac{4+5}{6} = \frac{9}{6} = \frac{3}{2} = 1\frac{1}{2}$

4. $\frac{7}{15} - \frac{5}{12} = \frac{28}{60} - \frac{25}{60} = \frac{28-25}{60} = \frac{3}{60} = \frac{1}{20}$

Für das Addieren bzw. Subtrahieren von Brüchen gilt der

Satz 1.10
Für alle $a, b \in \mathbb{Q}$ und $c \in \mathbb{Q}/\{0\}$ gilt: $\frac{a}{c} + \frac{b}{c} = \frac{a+b}{c}$ und $\frac{a}{c} - \frac{b}{c} = \frac{a-b}{c}$

Wiederum können wir a, b und c durch **Terme** ersetzen, die Variablen enthalten, wenn wir nur **Einsetzungen** für die Variablen **aus den Definitionsmengen** der Gleichungen in Satz 1.10 zulassen.
Die Begründung für das **Addieren** von Bruchtermen durch die Tafelgesetze ergibt sich folgendermaßen:

1

Für alle $a, b \in \mathbb{Q}$ und $c \in \mathbb{Q}\setminus\{0\}$ gilt:

$$\frac{a}{c} + \frac{b}{c} \underset{Di}{=} a \cdot \frac{1}{c} + b \cdot \frac{1}{c} \underset{D}{=} (a+b) \cdot \frac{1}{c} \underset{Di}{=} \frac{a+b}{c}.$$

Damit ist auch das **Subtrahieren** von Bruchtermen begründet, denn

$$\frac{a}{c} - \frac{b}{c} = \frac{a}{c} + \left(-\frac{b}{c}\right) = \frac{a}{c} + \frac{-b}{c} = \frac{a + (-b)}{c} = \frac{a-b}{c}$$

ist allgemeingültig in der Definitionsmenge.

Beispiele:

5. $\frac{2}{x} + \frac{3}{x} = \frac{2+3}{x} = \frac{5}{x}$, $\mathbb{D} = \mathbb{Q}\setminus\{0\}$

6. $\frac{5x+1}{x-1} - \frac{3x-2}{x-1} = \frac{(5x+1)-(3x-2)}{x-1} = \frac{5x+1-3x+2}{x-1} =$
$= \frac{2x+3}{x-1}$, $\mathbb{D} = \mathbb{Q}\setminus\{1\}$

7. $\frac{2a+b}{a-b} - \frac{a+b}{a-b} = \frac{(2a+b)-(a+b)}{a-b} = \frac{2a+b-a-b}{a-b} = \frac{a}{a-b}$,
$\mathbb{D} = \{(a;b) \mid a-b \neq 0\}_{\mathbb{Q}\times\mathbb{Q}}$

Aufgaben

1. Berechne die folgenden Summen, nachdem du die Definitionsmenge in $\mathbb{Q}$ bestimmt hast.

a) $\frac{3}{5} + \frac{4}{5}$
b) $\frac{5}{9} - \frac{3}{9}$
c) $\frac{3}{7} + \frac{2}{7} - \frac{1}{7}$

d) $\frac{5}{9} - \frac{4}{9} + \frac{2}{9}$
e) $\frac{x}{5} + \frac{2x}{5} + \frac{3x}{5}$
f) $\frac{y}{6} - \frac{5y}{6} + \frac{7y}{6}$

g) $\frac{x-1}{4} + \frac{x+2}{4} + \frac{2x+1}{4}$
h) $\frac{2x+5}{7} + \frac{3x+7}{7} + \frac{4x+9}{7}$

i) $\frac{4}{x} + \frac{5}{x} + \frac{3}{x}$
k) $\frac{6}{y} + \frac{9}{y} - \frac{2}{y}$
l) $\frac{2}{5a} + \frac{3}{5a} + \frac{11}{5a}$

m) $\frac{4}{11a} + \frac{6}{11a} + \frac{10}{11a}$
n) $\frac{12a}{a-1} + \frac{24a}{a-1} + \frac{13a}{a-1}$

o) $\frac{4b+3}{b+5} + \frac{6b-2}{b+5} + \frac{b+2}{b+5}$
p) $\frac{3c-1}{2c+1} - \frac{2c-5}{2c+1} - \frac{4c-13}{2c+1}$

q) $\frac{4d}{d^2-4} + \frac{2d+1}{d^2-4} - \frac{d}{d^2-4}$
r) $\frac{2e^2}{e^2+2e} + \frac{4e^2-9}{e^2+2e} - \frac{2e^2+7}{e^2+2e}$

s) $\frac{2f^2+3f}{f^2+3f+2} - \frac{4f^2-2f}{f^2+3f+2} + \frac{3f+1}{f^2+3f+2}$

t) $\frac{2k^2+5k+7}{1-2k-3k^2} + \frac{5k^2-k-13}{1-2k-3k^2} - \frac{2k^2-3k-5}{1-2k-3k^2}$

1. Bruchgleichungen und Bruchungleichungen mit einer Variablen

2. Bestimme die folgenden Summen.

a) $\dfrac{3x}{5y} + \dfrac{2x}{5y} + \dfrac{7x}{5y}$
b) $\dfrac{9a}{7b} + \dfrac{3a}{7b} + \dfrac{2a}{7b} - \dfrac{10a}{7b}$

c) $\dfrac{7c}{15d} + \dfrac{8c}{15d} - \dfrac{4c}{15d} - \dfrac{c}{15d}$
d) $\dfrac{3k^2}{16m} + \dfrac{5k^2}{16m} - \dfrac{7k^2}{16m} + \dfrac{13k^2}{16m}$

e) $\dfrac{a+b}{4} + \dfrac{a-b}{4}$
f) $\dfrac{2x+3y}{4xy} + \dfrac{3x-5y}{4xy} + \dfrac{9x-2y}{4xy}$

g) $\dfrac{2a+5b}{3ab} + \dfrac{4a-3b}{3ab} - \dfrac{7a+6b}{3ab}$
h) $\dfrac{x+y+z}{2a} + \dfrac{x-y+z}{2a} - \dfrac{x+y-z}{2a}$

i) $\dfrac{3xy+4xz}{x-y} + \dfrac{2xy-5xz}{x-y} - \dfrac{5xz-xy}{x-y}$
k) $\dfrac{4a+7b}{a+b} - \dfrac{3a-2b}{a+b} - \dfrac{4a-11b}{a+b}$

l) $\dfrac{7m-3n}{m-n} - \dfrac{4m-5n}{m-n} - \dfrac{3m-7n}{m-n}$
m) $\dfrac{7a}{a-b} - \dfrac{7b}{a-b}$

n) $\dfrac{x^2}{x-2y} - \dfrac{4y^2}{x-2y}$
o) $\dfrac{x^2}{x-2z} - \dfrac{3xz}{x-2z} + \dfrac{2z^2}{x-2z}$

p) $\dfrac{2m-3n}{m^2-n^2} - \dfrac{4m+2n}{m^2-n^2} + \dfrac{5m+8n}{m^2-n^2}$
q) $\dfrac{3k-5l}{k^2-l^2} - \dfrac{8k+2l}{k^2-l^2} + \dfrac{10k+12l}{k^2-l^2}$

r) $\dfrac{x^2-2xy}{x-2y} + \dfrac{3xy-3y^2}{x-2y} - \dfrac{xy+y^2}{x-2y}$
s) $\dfrac{t^2+2w^2}{t+3w} - \dfrac{4t^2-2w^2}{t+3w} + \dfrac{8t^2-49w^2}{t+3w}$

Sind mehrere Bruchterme **mit verschiedenen Nennern** zu addieren bzw. subtrahieren, so muß man, um Satz 1.10 anwenden zu können, die Bruchterme zunächst umformen, daß sie **denselben Nenner** erhalten.

Beispiel:

8. $\dfrac{4x}{x-1} + \dfrac{3x}{x+1} = \dfrac{4x(x+1)}{(x-1)(x+1)} + \dfrac{3x(x-1)}{(x+1)(x-1)} = \dfrac{4x(x+1)+3x(x-1)}{(x+1)(x-1)}$

$= \dfrac{(4x^2+4x)+(3x^2-3x)}{(x+1)(x-1)} = \dfrac{4x^2+4x+3x^2-3x}{(x+1)(x-1)} = \dfrac{7x^2+x}{(x+1)(x-1)}$,

$\mathbb{D} = \mathbb{Q}\setminus\{-1, 1\}$

Im Beispiel haben wir die beiden Bruchterme mit den Nennern $(x-1)$ und $(x+1)$ so erweitert, daß sie den gemeinsamen Nenner

$$(x-1)(x+1) = (x+1)(x-1)$$

haben. Entsprechend kann man immer verfahren, wenn man ungleichnamige Bruchterme addieren oder subtrahieren will: Man multipliziert alle vorkommenden Nenner miteinander und bekommt dadurch einen gemeinsamen Nenner für alle Bruchterme. Dann kann man Satz 1.10 anwenden. Dieses Verfahren ist jedoch nicht immer zweckmäßig. Um das einzusehen, brauchen wir nur an die Bruchrechnung zu denken. Um die Aufgabe $\dfrac{5}{12} + \dfrac{7}{16} - \dfrac{4}{15}$ zu lösen, wählt man als gemeinsamen Nenner aller Brüche nicht das Produkt $12 \cdot 15 \cdot 16 = 2880$, sondern das Produkt $2^4 \cdot 3 \cdot 5 = 240$.

Man findet dieses Produkt, indem man die einzelnen Nenner zunächst in ihre Primfaktoren zerlegt:

$$12 = 2^2 \cdot 3, \qquad 16 = 2^4, \qquad 15 = 3 \cdot 5$$

und dann aus den gemeinsamen Vielfachen aller Nenner, die alle die Faktoren 2^4, 3 und 5 enthalten, das kleinste aussucht. Dieses kgV der Nenner nennt man **Hauptnenner der Brüche**.

Wie können wir nun diese Überlegungen auf die Addition und Subtraktion von Bruchtermen übertragen?

Der Begriff kgV ist hier nicht zu verwenden, denn von kleiner oder größer kann man bei Termen, die Variablen enthalten, nicht sprechen. Man kann aber bei Bruchtermen einen **einfachsten** gemeinsamen Nenner bestimmen: Man zerlegt die einzelnen Nenner wie in der Bruchrechnung, so weit es möglich ist, in Faktoren und bildet aus diesen dann das Produkt, das jeden vorkommenden Faktor nur so oft enthält wie derjenige Nenner, in dem er mit der größten Hochzahl auftritt. Dieses Produkt nennt man **Hauptnenner der Bruchterme**.

Beispiel:
9. Die Nenner seien $a^2 - b^2$ und $a^2 + 2ab + b^2$.

Wir zerlegen beide Nenner:

$$a^2 - b^2 = (a + b)(a - b)$$
$$a^2 + 2ab + b^2 = (a + b)^2$$

Das einfachste Produkt, in dem beide Nenner enthalten sind, ist aus den Faktoren $(a + b)$ und $(a - b)$ zusammenzusetzen. Der Faktor $(a - b)$ braucht nur einmal genommen zu werden, der Faktor $(a + b)$ aber zweimal, weil der gemeinsame Nenner sonst $(a + b)^2$ nicht enthielte.

Der Hauptnenner heißt also $(a + b)^2 (a - b)$.

Wir zeigen an zwei weiteren Beispielen, wie man ungleichnamige Bruchterme addiert bzw. subtrahiert.

10. $\qquad \dfrac{x^2}{x^2 - 9} + \dfrac{x + 5}{x^2 + 4x + 3} - \dfrac{x - 1}{x^2 - 6x + 9}.$

Mit Hilfe der Verfahren von S. 11 erhält man für die einzelnen Nenner folgende Umformung in Produkte und daraus den Hauptnenner H:

$$\begin{aligned}
x^2 - 9 &= (x + 3)(x - 3) \\
x^2 + 4x + 3 &= (x + 3)(x + 1) \\
\underline{x^2 - 6x + 9 &= (x - 3)^2} \\
H &= (x + 3)(x - 3)^2 (x + 1)
\end{aligned}$$

Aus der Zerlegung in Faktoren entnehmen wir, daß der erste Bruchterm mit $(x - 3)(x + 1)$, der zweite mit $(x - 3)^2$, der dritte mit $(x + 3)(x + 1)$ zu

1. Bruchgleichungen und Bruchungleichungen mit einer Variablen

erweitern ist, wenn alle drei Summanden den gemeinsamen Nenner H erhalten sollen.

$$\frac{x^2(x-3)(x+1)}{(x+3)(x-3)^2(x+1)} + \frac{(x+5)(x-3)^2}{(x+3)(x-3)^2(x+1)} - \frac{(x-1)(x+3)(x+1)}{(x+3)(x-3)^2(x+1)}$$

$$= \frac{(x^4 - 2x^3 - 3x^2) + (x^3 - x^2 - 21x + 45) - (x^3 + 3x^2 - x - 3)}{(x+3)(x-3)^2(x+1)}$$

$$= \frac{x^4 - 2x^3 - 3x^2 + x^3 - x^2 - 21x + 45 - x^3 - 3x^2 + x + 3}{(x+3)(x-3)^2(x+1)}$$

$$= \frac{x^4 - 2x^3 - 7x^2 - 20x + 48}{(x+3)(x-3)^2(x+1)}$$

Definitionsmenge: $\mathbb{Q}\setminus\{-3, 3, -1\}$.

11. $\dfrac{a}{a+b} - \dfrac{b}{a-b} + \dfrac{ab}{a^2-b^2} = \dfrac{a(a-b)}{(a+b)(a-b)} - \dfrac{b(a+b)}{(a+b)(a-b)}$

$+ \dfrac{ab}{(a+b)(a-b)} = \dfrac{a(a-b) - b(a+b) + ab}{(a+b)(a-b)}$

$= \dfrac{(a^2 - ab) - (ab + b^2) + ab}{(a+b)(a-b)} = \dfrac{a^2 - ab - ab - b^2 + ab}{(a+b)(a-b)}$

$= \dfrac{a^2 - ab - b^2}{(a+b)(a-b)}$

Definitionsmenge: $\{(a; b) \mid a - b \neq 0 \land a + b \neq 0\}_{\mathbb{Q}\times\mathbb{Q}}$.

Aufgaben

3. Bestimme folgende Summen, nachdem du die Definitionsmenge in $\mathbb{Q}$ angegeben hast.

a) $\dfrac{3a}{4} + \dfrac{7a}{6} - \dfrac{9a}{10}$ b) $\dfrac{7b}{8} + \dfrac{5b}{4} + \dfrac{13b}{12}$ c) $\dfrac{13c}{5} + \dfrac{12c}{7} - \dfrac{14c}{15}$

d) $\dfrac{7d}{15} - \dfrac{13d}{20} - \dfrac{21d}{25}$ e) $\dfrac{5e}{14} - \dfrac{15e}{21} + \dfrac{25e}{7}$ f) $\dfrac{5f}{6} - \dfrac{7f}{8} - \dfrac{11f}{12}$

g) $\dfrac{1}{2x} + \dfrac{2}{3x} + \dfrac{3}{4x}$ h) $\dfrac{5}{3y} - \dfrac{6}{7y} + \dfrac{9}{28y}$ i) $\dfrac{2}{3z} - \dfrac{4}{9z} + \dfrac{11}{6z}$

k) $\dfrac{1}{3x^2} + \dfrac{2}{5x}$ l) $\dfrac{2}{5y^2} + \dfrac{7}{15y} - \dfrac{8}{25}$ m) $\dfrac{4}{9z} + \dfrac{7}{27z^2} - \dfrac{10}{21z}$

n) $\dfrac{1}{x+1} + \dfrac{1}{x}$ o) $\dfrac{2}{y-2} - \dfrac{3y+1}{y}$ p) $\dfrac{5z}{z+3} - \dfrac{6z-1}{z}$

q) $\dfrac{x}{x+1} - \dfrac{x}{x-1}$ r) $\dfrac{2x}{x-5} + \dfrac{3x}{x+5}$ s) $\dfrac{3x-2}{x-3} - \dfrac{2x+7}{x+3}$

t) $\dfrac{x-2}{x+3} + \dfrac{2x+1}{x+1}$ u) $\dfrac{2y+1}{y-3} - \dfrac{3y-2}{y+6}$ v) $\dfrac{5z-1}{z^2-9} + \dfrac{4z+3}{z+3} - \dfrac{1}{z-3}$

w) $\dfrac{3x-5}{x^2+4x+4} - \dfrac{2x+11}{x+2}$ x) $\dfrac{5x+3}{4x^2-25} + \dfrac{2x-1}{2x+5} - \dfrac{3x-3}{2x-5}$

y) $\dfrac{35y}{49y^2-9} + \dfrac{15}{7y+3} - \dfrac{12}{3-7y}$ z) $\dfrac{25}{1-64x^2} + \dfrac{12x}{8x-1} - \dfrac{5x}{1+8x}$

4. Vereinfache die folgenden Summen so weit wie möglich.

a) $\dfrac{x+5y}{3} + \dfrac{2x+3y}{4} + \dfrac{5x+9y}{4}$ \qquad b) $\dfrac{2x-7y}{6} + \dfrac{x+3y}{12} - \dfrac{2x-5y}{4}$

c) $\dfrac{2a-3b}{6} + \dfrac{4a+5b}{12} - \dfrac{7a+b}{3} + \dfrac{a}{4}$

d) $\dfrac{5a-3b}{12} + \dfrac{4a+9b}{15} - \dfrac{2a-5b}{6} + \dfrac{a+2b}{3}$

e) $\dfrac{2a+3b-5c}{6} + \dfrac{4a-5b-7c}{4}$

f) $\dfrac{2d-5e+3f}{14} - \dfrac{e+2f}{7} - \dfrac{4d-6e+5f}{21}$

g) $\dfrac{a+b}{2x} + \dfrac{a-b}{3x}$ \qquad h) $\dfrac{a-b}{5x^2} - \dfrac{a+b}{10x^2} - \dfrac{4a-3b}{15x^2}$

i) $\dfrac{5x}{4y} - \dfrac{3}{5xy} + \dfrac{4}{2x}$ \qquad k) $\dfrac{3x+5y}{x} + \dfrac{2x-4y}{xy} - \dfrac{5x-3y}{y}$

l) $\dfrac{4a}{3b} - \dfrac{7}{6ab} + \dfrac{5b}{2a}$ \qquad m) $\dfrac{2a^2-7b^2}{ab} - \dfrac{3a+4b}{a} + \dfrac{6a-7b}{b}$

n) $\dfrac{6a-5b}{a+b} + \dfrac{2a^2-7b^2}{a^2-b^2} - \dfrac{5a-11b}{a-b}$ \qquad o) $\dfrac{4c+d}{2c-d} - \dfrac{3c+2d}{d^2-4c^2} + \dfrac{2c-9d}{d+2c}$

p) $\dfrac{2c}{a+b} - \dfrac{3c}{a-b}$ \qquad q) $\dfrac{c-d}{c+d} - \dfrac{c+d}{c-d} + \dfrac{2c^2+2d^2}{c^2-d^2}$

r) $\dfrac{x^2}{x-y} + x - \dfrac{y^2}{x^2-y^2}$ \qquad s) $z - \dfrac{z}{z-2y} + \dfrac{y}{z+2y} - \dfrac{yz}{4y^2-z^2}$

5. Berechne die folgenden Summen.

a) $\dfrac{3x}{2x+2} + \dfrac{2x}{3x+3} - \dfrac{5}{6x+6}$ \qquad b) $\dfrac{4y-1}{2y-2} + \dfrac{3y-2}{10y-10} - \dfrac{4y+6}{15y-15}$

c) $\dfrac{6z-5}{z^2-1} - \dfrac{5z+2}{2z+2} + \dfrac{3z}{4z-4}$ \qquad d) $\dfrac{3w}{w+2} - \dfrac{5w}{w-3} - \dfrac{2w+1}{w^2-w-6}$

e) $\dfrac{3ab}{a-2b} + \dfrac{4a-2b}{a+b} - \dfrac{3a+4b}{2a+2b}$

▲ f) $\dfrac{4x-3y}{x-3y} + \dfrac{x+2y}{x^2-4xy+3y^2} - \dfrac{2x-y}{x^2-2xy-3y^2}$

▲ g) $\dfrac{4x-3}{x^2+3xy+2y^2} + \dfrac{2y+5}{x^2+4xy+4y^2}$

▲ h) $\dfrac{2xy+y}{x^2-5xy+6y^2} - \dfrac{3x+y^2}{x^2-7xy+12y^2}$

▲ i) $\dfrac{4ab}{a^2-ab-12b^2} + \dfrac{5a-2b}{a^2-6ab+8b^2}$

▲ k) $\dfrac{5c-11d}{c^2+2cd-15d^2} - \dfrac{4c+5d}{c^2+8cd+15d^2} - \dfrac{c}{c^2-9d^2}$

▲ l) $\dfrac{5x^2-3y^2}{x^2-8xy+7y^2} + \dfrac{2y^2-y^2}{x^2-9xy+14y^2} - \dfrac{x^2}{x^2-3xy+2y^2}$

▲ m) $\dfrac{2a+13b}{a^2+ab-20b^2} - \dfrac{5a-4b}{8b^2-6ab+a^2} - \dfrac{11a+6b}{a^2+3ab-10b^2}$

1.3. Bruchgleichungen

1. Durch welche Einsetzungen für x wird die Gleichung

$$\frac{4}{x} - \frac{3}{x} - \frac{2}{x} = 1 \quad \text{zu einer wahren Aussage?}$$

Welches Tafelgesetz benutzt du zur Begründung deiner Rechnung?

2. Welche Beobachtung machst du bei der Lösung der folgenden Bruchgleichung?

$$\frac{x}{x-1} - \frac{1}{x-1} = 1$$

Nachdem wir das Rechnen mit Bruchtermen gelernt haben, können wir auch schwierigere **Bruchgleichungen** lösen.

Beispiel:
Bestimme folgende Lösungsmenge:

$$\mathbb{L} = \left\{ x \,\middle|\, \frac{x-2}{x+1} - \frac{x-1}{x+2} = \frac{x}{x^2 + 3x + 2} \right\}_\mathbb{Q}$$

Wir suchen zunächst den Hauptnenner aller Terme, die in der Gleichung vorkommen. Um ihn zu finden, versuchen wir, die Summe $x^2 + 3x + 2$ in ein Produkt zu zerlegen. Es ist $x^2 + 3x + 2 = (x+1)(x+2)$.
Dieses Produkt ist hier der gesuchte Hauptnenner.
Die Definitionsmenge aller Terme ist demnach

$$\mathbb{Q} \setminus \{-1, -2\}.$$

Multiplizieren wir die Terme auf beiden Seiten der Ausgangsgleichung mit dem Hauptnenner, dann ergibt sich die zu ihr in der Definitionsmenge äquivalente Gleichung

$$(x-2)(x+2) - (x-1)(x+1) = x.$$

Statt der Bruchgleichung haben wir nur noch eine ganzrationale Gleichung zu lösen:

$$(x^2 - 4) - (x^2 - 1) = x \quad \Leftrightarrow \quad x = -3$$

-3 gehört zur Definitionsmenge $\mathbb{D}$, also gilt für die Lösungsmenge $\mathbb{L}$:

$$\mathbb{L} = \{-3\}$$

Zusammenfassung

Das Lösen einer Bruchgleichung geschieht in folgenden Schritten:

1. Nach der Bestimmung des Hauptnenners und der Definitionsmenge formt man die Bruchgleichung durch Multiplikation der Terme auf beiden Seiten mit dem Hauptnenner in eine ganzrationale Gleichung um, die zu ihr in der Definitionsmenge äquivalent ist.
2. Man löst die äquivalente ganzrationale Gleichung.
3. Schließlich stellt man fest, ob die gefundene Lösung der Definitionsmenge der Bruchgleichung angehört oder nicht.

1 Die durch Multiplikation mit dem Hauptnenner entstehende ganzrationale Gleichung hat in $\mathbb{D}$ dieselben Lösungen wie die Ausgangsgleichung, weil jede Einsetzung aus $\mathbb{D}$ den Hauptnenner in eine rationale Zahl $\neq 0$ überführt. Nach Satz 1.3 sind also beide Gleichungen in $\mathbb{D}$ äquivalent.

Aufgaben

1. Behandle die folgenden Gleichungen wie Bruchgleichungen nach der in der Zusammenfassung gegebenen Vorschrift in der Grundmenge $\mathbb{Q}$.

a) $\dfrac{x}{4} - 1 = 6$ b) $7 - \dfrac{x}{5} = 0$ c) $\dfrac{1}{6}x + 2 = 13$

d) $\dfrac{3x}{4} - 7 = 14$ e) $\dfrac{3}{7}x - 13 = -4$ f) $\dfrac{2}{5}x - 3{,}2 = 2{,}8$

g) $\dfrac{14}{y} = 7$ h) $\dfrac{10}{y} = 0{,}125$ i) $1{,}6 = \dfrac{32}{y}$

k) $\dfrac{4{,}6}{z} + 1{,}3 = 3{,}6$ l) $\dfrac{5{,}7}{z} - 4{,}5 = -0{,}7$ m) $\dfrac{7{,}6}{z} + 1{,}4 = 5{,}2$

n) $\dfrac{17}{x} - 12 = 39$ o) $-23 = \dfrac{18}{x} - 14$ p) $\dfrac{7{,}5}{x} - 6{,}5 = 31$

q) $\dfrac{x}{3} - \dfrac{x}{4} = 2$ r) $\dfrac{x}{5} + \dfrac{x}{8} = 39$ s) $\dfrac{x}{6} + \dfrac{x}{8} = 21$

t) $\dfrac{3x}{4} + 5 = \dfrac{5x}{6} + 2$ u) $\dfrac{3x}{8} - 2 = 32 - \dfrac{7x}{4}$ v) $2\dfrac{1}{3}x - 1\dfrac{2}{3}x = 11 - \dfrac{5}{9}x$

w) $3\dfrac{1}{5}y - 2\dfrac{7}{10}y = 14 - \dfrac{9}{10}y$ x) $\dfrac{y}{5} - \dfrac{y}{10} - \dfrac{y}{15} = 2$

y) $z = 1 + \dfrac{z}{2} + \dfrac{z}{4} + \dfrac{z}{8} + \dfrac{z}{16} + \dfrac{z}{32}$ z) $x = 2 + \dfrac{x}{2} + \dfrac{x}{4} + \dfrac{x}{8} + \dfrac{x}{16}$

2. Durch welche Einsetzungen aus $\mathbb{N}$ werden die folgenden Aussageformen zu wahren Aussagen? Überlege bei jeder Gleichung, ob sie eine Bruchgleichung ist oder nicht.

a) $\dfrac{x}{2} + \dfrac{x+1}{7} = x - 2$ b) $\dfrac{3x}{4} + \dfrac{100 - 5x}{6} = 29$

c) $\dfrac{x+4}{14} + \dfrac{x-4}{6} = 2$ d) $\dfrac{x+20}{9} + \dfrac{3x}{7} = 6$

e) $\dfrac{x-8}{7} + \dfrac{x-3}{3} + \dfrac{5}{21} = 0$ f) $\dfrac{5(x+5)}{8} - \dfrac{2(x-3)}{7} = 5\dfrac{19}{28}$

g) $\dfrac{x+1}{3} - \dfrac{3x-1}{5} = x - 2$ h) $2x - \dfrac{19 - 2x}{9} = \dfrac{11x - 19}{4}$

i) $y + \dfrac{3y-9}{5} = 4 - \dfrac{5y-12}{3}$ k) $\dfrac{10y+3}{3} - \dfrac{6y-7}{2} = 10y - 10$

l) $\dfrac{3}{x-2} = \dfrac{2}{x-3}$ m) $\dfrac{4}{z-1} = \dfrac{5}{z+2}$

n) $\dfrac{3}{u+5} = \dfrac{2}{u+1}$ o) $\dfrac{27}{2w+4} = \dfrac{36}{3w+2}$

p) $x - 1 - \dfrac{x-2}{2} + \dfrac{x-3}{3} = 0$ q) $\dfrac{y+3}{2} + \dfrac{y+4}{3} + \dfrac{y+5}{4} - 16 = 0$

1. Bruchgleichungen und Bruchungleichungen mit einer Variablen

r) $\dfrac{2z-5}{3} - \dfrac{5z-3}{4} + 2\dfrac{2}{3} = 0$ \quad s) $\dfrac{x}{3} - \dfrac{x}{4} + \dfrac{x-2}{5} - 3 = 0$

t) $\dfrac{y+4}{3} - \dfrac{y-4}{5} = 2 + \dfrac{3y-1}{15}$ \quad u) $\dfrac{2z-5}{6} + \dfrac{6z+3}{4} = 5z - 17\dfrac{1}{2}$

v) $\dfrac{1}{2}(x+3) - \dfrac{1}{3}(x-2) = \dfrac{1}{12}(3x-5) + \dfrac{1}{4}$

w) $\dfrac{1}{2}y - \dfrac{1}{3}(y-2) = \dfrac{1}{4}(y+3) - \dfrac{2}{3}$

3. Welche Lösungsmenge haben die folgenden Bruchgleichungen in $\mathbb{Q}$?

a) $\dfrac{1}{x+1} = \dfrac{2}{x-1}$ \quad b) $\dfrac{1}{x+3} = \dfrac{2}{3x+1}$ \quad c) $\dfrac{4}{2x-1} = \dfrac{8}{7x+1}$

d) $\dfrac{16}{3x-4} = \dfrac{6}{2x-5}$ \quad e) $\dfrac{15}{2y+3} = \dfrac{19}{4y-5}$ \quad f) $\dfrac{4}{y-3} = \dfrac{12}{2y+1}$

g) $\dfrac{7z+16}{21} = \dfrac{z+8}{4z-11} + \dfrac{z}{3}$ \quad h) $\dfrac{10-7z}{z-1} = \dfrac{5}{z+1} - 7$ \quad i) $\dfrac{2+z}{z-3} = \dfrac{2-z}{6-z}$

k) $\dfrac{x-2}{x+2} = \dfrac{2x-7}{2x-1}$ \quad ▲ l) $\dfrac{y+1}{y-3} = \dfrac{y-4}{y-6}$ \quad ▲ m) $\dfrac{2a-5}{2a-2} = \dfrac{a-1}{a+1}$

▲ n) $\dfrac{b+2}{b-2} = \dfrac{4b+5}{4b-10}$ \quad ▲ o) $\dfrac{c+3}{2c-6} = \dfrac{c+13}{2c+2}$ \quad ▲ p) $\dfrac{5d}{d+5} = \dfrac{5d-10}{d+1}$

4. Welche Lösungsmengen haben die folgenden Bruchgleichungen in $\mathbb{Q}$?

Anmerkung: Zur Bestimmung des Hauptnenners muß man versuchen, einige Einzelnenner in Faktoren zu zerlegen.

a) $\dfrac{4}{x+3} - \dfrac{2}{x+1} = \dfrac{5}{2x+6} - \dfrac{2\frac{1}{2}}{2x+2}$ \quad b) $\dfrac{5}{y+2} = \dfrac{5}{3y+6} + \dfrac{2}{2y-3}$

c) $\dfrac{7}{z-4} - \dfrac{12}{z-6} = \dfrac{10\frac{1}{2}}{3z-12} - \dfrac{8}{z-6}$ \quad d) $\dfrac{13}{2a+3} + \dfrac{5}{a+3} = \dfrac{97{,}5}{10a-5}$

e) $\dfrac{3}{4-2b} + \dfrac{15}{4(1-b)} = \dfrac{3}{2-b} + \dfrac{5}{2-2b}$ \quad f) $\dfrac{15}{2c+5} - \dfrac{15}{4c+10} = \dfrac{19}{9c-7}$

g) $\dfrac{x-1}{8x-16} + \dfrac{1-x}{5x-10} = \dfrac{-3}{40x-80}$ \quad h) $\dfrac{3x-7}{x-7} - \dfrac{3(7-2x)}{5x-35} = \dfrac{13x}{5x-35}$

i) $\dfrac{15}{3x-2} - \dfrac{70}{9x^2-6x} = \dfrac{11}{3x}$ \quad k) $\dfrac{7}{2x^2-x} - \dfrac{8}{2x^2+x} = \dfrac{3}{4x^2-1}$

l) $\dfrac{1}{x-1} + \dfrac{1}{x+1} = \dfrac{2}{x^2-1}$ \quad m) $\dfrac{3}{x-3} + \dfrac{2}{x+1} = \dfrac{4}{x^2-2x-3}$

1.4. Bruchungleichungen

1. Für welche Einsetzungen aus der Definitionsmenge wird
   a) der Zähler,   b) der Nenner der folgenden Terme positiv?
   $$\frac{2x+1}{x-1}, \quad \frac{4x-3}{5+x}, \quad \frac{x^2}{3-x}$$

2. Gib die Definitionsmengen der folgenden Aussageformen an.
   a) $\frac{x+1}{x-1} < \frac{x+2}{x-2}$ b) $\frac{x^2}{x^2-1} > \frac{x}{x^2+3x+2}$

Beim Lösen von **Bruchungleichungen** kann man nur dann so vorgehen wie beim Lösen von Bruchgleichungen, wenn der Hauptnenner der einzelnen Terme für alle Einsetzungen aus der Definitionsmenge positiv ist. Ist der Hauptnenner für alle Einsetzungen negativ, dann erhält man aus der Ungleichung durch Multiplikation mit dem Hauptnenner eine äquivalente Ungleichung, wenn wir das Inversionsgesetz beachten.
Die Fälle, in denen der Hauptnenner für alle Einsetzungen das gleiche Vorzeichen hat, sind aber nicht die Regel. Wir müssen deshalb bei den Umformungen der Bruchungleichungen vorsichtiger sein als beim Lösen von Bruchgleichungen.

Beispiele:
1. $$\mathbb{L} = \left\{ x \,\Big|\, \frac{x+1}{x-1} - \frac{x+2}{x-2} < \frac{3-2x}{x^2-3x+2} \right\}_{\mathbb{Q}}$$

Wir formen die Ungleichung zunächst so um, daß auf ihrer rechten Seite die Zahl Null steht, und zerlegen den Nenner $x^2 - 3x + 2$ in ein Produkt:

$$\frac{x+1}{x-1} - \frac{x+2}{x-2} < \frac{3-2x}{x^2-3x+2}$$

$$\Leftrightarrow \frac{x+1}{x-1} - \frac{x+2}{x-2} - \frac{3-2x}{x^2-3x+2} < 0$$

$$\Leftrightarrow \frac{x+1}{x-1} - \frac{x+2}{x-2} - \frac{3-2x}{(x-1)(x-2)} < 0.$$

Aus dieser Ungleichung lesen wir die Definitionsmenge ab:

$$\mathbb{D} = \mathbb{Q} \setminus \{1, 2\}$$

Wir vereinfachen:

$$\frac{(x+1)(x-2)}{(x-1)(x-2)} - \frac{(x+2)(x-1)}{(x-2)(x-1)} - \frac{3-2x}{(x-1)(x-2)} < 0$$

$$\Leftrightarrow \frac{(x^2+x-2x-2)-(x^2+2x-x-2)-(3-2x)}{(x-1)(x-2)} < 0$$

$$\Leftrightarrow \frac{x^2+x-2x-2-x^2-2x+x+2-3+2x}{(x-1)(x-2)} < 0 \Leftrightarrow \frac{-3}{(x-1)(x-2)} < 0$$

1. Bruchgleichungen und Bruchungleichungen mit einer Variablen

Durch Multiplikation mit -1 ergibt sich hieraus die zur ursprünglichen in $\mathbb{D}$ äquivalente Ungleichung: $\dfrac{3}{(x-1)(x-2)} > 0$

Nach den Vorzeichenregeln für die Division ergibt sich hier genau dann eine wahre Aussage, wenn 3 durch eine positive Zahl dividiert wird, d. h. für

$$(x-1)(x-2) > 0.$$

Nun wissen wir, daß ein Produkt von zwei rationalen Zahlen genau dann positiv ist, wenn beide Faktoren dasselbe Vorzeichen haben. Damit ist $(x-1)(x-2) > 0$ äquivalent mit

$$(x-1 > 0 \land x-2 > 0) \lor (x-1 < 0 \land x-2 < 0)$$
$$\Leftrightarrow (x > 1 \land x > 2) \lor (x < 1 \land x < 2)$$
$$\Leftrightarrow x > 2 \lor x < 1.$$

So ergibt sich schließlich die Lösungsmenge in der folgenden Form:

$$\mathbb{L} = \{x \mid x > 2 \lor x < 1\} = \{x \mid x > 2\}_\mathbb{Q} \cup \{x \mid x < 1\}_\mathbb{Q}$$

Die eben gelöste Aufgabe ist darum einfach, weil der Bruchterm $\dfrac{3}{(x-1)(x-2)}$ im Zähler die Variable nicht enthält.

2. $\quad \mathbb{L} = \left\{ x \mid \dfrac{x+1}{x+2} - \dfrac{x-2}{x+3} > \dfrac{3x+8}{x^2+5x+6} \right\}_\mathbb{Q}$

Wir formen so um, daß auf der rechten Seite die Zahl Null steht, und zerlegen den Nenner $x^2 + 5x + 6$ in ein Produkt:

$$\frac{x+1}{x+2} - \frac{x-2}{x+3} - \frac{3x+8}{(x+2)(x+3)} > 0$$

Aus dieser Ungleichung entnehmen wir die Definitionsmenge:

$$\mathbb{D} = \mathbb{Q} \setminus \{-2, -3\}$$

Wir formen weiter um:

$$\frac{(x+1)(x+3) - (x-2)(x+2) - (3x+8)}{(x+2)(x+3)} > 0$$

$$\Leftrightarrow \frac{(x^2+4x+3) - (x^2-4) - (3x+8)}{(x+2)(x+3)} > 0$$

$$\Leftrightarrow \frac{x^2+4x+3-x^2+4-3x-8}{(x+2)(x+3)} > 0$$

$$\Leftrightarrow \frac{x-1}{(x+2)(x+3)} > 0$$

Da ein Quotient genau dann positiv ist, wenn Zähler und Nenner Zahlen mit gleichem Vorzeichen sind, bestimmen wir zunächst die Teilmengen aus $\mathbb{Q}$, die beim Einsetzen der zu ihnen gehörenden Zahlen in den Zähler und Nenner auf positive (im Bild grün gezeichnet) bzw. negative (rot gezeichnet) Zahlen führen.

1. Bruchgleichungen und Bruchungleichungen mit einer Variablen

Rechnung:

	positiv	negativ
Zähler	$x - 1 > 0 \Leftrightarrow x > 1$	$x - 1 < 0 \Leftrightarrow x < 1$
Nenner	$(x + 2)(x + 3) > 0$ $\Leftrightarrow (x + 2 > 0 \land x + 3 > 0)$ $\lor (x + 2 < 0 \land x + 3 < 0)$ $\Leftrightarrow (x > -2 \land x > -3)$ $\lor (x < -2 \land x < -3)$ $\Leftrightarrow x > -2 \lor x < -3$	$(x + 2)(x + 3) < 0$ $\Leftrightarrow (x + 2 < 0 \land x + 3 > 0)$ $\lor (x + 2 > 0 \land x + 3 < 0)$ $\Leftrightarrow (x < -2 \land x > -3)$ $\lor (x > -2 \land x < -3)$ $\Leftrightarrow -3 < x < -2$

Die Ergebnisse dieser Rechnung fassen wir in der folgenden **graphischen Darstellung** zusammen:

Hieraus ergibt sich die Lösungsmenge durch Vergleich der Vorzeichen in Zähler und Nenner:

$$\mathbb{L} = \{x \mid x > 1 \lor -3 < x < -2\}_\mathbb{Q}$$

Aufgaben

Bei allen Ungleichungen ist zunächst die Definitionsmenge zu bestimmen.

1. Löse folgende Bruchungleichungen in $\mathbb{Q}$.

a) $\dfrac{x}{x - 2} > 0$ b) $\dfrac{x + 1}{x} > 0$ c) $\dfrac{x + 1}{x + 2} > 0$

d) $\dfrac{x + 2}{x - 3} < 0$ e) $\dfrac{x - 5}{x + 1} < 0$ f) $\dfrac{x - 4}{x - 3} < 0$

g) $\dfrac{x + 2}{(x + 1)(x - 1)} > 0$ h) $\dfrac{x - 5}{(x + 2)(x - 1)} < 0$ i) $\dfrac{x + 1}{(x - 5)(x - 7)} > 0$

2. Bestimme die Lösungsmengen folgender Bruchungleichungen in $\mathbb{Q}$.

a) $\dfrac{x - 2}{x + 2} < 1$ b) $\dfrac{x - 5}{x + 3} > 1$ c) $\dfrac{y + 1}{y - 2} < 1$

d) $\dfrac{y - 2}{y + 7} > 1$ e) $\dfrac{2x - 1}{x + 2} < 2$ f) $\dfrac{3x - 2}{x - 2} > 3$

g) $\dfrac{4y - 2}{y + 2} < 4$ h) $\dfrac{3y - 1}{y - 5} > 3$ i) $\dfrac{z - 5}{2z + 3} < \dfrac{1}{2}$

k) $\dfrac{z - 3}{4z + 1} > \dfrac{1}{4}$ l) $\dfrac{2z - 5}{3z - 2} > \dfrac{2}{3}$ m) $\dfrac{6z - 2}{2z + 1} > 3$

1. Bruchgleichungen und Bruchungleichungen mit einer Variablen

3. Gib die Elemente folgender Mengen an.

Beispiel: $\left\{x \mid \dfrac{2x-3}{x+1} < 1\right\}_{\mathbb{N}} = \{1, 2, 3\}$

a) $\left\{x \mid \dfrac{2x-3}{6x+7} < \dfrac{1}{3}\right\}_{\mathbb{N}}$ \quad b) $\left\{u \mid \dfrac{4+u}{3+2u} > \dfrac{1}{2}\right\}_{\mathbb{Z}}$

c) $\left\{y \mid \dfrac{8y-2}{4y-1} > 2\right\}_{\mathbb{N}}$ \quad d) $\left\{t \mid \dfrac{3+t}{2-3t} < -\dfrac{1}{3}\right\}_{\mathbb{Q}}$

e) $\left\{z \mid \dfrac{5-z}{4-z} < 1\right\}_{\mathbb{Z}}$ \quad f) $\left\{v \mid \dfrac{5-2v}{3+5v} > -\dfrac{2}{5}\right\}_{\mathbb{Q}}$

4. Bestimme die folgenden Mengen.

a) $\left\{x \mid \dfrac{2}{x} > 3\right\}_{\mathbb{Q}}$ \quad b) $\left\{x \mid \dfrac{4}{x} > 5\right\}_{\mathbb{Q}}$

c) $\left\{x \mid \dfrac{2}{x} + \dfrac{3}{x} < 4\right\}_{\mathbb{N}}$ \quad d) $\left\{y \mid \dfrac{4}{y} - \dfrac{3}{y} + \dfrac{5}{y} < 2\right\}_{\mathbb{N}}$

e) $\left\{z \mid \dfrac{5}{2z} + \dfrac{4}{z} - \dfrac{3}{5z} > 5\right\}_{\mathbb{Z}}$ \quad f) $\left\{z \mid \dfrac{4}{z-1} - \dfrac{5}{z-1} - \dfrac{2}{z-1} > 1\right\}_{\mathbb{Z}}$

g) $\left\{u \mid \dfrac{4}{u+1} + \dfrac{5}{2u+2} - \dfrac{2}{3u+3} < 1\right\}_{\mathbb{Q}}$

h) $\left\{w \mid \dfrac{2}{3w-6} + \dfrac{5}{2w-4} - \dfrac{7}{5w-10} < 8\right\}_{\mathbb{Q}}$

5. Welche rationalen Zahlen erfüllen die folgenden Ungleichungen?

a) $\dfrac{x+1}{x} - \dfrac{x}{x+1} < 0$ \quad b) $\dfrac{4}{x} - \dfrac{3}{x-2} > 0$

c) $\dfrac{2x+1}{x-1} + \dfrac{2x}{x+1} > 4$ \quad d) $\dfrac{3x-1}{2x+2} + \dfrac{x-1}{3x+3} < \dfrac{7x-3}{4x+4}$

e) $\dfrac{x}{x+1} + \dfrac{2x-1}{x+2} + \dfrac{2x-3}{2x+4} < \dfrac{12x-17}{3x+3}$

f) $\dfrac{2x}{x-1} + \dfrac{3}{x-5} + \dfrac{3x+1}{3x-3} > \dfrac{6x-17}{2x-10}$

g) $\dfrac{3x+5}{3x-6} - \dfrac{2x-1}{2x+4} \geq \dfrac{6x+2}{x^2-4}$ \quad h) $\dfrac{3x+2}{3x+9} - \dfrac{2x-1}{2x-6} < \dfrac{6x+1}{9-x^2}$

i) $\dfrac{2x}{x+2} + \dfrac{3x}{x+3} > \dfrac{5x^2+10x+2}{x^2+5x+6}$ \quad k) $\dfrac{2x+1}{x-1} + \dfrac{4x-2}{x+3} < \dfrac{6x^2+3x+1}{x^2+2x-3}$

1.5. Bruchgleichungen mit Formvariablen

Nenne fünf Gleichungen, die dadurch entstehen, daß man in

$$3x + (a + 1) = -2a$$

an die Stelle von a fünf verschiedene rationale Zahlen setzt. Löse die Gleichungen in der Grundmenge $\mathbb{Q}$.

Gleichartige Aussageformen lassen sich, wie wir früher gesehen haben, in einer einzigen Aussageform zusammenfassen.

Die Gleichungen

$$\frac{x+1}{2x+1} = 2, \quad \frac{2x+1}{4x+1} = 2, \quad \frac{3x+1}{6x+1} = 2, \quad \frac{4x+1}{8x+1} = 2 \text{ usw.}$$

können wir in der Gleichung

$$\frac{ax+1}{2ax+1} = 2$$

zusammenfassen. Hierin ist für die Formvariable a der Reihe nach 1, 2, 3, 4 usw. gesetzt zu denken, wenn die anfangs angegebenen Gleichungen entstehen sollen. Wir wollen solche Bruchgleichungen mit Formvariablen lösen.

Beispiele:

1.
$$\mathbb{L} = \left\{ x \;\middle|\; \frac{ax+1}{2ax+1} = 2 \right\}_\mathbb{Q}$$

Zunächst stellen wir fest, daß die Definitionsmenge der Aussageform $\frac{ax+1}{2ax+1} = 2$ von der Zahl abhängig ist, die wir für a einsetzen.

Mit 1 für a erhält man $\mathbb{D}_1 = \mathbb{Q} \setminus \left\{-\frac{1}{2}\right\}$,

mit 2 für a erhält man $\mathbb{D}_2 = \mathbb{Q} \setminus \left\{-\frac{1}{4}\right\}$,

mit 3 für a erhält man $\mathbb{D}_3 = \mathbb{Q} \setminus \left\{-\frac{1}{6}\right\}$,

mit 4 für a erhält man $\mathbb{D}_4 = \mathbb{Q} \setminus \left\{-\frac{1}{8}\right\}$ usw.

Verallgemeinerung: Die Definitionsmenge der Aussageform $\frac{ax+1}{2ax+1} = 2$ enthält alle Zahlen aus $\mathbb{Q}$ für a und x, mit denen $2ax + 1 \neq 0$ ist. Es ist also

$$\mathbb{D} = \{(a; x) \,|\, 2ax + 1 \neq 0\}_{\mathbb{Q} \times \mathbb{Q}}.$$

1. Bruchgleichungen und Bruchungleichungen mit einer Variablen

Innerhalb dieser Definitionsmenge gelten die folgenden Umformungen:
$$\frac{ax+1}{2ax+1} = 2 \Leftrightarrow ax + 1 = 2(2ax + 1)$$
$$\Leftrightarrow ax + 1 = 4ax + 2 \Leftrightarrow -3ax = 1$$

Die Lösungsmenge der Bruchgleichung ist, wie wir sehen, von der Einsetzung für a abhängig. Wir müssen daher jeweils die Menge angeben, aus der die Einsetzungen für a genommen werden, und außerdem darauf achten, daß die Bedingung $2ax + 1 \neq 0$ erfüllt ist.

a) Setzen wir **0 für a,**
   so ergibt sich aus der letzten Aussageform
   $$-3 \cdot 0 \cdot x = 1 \Leftrightarrow 0 \cdot x = 1.$$
   Da für jede Einsetzung aus $\mathbb{Q}$ $\quad 0 \cdot x = 0 \quad$ gilt, ist die Aussageform $0 \cdot x = 1$ nicht erfüllbar, d. h.
   $$\mathbb{L}_1 = \emptyset.$$

b) Setzen wir eine **rationale Zahl $\neq 0$ für a,**
   so können wir weiter umformen:
   $$-3ax = 1 \Leftrightarrow x = -\frac{1}{3a}$$
   $-\frac{1}{3a}$ ist Lösungsterm der Gleichung, wenn er für alle $a \in \mathbb{Q}\setminus\{0\}$ der Definitionsmenge angehört. Wir überprüfen, ob dies der Fall ist, ob also $2ax + 1 \neq 0$ ist. Setzt man $-\frac{1}{3a}$ für x, so geht $2ax + 1 \neq 0$ in $-\frac{2}{3} + 1 \neq 0$ über. Das ist eine wahre Aussage.
   Also ist die Lösungsmenge
   $$\mathbb{L}_2 = \left\{x \mid x = -\frac{1}{3a}\right\}_{\mathbb{Q}}.$$

Damit erhalten wir für:
$$a = 0 : \mathbb{L} = \emptyset; \quad a \in \mathbb{Q}\setminus\{0\} : \mathbb{L} = \left\{x \mid x = -\frac{1}{3a}\right\}_{\mathbb{Q}}$$

2. $$\mathbb{L} = \left\{x \mid \frac{a}{x-2a} + \frac{b}{x-2b} + 1 = 0\right\}_{\mathbb{Q}}$$

Da kein Nenner Null werden darf, muß $x \neq 2a$ und außerdem $x \neq 2b$ sein. In der Grundmenge $\mathbb{G} = \mathbb{Q} \times \mathbb{Q} \times \mathbb{Q}$ ist die Definitionsmenge also
$$\mathbb{D} = \{(a; b; x) \mid x \neq 2a \wedge x \neq 2b\}_{\mathbb{G}}.$$

In dieser Definitionsmenge können wir die Gleichung umformen:
$$a(x - 2b) + b(x - 2a) + (x - 2a)(x - 2b) = 0$$
$$\Leftrightarrow x^2 - ax - bx \qquad\qquad = 0$$
$$\Leftrightarrow x(x - a - b) \qquad\qquad = 0$$
$$\Leftrightarrow x = 0 \vee x = a + b$$

1

0 und $a + b$ sind Lösungen der Gleichung, wenn sie der Definitionsmenge angehören. Wir überprüfen deshalb, ob die Aussageformen $x \neq 2a$ und $x \neq 2b$ erfüllt sind. Die Lösungen dieser Aussageformen sind nämlich die Elemente der Definitionsmenge.
a) Setzen wir 0 für x, so entsteht aus $x \neq 2a$ $\quad 0 \neq 2a \Leftrightarrow a \neq 0$.
$\quad\quad\quad\quad\quad\quad$ Aus $x \neq 2b$ entsteht: $\quad 0 \neq 2b \Leftrightarrow b \neq 0$.
0 ist also genau dann Lösung der Gleichung, wenn $a \neq 0 \land b \neq 0$.
b) Setzen wir $a + b$ für x, so entsteht aus $x \neq 2a$: $a + b \neq 2a \Leftrightarrow b \neq a$.
$\quad\quad\quad\quad\quad\quad$ Aus $x \neq 2b$ entsteht: $a + b \neq 2b \Leftrightarrow a \neq b$.
$a + b$ ist also genau dann Lösung der Gleichung, wenn $a \neq b$.

Es ergibt sich also:
Wenn $a \neq 0$ und $b \neq 0$,	ist 0 Lösung der Gleichung,
wenn $a \neq b$,	ist $a + b$ Lösung der Gleichung
wenn $a \neq 0$, $b \neq 0$ und $a \neq b$,	sind 0 und $a + b$ Lösungen der Gleichung,
wenn $a = 0$ und $b = 0$,	ergibt sich keine Lösung.

Aufgaben

Die Grundmenge für alle Variablen der folgenden Aufgaben ist $\mathbb{Q}$.

1. Löse die folgenden Gleichungen, in denen x die Hauptvariable ist.

a) $\dfrac{x}{a} = b$ $\quad$ b) $\dfrac{a}{x} = b$ $\quad$ c) $\dfrac{x}{a} + \dfrac{x}{b} = a + b$ $\quad$ d) $\dfrac{a}{x} + \dfrac{b}{x} = c$

e) $a - \dfrac{b - x}{c} = a - x$ $\quad$ f) $ax - \dfrac{3a - bx}{2} = \dfrac{1}{2}$ $\quad$ g) $a \cdot \dfrac{a - x}{b} - \dfrac{b + x}{a} \cdot b = x$

2. Durch welche Einsetzungen für x werden die folgenden Gleichungen zu allgemeingültigen Aussageformen in ihrer Definitionsmenge?

a) $\dfrac{x^2 - a^2}{bx} - \dfrac{a - x}{b} = \dfrac{2x}{b} - \dfrac{a}{x}$ $\quad$ b) $\dfrac{b + a \cdot (x^2 - 1)}{x} - b^2 = ax - a^2$

c) $\dfrac{1}{p} - \dfrac{1}{x} = \dfrac{1}{x} - \dfrac{1}{q}$ $\quad$ d) $\dfrac{p}{x} = \dfrac{q}{x} + v \cdot (p - q)$

e) $\dfrac{3}{4} \cdot \left(\dfrac{x}{m} + 2\right) = \dfrac{4}{5} \cdot \left(\dfrac{x}{m} - 2\right)$ $\quad$ f) $\dfrac{10p}{q} - \dfrac{5x}{q} = \dfrac{8q}{p} - \dfrac{4x}{p}$

g) $a^2 b - \dfrac{a^2 b^2 + x}{b} = ab^2 - \dfrac{a^2 b^2 - x}{a}$ $\quad$ h) $\dfrac{ab + x}{b^2} - \dfrac{b^2 - x}{a^2 b} = \dfrac{x - b}{a^2} - \dfrac{ab - x}{b^2}$

i) $\dfrac{2x + 3m}{x + m} = \dfrac{2 \cdot (3x + 2m)}{3x + m}$ $\quad$ k) $\dfrac{2 \cdot (x - n)}{3x - p} = \dfrac{2x + n}{3 \cdot (x - p)}$

3. Bestimme die Lösungsmengen, wenn x die Hauptvariable ist.

a) $\dfrac{1}{x - a} - \dfrac{1}{x - b} = \dfrac{a - b}{x^2 - ab}$ $\quad$ b) $\dfrac{a - b}{x} - \dfrac{1}{a + b} = \dfrac{a + b}{x} - \dfrac{1}{a - b}$

c) $\dfrac{x - a}{a - b} - \dfrac{x + a}{a + b} = \dfrac{2ax}{a^2 - b^2}$ $\quad$ d) $\dfrac{a}{x - b} - \dfrac{b}{x + b} = \dfrac{ab}{x^2 - b^2}$

e) $\dfrac{p^2}{x + 1} + \dfrac{4q^2}{x - 1} = \dfrac{4pqx}{x^2 - 1}$ $\quad$ f) $\dfrac{b - x}{a + x} + \dfrac{c - x}{a - x} = \dfrac{a \cdot (c - 2x)}{a^2 - x^2}$

1.6. Anwendungsaufgaben

Wir haben früher das Lösen einfacher Textaufgaben gelernt. Anspruchsvollere Aufgaben konnten wir noch nicht bearbeiten, weil wir schwierigere Umformungen mit Klammern und Bruchtermen nicht beherrschen. In den Textaufgaben der folgenden Abschnitte treten nur anspruchsvollere Umformungen auf; grundsätzlich zeigen sie nichts Neues.
Wir behandeln auch bei diesen Textaufgaben Gleichungen und Ungleichungen nebeneinander.

Beispiel:

1.6.1. Zahlenrätsel

Welche zweistelligen Zahlen mit der Ziffernsumme 9 ergeben nach dem Umstellen der Ziffern eine zweiziffrige Zahl, die kleiner als die Hälfte der gegebenen Zahl ist?

Lösung: Die Variable x soll die Zehnerziffer bezeichnen.

Text	Zeichen
Zehnerziffer der ursprünglichen Zahl	x
Einerziffer der ursprünglichen Zahl	$9 - x$
ursprüngliche Zahl	$10x + (9 - x)$
Zahl mit vertauschten Ziffern	$10(9 - x) + x$

Da die gesuchte Zahl eine zweiziffrige sein soll, darf für x nicht 0 gesetzt werden. Aber auch 9 darf nicht für x gesetzt werden. Die Einerziffer wäre dann nämlich 0, die ursprüngliche Zahl 90. Die Zahl mit vertauschten Ziffern wäre 09, also keine zweiziffrige Zahl.

Damit haben wir die Grundmenge $\mathbb{G} = \{1, 2, \ldots, 8\}$.

Zu bestimmen ist die Menge

$$\mathbb{L} = \left\{ x \,\bigg|\, 10(9 - x) + x < \frac{1}{2}[10x + (9 - x)] \right\}_{\mathbb{G}}$$

$$10(9 - x) + x < \frac{1}{2}[10x + (9 - x)] \Leftrightarrow 90 - 10x + x < \frac{1}{2}(9x + 9)$$

$$\Leftrightarrow 90 - 9x < \frac{9}{2}x + \frac{9}{2} \Leftrightarrow \frac{171}{2} < \frac{27}{2}x \Leftrightarrow 6\frac{1}{3} < x$$

$$\mathbb{L} = \{7, 8\}.$$

Die Einsetzungen 7 bzw. 8 für die Zehnerziffer, also 2 bzw. 1 für die Einerziffer, führen zu wahren Aussagen.

Ergebnis: Die geforderten Eigenschaften besitzen genau die Zahlen 72 und 81.

1. Bruchgleichungen und Bruchungleichungen mit einer Variablen

Aufgaben

1. Fritz sagt: „Addiere ich die Hälfte, ein Viertel und ein Fünftel einer natürlichen Zahl, so erhalte ich 57". Welche Zahl hat er sich gedacht?

2. Die Summe des Fünftels und des Achtels einer natürlichen Zahl ist kleiner als 13. Welche Zahlen haben diese Eigenschaft?

3. Addiert man zu einer gedachten natürlichen Zahl ihren vierten und fünften Teil, so erhält man 435. Wie heißt die Zahl?

4. Subtrahiert man den sechsten Teil einer natürlichen Zahl von ihrem Viertel, so erhält man 3. Um welche Zahl handelt es sich?

5. Wie heißen alle natürlichen Zahlen, deren Hälfte, dritter und fünfter Teil zusammen mehr als die um eins vermehrte ursprüngliche Zahl ergeben?

6. Die Summe aus der Hälfte, einem Viertel und einem Achtel einer rationalen Zahl ist größer als die Summe aus dieser Zahl und 15. Gib die Menge aller Zahlen mit dieser Eigenschaft an.

7. Vermindert man eine rationale Zahl um 5 und dividiert die Differenz durch 6, so erhält man 24. Wie heißt diese Zahl?

8. Die Differenz aus einer positiven rationalen Zahl und 24 stimmt mit dem Quotienten aus dieser Zahl und 5 überein. Wie heißt diese Zahl?

9. Addiert man zu einer natürlichen Zahl ihr Fünffaches und außerdem 6, so erhält man weniger als die Hälfte von dem um 6 vermehrten Elffachen der Zahl. Gib die Menge aller Zahlen mit dieser Eigenschaft an.

10. Die Summe aus einer natürlichen Zahl und 5 wird dividiert durch die Differenz aus dieser Zahl und 5. Der Quotient ist größer als 5. Wie heißen alle Zahlen, die diese Eigenschaft besitzen?

11. Vermindert man eine gewisse rationale Zahl um 5, dividiert die Differenz durch 3 und subtrahiert dann vom Quotienten 6, so erhält man eine Zahl, die kleiner ist als die um 1 verminderte ursprüngliche Zahl. Gib die Menge aller Zahlen mit dieser Eigenschaft an.

12. Welche Menge innerhalb der rationalen Zahlen wird durch folgende Forderung bestimmt: Multipliziert man die ursprüngliche Zahl mit 3, addiert zum Produkt 20, zieht das Doppelte der ursprünglichen Zahl ab, multipliziert den Rest mit 2, addiert 60 und dividiert durch 2, so erhält man nach Abziehen von 50 die gegebene Zahl.

13. Löse die Aufgabe 12 mit der einzigen Änderung, daß sich eine Zahl ergeben soll, die kleiner ist als die ursprüngliche Zahl.

14. Für welche zweiziffrigen Zahlen mit der Quersumme 12 ist der Quotient aus ursprünglicher Zahl und der Zahl mit umgekehrter Ziffernfolge kleiner als $\frac{7}{8}$?

1.6.2. Altersbestimmungen

Beispiel:
Fritz antwortet auf die Frage nach seinem Alter: Addierst du die Kehrzahl meines Alters vor 4 Jahren zur Kehrzahl meines Alters in 4 Jahren, so erhältst du das Doppelte der Kehrzahl meines Alters vor einem Jahr. Wie alt ist der Schlaumeier?

Lösung: Die Variable x soll Fritzens jetziges Alter in Jahren bezeichnen.

Text	Zeichen
Fritzens jetziges Alter	x Jahre
Fritzens Alter vor 4 Jahren	$(x-4)$ Jahre
Kehrzahl zu $x-4$	$\dfrac{1}{x-4}$
Fritzens Alter in 4 Jahren	$(x+4)$ Jahre
Kehrzahl zu $x+4$	$\dfrac{1}{x+4}$
Fritzens Alter vor einem Jahr	$(x-1)$ Jahre
Kehrzahl zu $x-1$	$\dfrac{1}{x-1}$

Da Fritz von seinem Alter vor 4 Jahren spricht, kann man über die Grundmenge schon sagen:

$$\mathbb{G} = \{x \mid x \geqq 4\}_\mathbb{Q}$$

Das Alter ergibt sich aus

$$\mathbb{L} = \left\{ x \mid \frac{1}{x-4} + \frac{1}{x+4} = \frac{2}{x-1} \right\}_\mathbb{G}.$$

Die Umformungen liefern

$$x = 16$$

Da $\mathbb{D} = \mathbb{G} \setminus \{4\}$ und $16 \in \mathbb{D}$, finden wir: $\mathbb{L} = \{16\}$

Ergebnis: Fritz ist jetzt 16 Jahre alt.

Aufgaben

1. Christa ist jetzt 13 Jahre alt, ihr Vater $38\frac{1}{2}$ Jahre. Nach wieviel Jahren wird Christas Alter $\frac{2}{5}$ des Alters des Vaters betragen?

2. Der Altersunterschied zweier Schwestern beträgt 5 Jahre. Addiert man zum $1\frac{1}{4}$fachen Alter der jüngeren 2 Jahre, erhält man das Alter der älteren.

3. Jemand sagt von sich, er habe $\frac{1}{6}$ seines Lebens als Kind, $\frac{1}{9}$ als Jüngling, die Hälfte als Mann verlebt und sei nun schon 16 Jahre lang Großvater. Welches Alter hat dieser Mann?

4. Ein Vater antwortet auf die Frage nach dem Alter seines Sohnes: „Jetzt bin ich 4mal so alt wie mein Sohn. In vier Jahren werde ich nur noch dreimal so alt sein wie er".

5. Das Alter von Großmutter, Mutter und Kind unterscheidet sich je um 25 Jahre. In 10 Jahren ist die Großmutter viermal so alt wie die Enkeltochter (Bild 1.6).

6. In einer Familie ist der Vater um 5 Jahre älter als die Mutter. Der Sohn Alfred ist ein Drittel so alt wie die Mutter. Alle drei zusammen sind 100 Jahre alt.

7. Eine Mutter sagt: „Ich bin jetzt fünfmal so alt wie meine Tochter. In 6 Jahren werde ich weniger als dreimal so alt wie sie sein." Was meinst du dazu?

8. Auf die Frage nach seinem Alter antwortet Kurts Onkel: „In einem Jahr werde ich weniger als viermal so alt wie du sein, vor drei Jahren war ich mehr als fünfmal so alt wie du. Kurt ist 12 Jahre alt".

Bild 1.6

1.6.3. Verteilungsaufgaben

Bild 1.7

Beispiel:
Von einem Lottogewinn erhält Herr Scheunemann die Hälfte, Herr Christmann ein Viertel, Herr Cramm ein Sechstel. Der Rest von 2500 DM wird dem DRK gespendet.

1. Bruchgleichungen und Bruchungleichungen mit einer Variablen

Lösung: Der Lottogewinn wird mit x DM bezeichnet.

Text	Zeichen
Gewinn	x DM
Anteil von Herrn Scheunemann	$\frac{x}{2}$ DM
Anteil von Herrn Christmann	$\frac{x}{4}$ DM
Anteil von Herrn Cramm	$\frac{x}{6}$ DM

Grundmenge: $G = \{x \mid x \geq 2500\}_\mathbb{Q}$

Gesucht ist $\mathbb{L} = \left\{ x \mid \frac{x}{2} + \frac{x}{4} + \frac{x}{6} + 2500 = x \right\}_\mathbb{G}$.

Durch Umformung der Gleichung ergibt sich: $x = 30000$.
Da $30000 \in \mathbb{G}$, ist $\mathbb{L} = \{30000\}$.
Ergebnis: Der Lottogewinn beträgt 30000 DM.

Aufgaben

1. Zerlege die Zahl 120 so in zwei Teile, daß $\frac{1}{7}$ des einen Teils gleich $\frac{1}{8}$ des andern ist.

2. Eine Familie hat eine Erbschaft von 20000 DM angetreten, die in folgender Weise verteilt werden soll: Die Tochter soll $\frac{3}{4}$, die drei Söhne jeder ein Viertel der Summe erhalten, die die Eltern bekommen. Wieviel erhält jeder?

3. 1750 DM sollen so unter drei Personen verteilt werden, daß die zweite Person nur halb so viel wie die erste, die dritte aber nur halb so viel wie die zweite erhält. Wieviel bekommt jede?

4. Eine Familie hat 3600 DM in der Klassenlotterie gewonnen, die unter die Kinder von 12, 6, 4 und 2 Jahren im Verhältnis der Lebensalter verteilt werden sollen. Wieviel erhält jedes Kind?

5. Eine Mutter hat 50 Sahnebonbons gekauft, die sie so unter ihre vier Kinder verteilen will, daß das zweite die Hälfte, das dritte ein Drittel und das jüngste ein Viertel der Anzahl erhalten soll, die sie dem ältesten geben will.

6. Bei der Gründung eines Geschäfts müssen 43500 DM Anfangskapital aufgebracht werden. Der zweite Teilhaber soll $\frac{3}{4}$, der dritte $\frac{2}{3}$ so stark wie der erste an dieser Gründung beteiligt werden. Wieviel Geld muß jeder zur Verfügung stellen?

7. Drei Geschäftsleute wollen sich an einem in Aussicht genommenen Geschäft so beteiligen, daß A $\frac{3}{4}$ und B $\frac{3}{5}$ von dem gibt, was C zahlt. Welcher Anteil kommt auf jeden, wenn für das Geschäft 47000 DM erforderlich sind?

1. Bruchgleichungen und Bruchungleichungen mit einer Variablen

8. Ernst sagt: In meiner Geldtasche habe ich $\frac{1}{4}$, in meiner Sparbüchse $\frac{3}{8}$ meines Geldes, in beiden zusammen 250 DM. Der Rest liegt auf einem Sparbuch. Wieviel besitzt er?

9. Das Elektrizitätswerk erhebt für jeden Raum die gleiche Grundgebühr. Ein Mieter hat ein Zimmer; die Küche benutzt er mit zwei anderen Parteien, das Badezimmer mit drei anderen Parteien. Er zahlt 5,70 DM Grundgebühr.

Bild 1.8

1.6.4. Mischungsaufgaben

Beispiel:
Wieviel Liter 50prozentigen Spiritus muß man zu 12 Liter 90prozentigem Spiritus zusetzen, um 60prozentigen Spiritus zu erhalten?

Lösung: x bezeichnet die Anzahl der Liter von 50prozentigem Spiritus.

Text	Zeichen
Volumen des 50prozentigen Spiritus	x l
davon Volumen des reinen Spiritus	$\frac{50}{100} \cdot x$ l
Volumen des reinen Spiritus in 12 l 90prozentigem Spiritus	$\frac{90}{100} \cdot 12$ l
Volumen des 60prozentigen Spiritus	$(x + 12)$ l
davon Volumen des reinen Spiritus	$\frac{60}{100} \cdot (x + 12)$ l

Da die Anzahl der zum Mischen benötigten Liter nur eine positive Zahl sein kann, ist $\mathbb{G}$ die Menge der positiven rationalen Zahlen: $\mathbb{G} = \mathbb{Q}^+$
Da die Menge an reinem Spiritus durch das Mischen nicht geändert wird, ist

$$\mathbb{L} = \left\{ x \,\bigg|\, \frac{50}{100}x + \frac{90}{100} \cdot 12 = \frac{60}{100} \cdot (x + 12) \right\}_\mathbb{G}.$$

Die Umformungen führen auf $x = 36$.

Da $36 \in \mathbb{G}$, ist $\mathbb{L} = \{36\}$.

Ergebnis: Man muß 36 l 50prozentigen Spiritus zusetzen.

1. Bruchgleichungen und Bruchungleichungen mit einer Variablen

Aufgaben

1. Wieviel Gramm Gold vom Feingehalt 720 müssen mit 150 Gramm Gold vom Feingehalt 500 zusammengeschmolzen werden, wenn die Legierung Gold vom Feingehalt 580 ergeben soll?

2. Um Silber vom Feingehalt 700 zu erhalten, werden 2 kg Silber vom Feingehalt 800 mit Kupfer zusammengeschmolzen. Wieviel Kilogramm Kupfer müssen den 2 kg Silber beigegeben werden?

3. Welche Dichte hatte das Material der Reichsgoldmünzen, die aus 900 Massenteilen Gold und aus 100 Massenteilen Kupfer bestanden, wenn die Dichte des Goldes 19,25 g/cm³ und die des Kupfers 8,9 g/cm³ ist?

4. Wieviel Kupfer sind zu 200 g einer Goldlegierung vom Feingehalt 910 zuzufügen, damit die Legierung Gold vom Feingehalt 700 ergibt?

5. a) Ein silbernes Fünfmarkstück hatte früher den Feingehalt 900 und die Masse $27\frac{7}{9}$ g. Wieviel Kupfer mußte zu 20 kg Silber vom Feingehalt 950 gebracht werden, um die Legierung zum Prägen von Fünfmarkstücken benutzen zu können? Wieviel Stücke konnten geprägt werden?

   b) Bei den im Jahre 1951 geprägten Fünfmarkstücken ist der Feingehalt 625 und die Masse $11\frac{1}{5}$ g. Beantworte die Fragen der Aufgabe a).

6. Eine Legierung aus Gold und Kupfer hat eine Masse von 2 kg, die Dichte der Legierung ist 16,5 g/cm³. Aus wieviel Gold und aus wieviel Kupfer ist die Legierung zusammengesetzt, wenn die Dichte des Goldes 19,25 g/cm³ und die des Kupfers 8,9 g/cm³ ist?

1.6.5. Aufgaben aus der Geometrie

Beispiel:
Die Seitenlängen zweier Quadrate unterscheiden sich um 2 cm, ihre Flächeninhalte um mindestens 26 cm². Wie lang können die Seiten der Quadrate sein?

Lösung: Die Variable x soll die Maßzahl (in cm) der Seitenlänge des kleinen Quadrats bezeichnen.

Text	Zeichen
Seitenlänge des kleinen Quadrats	x cm
Flächeninhalt des kleinen Quadrats	x^2 cm²
Seitenlänge des großen Quadrats	$(x + 2)$ cm
Flächeninhalt des großen Quadrats	$(x + 2)^2$ cm²

Da die Maßzahlen der Seitenlängen nur positive Zahlen sein können, ist $\mathbb{G} = \mathbb{Q}^+$.

Damit ist zu bestimmen: $\mathbb{L} = \{x \mid (x + 2)^2 - x^2 \geq 26\}_\mathbb{G}$

Die Umformungen ergeben $\qquad x \geq 5{,}5$.

Da alle rationalen Zahlen $\geq 5{,}5$ in $\mathbb{G}$ enthalten sind, ist $\mathbb{L} = \{x \mid x \geq 5{,}5\}_\mathbb{Q}$.

Ergebnis: Die gestellten Bedingungen werden genau dann erfüllt, wenn das kleinere Quadrat eine Seitenlänge von mindestens 5,5 cm, das größere eine von mindestens 7,5 cm hat.

Aufgaben

1. Welche Rechtecke, deren eine Seite 5 m länger ist als die andere, haben einen Umfang, der größer als 100 m ist?

2. Aus einem Draht von 90 cm Länge soll ein Kantenmodell (Bild 1.9) eines quadratischen Prismas hergestellt werden, dessen Höhe dreimal so lang ist wie die Grundseite. Welche Abmessungen bekommt das Modell?

3. Welche Abmessungen hat das Kantenmodell (Bild 1.9) eines quadratischen Prismas, das aus einem Draht von 75 cm Länge hergestellt werden kann, wenn die Höhe halb so lang wie die Grundseite ist?

4. Ein Rechteck ist dreimal so lang wie breit. Verlängert man jede Seite um 1 cm, so vergrößert sich die Fläche um 15 cm².

5. Welche Kantenlänge muß ein Würfel haben, damit die Oberfläche des Würfels bei einer Verlängerung der Kanten um 3 cm um 198 cm² zunimmt?

6. Gibt es Vielecke, deren Winkelgrößen die Summe

 a) 720°, b) 900°, c) 990°, d) 1080°, e) 1860° haben?

7. Gibt es regelmäßige Vielecke mit Innenwinkeln der Größe

 a) 60°, b) 90°, c) 105°, d) 120°, e) 135°?

8. Welche gleichschenklig-rechtwinkligen Dreiecke verlieren durch die Verkürzungen ihrer Katheten um je 2 cm an Fläche 10 cm² oder mehr?

9. Bei einem rechtwinkligen Dreieck ist eine Kathete um 3 cm länger als die andere. Verkürzt man die längere Kathete und verlängert die kürzere Kathete um je 1 cm, so wächst die Fläche um 1 cm². Für welche rechtwinkligen Dreiecke ist diese Bedingung erfüllt? (Bild 1.10).

10. Bei einem rechtwinkligen Dreieck ist die eine Kathete 4 cm länger als die andere Kathete. Verlängert man die kürzere Kathete um 1 cm und verkürzt die längere Kathete um 2 cm, so vermindert sich die Fläche um 3 cm².

Bild 1.9

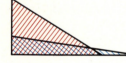

Bild 1.10

1.6.6. Arbeit und Leistung

Beispiel:

Ein Öltank von 5200 l Fassungsvermögen kann durch zwei Pumpen gefüllt werden. Die Pumpe A fördert 45 l Öl in der Minute, die Pumpe B 80 l Öl in der Minute in den Tank. Nun wird die Pumpe B 10 Minuten später als die Pumpe A in Betrieb gesetzt. Nach welcher Zeit ist der Tank gefüllt?

Lösung: x soll die Anzahl der Minuten Betriebsdauer der Pumpe A bezeichnen.

1. Bruchgleichungen und Bruchungleichungen mit einer Variablen

Text	Zeichen
Betriebsdauer der Pumpe A	x Minuten
Fördermenge der Pumpe A	$45x$ l
Betriebsdauer der Pumpe B	$(x-10)$ Minuten
Fördermenge der Pumpe B	$80(x-10)$ l

Da die Anzahl der Minuten nur eine positive Zahl sein kann, ist $\mathbb{G} = \mathbb{Q}^+$.
Da die beiden Pumpen 5200 l Öl bis zur Füllung des Tanks fördern müssen, ist die Lösungsmenge gegeben durch

$$\mathbb{L} = \{x \mid 45x + 80(x-10) = 5200\}_{\mathbb{G}}.$$

Die Umformungen liefern $x = 48$.
Da $48 \in \mathbb{G}$, ist $\mathbb{L} = \{48\}$.

Ergebnis: Der Öltank ist 48 Minuten nach dem Einschalten der Pumpe A gefüllt.

Aufgaben

1. Ein Becken von 3600 l Fassungsvermögen kann durch eine Röhre R_1 in 6 Stunden, durch eine zweite Röhre R_2 in 2 Stunden gefüllt werden. Nach welcher Zeit ist es voll, wenn durch beide Röhren gleichzeitig Wasser ins Becken fließt?

2. Eine Pumpe A füllt einen Hochspeicher von 60 m³ Fassungsvermögen in 4 Stunden, eine Pumpe B in 5 Stunden. Nach einer vollständigen Leerung des Speichers stellt man fest, daß wegen eines Motorschadens die Pumpe B repariert werden muß. Nachdem die Pumpe A schon $1\frac{3}{4}$ Stunden arbeitet, kann die Pumpe B zugeschaltet werden. Wann ist das Becken gefüllt?

3. Einem Dampfkessel von 10 m³ Fassungsvermögen kann durch zwei Pumpen A und B Wasser zugeführt werden. Die Pumpe A kann den Kessel in 40 Minuten, die Pumpe B in einer halben Stunde allein füllen.
   a) Wie lange brauchen beide Pumpen zusammen für eine Füllung?
   b) Im Kessel sind noch 3 m³ Wasser enthalten. Wie lange brauchen nun beide Pumpen zu einer vollständigen Füllung des Kessels?
   c) Nachdem $1\frac{2}{3}$ m³ Wasser verdampft sind, wird zunächst nur die Pumpe A, nach 2 Minuten die Pumpe B eingeschaltet. Nach welcher Zeit ist der Kessel gefüllt?

4. Eine Talsperre kann durch einen Zufluß Z_1 in 12 Tagen, durch einen Zufluß Z_2 in 8 Tagen gefüllt werden. Wie lange dauert eine Füllung durch beide Zuflüsse?

5. Ein Staubecken hat drei Zuflüsse A, B, C, die nach ihrer Öffnung das Becken allein in 10 bzw. 8 bzw. 5 Tagen füllen. Nachdem durch den Zufluß B schon 2 Tage lang Wasser in das Becken floß, wird der Zufluß C und nach einem weiteren Tag der Zufluß A geöffnet. Wann ist das Staubecken gefüllt?

1. Bruchgleichungen und Bruchungleichungen mit einer Variablen

Bild 1.11

6. Ein Bagger B_1 kann die Baugrube für den Bau einer Industriehalle in 8 Arbeitstagen ausheben. Zur Beschleunigung der Arbeit wird von Anfang an ein zweiter Bagger B_2 eingesetzt, der aber nur die halbe Leistungsfähigkeit hat. Wann ist die Baugrube fertig?

7. Ein Schwimmbecken faßt 750 m³ Wasser und kann durch zwei Röhren A und B gefüllt werden. Durch diese beiden Röhren fließen 0,5 m³ bzw. 1,5 m³ Wasser in der Minute. Durch die Röhre A beginnt Wasser einzulaufen, wenn 250 m³ Wasser im Becken sind. Nach 20 Minuten wird auch die Röhre B geöffnet. Wie lange ist das Becken noch nicht vollständig gefüllt?

8. Ein Auftrag zur Herstellung von Schrauben kann mit einem Automaten A_1 in 10 Tagen abgewickelt werden. Neue Aufträge fordern die Auftragserfüllung in 6 Tagen. Ein neuer Automat A_2 wird in Betrieb genommen.

   a) In wieviel Tagen muß der neue Automat A_2 den Auftrag allein erledigen können?

   b) In welcher Zeit muß er dies können, wenn er erst zu Beginn des fünften Tages für diesen Auftrag eingesetzt werden kann?

9. Eine Weberei hat die Ausführung eines Auftrags so geplant, daß sie ihn durch den gemeinsamen Einsatz von zwei leistungsgleichen Webstühlen in 20 Tagen erfüllen kann. Nach 8 Tagen stellt sich heraus, daß die Abwicklung höchstens 15 Tage dauern darf. Ein dritter Webstuhl wird in Betrieb genommen. Wieviel Tage darf er allein höchstens für den gesamten Auftrag brauchen, damit fristgerecht geliefert werden kann?

2. SYSTEME LINEARER GLEICHUNGEN UND UNGLEICHUNGEN

2.1. Systeme von zwei Gleichungen mit zwei Variablen

2.1.1. Graphische Lösungsmethoden

1. Stelle diejenigen Paare von Zahlen aus den Lösungsmengen der Gleichungen

$$x + y - 4 = 0 \quad \text{und} \quad -x + 2y - 1 = 0$$

in je einer Wertetafel zusammen, deren erste Zahlen 1, 2, 3, ..., 10 sind. Gibt es Zahlenpaare, die in beiden Tafeln auftreten?

2. Zeichne die Graphen der Gleichungen aus 1. in der Grundmenge $\mathbb{Q} \times \mathbb{Q}$ in dasselbe Koordinatensystem.

Ein Elektrizitätswerk bietet zwei Tarife zur Auswahl an:

In Tarif I sind eine monatliche Zählermiete von 1 DM und für jede verbrauchte Kilowattstunde 0,30 DM zu zahlen.

In Tarif II sind eine monatliche Grundgebühr von 6 DM und für jede verbrauchte Kilowattstunde 0,10 DM zu zahlen.

Bei welchem monatlichen Verbrauch hat man nach beiden Tarifen gleich viel zu bezahlen, und wie hoch ist dann die Monatsrechnung?

Setzen wir für die Anzahl der Kilowattstunden die Variable x und für den monatlichen Rechnungsbetrag (in Pf) die Variable y, dann sind die Paare aus Anzahl der Kilowattstunden und Rechnungsbetrag (in Pf) je nach Tarif Lösungen der Gleichungen

$$\text{I:} \quad y = 30x + 100 \quad \text{oder} \quad \text{II:} \quad y = 10x + 600.$$

Die Zahl für x muß in beiden Gleichungen dieselbe sein, weil ein Vergleich der Preise nur bei gleichem Verbrauch vorgesehen ist. Wenn nach beiden Tarifen gleich viel bezahlt werden soll, so muß auch die Zahl für y in beiden Gleichungen dieselbe sein.

Es werden also Zahlenpaare für $(x; y)$, $(x; y) \in \mathbb{Q} \times \mathbb{Q}$, gesucht, die Lösung der ersten **und** der zweiten Gleichung sind. Wir haben die Lösungsmenge

$$\mathbb{L} = \{(x; y) \mid y = 30x + 100 \land y = 10x + 600\}$$

zu bestimmen.

Anmerkung: Wenn im folgenden keine Grundmenge angegeben ist, ist $\mathbb{Q} \times \mathbb{Q}$ gemeint.

Die Lösungsmenge der mit $\land$ verknüpften Gleichungen ist die **Schnittmenge** der Lösungsmengen der beiden Gleichungen. Wir erhalten diese Schnittmenge aus einer Zeichnung der Graphen der beiden Gleichungen. Damit unser Zeichenblatt ausreicht, wählen wir die Einheiten auf den beiden Achsen verschieden groß (Bild 2.1).

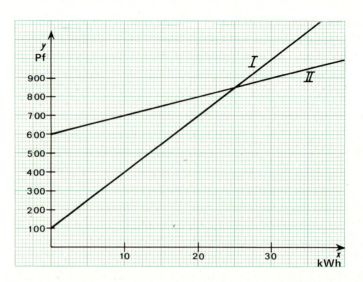

Bild 2.1

Aus Bild 2.1 erkennen wir: Die Geraden zu den Gleichungen

I: $y = 30x + 100$ und   II: $y = 10x + 600$

haben als einzigen Punkt den Punkt (25; 850) gemeinsam. Das Zahlenpaar (25; 850) erfüllt als einziges beide Gleichungen: $\mathbb{L} = \{(25; 850)\}$.

Ergebnis: Bei einem Verbrauch von 25 Kilowattstunden im Monat hat man nach beiden Tarifen gleich viel, nämlich 8,50 DM, zu zahlen.

In dieser Aufgabe haben wir die Lösungsmenge für zwei mit „und" ($\wedge$) verknüpfte Aussageformen – nämlich Gleichungen – gesucht.

Definition 2.1
Zwei oder mehr Aussageformen, die durch $\wedge$ zu einer neuen Aussageform verknüpft sind, nennt man ein System von Aussageformen.

Wie in der besprochenen Aufgabe wollen wir zunächst nur **Systeme von zwei linearen Gleichungen** mit zwei Variablen behandeln. Die Lösungsmenge eines Systems der Form

$$A_1 x + B_1 y + C_1 = 0 \wedge A_2 x + B_2 y + C_2 = 0$$
mit $A_1, B_1, C_1, A_2, B_2, C_2 \in \mathbb{Q}$

ist die **Schnittmenge** der Lösungsmengen der beiden Gleichungen.
Wir zeichnen die Graphen der beiden Gleichungen und lesen aus der Zeichnung die Koordinaten der Punkte der Schnittmenge ab, falls sich die Geraden schneiden.

Da die Graphen der Gleichungen Geraden sind, gibt es folgende Fälle:
1. Schneiden sich die Geraden in genau einem Punkt, so hat das System höchstens ein Zahlenpaar in $\mathbb{Q} \times \mathbb{Q}$ als Lösung.

Doch können wir aus der Zeichnung nicht mit Sicherheit schließen, daß es eine Lösung des Systems gibt. Wir haben nämlich in Kapitel 11. des vorhergehenden Bandes erwähnt, daß nicht jedem Punkt der Ebene ein Paar rationaler Zahlen als Koordinaten zugeordnet werden kann. Der Schnittpunkt der Geraden könnte ein Punkt sein, dem kein Zahlenpaar aus $\mathbb{Q} \times \mathbb{Q}$ zugeordnet ist. In einem solchen Fall hätte das System keine Lösung in $\mathbb{Q} \times \mathbb{Q}$.

2. Sind die Geraden parallel oder fallen sie zusammen, so hat das System keine Lösung, bzw. beide Gleichungen haben dieselben – und zwar unendlich viele – Lösungen.

Anmerkung:

Ist die Lösungsmenge eines Systems z.B. in der Grundmenge $\mathbb{N} \times \mathbb{N}$ zu suchen, werden ebenfalls die Geraden gezeichnet. Wenn diese einen Schnittpunkt haben, dessen Koordinaten keine natürlichen Zahlen sind, ist die Lösungsmenge in $\mathbb{N} \times \mathbb{N}$ leer.

Die Koordinaten des Schnittpunktes lassen sich aus der Zeichnung nur ungenau ablesen. Deshalb müssen wir durch Einsetzen nachprüfen, ob das so gefundene Koordinatenpaar auch wirklich die Lösung des Systems ist.

Aufgaben

Bestimme die Lösungsmengen der Gleichungssysteme in den Aufgaben 1. bis 4. durch Zeichnung. Grundmenge: $\mathbb{Q} \times \mathbb{Q}$.

1. a) $y = x + 2 \land y = -x + 2$ b) $y = 2x + 3 \land y = x + 5$
   c) $y = 5x + 6 \land y = 3x + 4$ d) $y = 8 - 2x \land y = x - 1$

2. a) $2x - 5y = 1 \land x = \frac{1}{2} + 2\frac{1}{2}y$ b) $3x + 5y = 24 \land y = 4 - \frac{3}{5}x$
   c) $3x - 2y = 5 \land 9x - 6y = 7$ d) $25x + 10y = 13 \land 5x + 2y = 5$

3. a) $24x - 12y = 12 \land 3y - 6x = -3$ b) $6y - 18x = 13 \land y - 3x = 2\frac{1}{6}$
   c) $18x - 6y = 30 \land 3x - y = 5$ d) $6x + 5y = 4 \land 2x + \frac{3}{5}y = 12$

4. Bestimme für $B_1 \neq 0$ und $B_2 \neq 0$ die Steigungen der Geraden zu $A_1x + B_1y + C_1 = 0$ und $A_2x + B_2y + C_2 = 0$.
   Begründe: Die Geraden schneiden sich in genau einem Punkte, wenn $A_1B_2 - A_2B_1 \neq 0$ ist, sie sind parallel oder fallen zusammen, wenn $A_1B_2 - A_2B_1 = 0$ ist.

5. Bestimme die Lösungsmengen der folgenden Systeme in der Grundmenge $\mathbb{N} \times \mathbb{N}$ durch Zeichnung.
   a) $3x + 4y = 12 \land x - 2y = -4$ b) $2x + 3y = 12 \land y = x - 1$
   c) $3x + 3y = 0 \land y = x + 5$ d) $x + y = 7 \land y = x + 1$

6. Bestimme die Lösungsmengen der folgenden Systeme in der Grundmenge $\mathbb{Z} \times \mathbb{Z}$ durch Zeichnung.
   a) $x + y = 8 \land 3x + 4y = 29$ b) $x + y = 4 \land 5x + 3y = 2$
   c) $x - y = 4 \land 4x - 6y = 1$ d) $5x - 3y = 17 \land 3x + y = 6$

7. Ein Gaswerk bietet zwei Tarife an:

Tarif I: Preis je 1 m³ 0,40 DM, monatliche Zählermiete 1,00 DM,

Tarif II: Preis je 1 m³ 0,20 DM, monatlicher Grundpreis 8,00 DM.

a) Bei welchem monatlichen Verbrauch erhält man nach beiden Tarifen die gleiche Rechnung?

b) Welchen Tarif wird ein Haushalt wählen, der im Jahresdurchschnitt etwa 50 m³ monatlich verbraucht?

8. Für die Fahrt mit einem Omnibus werden verlangt

entweder: pro Tag 20 DM und für jeden gefahrenen Kilometer 1 DM
oder: pro Tag 30 DM und für jeden gefahrenen Kilometer 0,80 DM.

Lies aus einer Zeichnung ab, welcher Tarif für eine Klasse günstiger ist, die eine Tagesfahrt von

a) 30 km,   b) 50 km,   c) 120 km   unternehmen will.

Bewegungsaufgaben

Beispiel:

Zwei Orte liegen 350 km voneinander entfernt. Um 8 Uhr fährt ein Auto aus A nach B ab, das in der Stunde 55 km zurücklegt, um 10 Uhr fährt ein Auto aus B nach A ab, das 65 km in der Stunde zurücklegt. Wann und wo begegnen sich beide, wenn sie dieselbe Straße zwischen A und B benutzen?

Setzen wir die Variable t für die Anzahl der Stunden nach 8 Uhr und die Variable s für die Entfernung von A in km, so lauten die Gleichungen für die beiden Bewegungen

I: $s = 55t$ und
II: $s = 350 - 65(t - 2)$.

In der zweiten Gleichung tritt der Faktor $(t - 2)$ auf, weil das Auto aus B 2 Std. später abfährt als das Auto aus A: Um 10 Uhr, also 2 Std. nach 8 Uhr, hat das zweite Auto von A eine Entfernung von 350 km. Das ergibt sich, wenn wir in der zweiten Gleichung 2 für t setzen. Aus Bild 2.2 entnehmen wir:

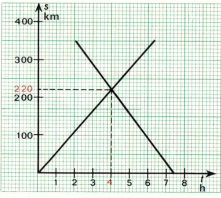

Bild 2.2

Die beiden Wagen treffen sich um 12 Uhr, 220 km von A entfernt.

9. Zwei Freunde gehen einander von zwei Orten A und B, die 36 km voneinander entfernt sind, entgegen. Fritz geht von A aus 5 km in der Stunde, Karl geht von B aus 4 km in der Stunde. Beide brechen zu gleicher Zeit auf. Wann und in welcher Entfernung von A treffen sich beide? (Stelle 1 Std. durch eine Strecke von 1 cm und 10 km durch eine Strecke von 1 cm dar.)

2. Systeme linearer Gleichungen und Ungleichungen

10. Zwei Freunde, die in den Ferien 40 km voneinander entfernt wohnen, wollen gleichzeitig um 6 Uhr morgens aufbrechen, um sich zwischen ihren Ferienorten zu treffen. Um wieviel Uhr und wo treffen sie sich, wenn
a) der erste 8 Std., der zweite 10 Std.,
b) der erste mit seinem Rad 3 Std., der zweite zu Fuß 9 Std.
für die ganze Strecke braucht?
(Stelle 1 Std. und 5 km jeweils durch eine Strecke von 1 cm dar.)

11. Ein Fußgänger bricht um 8 Uhr von Schafsheim auf. Um 11 Uhr wird ihm ein Radfahrer nachgeschickt. Der Fußgänger legt in einer Stunde 5 km, der Radfahrer 12 km zurück. Wann und wo holt der Radfahrer den Fußgänger ein?
(Stelle 1 Std. und 10 km jeweils durch eine Strecke von 1 cm dar.)

12. Ein Polizeiauto verfolgt mit einer Geschwindigkeit von 80 km in der Stunde einen PKW, der einen Vorsprung von 20 km hat und 60 km in der Stunde fährt.
a) Wann wird der PKW von dem Polizeiauto eingeholt?
b) Der verfolgte Wagen fährt zunächst mit einer Geschwindigkeit von 90 km in der Stunde. Nach 2 Std. bleibt er wegen einer Panne eine Viertelstunde liegen und kann danach nur noch mit einer Geschwindigkeit von 60 km in der Stunde weiterfahren. Wann wird er von dem Polizeiauto eingeholt?
(Stelle 1 Std. durch eine Strecke von 4 cm und 20 km durch eine Strecke von 1 cm dar.)

13. Bei einem Wettlauf über 100 m gibt ein Läufer, der die Strecke in 12,8 s durchläuft, einem anderen, der für 100 m 14,4 s braucht, 10 m vor. Wird er ihn einholen?

2.1.2. Rechnerische Lösungsmethoden

1. Gib je 10 Elemente der beiden folgenden Mengen an.
$\{(x; y) \mid 0 \cdot x + 7y = 14\}$; $\{(x; y) \mid 3x + 0 \cdot y = 9\}$.

2. Welche Elemente hat die Menge $\{(x; y) \mid 7y = 14 \land 3x = 9\}$?

Lösungen von Systemen von zwei Gleichungen mit zwei Variablen lassen sich durch Zeichnung nur ungenau bestimmen. Wir lösen deshalb solche Systeme vor allem durch **Rechnung.** Dabei muß wieder die **Schnittmenge** der Lösungsmengen der beiden Gleichungen herauskommen. Weil beide Lösungsmengen unendlich viele Zahlenpaare enthalten, sind sie schlecht zu übersehen und können ohne Zeichnung nicht unmittelbar gefunden werden. Man müßte versuchen, das gegebene Gleichungssystem in ein äquivalentes umzuformen, bei dem sich die Lösungsmenge unmittelbar erkennen läßt. Dies ist z.B. der Fall, wenn die Lösungen der ersten Gleichung alle dieselbe erste Zahl und die Lösungen der zweiten Gleichung alle dieselbe zweite Zahl haben; das zugehörige System nennen wir **unmittelbar lösbar.**

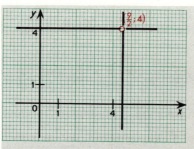

Bild 2.3

Beispiel für ein unmittelbar lösbares System (Bild 2.3):
$$2x - 9 = 0 \land 3y - 12 = 0.$$
Das einzige Lösungspaar des Systems ist $\left(\dfrac{9}{2}; 4\right)$:

Jede Lösung der ersten Gleichung hat als erste Zahl $\dfrac{9}{2}$, die zweite Zahl ist beliebig, weil wegen $0 \cdot y = 0$ bei **jeder** Einsetzung für y:
$$2 \cdot x + 0 \cdot y - 9 = 0 \underset{\mathbb{Q} \times \mathbb{Q}}{\Leftrightarrow} 2x - 9 = 0 \underset{\mathbb{Q} \times \mathbb{Q}}{\Leftrightarrow} x = \dfrac{9}{2}$$
(Ergänzung der Variablen y).
Jede Lösung der zweiten Gleichung hat als zweite Zahl 4, die erste Zahl ist beliebig, weil wegen $0 \cdot x = 0$ bei **jeder** Einsetzung für x:
$$0 \cdot x + 3y - 12 = 0 \Leftrightarrow 3y - 12 = 0 \Leftrightarrow y = 4$$
(Ergänzung der Variablen x).
Die Schnittmenge der Lösungen kann nur das Zahlenpaar $\left(\dfrac{9}{2}; 4\right)$ enthalten.

Wie in dem Beispiel kann man die Lösungsmenge des Systems immer angeben, wenn es die Form
$$A_1 x + C_1 = 0 \quad \land \quad B_2 y + C_2 = 0$$
hat und $A_1 \neq 0$ und $B_2 \neq 0$ sind. Dann gilt nämlich:
$$x = -\dfrac{C_1}{A_1} \land y = -\dfrac{C_2}{B_2}.$$
Die Graphen der beiden Gleichungen sind Geraden parallel zur y- bzw. x-Achse, es gibt genau ein Lösungspaar (vgl. Bild 2.3).

Ebenso wie bei den Gleichungen mit einer Variablen wandeln wir ein gegebenes System in ein äquivalentes um, das unmittelbar lösbar ist. Die Schnittmenge der Lösungsmengen der einzelnen Gleichungen darf also durch die Umformungen nicht geändert werden.
Diese Umformungen erfolgen im wesentlichen nach zwei Methoden.

I. Die Einsetzungsmethode

Wir betrachten als Beispiel das System

I		$3x - 4y - 16 = 0$
II	$\land$	$5x + 2y - 44 = 0$

Dieses System ist nicht unmittelbar lösbar wie die eben betrachteten Systeme. Wir wollen daher ein zu ihm äquivalentes System herstellen, das unmittelbar lösbar ist, d.h. ein Gleichungssystem von der Form $x = \ldots \land y = \ldots$.
Soll in der neuen ersten Gleichung nur die Variable x stehen, so liegt folgendes Verfahren nahe:

Löse die zweite Gleichung nach y auf und setze den sich dadurch ergebenden Term für y in die erste Gleichung ein.

In unserm Beispiel führt dies wegen

$$5x + 2y - 44 = 0 \Leftrightarrow y = -\frac{5}{2}x + 22$$

auf eine neue erste Gleichung, nämlich

$$3x - 4\left(-\frac{5}{2}x + 22\right) - 16 = 0 \Leftrightarrow 13x - 104 = 0 \Leftrightarrow x = 8$$

Aus unserm ursprünglichen Gleichungssystem ist mithin entstanden:

$$\begin{array}{l} \text{I}' \quad\quad x = 8 \\ \text{II} \;\wedge\; 5x + 2y - 44 = 0. \end{array}$$

Wiederholt man dieses Verfahren, indem man in der zweiten Gleichung für x den Term 8 einsetzt, so ergibt sich schließlich:

$$\begin{array}{l} \text{I}' \quad\quad x = 8 \\ \text{II}' \;\wedge\; y = 2. \end{array}$$

Dieses System hat die Lösungsmenge $\{(8; 2)\}$.
Überprüft man diese Ergebnisse durch Einsetzen in die ursprünglichen Gleichungen I und II, so ergeben sich wirklich zwei wahre Aussagen:

$$\begin{array}{l} \text{I}' \quad\quad 3 \cdot 8 - 4 \cdot 2 - 16 = 0 \\ \text{II}' \;\wedge\; 5 \cdot 8 + 2 \cdot 2 - 44 = 0 \end{array}$$

Damit haben wir gezeigt, daß (8; 2) eine Lösung von I ∧ II ist. Es fehlt aber die Klärung der Frage, ob wir beim Übergang von I ∧ II zu I' ∧ II' nicht vielleicht Lösungen „verloren" haben. Dann wären beide Gleichungssysteme nicht äquivalent zueinander!

▲ Daß I ∧ II und I' ∧ II' dieselbe Lösungsmenge haben, sieht man so ein:
Für alle Einsetzungen, für die II: $y = -\frac{5}{2}x + 22$ wahr ist, gehen die Terme y und $-\frac{5}{2}x + 22$ in dieselbe Zahl über. Dann ist aber für alle Einsetzungen, für die auch noch I: $3x - 4y - 16 = 0$, wahr ist, ebenso $3x - 4\left(-\frac{5}{2}x + 22\right) - 16 = 0$ (I') wahr: I ∧ II $\underset{\mathbb{Q} \times \mathbb{Q}}{\Rightarrow}$ I' ∧ II.
Umgekehrt ist für alle Einsetzungen, für die I': $3x - 4\left(-\frac{5}{2}x + 22\right) - 16 = 0$, **und** II: $y = -\frac{5}{2}x + 22$, wahr sind, auch $3x - 4y - 16 = 0$ (I) wahr, weil wegen der Wahrheit von $y = -\frac{5}{2}x + 22$ für diese Einsetzungen die Terme y und $-\frac{5}{2}x + 22$ in dieselbe Zahl übergehen: I' ∧ II $\underset{\mathbb{Q} \times \mathbb{Q}}{\Rightarrow}$ I ∧ II.

2. Systeme linearer Gleichungen und Ungleichungen

I ∧ II $\underset{\mathbb{Q}\times\mathbb{Q}}{\Rightarrow}$ I′ ∧ II und I′ ∧ II $\underset{\mathbb{Q}\times\mathbb{Q}}{\Rightarrow}$ I ∧ II bedeuten zusammengefaßt:
I ∧ II $\underset{\mathbb{Q}\times\mathbb{Q}}{\Leftrightarrow}$ I′ ∧ II.
Ebenso begründet man in einem weiteren Schritt die Äquivalenz von I′ ∧ II mit I′ ∧ II′, so daß man schließlich erhält: I ∧ II ⇔ I′ ∧ II′. Da das unmittelbar lösbare System I′ ∧ II′ die einzige Lösung (8; 2) hat, besitzt wegen der Äquivalenz auch das ursprüngliche System I ∧ II die einzige Lösung (8; 2).

Das eben angewandte Lösungsverfahren für Gleichungssysteme nennt man **Einsetzungsmethode**.
Im Bild 2.4 ist dargestellt, daß die Lösungsmengen der einzelnen Gleichungen I, II, I′ und II′ von einander verschieden, die Lösungsmengen (Schnittmengen) von I ∧ II und I′ ∧ II′ aber gleich sind.

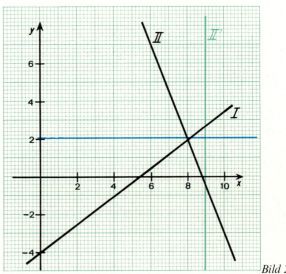

Bild 2.4

Anmerkung: Bei der Lösung des Systems I ∧ II haben wir die Gleichung II nach y aufgelöst und den für y erhaltenen Term in I eingesetzt. Stattdessen hätten wir auch II nach x auflösen oder I nach y oder I nach x und dann die passende Einsetzung in der jeweils anderen Gleichung vornehmen können.

In allen Fällen, in denen die Umformung eines Systems in ein System der Form $x = a \wedge y = b$ mit $a, b \in \mathbb{Q}$ gelingt, erhalten wir genau eine Lösung, nämlich $(a; b)$. Andere Fälle werden in II. behandelt.

Aufgaben

Bestimme die Lösungsmengen der folgenden Systeme nach der Einsetzungsmethode.

1. a) $\begin{vmatrix} 5x - y - 42 = 0 \\ \wedge \quad\quad\quad y = x - 6 \end{vmatrix}$ b) $\begin{vmatrix} 6x - 5y - 12 = 0 \\ \wedge \quad\quad\quad y = x - 1{,}9 \end{vmatrix}$ c) $\begin{vmatrix} 8x - 3y - 14 = 0 \\ \wedge \quad\quad\quad x = y + \frac{1}{2} \end{vmatrix}$

2. Systeme linearer Gleichungen und Ungleichungen

2. a) $\begin{vmatrix} 7x - 4y = 42 \\ \wedge \quad 2y = 2x - 6 \end{vmatrix}$ b) $\begin{vmatrix} 8x - 3y = 67 \\ \wedge \quad 2x = 3y + 1 \end{vmatrix}$ c) $\begin{vmatrix} 4x + y = 30 \\ \wedge \quad 3y = x - 1 \end{vmatrix}$

Anmerkung: Oft läßt sich die Rechnung dadurch vereinfachen, daß man nicht für x, sondern wie in 3. b) für $2x$ einsetzt. Entsprechend wird man in 3. c) für $5y$ einsetzen.

3. a) $\begin{vmatrix} y = 5x - 4 \\ \wedge \; y = 2x + 8 \end{vmatrix}$ b) $\begin{vmatrix} 2x = 75 - 5y \\ \wedge \; 2x = 3y + 3 \end{vmatrix}$ c) $\begin{vmatrix} 5y = 3x - 4 \\ \wedge \; 4x = 52 - 5y \end{vmatrix}$

4. a) $\begin{vmatrix} 7x = 3y \\ \wedge \; x + y = 50 \end{vmatrix}$ b) $\begin{vmatrix} 3x - y = 22 \\ \wedge \; 7x + 4y = 83 \end{vmatrix}$ c) $\begin{vmatrix} x - y = 3 \\ \wedge \; 3y - 2x = 1 \end{vmatrix}$

5. a) $\begin{vmatrix} 7x + y = 48 \\ \wedge \; 9x + y = 58 \end{vmatrix}$ b) $\begin{vmatrix} 2x - 5y = 3 \\ \wedge \; 2x + 7y = 67 \end{vmatrix}$ c) $\begin{vmatrix} 8x - 3y = 4 \\ \wedge \; 3y - 5x = 11 \end{vmatrix}$

6. a) $\begin{vmatrix} 2x - 4y = -10 \\ \wedge \quad x = \frac{1}{2}y + 2 \end{vmatrix}$ b) $\begin{vmatrix} 5x + 3y = 24 \\ \wedge \quad 5x = 20 - 3y \end{vmatrix}$ c) $\begin{vmatrix} 7x + 5y = 35 \\ \wedge \quad y = \frac{10x + 1}{5} \end{vmatrix}$

▲ **7.** a) $\begin{vmatrix} 3x - 2y = 6 \\ \wedge \; 9x - 6y = 18 \end{vmatrix}$ b) $\begin{vmatrix} 5x + 2y = -1 \\ 10x + 3y = -4 \end{vmatrix}$ c) $\begin{vmatrix} 6x - 12y = 30 \\ \wedge \; 3y - 5x = -18 \end{vmatrix}$

▲ **8.** a) $\begin{vmatrix} 3x + 4y = 29 \\ \wedge \; y - x = 2 \end{vmatrix}$ b) $\begin{vmatrix} 5x + 3y = 2 \\ \wedge \; 3x - 2y = 24 \end{vmatrix}$ c) $\begin{vmatrix} 5x - 3y = -16 \\ \wedge \; 2x - 5y = 43 \end{vmatrix}$

II. Die Additionsmethode

Das Gleichungssystem

$$\begin{vmatrix} \text{I} & \quad 3x + 2y = -16 \\ \text{II} & \wedge \quad 2x - 3y = -2 \end{vmatrix}$$

können wir nach der eben behandelten Einsetzungsmethode lösen. Als äquivalentes unmittelbar lösbares System ergibt sich nach diesem Verfahren

$$\begin{vmatrix} \text{I}' & \quad x = -4 \\ \text{II}' & \wedge \quad y = -2 \end{vmatrix}$$

Die Einsetzungsmethode führt beim Auflösen von II nach y zu

$$2x - 3y = -2 \underset{\mathbb{Q} \times \mathbb{Q}}{\Leftrightarrow} y = \tfrac{2}{3}x + \tfrac{2}{3},$$

also zu Termen mit Brüchen. Auch alle anderen Möglichkeiten des Auflösens nach x bzw. y führen auf Rechnungen mit Brüchen. Kann man dies nicht vermeiden?
Dieses Ziel erreicht man sehr einfach dadurch, daß man in der ersten Gleichung durch Multiplikation der Terme auf beiden Seiten mit 3 und in der zweiten Gleichung durch entsprechende Multiplikation mit 2 in beiden Gleichungen den Term $6y$ herstellt:

$$\begin{vmatrix} \text{I} & \quad 9x + 6y = -48 \\ \text{II} & \wedge \quad 4x - 6y = -4 \end{vmatrix}$$

Dieses System ist gewiß äquivalent zu dem gegebenen. Setzt man nun nach der **Einsetzungsmethode** nicht für y, sondern für $6y$ auf Grund von II: $4x + 4 = 6y$ ein, so ergibt sich

$$\begin{array}{|ll} \text{I}' & 9x + (4x+4) = -48 \\ \text{II} \wedge & 4x - 6y = -4 \end{array} \quad \text{und damit} \quad \begin{array}{|ll} \text{I}' & x = -4 \\ \text{II} \wedge & 4x - 6y = -4 \end{array}$$

Dieses System wiederum ist nach Einsetzen von -4 für x in II äquivalent zu

$$\begin{array}{|ll} \text{I}' & x = -4 \\ \text{II}' \wedge & y = -2 \end{array}$$

Löst man jedoch in I': $9x + (4x+4) = -48$ die Klammern auf und addiert man zu beiden Termen der Gleichung -4, d.h. betrachtet man

$$\text{I}': \quad 9x + 4x = -48 - 4,$$

so kann man sich diese Gleichung auch durch das **Addieren** der Terme auf beiden Seiten von

$$\begin{array}{|ll} \text{I} & \boxed{9x} \quad \boxed{+6y} = \boxed{-48} \\ \text{II} \wedge & \boxed{4x} \quad \boxed{-6y} = \boxed{-4} \end{array}$$

entstanden denken:

$$\text{I}': \quad (9x + 4x) + (6y - 6y) = -48 - 4 \underset{\mathbb{Q}\times\mathbb{Q}}{\Leftrightarrow} 13x = -52 \underset{\mathbb{Q}\times\mathbb{Q}}{\Leftrightarrow} x = -4$$

Die Variable y tritt in I' nicht mehr auf, da sie in I und II **entgegengesetzt gleiche Koeffizienten** hat. Die Gleichung II' findet man wieder durch Einsetzen:

$$\text{II}': \quad y = -2$$

Das **Additionsverfahren** läßt sich, wenn wir von nun an statt $\underset{\mathbb{Q}\times\mathbb{Q}}{\Leftrightarrow}$ kurz $\Leftrightarrow$ schreiben, so zusammenfassen:

$$\begin{array}{|ll} \text{I} & 3x + 2y = -16 \quad | \cdot 3 \\ \text{II} \wedge & 2x - 3y = -2 \quad | \cdot 2 \end{array}$$

$\Leftrightarrow \begin{array}{|ll} \text{I} \wedge & 9x + 6y = -48 \\ \text{II} \wedge & 4x - 6y = -4 \end{array} \Big\} +$ Die Klammer und das Pluszeichen zeigen an, daß die neue Gleichung I' durch Addieren der Terme von I und II entsteht.

$\Leftrightarrow \begin{array}{|ll} \text{I}' & 13x = -52 \\ \text{II} \wedge & 4x - 6y = -4 \end{array}$

$\Leftrightarrow \begin{array}{|ll} \text{I}' \wedge & x = -4 \\ \text{II}' \wedge & y = -2 \end{array}$

Eine erneute Begründung für die Gültigkeit dieses Verfahrens ist nicht notwendig: Die obigen Überlegungen haben gezeigt, daß es als ein **Spezialfall der Einsetzungsmethode** aufgefaßt werden kann. Diese ist aber schon begründet.

Gleichungssysteme können, wie das graphische Lösungsverfahren schon zeigte, auch keine oder unendlich viele Lösungen haben. Die Anwendung der Additionsmethode macht dies stets wie in den folgenden Beispielen besonders deutlich erkennbar.

Beispiele:

1.
$$\begin{vmatrix} \text{I} & 3x - 2y = 5 \\ \text{II} \wedge & -\frac{3}{2}x + y = -\frac{7}{2} \end{vmatrix} \cdot 2$$

$$\Leftrightarrow \begin{vmatrix} \text{I} & 3x - 2y = 5 \\ \text{II} \wedge & -3x + 2y = -7 \end{vmatrix} +$$

$$\Leftrightarrow \begin{vmatrix} \text{I} & 3x - 2y = 5 \\ \text{II}' \wedge & 0 \cdot x + 0 \cdot y = -2 \end{vmatrix}$$

$$\Leftrightarrow \begin{vmatrix} \text{I} & 3x - 2y = 5 \\ \text{II}' \wedge & 0 = -2 \end{vmatrix}$$

Gleichung II′ hat keine Lösung, also hat auch das System keine Lösung.

2.
$$\begin{vmatrix} \text{I} & 2x - \frac{2}{3}y = \frac{10}{3} \\ \text{II} \wedge & 6x - 2y = 10 \end{vmatrix} \cdot (-3)$$

$$\Leftrightarrow \begin{vmatrix} \text{I} & -6x + 2y = -10 \\ \text{II} \wedge & 6x - 2y = 10 \end{vmatrix} +$$

$$\Leftrightarrow \begin{vmatrix} \text{I} & -6x + 2y = -10 \\ \text{II}' \wedge & 0 \cdot x + 0 \cdot y = 0 \end{vmatrix}$$

Gleichung II′ hat jedes Zahlenpaar aus $\mathbb{Q} \times \mathbb{Q}$ als Lösung, also sind alle unendlich vielen Zahlenpaare, die Lösung der Gleichung I sind, auch Lösungen des Systems.

In manchen Fällen ist es praktisch, die Additionsmethode zweimal anzuwenden, um das Einsetzen ganz zu vermeiden.

Beispiel:

$$\begin{vmatrix} \text{I} & x + y = 7 \\ \text{II} \wedge & x - y = 11 \end{vmatrix}$$

$$\Leftrightarrow \begin{vmatrix} \text{I}' & 2x = 18 \\ \text{II} \wedge & x - y = 11 \end{vmatrix}$$

$$\Leftrightarrow \begin{vmatrix} \text{I}'' & 2y = -4 \\ \text{II} \wedge & x - y = 11 \end{vmatrix}$$

I′ ∧ II besagt, daß alle Zahlenpaare der Lösungsmenge als erste Zahl 9 haben, I″ ∧ II, daß die Zahlenpaare als zweite Zahl −2 haben. Das System I ∧ II kann also nur durch das Zahlenpaar (9; −2) erfüllt werden.

Aufgaben

Anmerkung: Man braucht die Gleichungen des gegebenen Systems nicht unbedingt auf die Form $Ax + By = C$ zu bringen, um die Additionsmethode anzuwenden. Oft ist die Form $ax + by + c = 0$ günstiger.

Bestimme die Lösungsmengen der Systeme in den Aufgaben 9. bis 17. nach der Additionsmethode.

9. a) $\begin{vmatrix} x + y = 15 \\ \wedge\ x - y = 3 \end{vmatrix}$ b) $\begin{vmatrix} 3x + y = 27 \\ \wedge\ 5x - y = 37 \end{vmatrix}$ c) $\begin{vmatrix} 5x + 2y = 57 \\ \wedge\ 8x - 2y = 60 \end{vmatrix}$

   d) $\begin{vmatrix} 4x + 5y = 64 \\ \wedge\ 12y - 4x = 6 \end{vmatrix}$ e) $\begin{vmatrix} -4x + 5y = 28 \\ \wedge\ 4x + 8y = 180 \end{vmatrix}$ f) $\begin{vmatrix} 9x + 7y = 31 \\ \wedge\ 27y - 9x = 54 \end{vmatrix}$

10. a) $\begin{vmatrix} 5x - 4y - 28 = 0 \\ \wedge\ 2x + y - 45 = 0 \end{vmatrix}$ b) $\begin{vmatrix} 7x + 9y - 31 = 0 \\ \wedge\ 3x - y - 6 = 0 \end{vmatrix}$ c) $\begin{vmatrix} 8x - 5y - 5{,}5 = 0 \\ \wedge\ y - x - 1 = 0 \end{vmatrix}$

11. a) $\begin{vmatrix} 9x + y = 35 \\ \wedge\ 6x + y = 25 \end{vmatrix}$ b) $\begin{vmatrix} 4x + 5y = 47 \\ \wedge\ 4x - 3y = 23 \end{vmatrix}$ c) $\begin{vmatrix} 12x - 5y = 64 \\ \wedge\ 7x - 5y = 29 \end{vmatrix}$

12. a) $\begin{vmatrix} 3x + 2y = 32 \\ \wedge\ 20x - 3y = 1 \end{vmatrix}$ b) $\begin{vmatrix} 11x - 7y = 37 \\ \wedge\ 5x + 9y = 29 \end{vmatrix}$ c) $\begin{vmatrix} 10x + 9y = 290 \\ \wedge\ 12x - 11y = 130 \end{vmatrix}$

13. a) $\begin{vmatrix} 23x - 5y = 336 \\ \wedge\ 11x + 21y = 418 \end{vmatrix}$ b) $\begin{vmatrix} 11x + 12y = 160 \\ \wedge\ 15x - 17y = 18 \end{vmatrix}$ c) $\begin{vmatrix} 13x - 8y = 87 \\ \wedge\ 7x + 19y = 210 \end{vmatrix}$

14. a) $\begin{vmatrix} 7x - 5y - 24 = 0 \\ \wedge\ 4x - 3y - 11 = 0 \end{vmatrix}$ b) $\begin{vmatrix} 6x - 7y - 42 = 0 \\ \wedge\ 7x - 6y - 75 = 0 \end{vmatrix}$ c) $\begin{vmatrix} 8x - y - 22 = 0 \\ \wedge\ 2x - 3y = 0 \end{vmatrix}$

15. a) $\begin{vmatrix} 9x + 7y = 26 \\ \wedge\ 8x + 5y = 17 \end{vmatrix}$ b) $\begin{vmatrix} 3x + 8y = -30 \\ \wedge\ 7x + 5y = -29 \end{vmatrix}$ c) $\begin{vmatrix} 9x + 14y = 48{,}5 \\ \wedge\ 14x + 9y = 43{,}5 \end{vmatrix}$

16. a) $\begin{vmatrix} 5x + 4y = 73 \\ \wedge\ 8x - 6y = 30 \end{vmatrix}$ b) $\begin{vmatrix} 27x - 15y = 180 \\ \wedge\ 19x + 25y = 340 \end{vmatrix}$ c) $\begin{vmatrix} 24x - 39y = 81 \\ \wedge\ 36x - 5y = 175 \end{vmatrix}$

17. a) $\begin{vmatrix} 121x - 200y = -37 \\ \wedge\ 100y + 36x = 308 \end{vmatrix}$ b) $\begin{vmatrix} 6x + 15 = 5y \\ \wedge\ 9y - 35 = 10x \end{vmatrix}$ c) $\begin{vmatrix} 20x + 36y - 100 = 0 \\ \wedge\ 25x - 30y + 250 = 0 \end{vmatrix}$

Bestimme die Lösungsmengen in allen folgenden Aufgaben nach der Methode, die dir am günstigsten erscheint.

18. a) $\begin{vmatrix} x + 3y = 19 \\ \wedge\ 10x - 7y = 5 \end{vmatrix}$ b) $\begin{vmatrix} 7x - 8y = 62 \\ \wedge\ 7x + 8y = 78 \end{vmatrix}$ c) $\begin{vmatrix} 3x - 2y = 16 \\ \wedge\ 5x + 3y = 90 \end{vmatrix}$

19. a) $\begin{vmatrix} 3x - 8y - 56 = 0 \\ \wedge\ 5x + 6y - 132 = 0 \end{vmatrix}$ b) $\begin{vmatrix} 9x - 6y = 30 \\ \wedge\ y = \frac{2}{3}x + 5 \end{vmatrix}$ c) $\begin{vmatrix} 5x - 3y = 10 \\ \wedge\ x = 20 - \frac{3}{5}y \end{vmatrix}$

In den Aufgaben 20. und 21. beseitigt man zuerst die in den Gleichungen auftretenden Brüche durch Multiplikation jedes der Gleichungsterme mit dem Hauptnenner der in ihnen vorkommenden Brüche.

20. a) $\begin{vmatrix} \frac{1}{2}x - \frac{1}{5}y = 30 \\ \wedge\ \frac{1}{3}x - \frac{1}{4}y = 13 \end{vmatrix}$ b) $\begin{vmatrix} \frac{1}{7}x + \frac{1}{14}y = 10\frac{1}{2} \\ \wedge\ 2x - y = 7 \end{vmatrix}$ c) $\begin{vmatrix} \frac{3}{5}x + 4y = 14 \\ \wedge\ \frac{3}{5}x - 9y = 7\frac{1}{2} \end{vmatrix}$

   d) $\begin{vmatrix} x = \frac{1}{3}y + 7\frac{2}{3} \\ \wedge\ y = \frac{1}{3}x + 6\frac{1}{3} \end{vmatrix}$ e) $\begin{vmatrix} \frac{3}{7}x - 2y = 15\frac{4}{7} \\ \wedge\ 42x + 2\frac{1}{3}y = 24\frac{1}{3} \end{vmatrix}$ f) $\begin{vmatrix} 5x + \frac{1}{2}y = -24\frac{1}{4} \\ \wedge\ 8x - \frac{1}{2}y = -40\frac{3}{4} \end{vmatrix}$

21.
a) $\left|\begin{array}{l} \dfrac{x}{3} + 3y - 7 = 0 \\ \wedge\ \dfrac{4x-2}{5} + 4 = 3y \end{array}\right.$
b) $\left|\begin{array}{l} 2x + \dfrac{y-2}{5} = 21 \\ \wedge\ 4y + \dfrac{x-4}{6} = 29 \end{array}\right.$
c) $\left|\begin{array}{l} \dfrac{x+y}{3} - \dfrac{4-x}{2} = 3 \\ \wedge\ \dfrac{x}{2} - \dfrac{x+y}{3} = 1 \end{array}\right.$

d) $\left|\begin{array}{l} \dfrac{x+y}{3} + x = 15 \\ \wedge\ \dfrac{x-y}{5} + y = 6 \end{array}\right.$
e) $\left|\begin{array}{l} \dfrac{2x}{3} + \dfrac{3y}{2} - 16\dfrac{1}{6} = 0 \\ \wedge\ \dfrac{3x}{2} - \dfrac{2y}{3} - 16\dfrac{1}{6} = 0 \end{array}\right.$ *13;5*

f) $\left|\begin{array}{l} \dfrac{7x}{6} + \dfrac{5y}{6} = 34 \\ \wedge\ \dfrac{7x}{8} + \dfrac{3y}{4} = \dfrac{5y}{8} + 12 \end{array}\right.$

22.
a) $\left|\begin{array}{l} s = 55t \\ \wedge\ s = 65(t-4) \end{array}\right.$
b) $\left|\begin{array}{l} 5r + 8s = 96 \\ \wedge\ 10r + 4s = 105 \end{array}\right.$
c) $\left|\begin{array}{l} \dfrac{m}{n} = \dfrac{3}{4} \\ \wedge\ 3m + 4n = 50 \end{array}\right.$

d) $\left|\begin{array}{l} \dfrac{u+v}{8} + \dfrac{u-v}{6} = 5 \\ \wedge\ \dfrac{u+v}{4} + \dfrac{u-v}{3} = 10 \end{array}\right.$
e) $\left|\begin{array}{l} \dfrac{1-3p}{7} + \dfrac{3q-1}{5} = 2 \\ \wedge\ \dfrac{3p+9}{11} + q = 9 \end{array}\right.$

Anwendungsaufgaben

Einige der Anwendungsaufgaben lassen sich sowohl mit Hilfe einer Gleichung mit einer Variablen als auch mit Hilfe eines Systems lösen. Löse solche Aufgaben auf beide Weisen.

Zahlenrätsel

1. Von zwei rationalen Zahlen sind die Summe und die Differenz bekannt. Wie heißen die Zahlen?

	a)	b)	c)
Summe	70	61	$14\dfrac{1}{3}$
Differenz	20	13	$-2\dfrac{1}{3}$

2. Von zwei natürlichen Zahlen ist die erste $2\dfrac{1}{2}$ $\left(1\dfrac{1}{2}\right)$ mal so groß wie die zweite. Wie heißen die Zahlen, wenn ihre Summe 63 (200) ist?

3. Die Summe zweier natürlicher Zahlen ist 19 (24). Addiert man zur ersten das 5fache der zweiten, erhält man 59 (52). Wie heißen die Zahlen?

4. Von zwei ganzen Zahlen sollen die doppelte Summe und die 9fache Differenz jeweils 36 sein. Wie heißen die Zahlen?

5. Addiert man zum 6fachen einer natürlichen Zahl das 3fache einer zweiten, so erhält man 54. Subtrahiert man vom 3fachen der zweiten Zahl 5, so erhält man die erste Zahl. Wie heißen die Zahlen?

6. Welche Zahlenpaare aus $\mathbb{Q} \times \mathbb{Q}$ erfüllen folgende Bedingungen?
   a) Subtrahiert man vom 9fachen der ersten Zahl des Paares das 4fache der zweiten, so erhält man 13. Addiert man zum 15fachen der ersten Zahl das 8fache der zweiten, so erhält man 84.
   b) Die Summe aus dem 5fachen einer Zahl und dem 4fachen der zweiten Zahl ist 10. Die Differenz aus dem 15fachen der ersten und dem Doppelten der zweiten ist 170.

7. Vermehrt man die erste von zwei natürlichen Zahlen um 7, so erhält man das Doppelte der zweiten Zahl. Vermindert man die zweite Zahl um 5, so erhält man den dritten Teil der ersten Zahl. Wie heißen die beiden Zahlen?

8. Wie heißen zwei natürliche Zahlen, deren Summe 25 und deren Quotient 4 ist?

9. Ein Drittel einer natürlichen Zahl ist um 6 größer als ein Viertel einer zweiten, das 5fache der ersten ist um 48 größer als das 4fache der zweiten. Welche Zahlen haben diese Eigenschaft?

10. Welche Zahlenpaare aus $\mathbb{N} \times \mathbb{N}$ erfüllen die folgenden Bedingungen?
    Der dritte Teil der ersten Zahl des Paares, vermehrt um den vierten Teil der zweiten, ergibt 11. Die Summe aus dem vierten Teil der ersten und dem dritten Teil der zweiten ergibt 10.

11. Addiert man zu dem Zähler und dem Nenner eines Bruches 7, so erhält man $\frac{2}{3}$. Subtrahiert man von beiden 9, so erhält man $\frac{4}{7}$. Wie heißt der Bruch?

12. Die Summe aus Zähler und Nenner eines Bruches ist 16. Vermindert man Zähler und Nenner um je 6, so erhält man $\frac{1}{3}$. Wie heißt der Bruch?

13. Die Quersumme einer zweistelligen natürlichen Zahl ist 10. Vertauscht man die Ziffern, so erhält man eine Zahl, die um 18 kleiner ist als die ursprüngliche. Welche Zahl ist es?

14. Wie heißt die natürliche zweistellige Zahl, deren Quersumme 13 ist und aus der sich durch Vertauschen der Ziffern eine Zahl ergibt, die um 27 größer ist als die ursprüngliche Zahl?

15. Wenn man die Ziffern einer zweistelligen natürlichen Zahl vertauscht, erhält man die Zahl, die um 7 größer ist als das Doppelte der ursprünglichen Zahl. Wie heißt diese, wenn ihre Quersumme 11 ist?

Altersbestimmungen

16. Von zwei Brüdern ist der eine 4 Jahre älter als der zweite. Vor 4 Jahren war er gerade doppelt so alt. Wie alt ist jeder jetzt?

17. Ein Vater war vor 7 Jahren 7mal so alt wie seine Tochter, er wird in 3 Jahren 3mal so alt sein wie sie. Wie alt sind beide jetzt?

18. Von zwei Brüdern ist der ältere um 4 Jahre mehr als doppelt so alt wie der jüngere. Vor 2 Jahren war er 5mal so alt wie der jüngere. Wie alt sind beide jetzt?

19. Eine Mutter war vor 4 Jahren $5\frac{1}{2}$mal so alt wie ihr Sohn. In 4 Jahren wird sie $3\frac{1}{2}$mal so alt sein wie der Sohn. Wie alt sind beide jetzt?

20. Der Altersunterschied zweier Schwestern beträgt 7 Jahre. Addiert man zum $1\frac{1}{4}$fachen Alter der jüngeren 4 Jahre, so erhält man das Alter der älteren.

21. A ist 28 Jahre alt und damit doppelt so alt wie B war, als A so alt war, wie B jetzt ist. Wie alt ist B?

Mischungsaufgaben

22. Mischt man 5 Liter einer Spiritussorte mit 10 Litern einer anderen, so erhält man 75prozentigen Spiritus. Mischt man 10 Liter der ersten Sorte mit 5 Litern der zweiten, so erhält man 70prozentigen Spiritus. Wieviel prozentig sind die beiden Sorten?

23. Mischt man 4 Liter einer Spiritussorte mit 5 Litern einer zweiten, so enthält die Mischung ebensoviel reinen Spiritus, wie wenn man 2 Liter der ersten Sorte mit $7\frac{1}{4}$ Litern der zweiten Sorte mischt. Gießt man aber 10 Liter der ersten Sorte mit 4 Litern der zweiten zusammen, so enthält die Mischung ebensoviel reinen Spiritus, wie wenn man 5 Liter reinen Spiritus mit 8 Litern der ersten Sorte zusammengießt. Wievielprozentig sind die gemischten Sorten?

24. Ein Messingstück hat eine Dichte von 8,5 g/cm³. Messing ist eine Legierung aus Kupfer mit der Dichte 8,9 g/cm³ und Zink mit der Dichte 7,1 g/cm³. Wieviel Kupfer und wieviel Zink enthält das Messingstück, wenn es 120 g wiegt?

Aufgaben aus der Geometrie

25. In einem rechtwinkligen Dreieck ist einer der spitzen Winkel 6° größer als der andere. Wie groß ist jeder der Winkel?

26. Von den Winkeln eines Parallelogramms ist einer 80° größer als ein anderer. Berechne die Größen der Winkel des Parallelogramms.

27. In einem Rechteck beträgt die Länge einer Seite $\frac{2}{3}$ der Länge der anderen. Vergrößert man die kleinere Seite um 3 cm und verkleinert die größere Seite um 3 cm, so ändert sich die Flächengröße nicht. Wie lang sind die Seiten des ursprünglichen Rechtecks?

28. Vergrößert man die erste Seite eines Rechtecks um 2 cm und verkleinert die zweite Seite um 1 cm, so bleibt die Flächengröße des Rechtecks unverändert. Verkleinert man die erste Seite um 3 cm und vergrößert die zweite Seite um 3 cm, so ist die Flächengröße des neuen Rechtecks um 3 cm² kleiner als die des ursprünglichen. Wie groß sind die Seiten des ursprünglichen Rechtecks?

29. Ein Draht von 65 cm Länge soll zu einem Rechteck gebogen werden, bei dem die größere Seite 4mal so lang ist wie die kleinere. Wie lang müssen die Rechteckseiten gewählt werden?

30. Ein Draht von 81 cm Länge soll zu einem gleichschenkligen Dreieck gebogen werden, bei dem die Länge der Grundseite gleich dem vierten Teil der Länge eines Schenkels ist. Wie lang müssen die Seiten des Dreiecks sein?

31. Vergrößert man in einem Rechteck die Länge der kleineren Seite um 2 cm und verkleinert die Länge der größeren Seite um 1 cm, so erhält man ein Quadrat, dessen Fläche um 8 cm² größer ist als die Fläche des Rechtecks. Wie groß sind die Seiten des Rechtecks?

32. Die Mittelparallele eines Trapezes ist 6 cm lang. Die eine der parallelen Seiten ist 3 cm länger als die andere. Wie lang sind die parallelen Seiten?

▲ **33.** Wie heißt die Gleichung, deren Graph die Gerade durch die Punkte A und B ist?

> Beispiel:
> A(3; 1), B(2; 3). Die Gleichung zu einer Geraden, die nicht parallel zur y-Achse verläuft, hat die Form $y = mx + b$. Die Koordinaten von A und B müssen die Gleichung erfüllen. Es muß also gelten:
> $$1 = m \cdot 3 + b \;\wedge\; 3 = m \cdot 2 + b \Leftrightarrow -2 = m \;\wedge\; b = 7.$$
> Dieses System hat die Lösung $(-2; 7)$ für $(m; b)$.
> Die Gleichung heißt $y = -2x + 7$.

a) A(1; 2), B(4; 8)   b) A(3; 3), B(−4; −4)   c) A(5; 3), B(10; 1)
d) A(0; −4), B(2; 2)   e) A(−2; 0), B(2; −6)
f) A(−10; −4), B(−5; −2)   g) A(−4; −4), B(−2; 3)   h) A(−8; 1), B(7; −5)

Aufgaben aus verschiedenen Gebieten

34. Eine Photohandlung verkauft zur Werbung einen Photoapparat mit 3 Filmen für 69 DM. Den gleichen Apparat bietet sie mit 10 Filmen für 80 DM an. Bei diesem Angebot ist der Apparat 3 DM billiger als beim ersten. Wieviel kostet ein Film, und wieviel kostet der Photoapparat im ersten Angebot?

35. In einem Geschäft bezahlt Frau Müller für 5 kg Äpfel und 3 kg Apfelsinen 9,40 DM. Frau Meier bezahlt als nächste Kundin für 2 kg Äpfel und 1,5 kg Apfelsinen 4,15 DM. Wieviel kosten 1 kg Äpfel und 1 kg Apfelsinen?

36. Herrn Richter ist die Rechnung über die Lieferung von Strom und Gas für Mai verlorengegangen. Er weiß, daß er einen monatlichen Grundpreis für Strom und Gas von 57,60 DM zu zahlen hat und daß eine Kilowattstunde Strom 8,5 Pf und ein Kubikmeter Gas 20,5 Pf kosten. Er erinnert sich, daß die Anzahl der Kilowattstunden doppelt so groß war wie die Anzahl der Kubikmeter. Die Gesamtrechnung betrug 132,60 DM. Wieviel Gas und wieviel Strom hatte Familie Richter im Mai verbraucht?

37. Ein Elektrogeschäft hat im vergangenen Monat 20 Transistorradios einer Firma eingekauft und 12 davon verkauft. Das Geschäft hat dabei 220 DM weniger eingenommen als ausgegeben. Der Verkaufspreis eines Gerätes beträgt 130% des Einkaufspreises. Zu welchem Preis hat das Geschäft ein Radio eingekauft, zu welchem Preis hat es ein Radio verkauft?

38. Ein Ausflugsdampfer braucht für eine Strecke von 35 km stromab 1 Std. 24 Min. und stromauf 2 Std. 20 Min. Welche Geschwindigkeit hat das Schiff gegenüber dem Wasser, wie groß ist die Strömungsgeschwindigkeit?

39. In einem Getriebe greifen zwei Zahnräder ineinander. Macht das kleinere 7 Umdrehungen, so macht das größere 5 Umdrehungen. Das größere Zahnrad hat 14 Zähne mehr als das kleinere. Wieviel Zähne hat jedes der Räder?

40. Herr Bart hat für einen Hausbau von einer Bank 15000 DM und von einer Bausparkasse 20000 DM geliehen. Er zahlt im ersten Jahr insgesamt 2200 DM Zinsen. Am Ende des Jahres zahlt er der Bank 2000 DM zurück. Im nächsten Jahr muß er insgesamt 2040 DM Zinsen zahlen. Welchen Zinssatz fordert die Bank, welchen die Bausparkasse?

2.2. Systeme mit drei und mehr Variablen

In einem Haus wohnen drei Familien. Sie haben in einem Monat für Strom, Gas und Wasser ohne Zählermiete oder Grundpreis folgende Beträge bezahlt:

Familie Beck für 80 kWh Strom, 20 m³ Gas und 10 m³ Wasser 21,00 DM,
Familie Herwig für 40 kWh Strom, 15 m³ Gas und 8 m³ Wasser 14,00 DM,
Familie Reuter für 20 kWh Strom, 25 m³ Gas und 10 m³ Wasser 17,00 DM.

Wieviel kostet eine Kilowattstunde Strom, wieviel ein Kubikmeter Gas und und wieviel ein Kubikmeter Wasser?

Wir setzen für den Preis pro Kilowattstunde in DM die Variable x, für den Preis pro Kubikmeter Gas in DM y und für den Preis pro Kubikmeter Wasser in DM z. Es sind dann **Zahlentripel** für $(x; y; z)$ zu suchen, die Lösung des Systems

$$\begin{aligned} 80x + 20y + 10z &= 21 \\ \wedge\ 40x + 15y + 8z &= 14 \\ \wedge\ 20x + 25y + 10z &= 17 \end{aligned}$$

sind.

Die Lösung eines solchen Systems läßt sich unmittelbar angeben, wenn es die Form $x = a \wedge y = b \wedge z = c$ mit $a, b, c \in \mathbb{Q}$ hat.

Wie bei Systemen mit zwei Variablen versuchen wir, das Ausgangssystem in ein äquivalentes dieser einfachen Form umzuwandeln. Dazu formen wir das System nach der Einsetzungs- oder Additionsmethode um.

Die Einsetzungsmethode führt in jedem Fall zum Ziel:

$$\begin{array}{l} \text{I} \quad 80x + 20y + 10z = 21 \\ \text{II} \ \wedge\ 40x + 15y + 8z = 14 \\ \text{III} \ \wedge\ 20x + 25y + 10z = 17 \end{array}$$

Wir lösen Gleichung I nach z auf und setzen den sich ergebenden Term in Gleichung II und III für z ein:

$$\Leftrightarrow \begin{array}{l} \text{I} \quad\quad\quad\quad\quad\quad\quad\quad z = 2{,}1 - 8x - 2y \\ \text{II}' \wedge\ 40x + 15y + 16{,}8 - 64x - 16y = 14 \\ \text{III}' \wedge\ 20x + 25y + 21\ \ - 80x - 20y = 17 \end{array}$$

Dann wird Gleichung II' nach y aufgelöst und der Term für y in Gleichung III' eingesetzt:

$$\Leftrightarrow \begin{array}{l} \text{I} \quad\quad\quad\quad\quad\ z = 2{,}1 - 8x - 2y \\ \text{II}' \wedge\ \quad\quad\quad\quad y = 2{,}8 - 24x \\ \text{III}'' \wedge\ -60x + 14 - 120x = -4 \end{array}$$

Gleichung III'' enthält nur noch die Variable x. Wir lösen III'' nach x auf und setzen die sich ergebende Zahl in II' ein:

$$\Leftrightarrow \begin{array}{l} \text{I} \quad\quad\quad z = 2{,}1 - 8x - 2x \\ \text{II}'' \wedge\ \quad y = 0{,}4 \\ \text{III}'' \wedge\ \quad x = 0{,}1 \end{array}$$

Die sich aus II'' und III'' ergebenden Zahlen für x und y werden in I eingesetzt:

$$\Leftrightarrow \begin{array}{l} \text{I}' \quad\quad\quad z = 0{,}5 \\ \text{II}'' \wedge\ \quad y = 0{,}4 \\ \text{III}'' \wedge\ \quad x = 0{,}1 \end{array}$$

Ergebnis: Eine Kilowattstunde Strom kostet 0,10 DM, ein Kubikmeter Gas 0,40 DM und ein Kubikmeter Wasser 0,50 DM.

2. Systeme linearer Gleichungen und Ungleichungen

Oft kommt man bei solchen Systemen durch die Anwendung der **Additionsmethode** schneller zum Ziel: Mit ihr wird zunächst in der zweiten, dritten, ... Gleichung die Variable x zum Verschwinden gebracht, danach die Variable y in der dritten, ... Gleichung usw. Sobald in einer Gleichung nur noch eine Variable vorkommt, werden die vorhergehenden Gleichungen durch Einsetzen vereinfacht.

Beispiel:
$$\begin{array}{l} \text{I} \quad x - y - z = -4 \\ \text{II} \wedge x - 2y + 2z = 3 \\ \text{III} \wedge 2x + y + z = 7 \end{array} \left. \begin{array}{l} \cdot 1 \\ \cdot (-1) \end{array} \right\} + \left. \begin{array}{l} \cdot (-2) \\ \cdot 1 \end{array} \right\} +$$

$$\Leftrightarrow \begin{array}{l} \text{I} \quad x - y - z = -4 \\ \text{II}' \wedge \quad y - 3z = -7 \\ \text{III}' \wedge \quad 3y + 3z = 15 \end{array} \left. \begin{array}{l} \cdot (-3) \\ \cdot 1 \end{array} \right\} +$$

$$\Leftrightarrow \begin{array}{l} \text{I} \quad x - y - z = -4 \\ \text{II}' \wedge \quad y - 3z = -7 \\ \text{III}'' \wedge \quad 12z = 36 \end{array}$$

Nun finden wir – ausgehend von der letzten Gleichung – das Ergebnis:

$$\begin{array}{l} \text{I}' \quad x \quad = 1 \\ \text{II}'' \wedge \quad y \quad = 2 \\ \text{III}'' \wedge \quad z = 3 \end{array}$$

$\{(x;y;z) \mid x - y - z = -4 \wedge x - 2y + 2z = 3 \wedge 2x + y + z = 7\} = \{(1;2;3)\}.$

Aufgaben

Bestimme die Lösungsmengen der folgenden Systeme.

1. a) $\begin{array}{l} x + y = 18 \\ \wedge x + z = 16 \\ \wedge y + z = 14 \end{array}$ b) $\begin{array}{l} x + 2y = 23 \\ \wedge 2x + z = 23 \\ \wedge y + 3z = 22 \end{array}$ c) $\begin{array}{l} 3x - 2y = -5 \\ \wedge 6x - \frac{2}{5}z = -8 \\ \wedge 7y - \frac{4}{5}z = 3 \end{array}$

2. $\begin{array}{l} 2x + 3y + 4z = 20 \\ \wedge 3x + 2y + 5z = 22 \\ \wedge 4x + 5y + z = 17 \end{array}$ $\begin{array}{l} x + 2y + 3z = 16 \\ \wedge 2x + y + 4z = 19 \\ \wedge 3x + 4y + z = 26 \end{array}$

3. a) $\begin{array}{l} x + y + z = 22 \\ \wedge x - y + z = 12 \\ \wedge x + y - z = 4 \end{array}$ b) $\begin{array}{l} x + y - z = 16 \\ \wedge x - y + z = 20 \\ \wedge x - y - z = 4 \end{array}$ c) $\begin{array}{l} 5x + 3y - 6z = 4 \\ \wedge 3x - y + 2z = 8 \\ \wedge x - 2y + 2z = 2 \end{array}$

4. a) $\begin{array}{l} x + y + z = 41 \\ \wedge 2x + 3y + 2z = 77 \\ \wedge 3x - 4y + 2z = 38 \end{array}$ b) $\begin{array}{l} 2x + 3y - z = 11 \\ \wedge x - y + 2z = 3 \\ \wedge 3x - 2y + 3z = 8 \end{array}$ c) $\begin{array}{l} x + y - z = 26 \\ \wedge 2x - 3y + 4z = 60 \\ \wedge 4x + 3y - 2z = 128 \end{array}$

2. Systeme linearer Gleichungen und Ungleichungen

▲ 5. a) $\begin{vmatrix} x + y = 11 \\ \wedge \quad x + u = 9 \\ \wedge \quad z + u = 7 \\ \wedge \ x - y + z - u = 2 \end{vmatrix}$
b) $\begin{vmatrix} 2x - 3y + 2z = 13 \\ \wedge \quad 2y + z = 7 \\ \wedge \quad 5y + 3u = 32 \\ \wedge \quad -x + 2u = 15 \end{vmatrix}$

▲ 6. a) $\begin{vmatrix} x + y + z + u = 14 \\ \wedge \ 2x + 3y - 4z + 5u = 20 \\ \wedge \ 3x - 2y - 5z + 2u = -4 \\ \wedge \ 5x + 4y - 2z - 5u = 25 \end{vmatrix}$
b) $\begin{vmatrix} x + y + z = 15 \\ \wedge \ y + z + u = 18 \\ \wedge \ x + z + u = 17 \\ \wedge \ x + y + u = 16 \end{vmatrix}$

7. Auf einem Klassenausflug essen Inge, Karl und Gudrun an einem Kiosk. Vor dem Aufbruch hatte
Inge für ein Stück Obstkuchen, ein Stück Torte und zwei
Flaschen Sprudel 2,10 DM,
Karl für zwei Stück Obstkuchen und eine Flasche Sprudel 1,40 DM,
Gudrun für zwei Stück Torte und eine Flasche Sprudel 2,00 DM
zu zahlen. Wieviel kosteten Obstkuchen, Torte und Sprudel?

8. In einem Dreieck ist die Differenz der Größen der Winkel α und β 30°, die Differenz der Größen der Winkel β und γ 60°. Wie groß sind die drei Winkel?

9. Die Summe der Größen der Winkel α und β eines Dreiecks ist 110,5°, die Summe der Größen der Winkel β und γ beträgt 127°35′. Wie groß sind die drei Winkel?

Systeme mit mehr Variablen als Gleichungen können eine unendliche, aber auch eine leere Lösungsmenge haben.

Beispiel für ein solches System mit unendlicher Lösungsmenge:

$\begin{vmatrix} 3y + 2z = 1 \\ \wedge \ 4x + 5y + 10z = 51 \end{vmatrix}$

$\Leftrightarrow \begin{vmatrix} \wedge \quad z = \frac{1}{2} - \frac{3}{2}y \\ \quad x = \frac{23}{2} + \frac{5}{2}y \end{vmatrix}$

$\mathbb{L} = \{(x; y; z) \mid x = \frac{23}{2} + \frac{5}{2}y \wedge z = \frac{1}{2} - \frac{3}{2}y\}$

Da für y beliebige Zahlen aus $\mathbb{Q}$ eingesetzt werden können, enthält $\mathbb{L}$ unendlich viele Elemente.

▲ 10. Bestimme die Lösungsmengen der folgenden Systeme.

a) $\begin{vmatrix} 2x + 3y = 6 \\ \wedge \ 3x - y + 3z = -7 \end{vmatrix}$
b) $\begin{vmatrix} x + 2y - 3z = 5 \\ \wedge \ x + 2y - 3z = 7 \end{vmatrix}$
c) $\begin{vmatrix} 4x + 3y - 5z = 1 \\ \wedge \ 6x - 4y + 7z = 8 \end{vmatrix}$

Forme die Systeme in den Aufgaben 11., 12. und 13. – soweit möglich – in unmittelbar lösbare um. Im Laufe der Umformungen kann eine auch unlösbare Gleichung auftreten, oder es können sich zwei äquivalente Gleichungen ergeben. Im ersten Fall hat das System keine Lösung, im zweiten kann das System eine unendliche Lösungsmenge haben.

11. a) $\begin{aligned} & 2x - y - z + 3 = 0 \\ \wedge\ & x - 2y + 3z + 1 = 0 \\ \wedge\ & 4x + y - 9z - 2 = 0 \end{aligned}$ b) $\begin{aligned} & x + y = 50 \\ \wedge\ & x + z = 28 \\ \wedge\ & y - z = 22 \end{aligned}$

12. a) $\begin{aligned} & 2x + 3y = -2 \\ \wedge\ & 3x - 4z = 2 \\ \wedge\ & 7x + 6y - 4z = -2 \end{aligned}$ b) $\begin{aligned} & 2x + 3y - z = 3 \\ \wedge\ & x + 2y - 3z = -4 \\ \wedge\ & 3x + 5y - 4z = 1 \end{aligned}$

13. a) $\begin{aligned} & x + y + z = 6 \\ \wedge\ & 3x + 3y + z = 13 \\ \wedge\ & x + y - z = 3 \end{aligned}$ b) $\begin{aligned} & 2x - 3y = 17 \\ \wedge\ & 2y + 5z = 29 \\ \wedge\ & 3x - 5y - 5z = -12 \end{aligned}$

Die Systeme der Aufgaben 14. und 15. haben mehr Gleichungen als Variablen. In solchen Systemen von drei Gleichungen mit zwei Variablen läßt sich meist aus zwei der Gleichungen ein System bilden, das genau eine Lösung hat. Ist diese Lösung auch Lösung der dritten Gleichung, so hat das System genau eine Lösung, ist das nicht der Fall, so ist die Lösungsmenge des Systems leer.

▲ **14.** a) $\begin{aligned} & \tfrac{1}{2}x + 3y = 24 \\ \wedge\ & 2x - y = 5 \\ \wedge\ & 3x - 2y = 4 \end{aligned}$ b) $\begin{aligned} & 3x + 3y = 27 \\ \wedge\ & 5x + y = -4 \\ \wedge\ & 4x + 3y = 4 \end{aligned}$

▲ **15.** a) $\begin{aligned} & 2x - 3y = 8 \\ \wedge\ & 3x - 2y = 17 \\ \wedge\ & 2x + 3y = 10 \end{aligned}$ b) $\begin{aligned} & 2x - 3y = 11 \\ \wedge\ & 3x + 2y = 10 \\ \wedge\ & 4x + 7y = 9 \end{aligned}$

▲ 2.3. Ungleichungssysteme mit zwei Variablen

2.3.1. Graphen von Ungleichungssystemen

1. Zeichne den Graphen zu
   a) $\{(x; y) \mid x + y - 1 < 0\}_{\mathbb{Q} \times \mathbb{Q}}$, b) $\{(x; y) \mid x - y - 1 < 0\}_{\mathbb{Q} \times \mathbb{Q}}$.

2. Schraffiere in einer Zeichnung die Schnittmenge der Graphen aus 1.a) und b).

Der Graph zu einer linearen Ungleichung ist eine Halbebene. Werden **zwei** solche Ungleichungen durch ∧ zu einer neuen Aussageform, einem **Ungleichungssystem,** verknüpft, so ist der Graph des Systems **die Schnittmenge** zweier Halbebenen. Lösungen des Systems sind also die Koordinatenpaare aller Punkte, die in der Schnittmenge der Halbebenen liegen.

Beispiel: Der Graph der Menge $\mathbb{L} = \{(x;y) | x - 1 \leq 0 \land x - 2y < 0\}$ soll gesucht werden.
Der Graph zu $x - 1 \leq 0$ ist nach $x - 1 \leq 0 \Leftrightarrow x \leq 1$ die in Bild 2.5 grün schraffierte Halbebene einschließlich der Geraden zu $x = 1$.
Der Graph zu $x - 2y < 0$ ist nach $x - 2y < 0 \Leftrightarrow y > \frac{1}{2}x$ die blau schraffierte Halbebene ohne die Gerade zu $y = \frac{1}{2}x$.
Der Graph von $\mathbb{L}$ ist die Schnittmenge der beiden Halbebenen, also die blau **und** grün schraffierte Fläche.

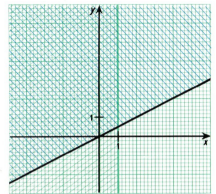

Bild 2.5

Wird im folgenden keine Grundmenge angegeben, so ist wie im Beispiel die Lösungsmenge in $\mathbb{Q} \times \mathbb{Q}$ zu bestimmen. Ist die Grundmenge $\mathbb{N} \times \mathbb{N}$, so zeichnet man den Graphen des Systems für die Grundmenge $\mathbb{Q} \times \mathbb{Q}$ und wählt aus dieser Punktmenge die Punkte mit natürlichen Zahlen als Koordinaten aus.
Die Schnittmenge **dreier** Halbebenen, die durch drei lineare Ungleichungen mit zwei Variablen beschrieben werden, kann ein Dreieck sein, die Schnittmenge von **vier** Halbebenen ein Viereck usw.

Beispiel:
$\mathbb{L} = \{x;y) | y \leq 3 \land y \geq -2x - 3 \land y \geq x - 3 \land x \leq 4\}$
(Bild 2.6).

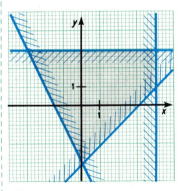

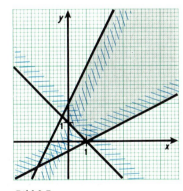

Bild 2.6   Bild 2.7

In anderen Fällen kann der Graph eines Ungleichungssystems ein nicht geschlossenes Vieleck sein.

Beispiel:
$\mathbb{L} = \{(x;y) | y > -x + 1 \land y > \frac{1}{2}x - \frac{1}{2} \land y < 2x + 2\}$ (Bild 2.7).

Es ist auch möglich, daß der Graph keinen Punkt enthält, daß also die Lösungsmenge des Ungleichungssystems leer ist.

Beispiel:
$\mathbb{L} = \{(x; y)\,|\,y \leq -1 \land y \geq x + 2 \land y \geq -x + 1\}$ (Bild 2.8).

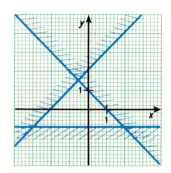

Bild 2.8

Aufgaben

Zeichne die Graphen der in den Aufgaben 1. und 2. angegebenen Lösungsmengen.

1. a) $\{(x; y)\,|\,x < 2 \land y > 1\}$ b) $\{(x; y)\,|\,x \geq 3 \land y \leq -1\}$
   c) $\{(x; y)\,|\,x < 1 \land x > -1\}$ d) $\{(x; y)\,|\,y \geq 3 \land y \leq -2\}$

2. a) $\{(x; y)\,|\,y < 2x + 1 \land y > -x + 2\}$
   b) $\{(x; y)\,|\,2x + 3y + 3 \leq 0 \land 3x - 2y - 3 \leq 0\}$
   c) $\{(x; y)\,|\,-x + 2y > 1 \land x + 3y > -2\}$
   d) $\{(x; y)\,|\,y \leq x - 1 \land 2x + 2y \geq 3\}$

3. Zeichne die Graphen zu den folgenden Ungleichungssystemen.
   a) $y < \frac{1}{2}x + 1 \land y > x - 1 \land y > -x$
   b) $2x - 3y + 6 > 0 \land x + 2y + 3 < 0 \land x + 2y - 10 > 0 \land x - 3y - 9 > 0$
   c) $x - y + 3 \geq 0 \land y \geq 1 \land x - 3y - 3 \leq 0$
   d) $2x - y + 3 > 0 \land x - 2y < 0 \land y + 2 > 0$
   e) $2x - y + 6 \leq 0 \land y \geq -\frac{4}{3}x + 4 \land x + 3y \leq 0$

4. Zeichne die Graphen zu den folgenden Ungleichungssystemen und **berechne** die Koordinaten der Eckpunkte der Graphen.

   Anleitung: Verwandle die Ungleichungen in Gleichungen, indem du $<$, $>$ und $\geq$ jeweils durch $=$ ersetzt. Die Graphen der Gleichungen sind Geraden. Die Eckpunkte des Graphen ergeben sich jeweils als Schnittpunkte zweier Geraden.

   a) $y < x + 2 \land y \geq \frac{11}{5}x - 9 \land 4x + 3y + 15 > 0$
   b) $y > 2x + 1 \land x < 4 \land x + 2y - 12 < 0 \land y > 0$
   c) $2x - 3y + 7 \geq 0 \land 5x + 2y - 11 < 0 \land 3x + 5y + 1 > 0$

▲ 5. Zeichne die Graphen zu folgenden Lösungsmengen. Aus wieviel Punkten bestehen die Graphen?
   a) $\{(x; y)\,|\,y < x + 2 \land y > -1 \land x < 3\}_{\mathbb{N} \times \mathbb{N}}$
   b) $\{(x; y)\,|\,y < 2x + 2 \land x - 2y - 2 \leq 0 \land y < -x + 5\}_{\mathbb{Z} \times \mathbb{Z}}$
   c) $\{(x; y)\,|\,x \leq 1 \land y \leq 3 \land x > -3 \land y > -2\}_{\mathbb{N} \times \mathbb{N}}$

▲ 6. Gib ein Ungleichungssystem an, zu dem als Graph das n-Eck mit den folgenden Eckpunkten gehört.
a) $A(-2;-2)$; $B(2;-1)$; $C(0;0)$
b) $A(-3;-2)$; $B(3;-1)$; $C(1;3)$; $D(-3;3)$
c) $A(-5;-4)$; $B(-3;-3)$; $C(0;3)$; $D(-1;3)$; $E(-5;-1)$

▲ 7. Gibt es ein Ungleichungssystem, dessen Graph das Viereck in Bild 2.9 ist?

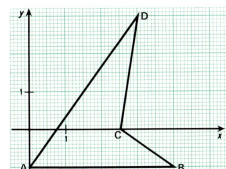

Bild 2.9

Setze in $y = -2x + b$ für b der Reihe nach die Zahlen -1, 0, 1, 3 und 4 und zeichne die Geraden zu den entstehenden Gleichungen. Welche der Geraden haben mit dem Quadrat, dessen Eckpunkte die Punkte $(0;0)$, $(1;0)$, $(1;1)$ und $(0;1)$ sind, Punkte gemeinsam? Welche dieser Geraden gehört zu der Gleichung mit der größten Zahl für b?

2.3.2. Lineares Optimieren

Ein Elektrogeschäft will für höchstens 16 800 DM Fernsehgeräte einkaufen. Ein Farbfernsehgerät kostet im Einkauf 1200 DM, ein Schwarzweißgerät kostet 400 DM. Die Anzahl der Farbgeräte soll mindestens $\frac{1}{4}$ und höchstens die Hälfte der Anzahl der Schwarzweißgeräte betragen. Der Reinverdienst an einem Farbgerät beträgt 120 DM, der an einem Schwarzweißgerät 60 DM. Wieviel Geräte von jedem dieser Typen wird das Geschäft einkaufen, wenn der Verdienst nach Verkauf aller Geräte möglichst groß sein soll?

Wir übersetzen die Angaben der Aufgabe in mathematische Zeichen:
Für die Anzahl der Farbgeräte setzen wir die Variable x, für die der Schwarzweißgeräte die Variable y.

Text	Zeichen
Einkaufspreis für beide Gerätesorten soll 16 800 DM nicht überschreiten	$1200x + 400y \leqq 16800$
Anzahl der Farbgeräte mindestens $\frac{1}{4}$ der Anzahl der Schwarzweißgeräte	$x \geqq \frac{1}{4}y$
Anzahl der Farbgeräte höchstens $\frac{1}{2}$ der Anzahl der Schwarzweißgeräte	$x \leqq \frac{1}{2}y$
Der Gewinn G nach Verkauf aller Geräte beträgt	$G = 120x + 60y$

Die Grundmenge, aus der Einsetzungen für $(x; y)$ gewählt werden können, ist $\mathbb{N} \times \mathbb{N}$, da die Anzahl der Geräte nur durch eine natürliche Zahl angegeben werden kann und die Aufgabe nur sinnvoll ist, wenn mindestens ein Gerät von jeder Sorte gekauft wird.

Die Paare für $(x; y)$ müssen also Elemente der Menge

$\{(x; y) \mid 1200x + 400y \leq 16800 \wedge x \geq \frac{1}{4}y \wedge x \leq \frac{1}{2}y\}_{\mathbb{N} \times \mathbb{N}}$ sein.

Wir lösen die Ungleichungen des Systems nach y auf:

$$1200x + 400y \leq 16800 \wedge x \geq \frac{1}{4}y \wedge x \leq \frac{1}{2}y$$
$$\Leftrightarrow \quad y \leq -3x + 42 \wedge y \leq 4x \wedge y \geq 2x.$$

Wir zeichnen zunächst den Graphen des Systems für die Grundmenge $\mathbb{Q} \times \mathbb{Q}$ und kommen zum Graphen in $\mathbb{N} \times \mathbb{N}$, indem wir die Punkte heraussuchen, deren Koordinaten natürliche Zahlen sind (Bild 2.10).

Der Graph des Systems in $\mathbb{Q} \times \mathbb{Q}$ ist ein Dreieck mit den Eckpunkten A, B und C. Diese Eckpunkte sind Schnittpunkte von Geraden (vgl. Seite 76, Aufgabe 4.). C z.B. ist Schnittpunkt der Geraden zu $y = -3x + 42$ und $y = 4x$. Es ergibt sich $\{(x; y) \mid y = -3x + 42 \wedge y = 4x\} = \{(6; 24)\}$. Entsprechend berechnen wir die Koordinaten von A und B. Es ergibt sich A(0; 0) und B$\left(\frac{42}{5}; \frac{84}{5}\right)$. Das Dreieck ABC heißt **Planungsdreieck**.

Uns interessieren alle Punkte mit natürlichen Zahlen als Koordinaten, die auf den Seiten oder im Innern des Dreiecks liegen. Die Abszisse jedes solchen Punktes gibt die Anzahl der zu kaufenden Farbgeräte und die Ordinate die der Schwarzweißgeräte an.

Beispiel:
Der Punkt (6; 18) liegt im Planungsdreieck. Setzen wir 6 für x und 18 für y, dann sind alle drei Ungleichungen

$$y \leq -3x + 42, \quad y \leq 4x, \quad y \geq 2x \quad \text{erfüllt.}$$

Es ist nämlich $18 \leq -18 + 42$, $18 \leq 24$, $18 \geq 12$.

Für den Gewinn G gilt: $\quad G = 120x + 60y.$

Wir können diese Gleichung auffassen als Gleichung mit den beiden Hauptvariablen x und y und der Formvariablen G. Für jede Einsetzung an die Stelle von G erhalten wir eine Gleichung, deren Graph eine Gerade ist.

$$G = 120x + 60y \Leftrightarrow y = -2x + \frac{G}{60}.$$

Die Gerade hat die Steigung -2 und den y-Achsenabschnitt $\frac{G}{60}$. Die Geraden mit 1800 für G und mit 2400 für G sind in Bild 2.11 blau und grün gestrichelt eingezeichnet.

Die blau gestrichelte Gerade hat mit dem Dreieck ABC Punkte gemeinsam, darunter die Punkte (5; 20), (6; 18) und (7; 16) mit natürlichen Zahlen als Koordinaten. Soll der Gewinn also 1800 DM betragen, ist es möglich, 5 Farbgeräte und 20 Schwarzweißgeräte, 6 Farbgeräte und 18 Schwarzweißgeräte oder 7 Farbgeräte und 16 Schwarzweißgeräte zu kaufen.

Die grün gestrichelte Gerade hat mit dem Planungsdreieck ABC keinen Punkt gemeinsam, es gibt also keinen Einkauf, der 2400 DM Gewinn erbringt.

Ziel der Aufgabe ist es, herauszufinden, für welchen Einkauf der Gewinn möglichst groß ist. Die Gleichung, die dazu benutzt wird,

$$G = 120x + 60y \Leftrightarrow y = -2x + \frac{G}{60},$$

heißt **Zielgleichung**.

Bild 2.10   Bild 2.11

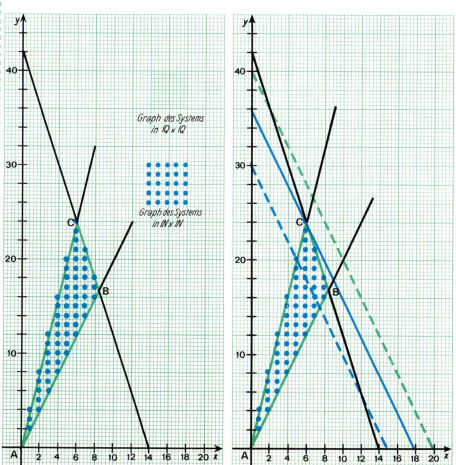

Je nach der Einsetzung für G erhält man verschiedene Geraden als Graphen der Zielgleichung, die **Zielgeraden,** die zueinander parallel sind.

Soll G möglichst groß gemacht werden, so ist die Zielgerade zu suchen, die mit dem Planungsdreieck mindestens einen Punkt mit natürlichen Zahlen als Koordinaten gemeinsam hat und die einen möglichst großen y-Achsenabschnitt hat.

Die Zielgerade, die den größten y-Achsenabschnitt hat und noch mindestens einen Punkt mit dem Planungsdreieck gemeinsam hat, ist die Zielgerade durch C. Sie ist in Bild 2.11 blau gezeichnet. C hat natürliche Zahlen als Koordinaten: (6; 24). Zur Zielgeraden durch C gehört, da sie die y-Achse bei 36 schneidet, die Gleichung

$$y = -2x + 36.$$

Es ist also in der Zielgleichung für G so einzusetzen, daß $\frac{G}{60} = 36$ wird, d.h. 2160 für G.

Der größte Gewinn, der erzielt werden kann, ist also 2160 DM. Dazu sind 6 Farbgeräte und 24 Schwarzweißgeräte einzukaufen.

Anmerkung: Für die Lösung ist die Zielgerade zu wählen, die durch einen Punkt des Planungsdreiecks mit natürlichen Zahlen als Koordinaten geht, deren Ordinatenabschnitt möglichst groß ist. Dieser Punkt muß nicht, wie in der behandelten Aufgabe, ein Eckpunkt sein.

Bei Planungen von Wirtschaftsunternehmen kommt es oft vor, daß die günstigste (größte oder kleinste) Zahl für den Gewinn oder Verlust unter bestimmten Bedingungen gesucht wird. Lassen sich die Bedingungen in linearen Ungleichungen ausdrücken und ergibt sich eine lineare Zielgleichung, so spricht man von **linearem Optimieren.**

Ergeben sich aus den Bedingungen mehr als drei Ungleichungen, so kann an die Stelle des Planungsdreiecks ein **Planungsvieleck** treten.

Die Planungsvielecke beim linearen Optimieren können geschlossene und auch nicht geschlossene Vielecke sein.

Beispiel: Für welche Paare aus der Menge

$$\mathbb{P} = \{(x; y) \mid y \geq \tfrac{1}{3}x \wedge y \geq -\tfrac{4}{3}x + 5 \wedge y \leq \tfrac{4}{3}x + 1\}$$

wird V mit $V = x + 2y$ am kleinsten?

Das Planungsvieleck, der Graph der Menge $\mathbb{P}$, ist in Bild 2.12 gezeichnet. Die Zielgleichung heißt

$$V = x + 2y \Leftrightarrow y = -\tfrac{1}{2}x + \tfrac{V}{2}.$$

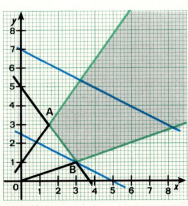

Bild 2.12

Zwei Zielgeraden, mit 14 für V und mit 5 für V, sind in Bild 2.12 blau eingezeichnet. Die Gerade durch den Punkt B(3; 1) ist die Zielgerade mit dem kleinsten y-Achsenabschnitt, die noch einen Punkt mit dem Planungsvieleck gemeinsam hat. Die Gleichung zu dieser Zielgeraden ist zu bestimmen. Es muß für V so eingesetzt werden, daß das Paar (3; 1) die Gleichung

$$y = -\frac{1}{2}x + \frac{V}{2} \text{ erfüllt}: 1 = -\frac{1}{2} \cdot 3 + \frac{V}{2} \Leftrightarrow V = 5.$$

Ergebnis: Die kleinste Zahl für V ist 5,
sie ergibt sich für das Paar (3; 1) $\in \mathbb{P}$.

Aufgaben

1. Bei welchen Paaren aus $\mathbb{Z} \times \mathbb{Z}$ für $(x; y)$ wird z mit
$$z = 2x + 6y$$
a) am kleinsten,   b) am größten,
wenn $x + y \leqq 3 \wedge -x + y \leqq 3 \wedge x - y \leqq 3 \wedge -x - y \leqq 3$ ist?

2. Gibt es eine größte und eine kleinste Zahl für z mit
a) $z = -6x + 3y$,   b) $z = 2x + 3y + 1,5$,
wenn $x \geqq -1 \wedge y \geqq -2 \wedge y \leqq x$ ist?

3. Für welche Paare aus der Menge
a) $\mathbb{P} = \{(x; y) | x \geqq 0 \wedge y \geqq 1 \wedge y \leqq -\frac{1}{3}x + 5 \wedge y \geqq x - 3\}_{\mathbb{N} \times \mathbb{N}}$,
b) $\mathbb{P} = \{(x; y) | x \geqq 0 \wedge y \geqq 1 \wedge y \leqq -\frac{1}{3}x + 6 \wedge y \geqq x - 3\}_{\mathbb{N} \times \mathbb{N}}$
wird z mit $z = 2x + y$ am größten?

4. Für welche Paare aus der Menge
$\mathbb{P} = \{(x; y) | x - 4y \leqq 4 \wedge x + 2y + 2 \geqq 0 \wedge 3x - 4y + 16 \geqq 0$
$\wedge x + y - 11 \leqq 0 \wedge 2x + y - 7 \leqq 0\}_{\mathbb{Z} \times \mathbb{Z}}$
wird z mit   a) $z = x + y$,   b) $z = 2x + y$ am größten?

5. Eine Arzneimittelfirma will ein Medikament verschicken, das sie in zwei verschiedenen Ausführungen herstellt:
Ausführung A: Eine Packung wiegt 200 g und hat ein Volumen von
   100 cm^3; die Packung enthält 1000 Einheiten des wirksamen Stoffes.
Ausführung B: Eine Packung wiegt 100 g und hat ein Volumen von
   100 cm^3, die Packung enthält 800 Einheiten des wirksamen Stoffes.
Das Medikament soll in ein Paket gepackt werden, das (ohne Verpackungsmaterial) höchstens 10 kg wiegt und höchstens ein Volumen von 8000 cm^3 hat. Wieviel Packungen von jeder Ausführung wird man einpacken, wenn das Paket möglichst viele Einheiten des wirksamen Stoffes enthalten soll?

6. Eine Fertigungshalle soll mit einer neuen Beleuchtungsanlage versehen werden. Es soll insgesamt eine Lichtstärke von mindestens 5600 cd* eingebaut werden. Es stehen zwei Sorten von Lampen zur Verfügung:
Jedes Stück der Sorte I hat eine Lichtstärke von 120 cd, kostet 50 DM, und eine Betriebsstunde kostet 0,5 Pf.
Jedes Stück der Sorte II hat eine Lichtstärke von 80 cd, kostet 20 DM, und eine Betriebsstunde kostet ebenfalls 0,5 Pf.
Von Sorte I sollen höchstens dreimal so viel Lampen eingebaut werden wie von Sorte II; von Sorte II werden mindestens 25 Lampen gebraucht.
Die Anschaffungskosten sollen zwischen 1800 DM und 2400 DM liegen.
Wieviel Lampen von jeder Sorte wird man einbauen, wenn die Gesamtkosten für jede Betriebsstunde möglichst niedrig sein sollen? Gibt es verschiedene Möglichkeiten, die Beleuchtungsanlage so zu installieren, daß die Betriebskosten möglichst niedrig sind, so soll diejenige mit den niedrigsten Anschaffungskosten gewählt werden.

7. Wieviel Lampen von jeder Sorte wird man für die Beleuchtungsanlage der Aufgabe 6. einbauen, wenn unter sonst gleichen Bedingungen mindestens 20 Lampen der Sorte II gebraucht werden?

8. Eine Fabrik will von zwei Geräten, I und II, zusammen bis zu 200 Stück herstellen. Die dafür benötigten Maschinen stehen für höchstens 600 Arbeitsstunden zur Verfügung. Für die Herstellung eines Gerätes I sind 2 Maschinenstunden, für die Herstellung eines Gerätes II 8 Maschinenstunden nötig. Die Herstellungskosten pro Gerät betragen ohne Berücksichtigung der Arbeitszeit 80 DM für I und 160 DM für II. Für diese Herstellungskosten sollen insgesamt nicht mehr als 17 600 DM eingesetzt werden.
Der Gewinn an einem Gerät I beträgt 15 DM, an einem Gerät II 45 DM. Wieviel Stück wird man von jedem der beiden Geräte herstellen, wenn der Gesamtgewinn möglichst groß sein soll?

9. Eine Gärtnerei kann von einem Nachbargrundstück bis zu 5 ha Land erwerben. Dieses Land soll zu einem Teil als Freiland bewirtschaftet, zum anderen Teil mit Plastikfolie überdeckt werden. Für die Bewirtschaftung stehen insgesamt höchstens 420 Arbeitstage pro Jahr zur Verfügung. 1 ha Freiland erfordert 40 Arbeitstage pro Jahr, 1 ha überdachtes Land 240 Arbeitstage pro Jahr. Die jährlichen Unkosten für 1 ha Freiland betragen 800 DM, für 1 ha überdachtes (nicht beheiztes) Land ohne Baukosten für die Überdachung 2400 DM. Für die Deckung der jährlichen Unkosten stehen insgesamt höchstens 4800 DM zur Verfügung. Der voraussichtliche jährliche Reingewinn pro ha beträgt für das Freiland 1000 DM, für das überdachte Land 2000 DM.
Wieviel ha Land wird die Gärtnerei kaufen, und wieviel ha davon wird sie mit Plastikfolie überdecken, wenn der jährliche Gewinn möglichst groß sein soll?

10. Der Gärtnerei in Aufgabe 9. stehen für die Deckung der jährlichen Unkosten bis zu 6000 DM zur Verfügung. Beantworte die Fragen der Aufgabe 9. unter sonst gleichen Bedingungen.

11. Zwei Großhändler mit Sitz in den Städten U und V benötigen 23 bzw. 28 Elektromotoren einer bestimmten Ausführung. Die Werksniederlassungen der Herstellerfirmen in den Städten A, B und C können jeweils 22, 13 und 16 Stück liefern. Die Kosten für den Bahnversand pro Motor ergeben sich aus der nebenstehenden Tabelle. Wie müssen die Motoren verschickt werden, damit die Versandkosten insgesamt möglichst niedrig sind?

---

* cd ist Abkürzung für candela. 1 cd ist die Lichtstärkeeinheit „Neue Kerze", festgelegt auf Beschluß der 10. Generalkonferenz für Maß und Gewicht 1954. Eine normale Stearinkerze hat etwa eine Lichtstärke von 1 cd.

Anleitung: Setze für die Anzahl der Motoren, die von A nach U geschickt werden, die Variable x ($x \geq 0$), für die Anzahl der Motoren, die von B nach U geschickt werden, die Variable y ($y \geq 0$). Dann kannst du für die Anzahl der Motoren, die jeweils auf den restlichen Strecken verschickt werden, Terme angeben, in denen für die Variablen so eingesetzt werden muß, daß sie Zahlen größer oder gleich Null ergeben.

	U	V
A	5 DM	4 DM
B	7 DM	2 DM
C	6 DM	7 DM

▲ Die bisher diskutierten Beispiele vermitteln den Eindruck, daß jede Aufgabe des linearen Optimierens genau eine Lösung hat. Daß dies nicht so ist, läßt sich leicht zeigen.

Beispiel: Das Planungsvieleck ist durch die Menge

$$\mathbb{P} = \left\{(x;y) \mid y \geq \tfrac{1}{3}x \land y \geq -\tfrac{1}{2}x + \tfrac{5}{2} \land y \leq x + 1\right\}$$

gegeben. Für welche Einsetzungen für $(x;y)$ wird $V = x + 2y$ am kleinsten?

In Bild 2.13 ist das Planungsvieleck grau eingezeichnet. Die Zielgleichung

$$V = x + 2y \Leftrightarrow y = -\tfrac{1}{2}x + \tfrac{V}{2}$$

führt auf eine Gerade, die zwischen A(1; 2) und B(3; 1) auf dem **Rand** des Planungsvielecks verläuft. Dies bedeutet, daß alle **unendlich** vielen Punkte der Menge

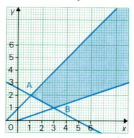

Bild 2.13

$$\mathbb{S} = \left\{(x;y) \mid 1 \leq x \leq 3 \land y = -\tfrac{1}{2}x + \tfrac{5}{2}\right\} \text{ zur kleinsten Zahl 5 für } V$$

führen, d.h.: **Unendlich viele Zahlenpaare** sind **Lösungen** der Aufgabe.

Andererseits ist es **nicht möglich**, daß **genau zwei** Zahlenpaare in $\mathbb{Q} \times \mathbb{Q}$ Lösungen der Optimierungsaufgabe sein können. Dies läge z.B. vor, wenn die in Bild 2.14 rot eingezeichnete Zielgerade genau die Punkte A und B mit dem Planungsvieleck gemeinsam hätte. Dies kann aber **nicht** auftreten, da jedes Planungsvieleck keine einspringende Ecke – wie z.B. C in Bild 2.14 – haben kann, sondern stets eine sog. **konvexe Punktmenge** ist.

Wie man der Anschauung entnimmt, ist eine Punktmenge $\mathbb{P}$ ohne einspringende Ecke, also eine konvexe Punktmenge, wenn gilt:

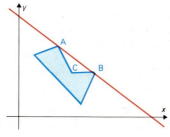

Bild 2.14

Sind A und B beliebige Punkte von $\mathbb{P}$, so gehören auch alle Punkte der Verbindungsstrecke der Punktmenge $\mathbb{P}$ an.
Diese Beschreibung der **konvexen Punktmengen** benutzen wir auch weiterhin.

84   2. Systeme linearer Gleichungen und Ungleichungen

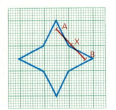

$A \in \mathbb{P}$ und $B \in \mathbb{P}$,
doch $X \notin \mathbb{P}$.
Bild 2.16

Das Bild 2.15 erläutert, warum jede Halbebene und jedes Rechteck konvexe Punktmengen sind. Andererseits zeigt Bild 2.16, warum der Stern eine nichtkonvexe Punktmenge ist.
Von besonderer Bedeutung für uns ist der folgende Satz: Die **Schnittmenge** $\mathbb{P}_1 \cap \mathbb{P}_2$ zweier **konvexer** Punktmengen $\mathbb{P}_1$ und $\mathbb{P}_2$ ist **selbst** wieder **konvex**.

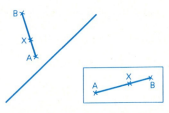

Wenn $A \in \mathbb{P}$ *und* $B \in \mathbb{P}$,
dann $X \in \mathbb{P}$.   Bild 2.15

Dies sieht man so: Sind $A, B \in \mathbb{P}_1 \cap \mathbb{P}_2$, so gilt $A, B \in \mathbb{P}_1$ und $A, B \in \mathbb{P}_2$. Sei X ein beliebiger Punkt der Verbindungsstrecke von A und B. Da $\mathbb{P}_1$ konvex ist, gilt auch: $X \in \mathbb{P}_1$; da $\mathbb{P}_2$ konvex ist, ist auch $X \in \mathbb{P}_2$. Damit ist $X \in \mathbb{P}_1 \cap \mathbb{P}_2$, d.h.: Jeder beliebige Punkt der Verbindungsstrecke ist selbst wieder in $\mathbb{P}_1 \cap \mathbb{P}_2$, also ist $\mathbb{P}_1 \cap \mathbb{P}_2$ eine konvexe Punktmenge.
Da Planungsvielecke immer Schnittmengen von Halbebenen sind, sind Planungsvielecke konvexe Punktmengen.

Aufgaben

12. Gegeben ist ein Planungsvieleck durch eine Aussageform
$$y \geqq \tfrac{1}{2}x + 1 \land y \leqq \tfrac{1}{2}x + 3 \land y \geqq -x + 1 \land y \leqq -x + 5.$$
Welche Zielgleichungen führen zu unendlich vielen Lösungen der Optimierungsaufgabe? Wie lauten die Optimierungsaufgaben?

13. Beweise folgende Sätze:
a) Jede Schnittmenge zweier Halbebenen ist eine konvexe Punktmenge.
b) Jedes Planungsvieleck ist eine konvexe Punktmenge.

14. Zeige, daß jeder Kreis eine konvexe Punktmenge ist.

15. Untersuche, ob ein Kreisring eine konvexe Punktmenge ist.

16. Ist auch die Vereinigungsmenge zweier konvexer Punktmengen eine konvexe Punktmenge?
Kläre den Sachverhalt zunächst an Beispielen.

2.4. Systeme mit Formvariablen

Setze in $A_1 x + B_1 y + C_1 = 0 \land A_2 x + B_2 y + C_2 = 0$
für die Formvariablen $A_1, B_1, \ldots, C_2$ die angegebenen Zahlen und berechne die Lösungsmengen der entstehenden Systeme.

	A_1	B_1	C_1	A_2	B_2	C_2
a)	3	-7	-8	5	7	-32
b)	3	8	30	7	5	29

Beispiel für ein System mit Formvariablen:

Die Gleichungssysteme

$$\begin{vmatrix} x + y = 3 \\ \wedge \; x - y = 7; \end{vmatrix} \quad \begin{vmatrix} x + y = 9 \\ \wedge \; x - y = 11; \end{vmatrix} \quad \begin{vmatrix} x + y = 14 \\ \wedge \; x - y = 7 \end{vmatrix}$$

haben alle dieselbe Form, nämlich die Form

$$\begin{vmatrix} x + y = a \\ \wedge \; x - y = b. \end{vmatrix}$$

Die Lösung dieses Systems mit den Formvariablen a und b liefert zugleich die Lösungen der zuerst angegebenen Systeme.

$$\begin{vmatrix} x + y = a \\ \wedge \; x - y = b \end{vmatrix} \Leftrightarrow \begin{vmatrix} 2x = a + b \\ \wedge \; 2y = a - b \end{vmatrix} \Leftrightarrow \begin{vmatrix} x = \dfrac{a+b}{2} \\ \wedge \; y = \dfrac{a-b}{2} \end{vmatrix}$$

Ergebnis: Für alle $a, b \in \mathbb{Q}$ ist

$$\{(x;y) \mid x + y = a \wedge x - y = b\} = \left\{\left(\frac{a+b}{2}; \frac{a-b}{2}\right)\right\}.$$

Jedes System von zwei linearen Gleichungen mit zwei Variablen läßt sich in der folgenden Form schreiben:

$$A_1 x + B_1 y = C_1 \wedge A_2 x + B_2 y = C_2.$$

Am einfachsten sind die Überlegungen, wenn $A_1 = 0$. Dann kommt die Variable x in der ersten Gleichung nicht vor. Damit die Variable x im Gleichungssystem überhaupt auftritt, muß also $A_2 \neq 0$ sein:

$$\begin{vmatrix} \text{I} & B_1 y = C_1 \\ \text{II} & \wedge \; A_2 x + B_2 y = C_2 \end{vmatrix}$$

1. Bei $B_1 \neq 0$ ergibt sich nach der Einsetzungsmethode aus 2.1.2 das äquivalente Gleichungssystem:

$$\begin{vmatrix} \text{I} & y = \dfrac{C_1}{B_1} \\ \text{II}' & \wedge \; A_2 x + B_2 \cdot \dfrac{C_1}{B_1} = C_2 \end{vmatrix}$$

$$\Leftrightarrow \begin{vmatrix} \text{I} & y = \dfrac{C_1}{B_1} \\ \text{II}' & \wedge \; x = \dfrac{C_2 B_1 - C_1 B_2}{A_2 B_1} \end{vmatrix}$$

2. Bei $B_1 = 0$ hat das Gleichungssystem
   für $C_1 \neq 0$ **keine** Lösung,
   für $C_1 = 0$ **genau** die unendlich vielen Lösungen von $A_2 x + B_2 y = C_2$.

Ist aber $A_1 \neq 0$, so kommt man auf die eben behandelten Fälle durch die Anwendung der Additionsmethode zurück.

$$\begin{vmatrix} \text{I} & & A_1 x + B_1 y = C_1 & \left| \cdot \left(-\dfrac{A_2}{A_1} \right) \right. \\ \text{II} & \wedge & A_2 x + B_2 y = C_2 & \end{vmatrix}$$

$$\Leftrightarrow \begin{vmatrix} \text{I} & & A_1 x + B_1 y = C_1 \\ \text{II}' & \wedge & \left(A_2 - \dfrac{A_2}{A_1} \cdot A_1 \right) x + \left(B_2 - \dfrac{A_2}{A_1} \cdot B_1 \right) y = C_2 - \dfrac{A_2}{A_1} \cdot C_1 \end{vmatrix}$$

$$\Leftrightarrow \begin{vmatrix} \text{I} & & A_1 x + B_1 y = C_1 \\ \text{II}' & \wedge & \dfrac{A_1 B_2 - A_2 B_1}{A_1} y = \dfrac{A_1 C_2 - A_2 C_1}{A_1} \end{vmatrix}$$

1. Ist $A_1 B_2 - A_2 B_1 \neq 0$, dann läßt sich die Gleichung II' nach y auflösen:

$$\begin{vmatrix} \text{I} & & A_1 x + B_1 y = C_1 \\ \text{II}' & \wedge & y = \dfrac{A_1 C_2 - A_2 C_1}{A_1 B_2 - A_2 B_1} \end{vmatrix}$$

$$\Leftrightarrow \begin{vmatrix} \text{I}' & & A_1 x + B_1 \dfrac{A_1 C_2 - A_2 C_1}{A_1 B_2 - A_2 B_1} = C_1 \\ \text{II}' & \wedge & y = \dfrac{A_1 C_2 - A_2 C_1}{A_1 B_2 - A_2 B_1} \end{vmatrix}$$

$$\Leftrightarrow \begin{vmatrix} \text{I}' & & x = \dfrac{C_1 B_2 - C_2 B_1}{A_1 B_2 - A_2 B_1} \\ \text{II}' & \wedge & y = \dfrac{A_1 C_2 - A_2 C_1}{A_1 B_2 - A_2 B_1} \end{vmatrix}$$

Das System hat also genau das Zahlenpaar $\left(\dfrac{C_1 B_2 - C_2 B_1}{A_1 B_2 - A_2 B_1}, \dfrac{A_1 C_2 - A_2 C_1}{A_1 B_2 - A_2 B_1} \right)$ als Lösung.

2. Ist $A_1 B_2 - A_2 B_1 = 0$, dann hat die Gleichung II' des Systems

$$\begin{vmatrix} \text{I} & & A_1 x + B_1 y = C_1 \\ \text{II}' & \wedge & 0 \cdot y = \dfrac{A_1 C_2 - A_2 C_1}{A_1} \end{vmatrix}$$

für $A_1 C_2 - A_2 C_1 \neq 0$ **keine** Lösung,
für $A_1 C_2 - A_2 C_1 = 0$ **genau** die unendlich vielen Lösungen von $A_1 x + B_1 y = C_1$.

Die für den Fall $A_1 = 0$ gewonnenen Ergebnisse sind in den für den Fall $A_1 \neq 0$ gewonnenen Endformeln enthalten: Mit $A_1 = 0$, $A_2 \neq 0$, $B_1 \neq 0$ geht über

$x = \dfrac{C_1 B_2 - C_2 B_1}{A_1 B_2 - A_2 B_1}$ in $x = \dfrac{C_1 B_2 - C_2 B_1}{-A_2 B_1}$, d.h. $x = \dfrac{C_2 B_1 - C_1 B_2}{A_2 B_1}$,

$y = \dfrac{A_1 C_2 - A_2 C_1}{A_1 B_2 - A_2 B_1}$ in $y = \dfrac{C_1}{B_1}$.

Entsprechendes gilt für $A_1 = 0$, $A_2 \neq 0$, $B_1 = 0$, was wegen $A_1 B_2 - A_2 B_1 = 0$ auf den Fall 2. führt.

Satz 2.1
$$\mathbb{L} = \{(x;y) \mid A_1 x + B_1 y = C_1 \wedge A_2 x + B_2 y = C_2\}.$$
Für alle $A_1, B_1, C_1, A_2, B_2, C_2 \in \mathbb{Q}$ und

1. $A_1 B_2 - A_2 B_1 \neq 0$ ist $\mathbb{L} = \left\{ \left(\dfrac{C_1 B_2 - C_2 B_1}{A_1 B_2 - A_2 B_1}, \dfrac{A_1 C_2 - A_2 C_1}{A_1 B_2 - A_2 B_1} \right) \right\}$,

2. $A_1 B_2 - A_2 B_1 = 0$ ist $\mathbb{L} = \emptyset$, oder $\mathbb{L}$ hat unendlich viele Zahlenpaare als Elemente, die sich als Lösungen einer der Gleichungen des Systems darstellen lassen.

Mit Hilfe der **Determinante** $A_1 B_2 - A_2 B_1$ können wir also immer entscheiden, ob ein System von zwei linearen Gleichungen mit zwei Variablen genau eine Lösung hat oder nicht.

Das Ergebnis $x = \dfrac{C_1 B_2 - C_2 B_1}{A_1 B_2 - A_2 B_1} \wedge y = \dfrac{A_1 C_2 - A_2 C_1}{A_1 B_2 - A_2 B_1}$ von

$$\begin{aligned} A_1 x + B_1 y &= C_1 \\ \wedge \quad A_2 x + B_2 y &= C_2 \end{aligned}$$

bei $A_1 B_2 - A_2 B_1 \neq 0$ läßt sich leicht einprägen, da Zähler und Nenner der Lösungen den gleichen Aufbau zeigen. Führt man nämlich zur Abkürzung die Schreibweise

$$\begin{vmatrix} a & b \\ c & d \end{vmatrix} = a \cdot d - b \cdot c$$

für Determinanten ein, so läßt sich dieses Ergebnis in der Form

$$x = \frac{\begin{vmatrix} C_1 & B_1 \\ C_2 & B_2 \end{vmatrix}}{\begin{vmatrix} A_1 & B_1 \\ A_2 & B_2 \end{vmatrix}} \quad \wedge \quad y = \frac{\begin{vmatrix} A_1 & C_1 \\ A_2 & C_2 \end{vmatrix}}{\begin{vmatrix} A_1 & B_1 \\ A_2 & B_2 \end{vmatrix}}$$

darstellen. Geht man von der **Matrix**

$$\begin{pmatrix} A_1 & B_1 & \vdots & C_1 \\ A_2 & B_2 & \vdots & C_2 \end{pmatrix}$$

des Gleichungssystems aus, so steht im **Nenner** stets die Determinante aus den Koeffizienten der Variablen, die sog. **Koeffizientendeterminante**; im Zähler der Lösung für x werden die x-Koeffizienten $\begin{smallmatrix} A_1 \\ A_2 \end{smallmatrix}$ der Koeffizientendeterminante $\begin{vmatrix} A_1 & B_1 \\ A_2 & B_2 \end{vmatrix}$ durch $\begin{smallmatrix} C_1 \\ C_2 \end{smallmatrix}$, im Zähler der Lösung für y werden die y-Koeffizienten $\begin{smallmatrix} B_1 \\ B_2 \end{smallmatrix}$ durch $\begin{smallmatrix} C_1 \\ C_2 \end{smallmatrix}$ ersetzt.

Diese Merkregel heißt auch **Cramersche Regel**.

2. Systeme linearer Gleichungen und Ungleichungen

Beispiel:
Das Gleichungssystem $\begin{vmatrix} 2x + 3y = 8 \\ \wedge\ 5x - 2y = 1 \end{vmatrix}$ mit der Koeffizientendeterminante

$\begin{vmatrix} 2 & 3 \\ 5 & -2 \end{vmatrix} = 2 \cdot (-2) - 5 \cdot 3 = -19$ wird gelöst durch:

$$x = \frac{\begin{vmatrix} 8 & 3 \\ 1 & -2 \end{vmatrix}}{\begin{vmatrix} 2 & 3 \\ 5 & -2 \end{vmatrix}} \wedge y = \frac{\begin{vmatrix} 2 & 8 \\ 5 & 1 \end{vmatrix}}{\begin{vmatrix} 2 & 3 \\ 5 & -2 \end{vmatrix}} \Leftrightarrow x = \frac{8 \cdot (-2) - 3 \cdot 1}{2 \cdot (-2) - 3 \cdot 5} \wedge y = \frac{2 \cdot 1 - 8 \cdot 5}{2 \cdot (-2) - 3 \cdot 5}$$

$$\Leftrightarrow x = \frac{-19}{-19} \wedge y = \frac{-38}{-19} \Leftrightarrow x = 1 \wedge y = 2$$

Die Gleichungssysteme, deren Lösungsmenge nicht genau ein Zahlenpaar als Element enthält, lassen sich mit Hilfe der obigen Überlegungen sofort erkennen.

Beispiele:

1. $\begin{vmatrix} \text{I} & 3x - 2y = 5 \\ \text{II} \wedge & -\frac{3}{2}x + y = -3{,}5 \end{vmatrix}$ 2. $\begin{vmatrix} \text{I} & 2x - \frac{2}{3}y = \frac{10}{3} \\ \text{II} \wedge & 6x - 2y = 10 \end{vmatrix}$

Die Determinanten $A_1 B_2 - A_2 B_1$ sind

$\begin{vmatrix} 3 & -2 \\ -\frac{3}{2} & 1 \end{vmatrix} = 3 \cdot 1 - (-2) \cdot \left(-\frac{3}{2}\right) = 0$ $\quad \begin{vmatrix} 2 & -\frac{2}{3} \\ 6 & -2 \end{vmatrix} = 2 \cdot (-2) - \left(-\frac{2}{3}\right) \cdot 6 = -4 + 4 = 0$

Die Determinanten $A_1 C_2 - A_2 C_1$ sind

$\begin{vmatrix} 3 & 5 \\ -\frac{3}{2} & -3{,}5 \end{vmatrix} = 3 \cdot \left(-\frac{7}{2}\right) - 5 \cdot \left(-\frac{3}{2}\right) = -\frac{21}{2} + \frac{15}{2} = -3 \neq 0$ $\quad \begin{vmatrix} 2 & \frac{10}{3} \\ 6 & 10 \end{vmatrix} = 2 \cdot 10 - \frac{10}{3} \cdot 6 = 20 - 20 = 0$

Also hat das Gleichungssystem

keine Lösung, d.h. die leere Menge als Lösungsmenge. $\quad$ alle Lösungen von $6x - 2y = 10$ als Lösung.

Aufgaben

In den Aufgaben 1. bis 6. sind x und y Hauptvariablen, die anderen Variablen Formvariablen. Es sollen die Lösungsterme für die Hauptvariablen bestimmt werden, und es soll angegeben werden, aus welchen Mengen die Einsetzungen für die Formvariablen gewählt werden können.

Beispiel:

$\begin{vmatrix} ax + by = c \\ \wedge \qquad\quad x = y \end{vmatrix}$ Für $a + b \neq 0$ gilt: $\qquad x = \dfrac{c}{a+b}$

$\Leftrightarrow \begin{vmatrix} (a+b)x = c \\ \wedge \qquad\quad x = y \end{vmatrix} \qquad\qquad\qquad\qquad \wedge\ y = \dfrac{c}{a+b}$

2. Systeme linearer Gleichungen und Ungleichungen

Also ist in diesem Fall
$$\mathbb{L} = \{(x; y) \mid ax + by = c \wedge x = y\} = \left\{\left(\frac{c}{a+b}; \frac{c}{a+b}\right)\right\}.$$
Für $a + b = 0$ gilt, wenn $c \neq 0$ ist: $\mathbb{L} = \emptyset$,
wenn $c = 0$ ist: $\mathbb{L} = \{(x; y) \mid x = y\}$.

1. a) $\begin{vmatrix} x + y = m + 1 \\ \wedge \quad y = mx \end{vmatrix}$ b) $\begin{vmatrix} x + y = a \\ \wedge \quad y = x + b \end{vmatrix}$ c) $\begin{vmatrix} x - 2y = m \\ \wedge \quad x = 4m + y \end{vmatrix}$

2. a) $\begin{vmatrix} x + y = a \\ \wedge \; x - y = b \end{vmatrix}$ b) $\begin{vmatrix} x + y = a + 2b \\ \wedge \; bx + ay = ab \end{vmatrix}$ c) $\begin{vmatrix} ax + by = c \\ \wedge \; bx - ay = d \end{vmatrix}$

3. a) $\begin{vmatrix} ax + by = c \\ \wedge \quad y = mx \end{vmatrix}$ b) $\begin{vmatrix} bx + ay = 2ab \\ \wedge \; bx - ay = 0 \end{vmatrix}$ c) $\begin{vmatrix} x + y = a + 2b \\ \wedge \quad y = x - a \end{vmatrix}$

4. a) $\begin{vmatrix} \dfrac{x}{a} + \dfrac{y}{b} = 1 \\ \wedge \; \dfrac{x}{b} + \dfrac{y}{a} = 1 \end{vmatrix}$ b) $\begin{vmatrix} x + y = 1 \\ \wedge \; \dfrac{x}{m} - \dfrac{y}{n} = 2 \end{vmatrix}$ c) $\begin{vmatrix} \dfrac{x}{a} + \dfrac{y}{b} = c \\ \wedge \; \dfrac{x}{b} - \dfrac{y}{a} = 0 \end{vmatrix}$

5. a) $\begin{vmatrix} \dfrac{x}{a} - \dfrac{y}{b} = 0 \\ \wedge \; bx + ay = 4ab \end{vmatrix}$ b) $\begin{vmatrix} \dfrac{3x}{a} + \dfrac{2y}{b} = 3 \\ \wedge \; \dfrac{9x}{a} - \dfrac{6y}{b} = 3 \end{vmatrix}$

6. a) $\begin{vmatrix} \dfrac{x-a}{b} + \dfrac{y-b}{a} = 0 \\ \wedge \; \dfrac{x+y-b}{a} + \dfrac{x-y-a}{b} = 0 \end{vmatrix}$ b) $\begin{vmatrix} \dfrac{x}{a+b} + \dfrac{y}{a-b} = 2b \\ \wedge \; \dfrac{x-y}{2ab} = \dfrac{x+y}{a^2+b^2} \end{vmatrix}$

7. Bestimme in den Systemen der Aufgabe 3. von Seite 57 die Determinante $A_1 B_2 - A_2 B_1$ und entscheide danach, ob Fall 1. oder 2. von Satz 2.1. vorliegt. Berechne die Lösungsmengen.

Bestimme die Lösungsmengen der Systeme in den Aufgaben 8. und 9. nach der Methode, die dir am günstigsten erscheint.

8. a) $\begin{vmatrix} x - 3y = 7 \\ \wedge \; 0{,}5x - 1{,}5y = 4 \end{vmatrix}$ b) $\begin{vmatrix} 6x - 10y = 0 \\ \wedge \; -15x + 25y + 10 = 0 \end{vmatrix}$ c) $\begin{vmatrix} 2x = 18 - 3y \\ \wedge \; 6x + 5y = 38 \end{vmatrix}$

9. a) $\begin{vmatrix} \dfrac{3x-4}{5} + \dfrac{4-5y}{6} = 5 \\ \wedge \; \dfrac{12x-14}{5} + \dfrac{16-10y}{3} = 11 \end{vmatrix}$ b) $\begin{vmatrix} \dfrac{x+y}{8} - \dfrac{x-y}{6} = 5 \\ \wedge \; \dfrac{x+y}{4} + \dfrac{x-y}{3} = 10 \end{vmatrix}$

10. Begründe mit Hilfe der aus Aufgabe 4. auf Seite 57 gewonnenen Einsicht und Satz 2.1: Das System $A_1 x + B_1 y + C_1 = 0 \wedge A_2 x + B_2 y + C_2 = 0$ hat für $B_1 \neq 0 \wedge B_2 \neq 0$ genau eine Lösung in $\mathbb{Q} \times \mathbb{Q}$, wenn die Geraden zu den beiden Gleichungen sich in genau einem Punkt schneiden.

2. Systeme linearer Gleichungen und Ungleichungen

Beachte in den Aufgaben 11. und 12. die **Definitionsmengen** der Systeme.

Beispiel: $\dfrac{3}{x-1} + \dfrac{2}{y-2} = \dfrac{4}{(x-1)(y-2)} \wedge 4x - 5y - 2 = 0$

$\mathbb{D} = \{(x;y) \mid x \neq 1 \wedge y \neq 2\}_{\mathbb{Q} \times \mathbb{Q}} = \mathbb{Q}\backslash\{1\} \times \mathbb{Q}\backslash\{2\}$

$\left| \begin{array}{l} \dfrac{3}{x-1} + \dfrac{2}{y-2} = \dfrac{4}{(x-1)(y-2)} \\ \wedge \quad 4x - 5y - 2 = 0 \end{array} \right. \quad \Big| \cdot (x-1)(y-2)$

$\Leftrightarrow \left| \begin{array}{l} 3y - 6 + 2x - 2 = 4 \\ \wedge \quad 4x - 5y - 2 = 0 \end{array} \right. \quad | \cdot 2$

$\Leftrightarrow \left| \begin{array}{l} 4x + 6y - 24 = 0 \\ \wedge \quad 4x - 5y - 2 = 0 \end{array} \right.$

$\Leftrightarrow \left| \begin{array}{l} 11y - 22 = 0 \\ \wedge \quad 4x - 5y - 2 = 0 \end{array} \right.$

$\Leftrightarrow \left| \begin{array}{l} y = 2 \\ \wedge \quad 4x - 10 - 2 = 0 \end{array} \right.$

$\Leftrightarrow \left| \begin{array}{l} y = 2 \\ \wedge \quad x = 3 \end{array} \right.$

$(3; 2) \notin \mathbb{D}$, also $\mathbb{L} = \emptyset$.

▲ 11. a) $\left| \begin{array}{l} \dfrac{3}{y} + \dfrac{2}{x} = \dfrac{32}{x \cdot y} \\ \wedge \ 20x + 3y = 1 \end{array} \right.$
b) $\left| \begin{array}{l} \dfrac{5}{y-2} + \dfrac{9}{x+1} = \dfrac{16}{(x+1)(y-2)} \\ \wedge \ 11x + 12y = 160 \end{array} \right.$

c) $\left| \begin{array}{l} \dfrac{7x}{y-5} + 5 = \dfrac{35}{y-5} \\ \wedge \ 13x - 11y = 10 \end{array} \right.$
d) $\left| \begin{array}{l} 12 - \dfrac{11y}{x+3} = \dfrac{166}{x+3} \\ \wedge \ \dfrac{10x}{y-10} + 9 = \dfrac{200}{y-10} \end{array} \right.$

▲ 12. In den folgenden Systemen kann wegen $\mathbb{D} = \mathbb{Q}\backslash\{0\} \times \mathbb{Q}\backslash\{0\}$ zur Abkürzung $\dfrac{1}{x} = u$ und $\dfrac{1}{y} = v$ gesetzt werden. Man kann dann die Lösungen für $(u;v)$ bestimmen und aus $\dfrac{1}{x} = u \wedge \dfrac{1}{y} = v$ diejenigen für $(x;y)$ berechnen.

a) $\left| \begin{array}{l} 6\left(\dfrac{1}{x} + \dfrac{1}{y}\right) - 1 = 0 \\ \wedge \ \dfrac{8}{x} - \dfrac{9}{y} - 7 = 0 \end{array} \right.$
b) $\left| \begin{array}{l} \dfrac{3}{x} - \dfrac{1}{y} = \dfrac{5}{8} \\ \wedge \ \dfrac{1}{x} + \dfrac{7}{y} = 1\dfrac{1}{8} \end{array} \right.$

c) $\left| \begin{array}{l} \dfrac{8}{x} - \dfrac{9}{y} = 1 \\ \wedge \ \dfrac{10}{y} + \dfrac{6}{y} = 7 \end{array} \right.$
d) $\left| \begin{array}{l} \dfrac{9}{x} - \dfrac{4}{y} = 1 \\ \wedge \ \dfrac{18}{x} + \dfrac{20}{y} = 16 \end{array} \right.$
e) $\left| \begin{array}{l} \dfrac{9}{x} - \dfrac{3}{y} = \dfrac{3}{10} \\ \wedge \ \dfrac{7}{x} - \dfrac{2}{y} = \dfrac{3}{10} \end{array} \right.$

13. Begründe folgende Aussage:

Das Gleichungssystem

$$\begin{aligned} \text{I} \quad & A_1 x + B_1 y + C_1 z = D_1 \\ \text{II} \land \, & A_2 x + B_2 y + C_2 z = D_2 \\ \text{III} \land \, & A_3 x + B_3 y + C_3 z = D_3 \end{aligned}$$

besitzt – falls die Nenner $\neq 0$ sind – eine Lösung der Form:

$$(1) \quad x = \frac{\begin{vmatrix} D_1 & B_1 & C_1 \\ D_2 & B_2 & C_2 \\ D_3 & B_3 & C_3 \end{vmatrix}}{\begin{vmatrix} A_1 & B_1 & C_1 \\ A_2 & B_2 & C_2 \\ A_3 & B_3 & C_3 \end{vmatrix}} \land y = \frac{\begin{vmatrix} A_1 & D_1 & C_1 \\ A_2 & D_2 & C_2 \\ A_3 & D_3 & C_3 \end{vmatrix}}{\begin{vmatrix} A_1 & B_1 & C_1 \\ A_2 & B_2 & C_2 \\ A_3 & B_3 & C_3 \end{vmatrix}} \land z = \frac{\begin{vmatrix} A_1 & B_1 & D_1 \\ A_2 & B_2 & D_2 \\ A_3 & B_3 & D_3 \end{vmatrix}}{\begin{vmatrix} A_1 & B_1 & C_1 \\ A_2 & B_2 & C_2 \\ A_3 & B_3 & C_3 \end{vmatrix}}$$

wobei die sog. dreireihige Determinante $\begin{vmatrix} A_1 & B_1 & C_1 \\ A_2 & B_2 & C_2 \\ A_3 & B_3 & C_3 \end{vmatrix}$ durch die folgende Rechenvorschrift definiert ist:

$$\begin{vmatrix} A_1 & B_1 & C_1 \\ A_2 & B_2 & C_2 \\ A_3 & B_3 & C_3 \end{vmatrix} = A_1 B_2 C_3 + B_1 C_2 A_3 + C_1 A_2 B_3 - A_1 C_2 B_3 - B_1 A_2 C_3 - C_1 B_2 A_3$$

Man kann sich diese Vorschrift leicht merken, wenn man folgendes beobachtet: In jedem der Summanden werden die Indices 1,2,3 einer Vertauschung der Buchstaben A, B, C zugeordnet. Es sind 6 solche Vertauschungen möglich. Bei drei von ihnen wird der Zyklus von A, B, C (s. Bild 2.17) aufrechterhalten und stimmt mit dem von 1,2,3 überein, bei den anderen drei sind die Zyklen entgegengesetzt. Die ersteren Summanden erhalten das Vorzeichen $+$, die letzteren das Vorzeichen $-$.

Die Merkregel für die zweireihige Determinante ist ganz entsprechend: Es gibt nur 2 Vertauschungen von A und B, die den Indices 1, 2 zugeordnet werden. Stimmt die Ordnung von A und B mit der von 1 und 2 überein, ergibt sich das Vorzeichen $+$ usf.

Die Lösungsformel (1) heißt die **Cramersche Regel** für Gleichungssysteme mit drei Variablen.

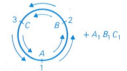

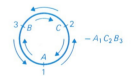

Bild 2.17

14. Löse die folgenden Gleichungssysteme – soweit möglich – mit der Cramerschen Regel.

a) $\begin{aligned} & 2x + 3y + 5z = 23 \\ \land \; & x + 4x - 2z = 3 \\ \land \; & 3x - 2y + z = 2 \end{aligned}$

b) $\begin{aligned} & x + 2y + 3z = 12 \\ \land \; & 4x \quad\quad + z = -1 \\ \land \; & 3x + y + 2z = 5 \end{aligned}$

c) $\begin{aligned} & 2x - y - z = -9 \\ \land \; & 3x + 5y + z = -14 \\ \land \; & x + 4y + 2z = -1 \end{aligned}$

d) $\begin{aligned} & 3x + 2y - z = 19 \\ \land \; & 5x + 7y + 2z = 50 \\ \land \; & 4x + y - z = 21 \end{aligned}$

e) $\begin{aligned} & 5x + y + z = -17 \\ \land \; & 3x + 2y - z = -2 \\ \land \; & 8x + 3y \quad\quad = -19 \end{aligned}$

f) $\begin{aligned} & 2x + 4y - 3z = -13 \\ \land \; & 3x + 8y + 4z = -34 \\ \land \; & 7x + 16y - 2z = -60 \end{aligned}$

3. VON DEN RATIONALEN ZU DEN REELLEN ZAHLEN

3.1. Die Gleichungen $x^2 = 2$ und $x^3 = 2$

1. Ist die Gleichung $x + 7 = 4{,}2$ lösbar in
    a) der Menge der natürlichen Zahlen,
    b) der Menge der ganzen Zahlen,
    c) der Menge der positiven rationalen Zahlen,
    d) der Menge aller rationalen Zahlen?

2. Gib je drei Beispiele von Gleichungen, die
    a) in der Menge $\mathbb{N}$ nicht lösbar sind,
    b) in der Menge $\mathbb{Z}$ nicht lösbar, doch in der Menge $\mathbb{Q}^+$ lösbar sind,
    c) in der Menge $\mathbb{Q}^+$ nicht lösbar, doch in der Menge $\mathbb{Q}$ lösbar sind.

Im oberen Teil des Bildes 3.1 sind zwei kongruente Quadrate gezeichnet, deren Seiten 1 Längeneinheit (abgekürzt: 1 LE) lang sind. Jedes der Quadrate hat den Flächeninhalt 1 Flächeneinheit (abgekürzt: 1 FE). Durch die eingetragenen Diagonalen sind beide Quadrate in je zwei kongruente Dreiecke zerlegt.

Im unteren Teil des Bildes 3.1 sind die vier kongruenten Dreiecke zu einem neuen Quadrat zusammengesetzt,

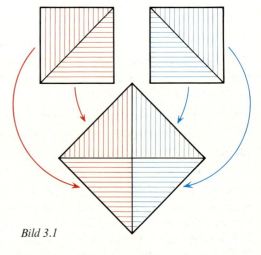

Bild 3.1

das denselben Flächeninhalt hat wie die beiden kleinen Quadrate zusammen. Der Flächeninhalt des großen Quadrats beträgt also 2 FE, seine Seiten sind so lang wie die Diagonalen der kleinen Quadrate.

Wir wollen nun **berechnen**, wie lang die Seiten des großen Quadrats (in LE) sind. Für die Maßzahl der Länge der Seiten führen wir die Variable x ein. Da der Flächeninhalt des großen Quadrats 2 FE groß ist, müssen wir die Gleichung

$$x^2 = 2$$

für die Variable x lösen.

Da wir bisher keine Lösung der Gleichung kennen, versuchen wir durch **Probieren** zu einer Zahl für x zu kommen, die eine Lösung von $x^2 = 2$ ist. Bei diesem Probieren beachten wir, daß das Quadrat einer positiven Zahl um so größer ist, je größer die Basis ist.

3. Von den rationalen zu den reellen Zahlen

Die Zahl für x liegt sicher zwischen 1 und 2, denn $1^2 = 1$ ist kleiner als 2 und $2^2 = 4$ ist größer als 2.
Für x gilt also:
$$1 < x < 2.$$
Damit haben wir zwei **Schranken** für x gefunden, nämlich die Zahlen 1 und 2. Um Schranken für x zu bekommen, die näher beieinander liegen als 1 und 2, probieren wir weiter. Aus
$$1{,}4^2 = 1{,}96 < 2 \quad \text{und} \quad 1{,}5^2 = 2{,}25 > 2$$
folgt:
$$1{,}4 < x < 1{,}5.$$
Wir erhalten noch engere Schranken für x, wenn wir die Quadrate der Zahlen 1,41; 1,42; ... mit der Zahl 2 vergleichen. Aus
$$1{,}41^2 = 1{,}9881 < 2 \quad \text{und} \quad 1{,}42^2 = 2{,}0164 > 2$$
ergibt sich:
$$1{,}41 < x < 1{,}42.$$
Wenn es überhaupt eine Zahl für x gibt, die die Gleichung $x^2 = 2$ löst, dann heißt sie 1,41 ..., wobei die Punkte andeuten sollen, daß der Bruch nach zwei Dezimalen nicht abbricht.
Wir bestimmen auch die dritte Dezimale der Zahl für x. Da
$$1{,}414^2 = 1{,}999396 < 2 \quad \text{und} \quad 1{,}415^2 = 2{,}002225 > 2$$
ist, gilt:
$$1{,}414 < x < 1{,}415.$$
So können wir fortfahren und noch mehr Dezimalen ermitteln, die eine positive rationale Zahl haben müßte, wenn sie Lösung der Gleichung $x^2 = 2$ sein soll. Die notwendigen Rechnungen werden aber immer umfangreicher. Wir können den Umfang der Rechnungen einschränken, wenn wir beim Probieren geschickt vorgehen. Um z.B. von der Ungleichungskette $1{,}41 < x < 1{,}42$ zur nächsten zu kommen, bei der die Schranken für x eine Dezimale mehr enthalten, können wir darauf verzichten, der Reihe nach die Quadrate von 1,411; 1,412; ... zu bestimmen, bis wir zwei Zahlen gefunden haben, von denen die eine kleiner und die andere größer als 2 ist.
Wir können so überlegen: Um von 1,410 nach 1,420 zu kommen, brauchen wir zehn „Schritte". Der erste Schritt führt bis 1,411, der zweite bis 1,412 usw. Bei diesen zehn Schritten wachsen die zugehörigen Quadrate um insgesamt $2{,}0164 - 1{,}9881 = 0{,}0283$. Wenn wir **annehmen,** daß die Quadrate bei jedem Schritt um etwa die gleiche Zahl größer werden, dann folgt, daß die Quadrate bei jedem einzelnen Schritt um den zehnten Teil dieser Differenz, also um 0,00283 wachsen. Wir brauchen nun nur festzustellen, wie oft wir den Zuwachs 0,00283 zu 1,9881 hinzufügen müssen, d.h. wieviel Schritte wir tun müssen, damit wir der Zahl 2 möglichst nahekommen.

Wir dividieren also die Differenz 2 − 1,9881 = 0,0119 durch 0,00283 und erhalten
$$0,0119 : 0,00283 \approx 4.$$

Wir dürfen erwarten, daß 1,414 eine der neuen Schranken für x ist. Durch Nachrechnen bestätigen wir, daß $1,414^2 < 2$ und $1,415^2 > 2$ ist.

Das geschilderte Verfahren, das uns auf engere Schranken für x führt, heißt **Interpolieren**. Wir machen es uns in einer Übersicht noch einmal deutlich (n steht für die gesuchte neue Dezimale):

Schranke	Quadrat
1,410	1,9881
1,41n	2,0000
1,420	2,0164

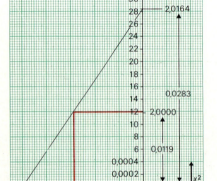

Bild 3.2

$$n = \frac{2,0000 - 1,9881}{\frac{1}{10} \cdot (2,0164 - 1,9881)}$$

$$\Leftrightarrow \frac{n}{10} = \frac{2,0000 - 1,9881}{2,0164 - 1,9881} = \frac{0,0119}{0,0283} \Leftrightarrow n \approx 4.$$

Mit diesem Verfahren kommt man recht schnell zu weiteren Schranken für x.

Eine graphische Darstellung unseres Interpolationsverfahrens ist in Bild 3.2 gegeben. Man sieht, daß wir dabei ein lineares Ansteigen von x^2 im Intervall $1,410 \leqq x \leqq 1,420$ angenommen haben.

Anmerkung: Für unser Interpolationsverfahren haben wir keine ausreichende Begründung angegeben. Daher ist es notwendig, in jedem Fall durch Quadrieren die Brauchbarkeit der neugewonnenen Schranken zu bestätigen. Dies ist aber keine überflüssige Arbeit, da man beim nächsten Schritt die Quadrate der Schranken braucht.

Wir stellen die bisher gefundenen Schranken zusammen:
$$1 < x < 2$$
$$1,4 < x < 1,5$$
$$1,41 < x < 1,42$$
$$1,414 < x < 1,415.$$

Es scheint möglich, daß wir beim Fortsetzen dieses Verfahrens auf einen Dezimalbruch stoßen, dessen Quadrat genau 2 ergibt. Dann hätten wir einen abbrechenden Dezimalbruch gefunden, der eine Lösung von $x^2 = 2$ ist.

Daß es aber **keinen** abbrechenden Dezimalbruch gibt, der Lösung von $x^2 = 2$ ist, können wir uns so überlegen: Nehmen wir z.B. an, daß $x^2 = 2$ durch einen 4stelligen Dezimalbruch gelöst würde, der die Endziffer 3 hat. Diese Zahl wäre also von der Form .,...3. Das Quadrat dieser Zahl hätte an der 8. Stelle hinter dem Komma wegen .,....3 · .,....3 = .,........9 eine 9 und nicht eine 0, wie es wegen 2 = 2,00000000 sein müßte.

Ebenso kann man schließen, daß auch alle anderen Ziffern außer 0 nicht am Ende eines 4stelligen Dezimalbruchs (und entsprechend auch nicht am Ende jedes anderen abbrechenden Dezimalbruchs) stehen können, wenn er Lösung von $x^2 = 2$ sein soll.

Für die Gleichung $x^3 = 2$ ergibt sich ebenso, daß sie keinen abbrechenden Dezimalbruch als Lösung besitzt.

Satz 3.1
Die Gleichungen $x^2 = 2$ und $x^3 = 2$ besitzen in der Menge der abbrechenden Dezimalbrüche keine Lösung.

Satz 3.1 besagt **nicht**, daß die Lösungen von $x^2 = 2$ bzw. $x^3 = 2$ keine rationalen Zahlen sein können. Er besagt nur, daß die Lösungen nicht als abbrechende Dezimalbrüche dargestellt werden können. Wie wir wissen, sind unter den nicht abbrechenden Dezimalbrüchen ebenfalls rationale Zahlen. Es gilt z.B.
$$\frac{4}{3} = 1{,}333\ldots = 1{,}\overline{3}.$$

Die Frage, ob als Lösung für $x^2 = 2$ bzw. $x^3 = 2$ eine rationale Zahl in Betracht kommt, bleibt also noch offen.

Die Lösungsmenge jeder der Ungleichungsketten

$1 < x < 2$, $1{,}4 < x < 1{,}5$, $1{,}41 < x < 1{,}42$, $1{,}414 < x < 1{,}415, \ldots$

bildet jeweils ein **Intervall.** Die Längen dieser Intervalle geben an, wie nahe beieinander die Schranken für eine mögliche Lösung der Gleichung $x^2 = 2$ liegen. Die Länge des ersten Intervalls beträgt $2 - 1 = 1$, die des zweiten $1{,}5 - 1{,}4 = 0{,}1$, die des dritten $1{,}42 - 1{,}41 = 0{,}01$ usf. Durch die Angabe dieser Intervalle wird die Genauigkeit unseres Ergebnisses von Schritt zu Schritt auf das Zehnfache gesteigert. Da es keine abbrechenden Dezimalbrüche für die Lösung von $x^2 = 2$ bzw. $x^3 = 2$ gibt, müssen wir uns die Intervallbildung **unbegrenzt** fortgesetzt denken.

Aufgaben

1. Haben die folgenden Gleichungen eine Lösung in der Menge der abbrechenden Dezimalbrüche?
   a) $x^2 = 4{,}41$ b) $x^2 = 5{,}1$ c) $x^2 = 8{,}41$ d) $x^2 = 6{,}2$ e) $x^2 = 30{,}25$

2. Gib Paare von Schranken für die Lösung der folgenden Gleichungen an, die aus abbrechenden Dezimalbrüchen mit keiner, einer, zwei, drei, vier Dezimalen bestehen.
   a) $x^2 = 3$ b) $x^2 = 5$ c) $x^2 = 7$ d) $x^2 = 8$ e) $x^2 = 10$

3. Bestimme jeweils die kleinste bzw. größte zweistellige Dezimalzahl für x.
   a) $x^2 > 2{,}3$; $x^2 < 2{,}3$ b) $x^2 > 12{,}5$; $x^2 < 12{,}5$ c) $x^2 > 19$; $x^2 < 19$

4. Beweise, daß keine dreistellige Dezimalzahl die folgenden Gleichungen löst.
   a) $x^2 = 17$ b) $x^2 = 46$ c) $y^2 = 14{,}3$ d) $z^2 = 24{,}73$ e) $w^2 = 56{,}2$
   f) $w^2 = 13{,}42$ g) $x^3 = 4$ h) $x^3 = 15{,}2$ i) $y^3 = 72{,}1$ k) $y^3 = 16{,}23$

3.2. Lösbarkeit der Gleichungen $x^2 = a$ und $x^3 = a$ in der Menge der rationalen Zahlen

1. Entnimm der Menge {11, 12, 13, 14, 15, 16}

   a) drei Paare gerader Zahlen, b) drei Paare ungerader Zahlen

   und bilde jeweils die Summe. Gilt bezüglich der Teilbarkeit durch 2 für die Summe dasselbe wie für die Summanden?

2. Die Zerlegung der Zahl 60 in Faktoren wird einmal mit $60 = 4 \cdot 15$, ein anderes Mal mit $60 = 5 \cdot 12$ begonnen. Zerlege in beiden Fällen die Faktoren so lange, bis nur noch Primzahlen als Faktoren vorkommen. Vergleiche die beiden Zerlegungen.

Nach unseren bisherigen Betrachtungen kann noch nicht gesagt werden, ob die **quadratische Gleichung** $x^2 = 2$ eine rationale Lösung hat oder nicht.
Sehr viel einfacher ist dagegen die entsprechende Frage nach der Lösungsmenge der quadratischen Gleichung $x^2 = 4$ zu beantworten:
$x^2 = 4$ besitzt in $\mathbb{Q}$ sogar zwei Lösungen, nämlich $+2$ und -2, weil $(+2)^2 = (-2)^2 = 4$ gilt. Die **positive** Lösung von $x^2 = 4$ bezeichnet man als **Quadratwurzel** von 4 und schreibt dafür $\sqrt{4}$. Somit gilt:

$$\sqrt{4} = +2.$$

Für -2 ist bei Benutzung des **Wurzelzeichens** dann $-\sqrt{4}$ zu schreiben.

Wenn die Gleichung $x^2 = a$, $a \in \mathbb{Q}^+$, überhaupt eine Lösung in $\mathbb{Q}$ besitzt, die wir mit c bezeichnen, so hat sie wegen $(-c)^2 = c^2$ auf jeden Fall eine positive Lösung, die wir Quadratwurzel von a nennen und für die wir $\sqrt{a}$ schreiben. Setzen wir z. B. $\left(-\frac{2}{3}\right)^2$ für a, so ergibt sich die Gleichung $x^2 = \left(-\frac{2}{3}\right)^2$ mit den Lösungen $\frac{2}{3}$ und $-\frac{2}{3}$. Dabei gilt:

$$\sqrt{\left(-\frac{2}{3}\right)^2} = \left|-\frac{2}{3}\right| = \frac{2}{3}, \quad -\sqrt{\left(-\frac{2}{3}\right)^2} = -\frac{2}{3}.$$

Bei 0 für a entsteht die Gleichung $x^2 = 0$ mit der einzigen Lösung 0, die wir auch $\sqrt{0}$ schreiben können.

Für $a \in \mathbb{Q}^-$ kann die Gleichung $x^2 = a$ keine Lösung in $\mathbb{Q}$ haben, da $x^2 \geqq 0$ für alle $x \in \mathbb{Q}$.

Die Gleichung $x^3 = 8 \Leftrightarrow x^3 = 2^3$ besitzt nicht zwei, sondern nur die eine Lösung 2, die wir $\sqrt[3]{8}$ schreiben und **Kubikwurzel** von 8 nennen:

Eine negative Zahl kann nicht Lösung der Gleichung sein, da $x^3 < 0$ für alle $x \in \mathbb{Q}^-$. Eine positive Zahl, die kleiner als 2 ist, hat eine dritte Potenz (Potenz mit dem Exponenten 3), die kleiner als 8 ist; eine positive Zahl, die größer als 2 ist, hat eine dritte Potenz, die größer als 8 ist. Da auch Null nicht Lösung der Gleichung $x^3 = 8$ ist, kann die Gleichung nur die Lösung 2 haben.

Entsprechend bezeichnet man, falls $x^3 = a$, $a \geq 0$, eine Lösung in $\mathbb{Q}$ besitzt, diese Lösung als Kubikwurzel von a und schreibt für sie $\sqrt[3]{a}$. Wegen $a \geq 0$ ergibt sich wie im Beispiel mit 8 für a, daß $\sqrt[3]{a} \geq 0$ ist.

Gleichungen der Form $x^3 = a$ mit $a \in \mathbb{Q}^-$ wollen wir hier noch nicht untersuchen.

Zur Vereinfachung der Ausdrucksweise bezeichnen wir im folgenden die Vereinigungsmenge $\mathbb{Q}^+ \cup \{0\}$ aus den positiven rationalen Zahlen und der Zahl 0 mit $\mathbb{Q}_0^+$.

Satz 3.2
a) Ist $a = b^2$ mit $b \in \mathbb{Q}$, so ist $a \in \mathbb{Q}_0^+$ und die Gleichung $x^2 = a$ hat die Lösungen $-\sqrt{a}$ und $+\sqrt{a}$, wobei $+\sqrt{a} = |b|$ gilt.
b) Ist $a = b^3$ mit $b \in \mathbb{Q}_0^+$, so hat die Gleichung $x^3 = a$ die Lösung $\sqrt[3]{a}$, wobei $\sqrt[3]{a} = b$ gilt.

In 3.1. haben wir gefunden, daß die Gleichung $x^2 = 2$ in der Menge der abbrechenden Dezimalbrüche nicht erfüllbar ist. Wir wollen nun untersuchen, ob sie in der umfassenderen Menge aller rationalen Zahlen lösbar ist.

Hat die Gleichung $x^2 = 2$ überhaupt eine rationale Lösung, so muß sie nach unseren obigen Überlegungen auch eine positive Lösung haben, die als Bruch $\frac{m}{n}$ ($m, n \in \mathbb{N}$) geschrieben werden kann. Dabei können wir noch voraussetzen, daß dieser Bruch möglichst weit gekürzt ist, d.h. daß die Einsetzungen für m und n zueinander **teilerfremde** natürliche Zahlen sind. Durch Einsetzen in $x^2 = 2$ erhalten wir:

$$\left(\frac{m}{n}\right)^2 = 2 \Leftrightarrow \frac{m^2}{n^2} = 2 \Leftrightarrow m^2 = 2n^2.$$

Da $n \in \mathbb{N}$ sein soll, ist $2n^2$ eine durch 2 teilbare natürliche Zahl, d.h. m^2 ist wegen der letzten Gleichung durch 2 teilbar. Wenn aber m^2 durch 2 teilbar ist, so ist auch m eine gerade Zahl, d.h., es gibt eine natürliche Zahl für k ($k \in \mathbb{N}$), so daß $m = 2k$ ist. Durch Einsetzen in die Gleichung $m^2 = 2n^2$ ergibt sich

$$(2k)^2 = 2n^2 \Leftrightarrow 4k^2 = 2n^2 \Leftrightarrow 2k^2 = n^2.$$

3. Von den rationalen zu den reellen Zahlen

Nach denselben Überlegungen, wie wir sie eben durchführten, ist dann auch n eine gerade Zahl, es gilt also $n = 2l$ mit $l \in \mathbb{N}$.
Mithin sind m und n durch 2 teilbar, also nicht zueinander teilerfremd, wie wir vorausgesetzt haben. Die Annahme, daß die Gleichung $x^2 = 2$ durch eine rationale Zahl lösbar ist, muß also falsch sein. Somit ist die Gleichung $x^2 = 2$ in $\mathbb{Q}$ nicht lösbar.
Ersetzt man in den obigen Überlegungen 2 durch 3, 5, 7, 11, ..., d.h. durch eine beliebige Primzahl, so können wir entsprechend schließen wie im Fall der Gleichung $x^2 = 2$.
Ebenso läßt sich zeigen, daß jede Gleichung der Form $x^3 = p$ in $\mathbb{Q}$ nicht lösbar ist.

Satz 3.3
Die Gleichungen a) $x^2 = p$, b) $x^3 = p$ mit einer Primzahl für p sind in der Menge $\mathbb{Q}$ aller rationalen Zahlen nicht lösbar.

Da die Gleichung $x^2 = 2$ keine Lösung in $\mathbb{Q}$ hat, kann $\sqrt{2}$ vorläufig nur ein Zeichen für eine Lösung sein, die wir noch suchen. Entsprechend ist $\sqrt{p}$ nur ein Zeichen für eine eventuell auffindbare Lösung der Gleichung $x^2 = p$ (bzw. $\sqrt[3]{p}$ für eine Lösung von $x^3 = p$).
Setzen wir in $x^2 = a$ für a eine beliebige natürliche Zahl, die weder eine Quadratzahl noch eine Primzahl ist, d.h., untersuchen wir z.B. die Gleichung $x^2 = 6$, so können wir mit den Sätzen 3.2 und 3.3 nicht entscheiden, ob es eine rationale Lösung gibt.

Aufgaben

1. Begründe, daß folgende Gleichungen in $\mathbb{Q}$ nicht lösbar sind.
    a) $x^2 = 3$ b) $x^2 = 5$ c) $x^2 = 7$ d) $x^2 = 11$
    e) $x^2 = 31$ f) $x^2 = 101$ g) $x^2 = 61$ h) $x^2 = 73$

▲ 2. Zeige, daß die Gleichung $x^2 = 6$ keine rationale Lösung besitzt.
    Anleitung: Unter Beachtung von $6 = 2 \cdot 3$ führt eine rationale, möglichst weit gekürzte Lösung der Form $\frac{m}{n}$ ($m, n \in \mathbb{N}$) auf gerade Zahlen für m, aber auch für n, so daß sich wie bei der Gleichung $x^2 = 2$ ein Widerspruch zur vorausgesetzten Teilerfremdheit von m und n ergibt.
    Zeige ebenso, daß die folgenden Gleichungen keine Lösung in $\mathbb{Q}$ besitzen.
    a) $x^2 = 10$ b) $x^2 = 14$ c) $x^2 = 15$ d) $x^2 = 21$
    e) $x^2 = 8$ f) $x^2 = 12$ g) $x^2 = 27$ h) $x^2 = 18$

3. Entscheide, ob die folgenden Gleichungen eine Lösung in $\mathbb{Q}$ haben oder nicht: Im ersten Fall ist mindestens eine Lösung anzugeben, im zweiten Fall zu beweisen, daß es in $\mathbb{Q}$ keine Lösung der Gleichung gibt.
    a) $x^2 = 36$ b) $x^2 = \frac{16}{25}$ ▲ c) $x^2 = 24$ d) $x^2 - 1 = 0$
    e) $x^2 = \frac{81}{100}$ f) $x^2 - \frac{121}{169} = 0$ g) $x^2 - 23 = 0$ h) $x^2 - 16 = 0$
    ▲ i) $x^3 = 16$ ▲ k) $x^3 = 6$ ▲ l) $x^3 - 18 = 0$ ▲ m) $x^3 + 27 = 0$
    ▲ n) $x^3 - 10 = 0$ ▲ o) $x^3 - 9 = 0$ ▲ p) $x^3 + 16 = 0$ ▲ q) $x^3 + 50 = 0$

3.3. Lücken auf der Zahlengeraden

1. Gib die größte natürliche Zahl an, die $x^2 < 53{,}72$ löst.
2. Bestimme die kleinste dreistellige Dezimalzahl, die $x^2 > 19$ zu einer wahren Aussage macht.

Von früher wissen wir, daß zwischen zwei rationalen Zahlen unendlich viele weitere rationale Zahlen liegen und dasselbe somit auch für die zugeordneten Punkte der Zahlengeraden gilt. Sind diese Punkte nun schon **alle** Zwischenpunkte zwischen zwei zu rationalen Zahlen gehörenden Punkten? Diese Frage wollen wir untersuchen.

Wie wir in 3.1 gesehen haben, müßte die Maßzahl für die Diagonalenlänge eines Quadrats, dessen Seitenlänge 1 LE beträgt, Lösung der Gleichung $x^2 = 2$ sein. Soeben haben wir gezeigt, daß es keine rationale Zahl als Lösung dieser Gleichung gibt. Wir können die Maßzahl der Diagonalenlänge aber durch rationale Zahlen **einschachteln** und erhalten:

$1 < x < 2$
$1{,}4 < x < 1{,}5$
$1{,}41 < x < 1{,}42$
$1{,}414 < x < 1{,}415$
$1{,}4142 < x < 1{,}4143$
...

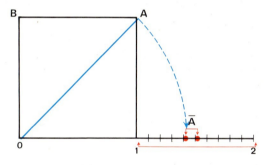

Bild 3.3 Einschachtelung des Punktes $\overline{A}$

Auf der Zahlengeraden sind die Dezimalbrüche, die die Intervalle dieser Einschachtelung begrenzen, durch Punkte dargestellt. Die Quadratdiagonale kann als Strecke von 0 aus nach rechts auf der Zahlengeraden abgetragen werden (Bild 3.3). Ihr rechter Endpunkt sei dann $\overline{A}$. Dieser Punkt $\overline{A}$ liegt innerhalb aller Intervalle, deren Endpunkte den oben angegebenen Dezimalbrüchen entsprechen. Dem Punkt $\overline{A}$ selbst kann aber keine rationale Zahl zugeordnet werden, da sonst die Gleichung $x^2 = 2$ eine rationale Zahl als Lösung besitzen müßte.
Wir haben ein wichtiges Ergebnis erhalten:
Jeder rationalen Zahl ist zwar ein Punkt der Zahlengeraden zugeordnet, aber diese Punkte erfüllen die Zahlengerade nicht lückenlos. Es gibt mindestens einen Punkt auf ihr, dem keine rationale Zahl entspricht.
Auch die Schranken für eine positive Lösung von $x^2 = p$, p Primzahl $\neq 2$, schachteln in jedem Fall einen Punkt der Zahlengeraden ein, dem keine rationale Zahl zugeordnet ist. Da die Primzahlen eine unendliche Menge bilden, gibt es sogar **unendlich viele Punkte** der Zahlengeraden, die nicht Darstellungen rationaler Zahlen sind.

Nun drängt sich die Frage auf: Ist es nicht eigenartig, daß wir schon so lange mit Zahlengeraden arbeiten und noch nie auf diese Punkte stießen, denen keine rationalen Zahlen zugeordnet sind?

Wir haben vor der Gleichung $x^2 = 2$ immer nur Gleichungen und Ungleichungen behandelt, in denen rationale Zahlen für die Variablen einzusetzen waren, da wir Lösungen in der Menge ℚ oder in einer Teilmenge von ℚ suchten.

Da die rationalen Zahlen als Brüche geschrieben werden können, vollzog sich das Lösen dieser Gleichungen im Bereich der Bruchrechnung, und wir hatten nicht nötig, die Lösung auf der Zahlengeraden durch mühsames Eingrenzen zu suchen. Erst der Versuch, die Gleichung $x^2 = 2$ zu lösen, veranlaßte uns, eine sogenannte **Intervallschachtelung** zu bilden, bei der das zweite Intervall ganz im ersten, das dritte ganz im zweiten usw. liegt und die Längen der Intervalle mit fortschreitender Schachtelung unbegrenzt klein werden. Die Intervallschachtelungen, die wir bisher gebildet haben, sind spezieller Natur. Bei ihnen werden die Endpunkte eines jeden Intervalls durch abbrechende Dezimalbrüche beschrieben, die sich jeweils um eine Einheit in der letzten Stelle unterscheiden. Solche Intervallschachtelungen nennen wir kurz **Dezimalschachtelungen.** Eine solche ergab sich beim Eingrenzen einer Lösung von $x^2 = 2$.

Auf Seite 94 haben wir sie mit Hilfe von Ungleichungsketten beschrieben. Die Lösungsmenge jeder Ungleichungskette bildet ein Intervall:

$$\{x \mid 1 < x < 2\}, \quad \{x \mid 1{,}4 < x < 1{,}5\}, \quad \{x \mid 1{,}41 < x < 1{,}42\}, \ldots$$

Finden wir nun etwa durch **jede** Dezimalschachtelung Punkte der Zahlengeraden, die keine rationalen Zahlen darstellen?
Dies ist offenbar **nicht** der Fall.

Beispiel:
Die Dezimalschachtelung, die durch

$$0 < x < 1; \; 0{,}3 < x < 0{,}4; \; 0{,}33 < x < 0{,}34; \; 0{,}333 < x < 0{,}334; \; \ldots$$

beschrieben wird und deren erste Intervalle im Bild 3.4 dargestellt sind, schachteln einen Punkt B der Zahlengeraden ein, dem die Zahl $\frac{1}{3}$ zugeordnet ist. Diese Dezimalschachtelung führt also auf eine rationale Zahl.

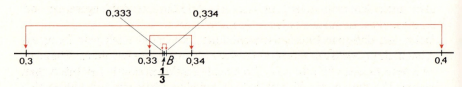

Bild 3.4
Dezimalschachtelung
für $\frac{1}{3}$

Läßt sich nun zu jedem Punkt, dem eine rationale Zahl zugeordnet ist, eine solche Dezimalschachtelung finden?

Wir versuchen, zu dem Punkt für die Zahl $\frac{3}{5}$ eine Schachtelung anzugeben. Es ist $\frac{3}{5} = 3 : 5 = 0{,}6$.

Die Dezimalschachtelung
$0 < x < 1; 0{,}5 < x < 0{,}6; \ldots$ erfaßt die Zahl 0,6 und den zugeordneten Punkt **nicht**; ebenso **nicht** die Schachtelung $0 < x < 1; 0{,}6 < x < 0{,}7; \ldots$
Das liegt daran, daß dem Punkt ein abbrechender Dezimalbruch zugeordnet ist. Die abbrechenden Dezimalbrüche haben wir als Endpunkte der Intervalle von Dezimalschachtelungen gewählt, und die Endpunkte eines Intervalls gehören bisher bei uns nicht zum Intervall. Der Punkt mit der Bezeichnung $\frac{3}{5}$ gehört daher keinem Intervall der Dezimalschachtelung an.

Nehmen wir aber die Endpunkte in die Intervalle hinein, so wird durch

$0 \leqq x \leqq 1; 0{,}6 \leqq x \leqq 0{,}7; 0{,}60 \leqq x \leqq 0{,}61; 0{,}600 \leqq x \leqq 0{,}601; \ldots$

eine Dezimalschachtelung beschrieben, die den Punkt mit der Bezeichnung $\frac{3}{5}$ erfaßt.

Solche abgeschlossenen Intervalle und damit die eben besprochene Dezimalschachtelung schreiben wir in Zukunft kürzer:

$[0; 1], [0{,}6; 0{,}7], [0{,}60; 0{,}61], [0{,}600; 0{,}601]; \ldots$

ist eine Dezimalschachtelung, die den Punkt erfaßt, dem die rationale Zahl $\frac{3}{5}$ zugeordnet ist.

Da jede rationale Zahl durch einen Bruch mit $\frac{a}{b} = a : b$ ($a \in \mathbb{Z}, b \in \mathbb{N}$) dargestellt werden kann, läßt sich jetzt durch Ausdividieren zu jeder solchen Zahl eine Dezimalschachtelung finden.

Beispiel:

$-\frac{1}{9} = -0{,}111\ldots = -0{,}\overline{1}$; Dezimalschachtelung:
$[-1; 0], [-0{,}2; -0{,}1], [-0{,}12; -0{,}11], [-0{,}112; -0{,}111], [-0{,}1112; -0{,}1111], \ldots$

Im ganzen hat sich also folgendes ergeben:
Zu jeder rationalen Zahl und damit für jeden einer solchen Zahl zugeordneten Punkt der Zahlengeraden gibt es eine Dezimalschachtelung. Es gibt aber auch Schachtelungen, die anderen Punkten der Zahlengeraden und damit nicht rationalen Zahlen zugeordnet sind.
Sicher ist, daß jede Intervallschachtelung und damit auch jede Dezimalschachtelung **höchstens einen** Punkt der Zahlengeraden bestimmt. Wären es zwei verschiedene Punkte, so müßten beide Punkte in sämtlichen Intervallen liegen. Da die Intervallängen jedoch beliebig klein werden sollen, also auch kleiner als der Abstand der beiden verschiedenen Punkte, ist das unmöglich.

Die Anschauung legt es nahe, daß es zu jeder Intervallschachtelung **mindestens einen Punkt** gibt, der allen Intervallen angehört. Das läßt sich allerdings nicht beweisen. Wir legen daher als **Gesetz** fest:

Zu jeder Intervallschachtelung gibt es mindestens einen Punkt, der in allen Intervallen der Schachtelung liegt.

Da es mindestens einen Punkt in allen Intervallen einer Intervallschachtelung gibt, aber auch höchstens einen, können wir zusammenfassen:

Satz 3.4
Jede Intervallschachtelung auf der Zahlengeraden erfaßt genau einen Punkt.

Es ist jetzt umgekehrt zu fragen: Läßt sich für jeden Punkt der Zahlengeraden, also auch für einen Punkt, dem keine rationale Zahl zugeordnet ist, eine Dezimalschachtelung angeben?
P sei ein beliebiger Punkt der Zahlengeraden. Das erste Intervall, in dem er liegt, bestimmen die beiden ihn einschließenden Punkte, die Darstellungen zweier aufeinander folgender ganzer Zahlen sind. Dieses Intervall denken wir uns in 10 gleichlange Teile geteilt. In einem dieser Teilintervalle muß der Punkt P liegen, da die Endpunkte jetzt jeweils zum Teilintervall gehören. Dieses Intervall wird wieder in 10 gleichlange Teilintervalle eingeteilt usf. Immer ist mindestens ein Teilintervall dadurch bestimmt, daß ihm der Punkt P angehört. Alle diese Intervalle, die P enthalten, liefern eine Dezimalschachtelung für den Punkt P.
Damit erhalten wir:

Jeder Punkt der Zahlengeraden läßt sich durch mindestens eine Dezimalschachtelung erfassen.

Nun können wir auch dem Zeichen $\sqrt{2}$ eine Bedeutung zuschreiben:
In Bild 3.3 ist der Punkt $\overline{A}$ durch Abtragen der Diagonalen des Einheitsquadrates auf der Zahlengeraden entstanden. Für diesen Punkt gibt es, wie wir eben gesehen haben, mindestens eine Dezimalschachtelung. Eine solche Schachtelung ist

[1; 2], [1,4; 1,5], [1,41; 1,42], [1,414; 1,415], [1,4142; 1,4143], ...,

die wir bei Versuchen, die quadratische Gleichung $x^2 = 2$ zu lösen, erhielten. Nach Satz 3.4 erfaßt diese Schachtelung genau den einen Punkt $\overline{A}$. Den Punkt $\overline{A}$ können wir wie die Maßzahl der Diagonalenlänge mit dem Zeichen $\sqrt{2}$ belegen. Die angegebene Dezimalschachtelung beschreibt also den mit $\sqrt{2}$ bezeichneten Punkt der Zahlengeraden. Entsprechend können wir Dezimalschachtelungen angeben, die die mit $\sqrt{3}, \sqrt{4}, \sqrt{5}, \sqrt{6}, \ldots$ zu bezeichnenden Punkte der Zahlengeraden bestimmen.

3. Von den rationalen zu den reellen Zahlen

$\sqrt{4} = 2$ ergibt sich nach dieser Definition ebenso wie nach der Erklärung in 3.2., wo $\sqrt{4}$ als positive Lösung in $\mathbb{Q}$ von $x^2 = 4$ definiert wurde.
Aus Satz 3.3 wissen wir, daß den mit $\sqrt{p}$ (p Primzahl) bezeichneten Punkten der Zahlengeraden keine rationalen Zahlen zugeordnet werden können.

Aufgaben **3**

1. Konstruiere wie in Bild 3.3 Strecken, die Seiten von Quadraten mit
   a) 8 FE,   b) 18 FE,   c) 32 FE,   d) 50 FE
   sind, und gib für die zugeordneten Punkte der Zahlengeraden die ersten vier Intervalle einer zugehörigen Dezimalschachtelung an.

2. Gib die ersten vier Intervalle einer Dezimalschachtelung für
   a) $\sqrt{3}$,   b) $\sqrt{5}$,   c) $\sqrt{6}$,   d) $\sqrt{7}$,   e) $-\sqrt{10}$
   f) $\sqrt{17}$,   g) $-\sqrt{20}$ ▲ h) $\sqrt{23}$,   ▲ i) $-\sqrt{27}$,   ▲ k) $\sqrt{29}$
   an.

3. Gib Dezimalschachtelungen für die folgenden rationalen Zahlen an.
   a) 1   b) 2   c) 3,4   d) $-2,8$ e) 8,2   f) $-12,3$
   g) $-3\frac{1}{2}$ h) $4\frac{1}{5}$ i) $-11\frac{1}{4}$ ▲ k) $2\frac{2}{5}$ ▲ l) $3\frac{3}{4}$ ▲ m) $5\frac{1}{25}$
   ▲ n) $6\frac{4}{25}$ ▲ o) $-9\frac{6}{25}$ p) $-3\frac{1}{5}$ q) $-4\frac{2}{25}$ ▲ r) $-5\frac{3}{500}$ ▲ s) $-3\frac{4}{125}$

4. Gewinne aus $\frac{a}{b} = a : b$ die ersten vier Intervalle einer Dezimalschachtelung zu den folgenden rationalen Zahlen.
   a) $\frac{2}{3}$ b) $\frac{5}{3}$ c) $-\frac{1}{7}$ d) $\frac{2}{9}$ e) $-\frac{1}{9}$ f) $\frac{4}{7}$
   g) $\frac{5}{6}$ h) $-\frac{7}{6}$ i) $\frac{4}{13}$ k) $\frac{7}{12}$ ▲ l) $-\frac{6}{17}$ m) $\frac{25}{13}$
   n) $\frac{36}{17}$ o) $\frac{13}{6}$ ▲ p) $-\frac{14}{39}$ ▲ q) $\frac{12}{19}$ ▲ r) $-\frac{11}{18}$ ▲ s) $\frac{25}{12}$

5. Welche rationale Zahl wird durch die folgenden Dezimalschachtelungen bestimmt?
   a) [2; 3], [2,0; 2,1], [2,00; 2,01], [2,000; 2,001], ...
   b) [-4; -3], [$-3,5$; $-3,4$], [$-3,43$; $-3,42$], [$-3,421$; $-3,420$], [$-3,4201$; $-3,4200$], ...
   c) [0; 1], [0,6; 0,7], [0,66; 0,67], [0,666; 0,667], [0,6666; 0,6667], ...
   d) [-4; -3], [$-3,2$; $-3,1$], [$-3,15$; $-3,14$], [$-3,150$; $-3,149$], [$-3,1500$; $-3,1499$], ...

Wir wollen nun noch überlegen, ob man zu einem beliebigen Punkt der Zahlengeraden vielleicht auch **mehrere Dezimalschachtelungen** angeben kann. Es ist durchaus möglich, zu jedem solchen Punkt mehrere Intervallschachtelungen zu bilden, die keine Dezimalschachtelungen sind, deren Intervallängen also nicht 1, $\frac{1}{10}$, $\frac{1}{100}$, ... betragen.

Denn wir hätten in der soeben durchgeführten Überlegung die Intervalle nicht jedesmal in 10 gleiche Teilintervalle einteilen müssen, sondern z.B. Halbierungen oder Drittelungen vornehmen können.

Unter Umständen ist es aber auch möglich, **zwei Dezimal**schachtelungen für denselben Punkt der Zahlengeraden anzugeben, und zwar dann, wenn der einzuschachtelnde Punkt P mit einem Endpunkt eines der Intervalle zusammenfällt. Dann kann der Punkt P als Endpunkt des einen oder als Anfangspunkt des nächsten Intervalls angesehen werden. So können z.B. dem mit 1 bezeichneten Punkt die beiden Dezimalschachtelungen

$$[0; 1], \ [0,9; 1,0], \ [0,99; 1,00], \ [0,999; 1,000], \ldots \text{ und}$$
$$[1; 2], \ [1,0; 1,1], \ [1,00; 1,01], \ [1,000; 1,001], \ldots$$

zugeordnet werden. Wenn wir aber verabreden, daß wir stets den näher bei 0 liegenden Endpunkt zum Intervall hinzunehmen, den andern nicht, ist nur die zweite Dezimalschachtelung gültig, denn in der ersten Schachtelung gehört der mit 1 bezeichnete Punkt dann zu keinem Intervall. Damit ergibt sich z.B. der nichtabbrechende Dezimalbruch 1,000 ... für 1.

Man sagt auch, durch diese Vereinbarung sind die sogenannten Neunerenden (z.B. die Darstellung 0,999... für 1) ausgeschlossen.

Für $\frac{1}{3} = 0,333\ldots = 0,\overline{3}$ läßt sich auch ohne diese Vereinbarung nur eine Dezimalschachtelung angeben, weil hier der einzuschachtelnde Punkt nie auf ein Intervallende fallen kann.

Nun können wir **jedem Punkt genau einen Dezimalbruch** zuordnen: Denken wir uns die durch Zehntelung entstandenen Teilintervalle vom zugehörigen, d.h. näher bei 0 liegenden Endpunkt aus mit 0, 1, ..., 9 numeriert, so liefert diese Nummer jeweils die nächste Ziffer des Dezimalbruchs.

Beispiele:

1. $1,000\ldots = 1.$

2. $0,333\ldots = 0,\overline{3} = \frac{1}{3}.$

3. $0,58333\ldots = 0,58\overline{3} = \frac{7}{12}.$

In den Beispielen 1. bis 3. stellt der Dezimalbruch eine **rationale** Zahl dar, da er entweder abbricht oder periodisch ist.

Nun wissen wir aber von Seite 99, daß es auf der Zahlengeraden auch Punkte gibt, denen keine rationale Zahl zugeordnet werden kann. So kann z.B. das eben dargestellte Verfahren der Zehntelung und Numerierung der Intervalle auch auf den Dezimalbruch 1,01001... führen. Sicher kann diesem Dezimalbruch keine rationale Zahl zugeordnet werden, da er weder abbricht, noch periodisch ist. Ob diesem Dezimalbruch und dem durch ihn

3. Von den rationalen zu den reellen Zahlen

erfaßten Punkt der Zahlengeraden überhaupt eine Zahl zugeordnet werden kann, d. h., ob wir mit diesem Dezimalbruch rechnen können, wissen wir noch nicht. Auf jeden Fall müßte diese Zahl aber einer Zahlenmenge angehören, die nicht nur die rationalen Zahlen umfaßt.

Im ganzen können wir feststellen:

> Zu jedem Punkt der Zahlengeraden können wir mindestens eine Intervallschachtelung bilden, bei der die Intervallendpunkte durch rationale Zahlen festgelegt sind. Eine solche Intervallschachtelung kann sogar stets als Dezimalschachtelung gewählt werden. Diese Dezimalschachtelung führt auf genau einen nichtabbrechenden Dezimalbruch, der periodisch oder nichtperiodisch sein kann.

Aufgaben

6. Gib die ersten fünf Ziffern des Dezimalbruchs zu

   a) $\sqrt{12}$, b) $\sqrt{3}$, c) $\sqrt{5}$, d) $\sqrt{7}$, e) $\sqrt{8}$, f) $\sqrt{10}$,
   ▲ g) $\sqrt{11}$, ▲ h) $\sqrt{12}$, ▲ i) $\sqrt{13}$, ▲ k) $\sqrt{14}$, ▲ l) $\sqrt{21}$, ▲ m) $\sqrt{27}$
   an.

7. Berechne die ersten fünf Ziffern des Dezimalbruchs für die folgenden rationalen Zahlen.

   a) $\frac{1}{3}$ b) $\frac{2}{3}$ c) $\frac{1}{6}$ d) $\frac{5}{6}$ e) $\frac{7}{3}$ f) $\frac{1}{9}$

   g) $\frac{2}{9}$ h) $\frac{5}{9}$ i) $\frac{5}{12}$ k) $\frac{7}{11}$ l) $\frac{1}{2}$ m) $\frac{4}{5}$

   ▲ n) $\frac{2}{25}$ ▲ o) $\frac{14}{25}$ ▲ p) $\frac{11}{50}$ ▲ q) $\frac{13}{20}$ ▲ r) $\frac{17}{20}$ ▲ s) $\frac{91}{125}$

   ▲ t) $\frac{325}{125}$ ▲ u) $\frac{4}{75}$ ▲ v) $\frac{11}{45}$ ▲ w) $\frac{13}{18}$ ▲ x) $\frac{21}{250}$ ▲ y) $\frac{1237}{500}$

8. Das Auftreten eines sofortperiodischen Dezimalbruchs zu $\frac{5}{11}$ läßt sich aus den folgenden Umformungen ablesen:

$$\frac{5}{11} = \frac{5 \cdot 100}{100 \cdot 11} = \frac{5}{100}(100 : 11) = \frac{5}{100}\left(9 + \frac{1}{11}\right) = \frac{5 \cdot 9}{100} + \frac{1}{100} \cdot \frac{5}{11}$$

$$= 0{,}45 + \frac{1}{100} \cdot \frac{5}{11}.$$

Die letzte Zeile zeigt am Schluß wieder den Term $\frac{5}{11}$. Benutzt man das eben gewonnene Ergebnis noch einmal, so ergibt sich:

$$\frac{5}{11} = 0{,}45 + \frac{1}{100} \cdot \left(0{,}45 + \frac{1}{100} \cdot \frac{5}{11}\right) = 0{,}45 + 0{,}0045 + \frac{1}{10000} \cdot \frac{5}{11}$$

$$= 0{,}4545 + \frac{1}{10000} \cdot \frac{5}{11}.$$

Bei wiederholter Anwendung dieser Überlegungen erhält man schließlich:

$$\frac{5}{11} = 0{,}454545\ldots = 0{,}\overline{45}.$$

Berechne nach **passendem** Erweitern mit einer Zehnerpotenz die Dezimalbrüche zu folgenden rationalen Zahlen.

a) $\frac{1}{3}$ b) $\frac{2}{3}$ c) $\frac{1}{9}$ d) $\frac{4}{9}$ e) $\frac{1}{11}$ f) $\frac{2}{11}$

g) $\frac{13}{11}$ h) $\frac{4}{13}$ ▲ i) $\frac{11}{17}$ ▲ k) $\frac{17}{19}$ ▲ l) $\frac{5}{21}$ ▲ m) $\frac{36}{23}$

9. Aus der Gleichung $\frac{5}{11} = 0{,}45 + \frac{1}{100} \cdot \frac{5}{11} = 0{,}\overline{45}$ ergibt sich das Verfahren zur Berechnung der rationalen Zahl zu einem sofortperiodischen Dezimalbruch. Aus $0{,}454545\ldots = 0{,}\overline{45}$ läßt sich $\frac{5}{11}$ zurückgewinnen, wenn man die folgende Gleichung in ℚ löst:

$$a = 0{,}45 + \frac{1}{100} \cdot a \Leftrightarrow a\left(1 - \frac{1}{100}\right) = 0{,}45 \Leftrightarrow a = \frac{45}{99}$$
$$\Leftrightarrow a = \frac{5}{11}.$$

Verwandle nach demselben Verfahren die folgenden periodischen Dezimalbrüche in gewöhnliche Brüche.

a) $0{,}\overline{1}$ b) $0{,}\overline{3}$ c) $0{,}\overline{7}$ d) $0{,}\overline{8}$ e) $0{,}\overline{21}$ f) $0{,}\overline{23}$

g) $0{,}\overline{52}$ h) $0{,}\overline{41}$ i) $0{,}\overline{81}$ k) $0{,}\overline{12}$ l) $2{,}\overline{1}$ m) $10{,}\overline{3}$

n) $0{,}\overline{521}$ ▲ o) $0{,}\overline{213}$ ▲ p) $0{,}\overline{412}$ ▲ q) $0{,}\overline{336}$ ▲ r) $0{,}\overline{239}$ ▲ s) $0{,}\overline{752}$

10. Das Auftreten eines nichtsofortperiodischen Dezimalbruchs zu $\frac{5}{6}$ läßt sich aus den folgenden Umformungen ablesen.

$$\frac{5}{6} = \frac{5 \cdot 10}{10 \cdot 6} = \frac{1}{10}(50:6) = \frac{1}{10}(25:3) = \frac{1}{10}\left(8 + \frac{1}{3}\right) = 0{,}8 + \frac{1}{10} \cdot \frac{1}{3} = 0{,}8\overline{3}.$$

Anmerkung: Der einer rationalen Zahl zugeordnete Dezimalbruch ist

sofortperiodisch,	**nichtsofortperiodisch,**
wenn die vollständig gekürzte Bruchdarstellung im Nenner	
nur Primfaktoren $\neq 2$, $\neq 5$ enthält.	**mindestens** einen Primfaktor 2 bzw. 5 und **mindestens einen** Primfaktor $\neq 2$, $\neq 5$ enthält.

Bestätige die Aussage der Anmerkung bei der Berechnung der Dezimalbrüche zu folgenden rationalen Zahlen.

a) $\frac{1}{9}$ b) $\frac{1}{6}$ c) $\frac{7}{3}$ d) $\frac{7}{15}$ e) $\frac{5}{12}$ f) $\frac{4}{7}$

g) $\frac{11}{30}$ h) $\frac{17}{6}$ ▲ i) $\frac{6}{35}$ ▲ k) $\frac{17}{12}$ ▲ l) $\frac{5}{18}$ ▲ m) $\frac{16}{45}$

11. Aus den Gleichungen $\quad 0{,}8\overline{3} = 0{,}8 + \frac{1}{10} \cdot \frac{1}{3} = \frac{4}{5} + \frac{1}{30} = \frac{25}{30} = \frac{5}{6}$

kann man mit Hilfe der Rechnungen von Aufgabe 8. die rationale Zahl bestimmen, die $0{,}8\overline{3}$ als Dezimalbruch hat. Berechne entsprechend die rationalen Zahlen zu folgenden nichtsofortperiodischen Dezimalbrüchen.

a) $0{,}1\overline{2}$ b) $0{,}2\overline{3}$ c) $0{,}3\overline{4}$ d) $0{,}5\overline{6}$ e) $0{,}4\overline{21}$ f) $0{,}2\overline{13}$ g) $0{,}5\overline{12}$

h) $0{,}72\overline{3}$ i) $0{,}2\overline{13}$ k) $0{,}7\overline{29}$ ▲ l) $0{,}3\overline{14}$ ▲ m) $0{,}587$ n) $0{,}21\overline{46}$ o) $0{,}89\overline{21}$

3.4. Die reellen Zahlen

Wir wollen jetzt untersuchen, ob man **beliebigen** Punkten der Zahlengeraden Zahlen zuordnen kann, d.h., ob man mit allen Punkten so umgehen kann, rechnen kann, wie mit den Punkten, denen rationale Zahlen zugeordnet sind.

Alle Punkte der Zahlengeraden sollen Darstellungen von Elementen einer Menge sein, die wir mit $\mathbb{R}$ bezeichnen wollen. Da jede rationale Zahl durch einen Punkt der Zahlengeraden dargestellt werden kann, ist die Menge $\mathbb{Q}$ eine echte Teilmenge der Menge $\mathbb{R}$.

Die Kleiner-Relation, Addition und Multiplikation für rationale Zahlen haben wir früher geometrisch an den Punkten erklärt, denen rationale Zahlen zugeordnet sind. Wir zeigen nun, daß man mit allen Punkten der Zahlengeraden ebenso verfahren kann. Damit werden die Eigenschaften rationaler Zahlen auch zu Eigenschaften der Elemente von $\mathbb{R}$.

1. Zunächst können wir für die Elemente aus $\mathbb{R}$ eine **Kleinerrelation** einführen wie bei den rationalen Zahlen. Die Zahlengerade ist durch die Richtung von 0 nach 1 orientiert. Alles, was wir bei den rationalen Zahlen über die Kleinerrelation gesagt haben, gilt jetzt für alle Elemente aus $\mathbb{R}$, z.B. die Eigenschaft der **Transitivität**:

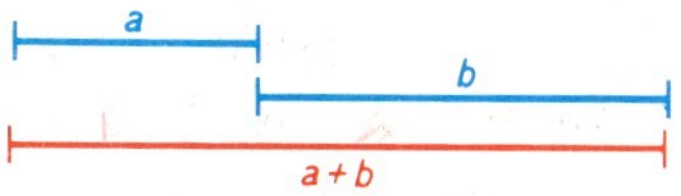

   Bild 3.5 Definition der Addition von Elementen aus $\mathbb{R}$

   Für alle $a, b, c \in \mathbb{R}$ gilt: $a < b \wedge b < c \curvearrowright a < c$.

2. Die **Addition** definieren wir wie früher geometrisch durch das Aneinanderlegen der Strecken, deren Endpunkte durch den Nullpunkt der Zahlengeraden und durch den Punkt gegeben sind, der das jeweilige Element der Menge $\mathbb{R}$ darstellt (Bild 3.5).

Wir haben früher die Eigenschaften der Addition rationaler Zahlen am Additionsdiagramm abgelesen. Weil das Additionsdiagramm für die Elemente aus $\mathbb{R}$ mit dem für die rationalen Zahlen übereinstimmt, gilt alles, was wir an Eigenschaften der Addition rationaler Zahlen gelernt haben, auch für die Elemente von $\mathbb{R}$.

Es ergibt sich so z. B. sofort die **Monotonieeigenschaft der Summe**:

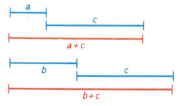

Bild 3.6 Monotonieeigenschaft der Summe: $a < b \curvearrowright a + c < b + c$

Für alle $a, b, c \in \mathbb{R}$ gilt: $a < b \curvearrowright a + c < b + c$ (Bild 3.6).

3. Von den rationalen zu den reellen Zahlen

Beispiel:

Wir wollen die Elemente aus $\mathbb{R}$, die mit den Zeichen $\sqrt{2}$ und $\sqrt{3}$ bezeichnet sind, addieren. Wie die zu diesen Zeichen gehörenden Punkte auf der Zahlengeraden zu ermitteln sind, zeigt Bild 3.7. Die Punkte zu $\sqrt{2}$ und $\sqrt{3}$ können wir – im Rahmen unserer Zeichengenauigkeit – schnell aus der Dezimalschachtelung gewinnen. Die Strecken von 0 bis zu den durch $\sqrt{2}$ und $\sqrt{3}$ gekennzeichneten Punkten legen wir aneinander, als wären sie Strecken auf der Zahlengeraden, denen rationale Zahlen zugeordnet sind (Bild 3.7). Damit ist dann wieder ein Punkt der Zahlengeraden bestimmt. Wir nennen ihn $\sqrt{2} + \sqrt{3}$. Diese Konstruktion betrachten wir als Definition für die Addition von Elementen aus $\mathbb{R}$.

Wir bemerken, daß wir die Elemente aus $\mathbb{R}$ ebenso addieren wie rationale Zahlen.

In Bild 3.7 und den folgenden Rechnungen ist die Summe $\sqrt{2} + \sqrt{3}$ bestimmt.

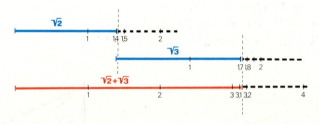

Bild 3.7
$\sqrt{2} + \sqrt{3} = 3{,}14\ldots$

Da

$$1 \leq \sqrt{2} \leq 2 \qquad 1 \leq \sqrt{3} \leq 2,$$
$$1{,}4 \leq \sqrt{2} \leq 1{,}5 \qquad 1{,}7 \leq \sqrt{3} \leq 1{,}8,$$
$$\text{und}$$
$$1{,}41 \leq \sqrt{2} \leq 1{,}42 \qquad 1{,}73 \leq \sqrt{3} \leq 1{,}74,$$
$$1{,}414 \leq \sqrt{2} \leq 1{,}415 \qquad 1{,}732 \leq \sqrt{3} \leq 1{,}733,$$
$$\ldots \qquad \ldots$$

gilt nach der Monotonieeigenschaft der Summe, wie auch in Bild 3.7 dargestellt ist:

$$1 + 1 \;\; = 2 \;\; \leq \sqrt{2} + \sqrt{3} \leq \;\; 2 + 2 \;\; = 4$$
$$1{,}4 + 1{,}7 \;\; = 3{,}1 \;\; \leq \sqrt{2} + \sqrt{3} \leq \;\; 1{,}5 + 1{,}8 \;\; = 3{,}3$$
$$1{,}41 + 1{,}73 \;\; = 3{,}14 \;\; \leq \sqrt{2} + \sqrt{3} \leq \;\; 1{,}42 + 1{,}74 \;\; = 3{,}16$$
$$1{,}414 + 1{,}732 = 3{,}146 \leq \sqrt{2} + \sqrt{3} \leq 1{,}415 + 1{,}733 = 3{,}148$$
$$\ldots \qquad \ldots \qquad \ldots$$

Die Intervalle

[2; 4], [3,1; 3,3], [3,14; 3,16], [3,146; 3,148], ...

beschreiben das Ergebnis $\sqrt{2} + \sqrt{3}$ unserer im Diagramm vollzogenen Addition. Diese Intervallmenge ist zwar keine Dezimalschachtelung, aber eine Intervallschachtelung, denn ihre Intervalle sind sämtlich ineinandergeschachtelt und werden unbegrenzt kleiner. Sie bestimmt daher nach Satz 3.4 **genau einen** Punkt der Zahlengeraden, eben den mit $\sqrt{2} + \sqrt{3}$ bezeichneten.

3. Die **Multiplikation** definieren wir wie früher durch das Multiplikationsdiagramm (Bild 3.8). Ebenso wie bei der Addition ergeben sich daher für die Multiplikation der Elemente von ℝ dieselben Eigenschaften wie für die Multiplikation der rationalen Zahlen. So ergeben sich z. B. auch die **Monotonieeigenschaft** und die **Inversionseigenschaft** des Produkts für die Elemente aus ℝ:

Für alle $a, b \in \mathbb{R}$ und
a) $c \in \mathbb{R}^+$ gilt: $a < b \rightsquigarrow a \cdot c < b \cdot c$,
b) $c \in \mathbb{R}^-$ gilt: $a < b \rightsquigarrow a \cdot c > b \cdot c$ (Bild 3.9).

Anmerkung: ℝ⁺ ist die Menge der positiven (> 0), ℝ⁻ die Menge der negativen (< 0) Elemente von ℝ.

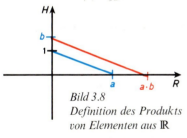

Bild 3.8
Definition des Produkts von Elementen aus ℝ

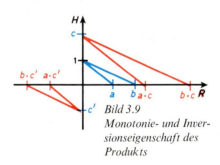

Bild 3.9
Monotonie- und Inversionseigenschaft des Produkts

Beispiel:

Multiplikation der Elemente $\sqrt{2}$ und $\sqrt{3}$.
Bild 3.10 zeigt, welcher Punkt der Zahlengeraden im Multiplikationsdiagramm das Produkt $\sqrt{2} \cdot \sqrt{3}$ definiert. Dieser Punkt liegt nach unserer Konstruktion eindeutig fest, weil zu der Geraden durch $\sqrt{2}$ (R-Achse) und durch 1 (H-Achse) nur **eine** Parallele durch den Punkt $\sqrt{3}$ (H-Achse) gezogen werden kann.

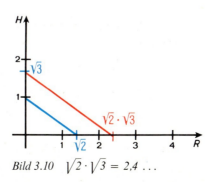

Bild 3.10 $\sqrt{2} \cdot \sqrt{3} = 2,4 \ldots$

Wir suchen wieder eine Intervallschachtelung für das Ergebnis:

Nach der Monotonieeigenschaft des Produkts können wir eine solche Intervallschachtelung finden:

$$1 \cdot 1 = 1 \leq \sqrt{2} \cdot \sqrt{3} \leq 2 \cdot 2 = 4,$$
$$1{,}4 \cdot 1{,}7 = 2{,}38 \leq \sqrt{2} \cdot \sqrt{3} \leq 1{,}5 \cdot 1{,}8 = 2{,}70,$$
$$1{,}41 \cdot 1{,}73 = 2{,}4393 \leq \sqrt{2} \cdot \sqrt{3} \leq 1{,}42 \cdot 1{,}74 = 2{,}4708,$$
$$1{,}414 \cdot 1{,}732 = 2{,}449048 \leq \sqrt{2} \cdot \sqrt{3} \leq 1{,}415 \cdot 1{,}733 = 2{,}452195.$$

Die Intervallschachtelung

$$[1; 4],\ [2{,}38; 2{,}70],\ [2{,}4393; 2{,}4708],\ [2{,}449048; 2{,}452195],\ \ldots$$

beschreibt das durch die Zeichnung gefundene Element $\sqrt{2} \cdot \sqrt{3}$.

Da wir nun für alle Punkte der Zahlengeraden die Verknüpfungen Addition und Multiplikation erklärt haben, können wir die Elemente aus $\mathbb{R}$ als Darstellungen von Zahlen auffassen.

Definition 3.1
Die Gesamtheit der Zahlen, die durch alle Punkte der Zahlengeraden dargestellt wird und für die wie oben die Addition und Multiplikation erklärt sind, heißt die Menge $\mathbb{R}$ der reellen Zahlen.

Insbesondere wollen wir uns merken:

1. Jede Intervallschachtelung bestimmt eine reelle Zahl.

2. Die Menge $\mathbb{Q}$ der rationalen Zahlen ist eine echte Teilmenge von $\mathbb{R}$.

Die Restmenge $\mathbb{R} \setminus \mathbb{Q}$, d. h. die Menge der reellen Zahlen, die keine rationalen Zahlen sind, heißt die Menge der **irrationalen Zahlen** und wird mit $\mathbb{I}$ bezeichnet. In dieser Menge sind z. B. $\sqrt{2}, \sqrt{3}, \ldots, \sqrt[3]{2}, \sqrt[3]{3}, \ldots$ enthalten; nach den oben erklärten Verknüpfungen gilt z. B.:

$$\left(\sqrt{2}\right)^2 = 2;\ \left(\sqrt{3}\right)^2 = 3;\ \ldots;\ \left(\sqrt[3]{2}\right)^3 = 2;\ \left(\sqrt[3]{3}\right)^3 = 3;\ \ldots$$

Doch nicht jede irrationale Zahl läßt sich als Wurzel darstellen. So kann man z. B. mit Hilfsmitteln aus dem Oberstufenunterricht ziemlich schnell beweisen, daß die Kreiszahl $\pi = 3{,}1416\ldots$ zur Menge $\mathbb{I}$ gehört. Darüber hinaus läßt sich zeigen, daß die Zahl π sich nicht als Wurzel darstellen läßt. Dieser Beweis ist aber so schwierig, daß er auf der Schule nicht geführt werden kann.

Bezeichnet man die Menge der irrationalen Zahlen, die sich als Wurzel darstellen lassen mit $\mathbb{W}$, so ergibt sich die in Bild 3.11 dargestellte Übersicht über Teilmengen von $\mathbb{R}$.

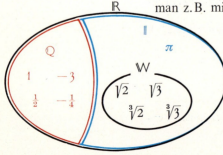

Bild 3.11   Teilmengen von $\mathbb{R}$

3. Von den rationalen zu den reellen Zahlen

Wir haben früher Eigenschaften, die wir für die Addition, Multiplikation und die Gleichheits- und Kleiner-Relation rationaler Zahlen aus Diagrammen abgelesen hatten, als **Gesetze** allen unseren Überlegungen zugrunde gelegt und in einer Tafel der Gesetze zusammengestellt. Entsprechend verfahren wir bei den reellen Zahlen:

Da die Diagramme für die reellen Zahlen die gleichen Eigenschaften haben wie die für die rationalen Zahlen, gilt

Satz 3.5
Für die reellen Zahlen gelten die gleichen Gesetze wie für die rationalen Zahlen.

Diese Gesetze sind in einer Tafel am Schluß des Buches zusammengestellt. Wir benutzen sie als Grundlage für unsere weiteren Aussagen über die Menge $\mathbb{R}$.

Somit können wir jetzt festsetzen:

Definition 3.2
Für alle $a \in \mathbb{R}^+$ ist

a) $\sqrt{a}$ die positive reelle Zahl, deren Quadrat a ist: $\left(\sqrt{a}\right)^2 = a$.
b) $\sqrt[3]{a}$ die positive reelle Zahl, deren 3. Potenz a ist: $\left(\sqrt[3]{a}\right)^3 = a$.
c) $\sqrt{0} = \sqrt[3]{0} = 0$.

Wir haben früher unsere Einsichten über das Gebilde $(\mathbb{Q}; +, \cdot, <)$ kurz zusammengefaßt, indem wir sagten: $(\mathbb{Q}; +, \cdot, <)$ ist ein **angeordneter Körper**.

Ebenso gilt jetzt:

Das Gebilde $(\mathbb{R}; +, \cdot, <)$ ist ein angeordneter Körper.

Daß die Menge $\mathbb{Q}$ eine echte Teilmenge der Menge $\mathbb{R}$ ist, wird durch die folgenden Aussagen, die wir in 3.3. fanden, ausgedrückt.

Intervallschachtelungsgesetze
1. Jede Intervallschachtelung aus rationalen Zahlen bestimmt genau eine reelle Zahl, die keine rationale Zahl sein muß.

2. Zu jeder reellen Zahl gibt es mindestens eine Intervallschachtelung aus rationalen Zahlen.
   Diese Intervallschachtelung kann stets als Dezimalschachtelung gewählt werden.

Damit können wir kurz zusammenfassen:

Satz 3.6
Das Gebilde $(\mathbb{R}; +, \cdot, <)$ ist ein angeordneter Körper, in dem die Intervallschachtelungsgesetze gelten.

Wir können die Gesetze für die Addition, Multiplikation und die Gleichheits- und Kleiner-Relation in der Menge $\mathbb{R}$ der reellen Zahlen auf die entsprechenden Gesetze in der Menge $\mathbb{Q}$ zurückführen, brauchen sie also nicht aus Diagrammen abzulesen. Wir wollen dies nicht im einzelnen durchführen; wir zeigen aber als **Beispiel,** wie man das Kommutativgesetz der Multiplikation auf das entsprechende Gesetz in $\mathbb{Q}$ gründen kann:

$\sqrt{2} \cdot \sqrt{3}$ bestimmt eine Intervallschachtelung, deren Intervallgrenzen durch
$1 \cdot 1 = 1$, $1{,}4 \cdot 1{,}7 = 2{,}38$, $1{,}41 \cdot 1{,}73 = 2{,}4393$, $1{,}414 \cdot 1{,}732 = 2{,}449048, \ldots$
bzw.
$2 \cdot 2 = 4$, $1{,}5 \cdot 1{,}8 = 2{,}70$, $1{,}42 \cdot 1{,}74 = 2{,}4708$, $1{,}415 \cdot 1{,}733 = 2{,}452195, \ldots$
bestimmt sind.

Bei der Bestimmung der Intervallgrenzen für $\sqrt{3} \cdot \sqrt{2}$ ergeben sich dieselben Faktoren, nur in umgekehrter Reihenfolge. Die Produkte stimmen also überein:

$1 \cdot 1 = 1$, $1{,}7 \cdot 1{,}4 = 2{,}38$, $1{,}73 \cdot 1{,}41 = 2{,}4393$, $1{,}732 \cdot 1{,}414 = 2{,}449048, \ldots$

Entsprechendes gilt für die rechten Intervallgrenzen.

$\sqrt{2} \cdot \sqrt{3}$ und $\sqrt{3} \cdot \sqrt{2}$ bestimmen **dieselben** Intervalle und damit denselben Punkt, der durch die Intervallschachtelung bestimmt ist. Daher ergibt sich in beiden Fällen **dasselbe Produkt.** Da man bei Produkten von beliebigen reellen Zahlen ebenso verfahren kann, läßt sich auf diese Weise die **Kommutativität der Multiplikation in** $\mathbb{R}$ auf die Kommutativität der Multiplikation in $\mathbb{Q}$ gründen.

Ähnlich kann man auch bei den anderen Eigenschaften der Verknüpfungen verfahren. Einige Beispiele hierzu werden wir in den folgenden Aufgaben bearbeiten.

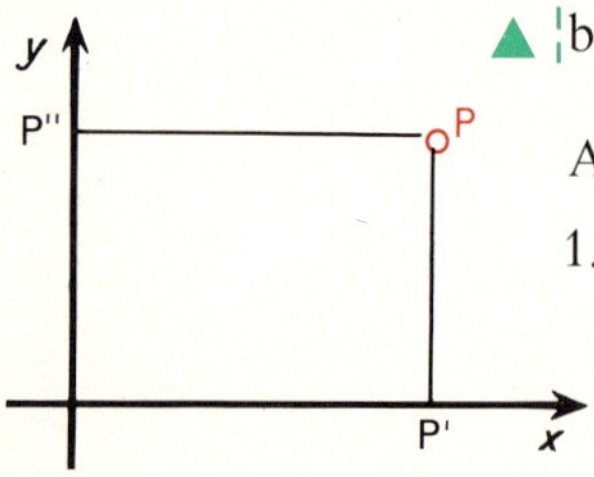

Aus Satz 3.5 können wir nun folgern:

1. Beim Aufbau der Gleichungs- und Ungleichungslehre im Band 7084 (8. Schuljahr) benutzten wir nur die Gesetze der Tafel. Daher gilt nun die **gesamte** früher entwickelte **Gleichungs- und Ungleichungslehre auch** für die **Menge der reellen Zahlen.**

2. Die Koordinaten eines beliebigen Punktes P der Ebene findet man durch Zeichnen von Parallelen zu den Achsen durch den Punkt (Bild 3.12): $PP' \parallel$ y-Achse, $PP'' \parallel$ x-Achse. Da den Punkten P' und P'' genau eine reelle Zahl zugeordnet ist, besitzen also **alle** Punkte der Ebene ein Paar reeller Koordinaten.

Bild 3.12 Jeder Punkt der Ebene besitzt ein Paar reeller Koordinaten

3. Von den rationalen zu den reellen Zahlen

Anmerkung: In den folgenden Aufgaben brauchen wir wiederholt Dezimalbrüche und Dezimalschachtelungen von Quadratwurzeln. Wir stellen dafür die Dezimalbruchdarstellungen bis zur vierten Stelle hinter dem Komma für einige Wurzeln zusammen:

$\sqrt{2} = 1{,}4142\ldots$ $\sqrt{6} = 2{,}4494\ldots$ $\sqrt{10} = 3{,}1622\ldots$ $\sqrt{13} = 3{,}6055\ldots$
$\sqrt{3} = 1{,}7320\ldots$ $\sqrt{7} = 2{,}6457\ldots$ $\sqrt{11} = 3{,}3166\ldots$
$\sqrt{5} = 2{,}2360\ldots$ $\sqrt{8} = 2{,}8284\ldots$ $\sqrt{12} = 3{,}4641\ldots$

Aufgaben

1. Gib für die folgenden Zahlen je eine Dezimalschachtelung (bis zu Dezimalbrüchen mit vier Stellen nach dem Komma) und dann die ersten fünf Intervalle einer Schachtelung für die Summe der folgenden Zahlen an.

   a) $\sqrt{2}$; 3 b) $\sqrt{3}$; 2,7 c) $3\frac{1}{3}$; $2\frac{2}{3}$ d) $4\frac{1}{2}$; $\frac{1}{3}$

   e) 2; $\sqrt{3}$ f) $\sqrt{3}$; 4 g) $\sqrt{2}$; $\sqrt{5}$ h) $\sqrt{10}$; $\sqrt{11}$

2. Bestimme mit Hilfe von Dezimalschachtelungen die Summe der folgenden reellen Zahlen mit der geforderten Genauigkeit δ.

   Beispiel: Summe von $\sqrt{2}$ und $\sqrt{3}$ mit der Genauigkeit $\frac{1}{10}$ für δ.

   Das durchgerechnete Beispiel von Seite 108 zeigt:

   $$2 \leq \sqrt{2} + \sqrt{3} \leq 4, \quad 3{,}1 \leq \sqrt{2} + \sqrt{3} \leq 3{,}3.$$

   Hierbei wird nur die Genauigkeit $4 - 2 = 2$ bzw. $3{,}3 - 3{,}1 = 0{,}2$ erzielt. Im nächsten Schritt ergab sich

   $$3{,}14 \leq \sqrt{2} + \sqrt{3} \leq 3{,}16,$$

   also die Genauigkeit $3{,}16 - 3{,}14 = 0{,}02 < 0{,}1$. Damit ist die geforderte Genauigkeit erreicht.

   a) $\sqrt{2}$; $\sqrt{5}$; $\frac{1}{5}$ für δ   b) $\sqrt{7}$; $\sqrt{6}$; $\frac{1}{10}$ für δ

   c) $\sqrt{12}$; $\sqrt{3}$; $\frac{1}{12}$ für δ   d) $\sqrt{11}$; $\sqrt{3}$; $\frac{1}{50}$ für δ

   e) $\sqrt{13}$; $\sqrt{5}$; $\frac{1}{100}$ für δ   f) $\sqrt{13}$; $\sqrt{7}$; $\frac{1}{500}$ für δ

3. Bestimme aus den Dezimalschachtelungen der folgenden Zahlen die Dezimalschachtelung der **entgegengesetzten Zahlen.**

   a) $\sqrt{3}$ b) $\sqrt{5}$ c) $\sqrt{10}$ d) $3 + \sqrt{2}$ e) $4 - \sqrt{2}$

   f) $5 + \sqrt{3}$ g) $\sqrt{11} - 3$ h) $4 - \sqrt{5}$ i) $3 + \sqrt{11}$ k) $\sqrt{2} + 10$

4. Bestimme mit Hilfe des Multiplikationsdiagramms und von Schachtelungen folgende Produkte mit der Genauigkeit 0,1.

   Anleitung: Untersuche zunächst: Welche Endpunkte der Intervalle für die negativen Faktoren müssen verwandt werden, um linke bzw. rechte Intervallenden für das Produkt zu erhalten?

   a) $\sqrt{2} \cdot \sqrt{5}$ ▲ b) $(-\sqrt{2}) \cdot \sqrt{5}$ ▲ c) $\sqrt{2} \cdot (-\sqrt{5})$ ▲ d) $(-\sqrt{2}) \cdot (-\sqrt{5})$

   e) $\sqrt{3} \cdot \sqrt{5}$ ▲ f) $(-\sqrt{3}) \cdot \sqrt{5}$ ▲ g) $\sqrt{3} \cdot (-\sqrt{5})$ ▲ h) $(-\sqrt{3}) \cdot (-\sqrt{5})$

   i) $\sqrt{10} \cdot 5$ ▲ k) $(-\sqrt{10}) \cdot 5$ ▲ l) $\sqrt{10} \cdot (-5)$ ▲ m) $(-\sqrt{10}) \cdot (-5)$

3. Von den rationalen zu den reellen Zahlen

5. Definieren die Vorschriften
a) $a \circ b = \sqrt{a+b}$,
b) $a \circ b = a\sqrt{b}$,
c) $a \circ b = \sqrt{a^2 + b^2}$
eine Verknüpfung in $\mathbb{R}$ oder $\mathbb{R}^+$? Sind $(\mathbb{R}; \circ)$ bzw. $(\mathbb{R}^+; \circ)$ Gruppen?

6. Zeige für folgende reelle Zahlen mit Hilfe von Intervallschachtelungen, daß Addition und Multiplikation kommutativ sind.
a) $\sqrt{2}; \sqrt{5}$
b) $\sqrt{3}; \sqrt{5}$
c) $\sqrt{12}; \sqrt{2}$
d) $7; \sqrt{10}$
e) $\sqrt{6}; 2$
f) $\sqrt{3}; 10$
g) $4; \sqrt{11}$
h) $5; \sqrt{5}$

7. Zeige für folgende reelle Zahlen mit Intervallschachtelungen, daß die Addition und Multiplikation assoziativ sind.
a) $\sqrt{2}; \sqrt{3}; \sqrt{5}$
b) $2; \sqrt{2}; \sqrt{5}$
c) $3; \sqrt{5}; \sqrt{7}$
d) $\sqrt{5}; 2; \sqrt{10}$
e) $\sqrt{8}; 4; \sqrt{11}$
f) $\sqrt{7}; \sqrt{12}; 3$
g) $4; \sqrt{7}; \sqrt{11}$
h) $\sqrt{5}; 2; \sqrt{3}$

8. Folgere aus $a \cdot 0 = 0 \cdot a = 0$, $a \in \mathbb{R}$, allein mit Hilfe der Körpergesetze, die Aussagen über das **Vorzeichen eines Produkts** für $a, b \in \mathbb{R}$.

> Beispiel:
> $a \cdot (b + (-b)) = a \cdot 0 = 0$. Mit Hilfe des Distributiv- und Kommutativgesetzes erhalten wir $a \cdot b + a \cdot (-b) = 0$, woraus nach der Definition von $-ab$ folgt:
> $$a \cdot (-b) = -ab.$$

Begründe ebenso:
a) $(-a) \cdot b = -ab$,
b) $(-a) \cdot (-b) = ab$.

9. Wie kann man aus $(a+b)c = ac + bc$ und $a \cdot 0 = 0 \cdot a = 0$ für $a, b, c \in \mathbb{R}$ die folgenden allgemeingültigen Gleichungen gewinnen?
a) $(a+b)^2 = a^2 + 2ab + b^2$
b) $(a-b) \cdot c = ac - bc$
c) $c(a-b) = ca - cb$
d) $(a-b)^2 = a^2 - 2ab + b^2$
e) $(a+b)(a-b) = a^2 - b^2$

Anleitung zu b) und c): Beachte, daß $b + (a-b) = a$ für $a, b \in \mathbb{R}$ gilt.

10. Löse folgende Gleichungen in $\mathbb{R}$.
a) $\sqrt{2} \cdot x + 3 = 7 - \sqrt{3} \cdot x$
b) $4 - \sqrt{3} \cdot x = 2$
c) $(2 + 2 \cdot \sqrt{3})^2 = 2x^2$
d) $(\sqrt{2} + \sqrt{3})(\sqrt{2} - \sqrt{3}) x = 1$

11. Bestimme für die folgenden Gleichungen und Ungleichungen die Lösungsmenge in der Menge $\mathbb{R}$ der reellen Zahlen.
a) $\dfrac{x}{x - \sqrt{2}} - \dfrac{x}{x + \sqrt{2}} = \dfrac{1}{x^2 - 2}$
b) $\dfrac{\sqrt{2}}{x - \sqrt{2}} - \dfrac{\sqrt{3}}{x - \sqrt{3}} = \dfrac{\sqrt{2} - \sqrt{3}}{(x - \sqrt{2})(x - \sqrt{3})}$
c) $\dfrac{3}{x + \sqrt{2}} < 4$
d) $\dfrac{7}{x + \sqrt{3}} > 2$

3. Von den rationalen zu den reellen Zahlen

12. Löse folgende Gleichungssysteme in $\mathbb{R}$.

    a) $\sqrt{2} \cdot x + \sqrt{3} \cdot y = 5$
    $\land \sqrt{2} \cdot x - \sqrt{3} \cdot y = -1$

    b) $\sqrt{2} \cdot x + \sqrt{3} \cdot y = 2\sqrt{6}$
    $\land 4\sqrt{2} \cdot x - 3\sqrt{3} \cdot y = \sqrt{6}$

    c) $4x + 3y = 3\sqrt{2} - 8$
    $\land \sqrt{2} \cdot x + 2y = 0$

    d) $\sqrt{3} \cdot x + 2y = 2\sqrt{3}$
    $\land 3x + \sqrt{3}y = 9$

13. Prüfe die folgende Behauptung: Wenn die Graphen zweier linearer Gleichungen **nicht-parallele** Geraden sind, so besitzt das System aus diesen Gleichungen eine Lösung in a) $\mathbb{Q} \times \mathbb{Q}$, b) $\mathbb{R} \times \mathbb{R}$. Gib bei Zurückweisung der Behauptung ein Gegenbeispiel an.

14. a) Beweise aus den Monotoniegesetzen: Für alle $c, d \in \mathbb{R}^+$ gilt: $c \leq d \hookrightarrow c^2 \leq d^2$.
    b) Beweise mit Hilfe von a): $\left(ab : \frac{a+b}{2}\right) \leq \sqrt{ab} \leq \frac{a+b}{2}$, für alle $a, b \in \mathbb{R}^+$.

Das Ergebnis von b) kann zur **Berechnung von Näherungszahlen für Quadratwurzeln** benutzt werden.

Beispiel:
Zur Berechnung von $\sqrt{10}$ kann sofort angegeben werden:
1. Näherung: $3 < \sqrt{10} < \frac{10}{3}$.
Da $3 \cdot \frac{10}{3} = 10$ gilt, erhält man $\frac{\frac{10}{3} + 3}{2} = \frac{19}{6} \approx 3{,}16$ für $\frac{a+b}{2}$ und
$10 : \frac{19}{6} = \frac{60}{19} \approx 3{,}15$ für $ab : \frac{a+b}{2}$.
2. Näherung: $3{,}15 < \sqrt{10} < 3{,}16$.
Durch Benutzung der Brüche $\frac{19}{6}$ und $\frac{60}{19}$ ergibt sich nach demselben Verfahren:
3. Näherung: $3{,}16227 < \sqrt{10} < 3{,}16228$.

Berechne nach demselben Verfahren:

c) $\sqrt{2}$, d) $\sqrt{5}$, e) $\sqrt{7{,}2}$, f) $\sqrt{14}$, g) $\sqrt{23{,}5}$, h) $\sqrt{51}$.

15. Besonders schnell findet man Quadratwurzeln nach einem **Iterationsverfahren**.

Beispiel: Bestimme $\sqrt{5}$.
Da $\sqrt{5} = 2{,}2\ldots$, setzt man: $\sqrt{5} = 2{,}2 + d$, woraus sich durch Quadrieren ergibt:
$$5 = 2{,}2^2 + 2 \cdot 2{,}2d + d^2 = 4{,}84 + 4{,}4d + d^2.$$
Da $d < 0{,}1$, gilt $d^2 < 0{,}01$ und wird daher weggelassen (vernachlässigt), so daß man d aus der folgenden Gleichung bestimmt:
$$5 = 4{,}84 + 4{,}4d \Leftrightarrow d = \frac{5 - 4{,}84}{4{,}4} = 0{,}036.$$
Somit ergibt sich schon nach diesem **1. Schritt:** $\sqrt{5} \approx 2{,}236$.

> Mit $\sqrt{5} = 2{,}236 + e$ wiederholen wir dieses Verfahren:
> $$5 \approx 4{,}999696 + 4{,}472e \Leftrightarrow e \approx 0{,}000068.$$
> Dies bedeutet für den **2. Schritt:** $\sqrt{5} \approx 2{,}236068$.

Bestimme ebenso mindestens 5 Dezimalen der folgenden Quadratwurzeln.

a) $\sqrt{10}$ b) $\sqrt{12}$ c) $\sqrt{15}$ d) $\sqrt{20}$ e) $\sqrt{12{,}3}$ f) $\sqrt{16{,}4}$
g) $\sqrt{17{,}9}$ h) $\sqrt{23{,}4}$ i) $\sqrt{26{,}3}$ k) $\sqrt{0{,}236}$ l) $\sqrt{2{,}37}$ m) $\sqrt{0{,}237}$

16. Beweise mit Hilfe der Gesetze für einen angeordneten Körper $\mathbb{K}$:
Für alle $a, b \in \mathbb{K}$ gilt:
a) $a > 0 \curvearrowright 0 > -a$,
b) $a < 0 \curvearrowright a < -a$,
c) $a > 0 \wedge b > 0 \curvearrowright ab > 0$,
d) $a < 0 \wedge b > 0 \curvearrowright ab < 0$,
e) $a < 0 \wedge b < 0 \curvearrowright ab > 0$.

17. Beweise, daß in einem angeordneten Körper $\mathbb{K}$ für alle $a, b, c \in \mathbb{K}$ gilt:
a) $a + c < b + c \curvearrowright a < b$,
b) $ac < bc \wedge c > 0 \curvearrowright a < b$,
c) $a < b \wedge c < 0 \curvearrowright ac > bc$.

3.5. Termumformungen mit Quadratwurzeln

1. Berechne a) $\sqrt{4} + \sqrt{9} - \sqrt{16}$, b) $\sqrt{36} - \sqrt{25}$, c) $\sqrt{100} - \sqrt{25} - \sqrt{169}$.

2. Vergleiche die beiden durch ein Semikolon getrennten Terme miteinander.

   a) $\sqrt{9} + \sqrt{25}$; $\sqrt{9 + 25}$ b) $\sqrt{144} + \sqrt{25}$; $\sqrt{144 + 25}$
   c) $\sqrt{9} \cdot \sqrt{25}$; $\sqrt{9 \cdot 25}$ d) $\sqrt{144} \cdot \sqrt{25}$; $\sqrt{144 \cdot 25}$

Wir haben in 3.4. gesehen, daß viele Wurzeln irrationale Zahlen sind, sich aber nicht jede irrationale Zahl als Wurzel darstellen läßt. Im Laufe des Mathematikunterrichts werden wir irrationale Zahlen, die sich nicht als Wurzeln darstellen lassen, kennenlernen. Zunächst müssen wir uns aber mit den einfachsten Zahlen beschäftigen, die auch irrational sein können; das sind die **Quadratwurzeln**.
Die **Menge der nicht-negativen reellen Zahlen** bezeichnen wir im folgenden mit $\mathbb{R}_0^+$. Setzt man für den **Radikanden** a der mit $\sqrt{a}$ bezeichneten Quadratwurzel Elemente dieser Menge, so ist damit stets genau eine nicht-negative reelle Zahl definiert, wie wir uns folgendermaßen überlegen:
1. Wenn $a > 0$ ist, so können wir auf dieselbe Weise, wie wir es in 3.1. bei 2 für a durchführen, eine Dezimalschachtelung für $\sqrt{a}$ angeben, indem wir zuerst untere und obere Näherungen mit natürlichen Zahlen, dann einstelli-

gen Dezimalbrüchen, zweistelligen Dezimalbrüchen usw. für die positive Lösung von $x^2 = a$ bestimmen. Die so ermittelte Intervallschachtelung bestimmt genau eine reelle Zahl, die mit $\sqrt{a}$ bezeichnet wird.

2. Wenn $a = 0$ ist, so ergibt sich $\sqrt{0} = 0$.

a) Wir untersuchen zunächst **Quadratwurzeln aus Summen und Produkten,** bei denen also die Radikanden die Form $a + b$ oder ab haben.

Das Beispiel

1. $\sqrt{9 + 16} = \sqrt{25} = 5;$ $\qquad \sqrt{9} + \sqrt{16} = 3 + 4 = 7$

zeigt, daß die Quadratwurzel aus einer Summe **nicht** gleich der Summe der Wurzeln aus den einzelnen Summanden ist.

Die Beispiele

2. $\sqrt{9 \cdot 16} = \sqrt{144} = 12,$ $\qquad \sqrt{9} \cdot \sqrt{16} = 3 \cdot 4 = 12,$
3. $\sqrt{4 \cdot 25} = \sqrt{100} = 10,$ $\qquad \sqrt{4} \cdot \sqrt{25} = 2 \cdot 5 = 10,$
4. $\sqrt{36 \cdot 16} = \sqrt{576} = 24,$ $\qquad \sqrt{36} \cdot \sqrt{16} = 6 \cdot 4 = 24,$
5. $\sqrt{81 \cdot 64} = \sqrt{5184} = 72,$ $\qquad \sqrt{81} \cdot \sqrt{64} = 9 \cdot 8 = 72,$

legen die Vermutung nahe, daß für alle $a, b \in \mathbb{R}_0^+$ die Gleichung

$$\sqrt{ab} = \sqrt{a} \cdot \sqrt{b}$$

gilt, daß also die Quadratwurzel aus einem Produkt gleich dem Produkt der Quadratwurzeln aus den einzelnen Faktoren ist.

Wir beweisen, daß diese Vermutung zutrifft:
Für alle $a, b \in \mathbb{R}_0^+$ ist nach der Definition der Quadratwurzel

$$\sqrt{ab} \cdot \sqrt{ab} = \left(\sqrt{ab}\right)^2 = ab.$$

Da die Multiplikation reeller Zahlen assoziativ und kommutativ ist, gilt

$$(\sqrt{a} \cdot \sqrt{b}) \cdot (\sqrt{a} \cdot \sqrt{b}) = \left(\sqrt{a}\right)^2 \cdot \left(\sqrt{b}\right)^2 = ab.$$

Damit ist bewiesen:
Die Quadrate von $\sqrt{ab}$ und $\sqrt{a} \cdot \sqrt{b}$ stimmen überein, also auch $\sqrt{ab}$ und $\sqrt{a} \cdot \sqrt{b}$ selbst, da jede nichtnegative reelle Zahl jeweils **genau eine** Quadratwurzel besitzt. Ebenso zeigt man, daß $\sqrt{\dfrac{a}{b}} = \dfrac{\sqrt{a}}{\sqrt{b}}$ für $b \neq 0$ eine in $\mathbb{R}_0^+$ allgemeingültige Gleichung ist.

Unsere bisherigen Überlegungen können wir kurz so zusammenfassen:
Aus Produkten und Quotienten kann man die **Quadratwurzel „gliedweise"** **ziehen,** aus Summen und Differenzen nicht.

Satz 3.7
Für $a, b \in \mathbb{R}_0^+$ **gilt:** $\qquad$ **a)** $\sqrt{ab} = \sqrt{a} \cdot \sqrt{b},$ $\qquad$ **b)** $\sqrt{\dfrac{a}{b}} = \dfrac{\sqrt{a}}{\sqrt{b}}$ **für** $b \neq 0.$

Ein Sonderfall des Satzes 3.7 ergibt sich, wenn $a = b$ ist:
Für alle $a \in \mathbb{R}_0^+$ gilt: $\sqrt{a^2} = \sqrt{a \cdot a} = \sqrt{a} \cdot \sqrt{a} = (\sqrt{a})^2 = a$.
Beachte: $\sqrt{a^2} = a$ gilt **nicht** für $a \in \mathbb{R}^-$, denn es ist z.B. $\sqrt{(-3)^2} = \sqrt{9} = 3 \neq -3$.

Satz 3.7 hat eine große Bedeutung für das praktische Rechnen. Man kann Wurzeln wie z.B. $\sqrt{45}, \sqrt{50}, \sqrt{56}$ in folgender Weise umformen:

$$\sqrt{45} = \sqrt{9 \cdot 5} = \sqrt{3^2 \cdot 5} = \sqrt{3^2} \cdot \sqrt{5} = 3 \cdot \sqrt{5},$$
$$\sqrt{50} = \sqrt{25 \cdot 2} = \sqrt{5^2 \cdot 2} = \sqrt{5^2} \cdot \sqrt{2} = 5 \cdot \sqrt{2},$$
$$\sqrt{56} = \sqrt{4 \cdot 14} = \sqrt{2^2 \cdot 14} = \sqrt{2^2} \cdot \sqrt{14} = 2 \cdot \sqrt{14}.$$

Eine solche Umformung läßt sich immer erreichen, wenn bei der Produktzerlegung des Radikanden das **Quadrat** einer Zahl aus $\mathbb{R}^+$ ($\mathbb{R}^+$ ist die Menge der positiven reellen Zahlen) auftritt, so daß die Quadratwurzel dieses Faktors angegeben werden kann. Man spricht auch von einem „**teilweisen**" Wurzelziehen.

b) Will man Quadratwurzeln **addieren**, muß man meist jede Wurzel für sich ausrechnen und dann die Summe bilden. Nur bei gleichen Radikanden lassen sich Quadratwurzeln mit Hilfe des Distributivgesetzes zusammenfassen.

Beispiele:
6. $3\sqrt{2} + 5\sqrt{3} - 6\sqrt{2} - 3\sqrt{3} = (3-6)\sqrt{2} + (5-3)\sqrt{3} = -3\sqrt{2} + 2\sqrt{3}$.
7. $\sqrt{2} + \sqrt{8} - \sqrt{18} = \sqrt{2} + \sqrt{2^2 \cdot 2} - \sqrt{3^2 \cdot 2} = \sqrt{2} + 2\sqrt{2} - 3\sqrt{2}$
$= (1 + 2 - 3)\sqrt{2} = 0$.

Beispiel 7. zeigt, daß beim Addieren überprüft werden muß, ob sich die Quadratwurzeln teilweise ziehen lassen.

c) Die Angabe einer Näherung für $\dfrac{1}{\sqrt{2}}$ in Dezimaldarstellung erfordert eine Division durch einen Dezimalbruch, z.B. durch 1,414. Das umständliche Dividieren läßt sich vermeiden, wenn man $\dfrac{1}{\sqrt{2}}$ mit $\sqrt{2}$ erweitert und dann $(\sqrt{2})^2 = 2$ beachtet:

$$\frac{1}{\sqrt{2}} = \frac{\sqrt{2}}{(\sqrt{2})^2} = \frac{\sqrt{2}}{2} \approx \frac{1,414}{2} = 0,707.$$

Ebenso formt man andere Bruchterme wie z.B. $\dfrac{6}{5\sqrt{3}}, \dfrac{17}{3\sqrt{2}}$ um, deren Nenner eine Wurzel als Faktor enthält.
Das geschilderte Verfahren heißt **Rationalmachen des Nenners.**
Auch Brüche, deren Nenner Wurzeln als Summanden enthalten, lassen sich in manchen Fällen so umformen, daß die Nenner rational werden. Man muß dabei nur die dritte binomische Formel beachten.

Beispiele

8. $\dfrac{4}{\sqrt{2}-1} = \dfrac{4(\sqrt{2}+1)}{(\sqrt{2}-1)(\sqrt{2}+1)} = \dfrac{4(\sqrt{2}+1)}{2-1} = 4(\sqrt{2}+1) \approx 4 \cdot 2{,}414 = 9{,}656.$

9. $\dfrac{6}{3+\sqrt{3}} = \dfrac{6(3-\sqrt{3})}{(3+\sqrt{3})(3-\sqrt{3})} = \dfrac{6(3-\sqrt{3})}{9-3} = 3 - \sqrt{3} \approx 1{,}268.$

10. $\dfrac{\sqrt{5}-\sqrt{2}}{\sqrt{5}+\sqrt{2}} = \dfrac{(\sqrt{5}-\sqrt{2})^2}{(\sqrt{5}+\sqrt{2})(\sqrt{5}-\sqrt{2})} = \dfrac{5 - 2\sqrt{10} + 2}{5 - 2} = \dfrac{7 - 2\sqrt{10}}{3} \approx 0{,}225.$

d) Eine Anwendung des Rechnens mit Quadratwurzeln

Da für alle $a, b, c, d \in \mathbb{Q}$

$$(a + b\sqrt{2}) + (c + d\sqrt{2}) = (a + c) + (b + d)\sqrt{2}$$

gilt, ist in der Menge $\mathbb{M}$ aller Terme $a + b\sqrt{2}$; $a, b \in \mathbb{Q}$, eine **Verknüpfung**, nämlich die Addition, erklärt. Das Verknüpfungsgebilde $(\mathbb{M}; +)$ ist eine **Gruppe**: Die Assoziativeigenschaft ist erfüllt, da sie für alle Elemente aus $\mathbb{R}$ gilt; da $0 = 0 + 0\sqrt{2}$ gilt, gehört mit 0 für a, 0 für b das Element 0 zur Menge $\mathbb{M}$ und ist neutrales Element; jedes Element $a + b\sqrt{2}$ besitzt innerhalb der Menge den Term $(-a) + (-b)\sqrt{2}$ als inverses Element. Auch die Multiplikation ist wegen

$$(a + b\sqrt{2})(c + d\sqrt{2}) = (ac + 2bd) + (ad + bc)\sqrt{2} \in \mathbb{M}$$

eine Verknüpfung in $\mathbb{M}$. Es läßt sich beweisen, daß $(\mathbb{M} \setminus \{0\}; \cdot)$ eine **Gruppe** ist. Nur der Nachweis der Existenz des inversen Elements bereitet bei diesem Beweis Schwierigkeiten, die man mit Hilfe des Rationalmachens des Nenners überwinden kann:

$$\dfrac{1}{a + b\sqrt{2}} = \dfrac{a - b\sqrt{2}}{(a + b\sqrt{2})(a - b\sqrt{2})} = \dfrac{a - b\sqrt{2}}{a^2 - 2b^2} = \dfrac{a}{a^2 - 2b^2} + \dfrac{-b}{a^2 - 2b^2}\sqrt{2}.$$

Hieraus ergibt sich, daß nur dann kein inverses Element zu $a + b\sqrt{2}$ in der Menge $\mathbb{M}\setminus\{0\}$ vorhanden ist, wenn $a^2 - 2b^2 = 0$ ist. Dieser Fall kann aber nicht eintreten.

Beweis:

Das Produkt $(a + b\sqrt{2})(a - b\sqrt{2})$ ist nur dann gleich Null, wenn mindestens einer der Faktoren gleich Null ist. Wegen $a, b \in \mathbb{Q}$ und $\sqrt{2} \notin \mathbb{Q}$ ist jeder der beiden Faktoren genau dann gleich Null, wenn $a = b = 0$ ist. Dann sind sogar beide Faktoren zugleich Null. Setzen wir nun 0 für a und 0 für b, dann kommen wir wegen $0 + 0\sqrt{2} = 0$ zur Zahl 0, die der Menge $\mathbb{M}\setminus\{0\}$ gar nicht angehört. Damit ist gezeigt, daß der Nenner 0 nicht auftreten kann, daß also jedes Element von $\mathbb{M}\setminus\{0\}$ auch bezüglich der Multiplikation ein inverses in der Menge besitzt.

Schließlich ist für alle Elemente von $\mathbb{R}$, also auch für die von $\mathbb{M}$, die Distributiveigenschaft erfüllt.
Das Ergebnis unserer Überlegungen können wir kurz zusammenfassen.

Satz 3.8
Das Verknüpfungsgebilde $(\mathbb{M}; +, \cdot)$ mit $\mathbb{M} = \{a + b\sqrt{2} \mid a, b \in \mathbb{Q}\}$ ist ein Körper.

Damit haben wir einen Körper gefunden, der alle rationalen Zahlen enthält, außerdem irrationale Zahlen, aber nicht alle Elemente von $\mathbb{R}$; $\mathbb{Q} \subset \mathbb{M} \subset \mathbb{R}$. Man nennt den **Quadratwurzelkörper** $(\mathbb{M}; +, \cdot)$ einen **Teilkörper** oder **Unterkörper** von $(\mathbb{R}; +, \cdot)$.

Aufgaben

1. Löse mit Hilfe der Definition von $\sqrt{a}$ für $a \in \mathbb{R}_0^+$ die folgenden Gleichungen in $\mathbb{R}$.
   a) $\sqrt{2} \cdot x = 2$ b) $\sqrt{3} \cdot x = 3$ c) $x \cdot \sqrt{5} = 5$ d) $x \cdot \sqrt{10} = 10$
   e) $-x \cdot \sqrt{6} = 6$ f) $y \cdot (-\sqrt{13}) = 13$ g) $y \cdot (-\sqrt{14}) = -14$ h) $z \cdot (-\sqrt{7}) = 14$

2. Zerlege die folgenden Zahlen in zwei gleiche Faktoren aus $\mathbb{R}$, wenn dies möglich ist.
   a) 4 b) 9 c) -4 d) -16 e) 10 f) 0 g) 81 h) -400

Vereinfache die Terme in den Aufgaben 3. bis 15.

Anmerkung: In den folgenden Aufgaben kommen Radikanden vor, die Variablen sind oder enthalten. Für die Variablen dürfen nur Zahlen gesetzt werden, mit denen der Radikand nicht negativ wird. Beachte auch, daß z.B. in $\sqrt{b^6} = b^3$ für b nur Zahlen aus $\mathbb{R}_0^+$ gesetzt werden dürfen, denn $\sqrt{b^6} = \sqrt{(b^3)^2} = b^3$ gilt nach Satz 3.7 nur für $\mathbb{R}_0^+$.

3. a) $\sqrt{3} \cdot \sqrt{3}$ b) $2 \cdot \sqrt{5} \cdot \sqrt{5}$ c) $\sqrt{5} \cdot 4 \cdot \sqrt{5}$ d) $4 \cdot \sqrt{8} \cdot 3\sqrt{8}$ e) $2 \cdot (-\sqrt{3})^2$
   f) $\sqrt{2x} \cdot \sqrt{2x}$ g) $\sqrt{3a} \cdot \sqrt{3a}$ h) $\sqrt{-2b} \cdot \sqrt{-2b} \cdot 3$ i) $3 \cdot \sqrt{12} \cdot 2 \cdot \sqrt{12}$

4. a) $(\sqrt{3x})^2$ b) $(\sqrt{5y})^2$ c) $(\sqrt{7a})^4$ d) $(\sqrt{5z})^4$
   e) $(-\sqrt{41a})^2$ f) $(-\sqrt{7x})^6$ g) $(\sqrt{3w})^8$ h) $(-\sqrt{2u})^{10}$

5. a) $(3\sqrt{2})^2$ b) $(5\sqrt{3})^2$ c) $(-6\sqrt{2})^2$ d) $(-5\sqrt{3})^4$
   e) $(4\sqrt{q})^2$ f) $(3\sqrt{s})^4$ g) $(-3\sqrt{t})^4$ h) $(-4\sqrt{w})^4$
   i) $\left(\dfrac{3}{\sqrt{5}}\right)^2$ k) $\left(-\dfrac{\sqrt{3}}{5}\right)^4$ l) $\left(\dfrac{3}{2\sqrt{5}}\right)^2$ m) $\left(-\dfrac{2}{\sqrt{10x}}\right)^2$
   n) $\left(\dfrac{3a}{\sqrt{2a}}\right)^2$ o) $\left(\dfrac{5b}{\sqrt{5b}}\right)^2$ p) $\left(-\dfrac{\sqrt{3x}}{\sqrt{2x}}\right)^2$ q) $\left(-\dfrac{5x^2}{\sqrt{125x}}\right)^2$
   r) $\left(-\dfrac{\sqrt{3 \cdot a}}{6}\right)^2$ s) $\left(-\dfrac{5ab}{\sqrt{5a}}\right)^4$ ▲ t) $\left(-\dfrac{\sqrt{6xy}}{x}\right)^4$ ▲ u) $\left(-\dfrac{\sqrt{3u}}{\sqrt{27u}}\right)^4$

6. a) $(3\sqrt{20})^2$ b) $(a\sqrt{a})^2$ c) $\left(\dfrac{1}{y}\sqrt{y}\right)^2$
   d) $\left(5x\sqrt{\dfrac{b}{x}}\right)^2$ ▲ e) $\left(6a\sqrt{\dfrac{5a}{18b}}\right)^2$ ▲ f) $\left(6b\sqrt{\dfrac{1}{6b}}\right)^2$

3. Von den rationalen zu den reellen Zahlen

7. a) $\sqrt{8} \cdot \sqrt{2}$ b) $\sqrt{125} \cdot \sqrt{5}$ c) $\sqrt{3} \cdot \sqrt{12}$ d) $\sqrt{3} \cdot \sqrt{27}$
   e) $\sqrt{12} \cdot \sqrt{27}$ f) $\sqrt{18} \cdot \sqrt{2}$ g) $\sqrt{54} \cdot \sqrt{6}$ h) $\sqrt{45} \cdot \sqrt{5}$

8. a) $\sqrt{a} \cdot \sqrt{a^3}$ b) $\sqrt{x^3} \cdot \sqrt{x^3}$ c) $\sqrt{a^5} \cdot \sqrt{a^3}$ d) $\sqrt{y^3} \cdot \sqrt{y^7}$
   e) $\sqrt{a^9} \cdot \sqrt{a^{11}}$ f) $\sqrt{a^7} \cdot \sqrt{a^{13}}$ g) $b^3 \cdot b^6 \cdot \sqrt{b^6}$ h) $\sqrt{a^{11}} \cdot \sqrt{a^5} \cdot a^2$

9. a) $3 \cdot \sqrt{2} \cdot 7 \cdot \sqrt{18}$ b) $3 \cdot \sqrt{8} \cdot 4 \cdot \sqrt{2} \cdot \frac{1}{3} \cdot \sqrt{2} \cdot \frac{3}{4} \cdot \sqrt{2}$
   c) $2 \cdot \sqrt{3} \cdot 5 \cdot \sqrt{\frac{8}{3}} \cdot 7 \cdot \sqrt{2}$ ▲ d) $5 \cdot \sqrt{3} \cdot 4 \cdot \sqrt{12} \cdot 2 \cdot \sqrt{52} \cdot 5 \cdot \sqrt{13}$

10. a) $(4 + 2\sqrt{2})(9 + 2\sqrt{2})$ b) $(2 + 2\sqrt{3}) \cdot (5 + 4\sqrt{3})$
    c) $(2 - 3\sqrt{2}) \cdot (6 + 5\sqrt{2})$ d) $(5 + 3\sqrt{3}) \cdot (7 - 2\sqrt{3})$
    e) $(3 - 6\sqrt{7}) \cdot (2 + 3\sqrt{7})$ f) $(6 - 3\sqrt{11}) \cdot (5 + 4\sqrt{11})$
    g) $(4 - 2\sqrt{13}) \cdot (3 + 5\sqrt{13})$ h) $(7 - 4\sqrt{13}) \cdot (9 - 5\sqrt{13})$
    i) $(4\sqrt{2} + 3\sqrt{5}) \cdot (5\sqrt{2} + 3\sqrt{5})$ k) $(12\sqrt{5} + 4\sqrt{5}) \cdot (5\sqrt{5} - 2\sqrt{3})$
    ▲ l) $(5\sqrt{7} - 4\sqrt{2}) \cdot (2\sqrt{2} + 11\sqrt{7})$ ▲ m) $(13\sqrt{3} - 4\sqrt{7}) \cdot (3\sqrt{3} + 4\sqrt{7})$
    ▲ n) $(3\sqrt{11} - 2\sqrt{5}) \cdot (3\sqrt{5} + 2\sqrt{11})$ ▲ o) $(4\sqrt{13} - 3\sqrt{11}) \cdot (2\sqrt{11} - 5\sqrt{13})$
    p) $(3\sqrt{2} + 1)^2$ q) $(4\sqrt{3} - 3)^2$ r) $(\sqrt{2} - \sqrt{5})^2$
    s) $(\sqrt{6} - \sqrt{3})^2$ t) $(3\sqrt{7} - \sqrt{5})^2$ u) $(2\sqrt{3} - 5\sqrt{17})^2$

11. a) $(\sqrt{a} + \sqrt{m}) \cdot (\sqrt{a} - \sqrt{m})$ b) $(\sqrt{c} + \sqrt{d})^2$ c) $(\sqrt{m} + \sqrt{n})^2$
    d) $(\sqrt{x} - \sqrt{y})^2$ e) $(3\sqrt{x} + y)^2$ f) $(2\sqrt{y} - \sqrt{z})^2$
    g) $(\sqrt{m} + \sqrt{m-n})^2$ h) $(\sqrt{x} - \sqrt{x-y})^2$ i) $(\sqrt{x+y} + \sqrt{x-y})^2$
    k) $(\sqrt{x+y} - \sqrt{x-y})^2$ l) $(\sqrt{a+b} + \sqrt{a-2b})^2$ m) $(\sqrt{a-2b} - \sqrt{a+2b})^2$

12. Vereinfache die folgenden Terme durch teilweises Wurzelziehen.
    a) $\sqrt{8}$ b) $\sqrt{18}$ c) $\sqrt{27}$ d) $\sqrt{12}$ e) $\sqrt{50}$ f) $\sqrt{80}$
    g) $\sqrt{150}$ h) $\sqrt{75}$ i) $\sqrt{200}$ k) $\sqrt{128}$ l) $\sqrt{108}$ m) $\sqrt{180}$

13. Beachte bei den folgenden Aufgaben die Möglichkeit der Vereinfachung durch teilweises Wurzelziehen.
    a) $4\sqrt{8} + 3\sqrt{50} + 6\sqrt{72}$ b) $3\sqrt{50} - 4\sqrt{18} + 5\sqrt{32}$
    c) $2\sqrt{27} + 5\sqrt{12} - 9\sqrt{48}$ d) $5\sqrt{75} + 7\sqrt{48} - 8\sqrt{108}$
    e) $10\sqrt{48} - 5\sqrt{75} + 5\sqrt{192}$ f) $6\sqrt{20} - 4\sqrt{125} + 17\sqrt{45}$
    g) $5\sqrt{72} + 4\sqrt{98} + 2\sqrt{112}$ h) $4\sqrt{28} + 5\sqrt{63} - 2\sqrt{621}$
    ▲ i) $(3\sqrt{6} + 4\sqrt{20} - 5\sqrt{45}) \cdot \sqrt{5}$ ▲ k) $(5\sqrt{2} - 6\sqrt{3} - 3\sqrt{8} + 4\sqrt{12}) \cdot 2\sqrt{6}$
    l) $(2\sqrt{a} - 3\sqrt{b} + 4a\sqrt{c}) \cdot 2\sqrt{a}$ m) $(5\sqrt{4a} - 6\sqrt{16a} + 13\sqrt{9a}) \cdot 2\sqrt{a}$
    ▲ n) $(\sqrt{24} + \sqrt{54} - \sqrt{6}) \cdot (\sqrt{72} + \sqrt{108})$ ▲ o) $(\sqrt{2} + \sqrt{3} + \sqrt{6})(\sqrt{2} - \sqrt{3} - \sqrt{6})$

14. a) $\sqrt{\frac{16}{25}}$ b) $\sqrt{\frac{36}{49}}$ c) $\sqrt{\frac{144}{169}}$ d) $\sqrt{\frac{196}{121}}$

e) $\sqrt{2\frac{1}{4}}$ f) $\sqrt{6\frac{1}{4}}$ g) $\sqrt{12\frac{1}{4}}$ h) $\sqrt{20\frac{1}{4}}$

i) $\sqrt{30\frac{1}{4}}$ k) $\sqrt{5\frac{19}{25}}$ l) $\sqrt{3\frac{23}{49}}$ m) $\sqrt{14\frac{1}{64}}$

n) $\sqrt{\frac{a^2}{9}}$ o) $\sqrt{\frac{9a^2}{16}}$ p) $\sqrt{\frac{25a^2}{49b^2}}$ q) $\sqrt{\frac{64}{81a^2}}$

r) $\sqrt{\frac{64a^2b^2}{49c^2}}$ s) $\sqrt{\frac{25x}{36}}$ t) $\sqrt{\frac{64a^2b}{81c^2}}$ u) $\sqrt{\frac{49x^2y^2z^4}{169a^4}}$

v) $\sqrt{\frac{16(a-b)^4}{25c^4}}$ w) $\sqrt{\frac{a^4(x+y)^6}{b^4}}$ x) $\sqrt{\frac{4(a-b)^4}{9b^4}}$ y) $\sqrt{\frac{36(a+b)^2}{121(a-b)^2}}$

15. a) $\sqrt{\frac{27}{32}}$ b) $\sqrt{\frac{81}{128}}$ c) $\sqrt{\frac{108}{147}}$ d) $\sqrt{\frac{36}{363}}$

e) $\sqrt{\frac{108a^2}{25b^2}}$ f) $\sqrt{\frac{54x^2y}{121z^2}}$ g) $\sqrt{\frac{289a^2b^4}{144c^6}}$ h) $\sqrt{\frac{63x^4}{343y^2}}$

i) $\sqrt{\frac{a^2-2ab+b^2}{a^2+2ab+b^2}}$ k) $\sqrt{\frac{4a^2-4a+1}{16a^2-8a+1}}$ l) $\sqrt{\frac{36+12x+x^2}{36-12x+x^2}}$

m) $\sqrt{\frac{x^2}{4}+\frac{y^2}{25}}$ n) $\sqrt{\frac{x^2}{16}+\frac{y^2}{25}}$ o) $\sqrt{\frac{9a^2}{16}+\frac{4b^2}{9}}$

16. Mache in den folgenden Termen den Nenner rational.

a) $\frac{2}{\sqrt{2}}$ b) $\frac{10}{\sqrt{5}}$ c) $\frac{6}{\sqrt{3}}$ d) $\frac{4}{\sqrt{12}}$

e) $\frac{8}{\sqrt{2}}$ f) $\frac{7}{3\sqrt{12}}$ g) $\frac{24}{9\sqrt{12}}$ h) $\frac{36}{5\sqrt{108}}$

i) $\sqrt{\frac{1}{2}}$ k) $\sqrt{\frac{1}{5}}$ l) $\sqrt{\frac{2}{3}}$ m) $\sqrt{\frac{5}{6}}$

n) $\frac{1}{2-\sqrt{3}}$ o) $\frac{3}{1+\sqrt{2}}$ p) $\frac{3}{5-\sqrt{3}}$ q) $\frac{8}{3+\sqrt{2}}$

r) $\frac{2}{2-\sqrt{2}}$ s) $\frac{3}{3+\sqrt{3}}$ t) $\frac{5}{8-\sqrt{6}}$ u) $\frac{3}{4+\sqrt{8}}$

v) $\frac{4\sqrt{3}}{2\sqrt{5}-3\sqrt{2}}$ w) $\frac{2\sqrt{7}}{4\sqrt{5}+3\sqrt{7}}$ x) $\frac{5\sqrt{2}}{3\sqrt{2}-2\sqrt{3}}$ y) $\frac{3\sqrt{5}}{5\sqrt{3}-3\sqrt{2}}$

z_1) $\frac{3+\sqrt{2}}{3-\sqrt{2}}$ z_2) $\frac{5-\sqrt{2}}{5+\sqrt{2}}$ z_3) $\frac{3+\sqrt{7}}{3-\sqrt{7}}$ z_4) $\frac{\sqrt{5}-\sqrt{12}}{\sqrt{5}+\sqrt{12}}$

z_4) $\frac{7-7\sqrt{3}}{\sqrt{3}+1}$ z_5) $\frac{6\sqrt{5}-4\sqrt{2}}{2\sqrt{5}-3\sqrt{2}}$ z_6) $\frac{4\sqrt{3}+3\sqrt{5}}{4\sqrt{3}-2\sqrt{5}}$ z_7) $\frac{7\sqrt{2}-3\sqrt{3}}{7\sqrt{2}+3\sqrt{3}}$

17. Wie lautet das inverse Element bezüglich der Addition zu
  a) $5 + 2\sqrt{3}$, b) $4 - 3\sqrt{5}$, c) $-8 + 5\sqrt{7}$, d) $-9 - 16\sqrt{11}$?

18. Zeige, daß die Menge
  a) $\mathbb{M} = \{a + b\sqrt{3} \mid a, b \in \mathbb{Q}\}$, b) $\mathbb{M} = \{a + b\sqrt{5} \mid a, b \in \mathbb{Q}\}$,
  c) $\mathbb{M} = \{x + y\sqrt{15} \mid x, y \in \mathbb{Q}\}$, ▲d) $\mathbb{M} = \{x + y\sqrt{k} \mid x, y \in \mathbb{Q}\}$ $(k \in \mathbb{Q}^+)$
eine kommutative Gruppe bezüglich der Addition ist.

19. Welche reelle Zahl ist das inverse Element bezüglich der Multiplikation zu
  a) $5 + 3\sqrt{2}$, b) $4 - 3\sqrt{6}$, c) $5 - 6\sqrt{3}$, d) $-3 - 4\sqrt{7}$,
  e) $-9 - 3\sqrt{2}$, f) $-\sqrt{2} - 3$, g) $3\sqrt{3} - 5$, h) $\sqrt{2} - \sqrt{3}$,
  i) $3\sqrt{3} - 4\sqrt{5}$, k) $4\sqrt{11} - 5\sqrt{15}$, l) $6\sqrt{14} + 2\sqrt{13}$, m) $4\sqrt{7} - 3\sqrt{51}$?

20. Untersuche die Mengen
  a) $\mathbb{M} = \{a + b\sqrt{3} \mid a, b \in \mathbb{Q}\}$, b) $\mathbb{M} = \{a + b\sqrt{7} \mid a, b \in \mathbb{Q}\}$,
▲ c) $\mathbb{M} = \{x + y\sqrt{k} \mid x, y \in \mathbb{Q}\}$, worin für k eine positive rationale Zahl, jedoch kein Quadrat einer rationalen Zahl zu setzen ist, auf Gruppeneigenschaft bezüglich der Multiplikation.

21. Warum wird in Aufgabe 20. c) vorausgesetzt, daß für die Konstante k kein Quadrat einer rationalen Zahl zu setzen ist, in Aufgabe 18. d) aber nicht?

22. Stelle fest, ob die Gebilde $(\mathbb{M}; +, \cdot)$ Teilkörper von $\mathbb{R}$ sind, wenn
  a) $\mathbb{M} = \{a + b\sqrt{7} \mid a, b \in \mathbb{N}\}$, b) $\mathbb{M} = \{x + y\sqrt{7} \mid x, y \in \mathbb{Z}\}$,
  c) $\mathbb{M} = \{a + b\sqrt{11} \mid a, b \in \mathbb{N}\}$, d) $\mathbb{M} = \{x + y\sqrt{11} \mid x, y \in \mathbb{Q}\}$,
  e) $\mathbb{M} = \{a + b\sqrt{23} \mid a, b \in \mathbb{Q}^+\}$, f) $\mathbb{M} = \{x + y\sqrt{23} \mid x, y \in \mathbb{Q}\}$,
▲ g) $k \in \mathbb{Q}^+$, aber kein Quadrat einer rationalen Zahl: $\mathbb{M} = \{a + b\sqrt{k} \mid a, b \in \mathbb{Q}\}$.

23. Ein Teilkörper $(\mathbb{K}; +, \cdot)$ von $(\mathbb{R}; +, \cdot)$ enthält das Element $\sqrt{5}$.
  a) Gib fünf Elemente an, die dann auch in $\mathbb{K}$ enthalten sein müssen.
  b) Welche Menge von Elementen aus $\mathbb{R}$ muß mindestens in $\mathbb{K}$ enthalten sein?

24. Gib den „kleinsten" Teilkörper von $(\mathbb{R}; +, \cdot)$ an, der das Element
  a) $1 + 5\sqrt{2}$, b) $4 - 3\sqrt{5}$, c) $-5 + 6\sqrt{7}$, d) $-7 - 3\sqrt{11}$
enthält.

3.6. Quadrate, Quadratwurzeln und ihre Näherungszahlen

1. Berechne $0{,}7^2$, 7^2, 70^2 und vergleiche die Ergebnisse.
2. Für welche positiven rationalen Zahlen ist das Quadrat

   a) größer,   b) kleiner   als die Zahl?

---

a) Quadrate

Das Produkt einer reellen Zahl mit sich selbst nennt man das **Quadrat** dieser reellen Zahl. Bei $a \in \mathbb{R}$ schreibt man anstelle von $a \cdot a$ kürzer a^2 und liest: a Quadrat. Man nennt a^2 auch **zweite Potenz** von a; a ist die **Basis**, 2 der **Exponent**.

Das Bilden des Quadrats einer Zahl nennt man **Quadrieren.** Da wir zur Berechnung von Quadraten nur multiplizieren müssen, können wir uns selbst beliebig viele Quadrate ausrechnen und sie in einer **Quadratzahltafel** (kurz: Quadrattafel) zusammenstellen. Durch die Tafel am Schluß des Buches ist uns diese Arbeit abgenommen. Das folgende Beispiel zeigt, wie wir diese Tafel benutzen.

Beispiel: $5{,}14^2 = 26{,}42$

Zahl		4
	⋮	
5,1	....	26,42

Anmerkung: 5,14 hat zwei Stellen hinter dem Komma, das Quadrat dieser Zahl besitzt vier Stellen hinter dem Komma. Die Tafel zeigt aber nur zwei Stellen hinter dem Komma, die durch **Runden** von $5{,}14^2 = 26{,}4196$ auf **vier Ziffern** entstehen: $26{,}4196 \approx 26{,}42$.

Wie für das Quadrat von 5,14 gilt für alle Quadrate der Tafel:
Die **Quadrate** sind stets auf **vier Ziffern gerundet.** Aus diesem Grunde nennt man die Tafel **vierstellige Quadratzahltafel.**

Besonders schnell gewinnt man Quadrate mit Hilfe des **Rechenstabs.** Die Skala A des Stabkörpers ist so eingeteilt, daß der Läuferstrich auf der **A-Skala** das **Quadrat** der auf der **D-Skala** eingestellten **Basis** markiert (Bild 3.13).

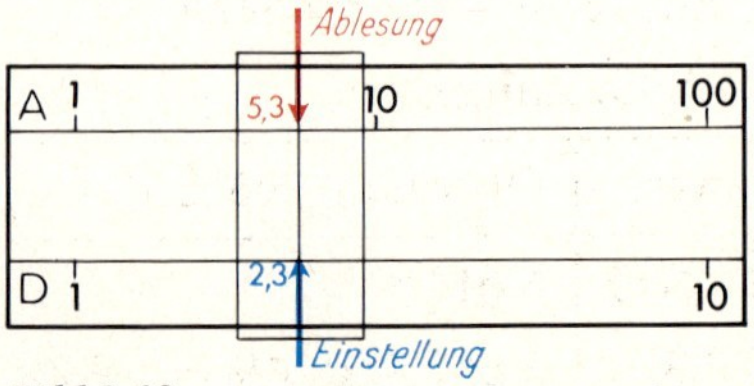

Kommaverschiebung

Will man

$51{,}4^2$, 514^2, $0{,}514^2$, $0{,}0514^2$

bestimmen, so kann man das Ergebnis nicht unmittelbar der Tafel oder dem Rechenstab entnehmen. Da $(ab)^2 = a^2 b^2$ für $a, b \in \mathbb{R}$ gilt, kann man mit Hilfe von $5{,}14^2 \approx 26{,}42$ aber berechnen:

Bild 3.13
Quadrieren mit dem Rechenstab:
$2{,}3^2 = 5{,}3$

$$51{,}4^2 = (5{,}14 \cdot 10)^2 = 5{,}14^2 \cdot 10^2 \approx 26{,}42 \cdot 100 = 2642,$$
$$514^2 = (5{,}14 \cdot 100)^2 = 5{,}14^2 \cdot 100^2 \approx 26{,}42 \cdot 10000 = 264200,$$
$$0{,}514^2 = \left(\frac{5{,}14}{10}\right)^2 = \frac{5{,}14^2}{10^2} \approx \frac{26{,}42}{100} = 0{,}2642,$$
$$0{,}0514^2 = \left(\frac{5{,}14}{100}\right)^2 = \frac{5{,}14^2}{100^2} \approx \frac{26{,}42}{10000} = 0{,}002642.$$

Vergleicht man die Ergebnisse in allen Fällen mit $5{,}14^2 \approx 26{,}42$, so zeigt unsere Rechnung:

	Kommaverschiebung in der Basis Anzahl der Stellen	Kommaverschiebung im Quadrat Anzahl der Stellen
Nach rechts	1 2	2 4
Nach links	1 2	2 4

Entsprechend schließt man bei Kommaverschiebungen um mehr als zwei Stellen.

Wird das Komma in der Basis um *n* Stellen nach rechts bzw. links verschoben, so ist es im Quadrat um 2*n* Stellen nach rechts bzw. links zu verschieben.

Natürlich kann man die Kommastellung auch durch eine **Überschlagsrechnung** finden.

Beispiele:
1. $51{,}4^2 = 2642$, da $50^2 = 2500$. 2. $0{,}514^2 = 0{,}2642$, da $0{,}5^2 = 0{,}25$.

Interpolieren

Wir haben schon in 3.1. interpoliert, als wir Näherungen für die positive Lösung von $x^2 = 2$ suchten. Die dort verwandte Tafel benutzen wir auch jetzt.

Tafel für das Interpolieren

a) mit Zahlen:

Basis	Quadrat (genähert)
2,370	5,617
2,374	5,617 + 0,019 = 5,636
2,380	5,664

b) mit Variablen:

Basis	Quadrat (genähert)
a	a^2
$a + \frac{n}{10} \cdot (b-a)$	$a^2 + \frac{n}{10}(b^2 - a^2)$ $= a^2 + d$
b	$b^2 = a^2 + D$

Aus $d = \frac{n}{10}(b^2 - a^2)$ folgt nämlich $d = \frac{4}{10} \cdot 0{,}047 = 0{,}019$.

Anmerkung: Beim Arbeiten mit Tafeln, Rechenstab und Taschenrechner gewinnt man in vielen Fällen nur **Näherungszahlen** für Quadrate, Quadratwurzeln usw. Man müßte daher an den entsprechenden Stellen $\approx$ statt $=$ schreiben. Es ist aber üblich, hier das Gleichheitszeichen zu benutzen.

3. Von den rationalen zu den reellen Zahlen

In unserem Beispiel wächst die Basis um 4 der 10 „Schritte" von 2,370 auf 2,380.
Der entsprechende Zuwachs für die Quadrate ist dann $\frac{4}{10}$ von 0,047, da $2{,}38^2$ um 47 Tausendstel größer ist als $2{,}37^2$.

Ebenso schließt man bei jeder Interpolation:
Wächst die Basis um n der 10 Schritte von $b - a$, so entspricht diesem der Zuwachs d für das Quadrat, wenn 10 Schritten der Zuwachs $b^2 - a^2 = D$ zukommt:

$$d = \frac{n}{10} \cdot D.$$

Anmerkung: Man kann das Interpolieren auch unter dem Gesichtspunkt quotientengleicher Paare betrachten. Die Interpolationsgleichung folgt aus der Annahme, daß die Paare n und 10 bzw. d und D für den Zuwachs in Basis bzw. Quadrat (etwa) quotientengleich sind:

$$\frac{n}{10} = \frac{d}{D}.$$

▲ Da die in der Anmerkung ausgesprochene Voraussetzung nur angenähert erfüllt ist, wollen wir nun untersuchen, wie genau man mit dem Interpolationsverfahren Quadratzahlen ermitteln kann, die zwischen zwei Quadratzahlen der Tafel (a^2 und b^2) liegen: Setzen wir für $\frac{n}{10}$ die Variable k ($0 < k < 1$), so erhalten wir bei der Interpolation beim Anwachsen der Basis von a auf $a + k \cdot (b - a)$ die durch $k \cdot (b^2 - a^2)$ dargestellte Zahl als Zuwachs d des Quadrats.
In Wirklichkeit ergibt sich dieser Zuwachs aus

$$d' = [a + k(b - a)]^2 - a^2 = 2ak(b - a) + k^2 (b - a)^2.$$

Wir bilden die Differenz $d - d'$:

$$d - d' = k(b^2 - a^2) - 2ak(b - a) - k^2 (b - a)^2 \Leftrightarrow$$
$$d - d' = k(b - a)[b + a - 2a - k(b - a)] \Leftrightarrow d - d' = k(b - a)^2 (1 - k).$$

Diese Differenz ist wegen $k < 1$, also für jede Stelle zwischen a und b, größer als 0.
Wir berechnen diese Differenz für unser obiges Interpolationsbeispiel:

2,37 für a, 2,38 für b, 0,4 für k
$0{,}4 \cdot 0{,}01^2 \cdot 0{,}6 = 0{,}24 \cdot 0{,}0001 = 0{,}000024.$

Damit haben wir gefunden:
Das Interpolationsverfahren liefert **zu große Quadrate**; der Fehler ist jedoch bei dem von uns gewählten Interpolationsintervall $b - a$ unerheblich. ▲

Aufgaben

Bestimme mit Hilfe der Quadrattafel:

1. a) $2{,}3^2$ b) $5{,}2^2$ c) $4{,}7^2$ d) $8{,}3^2$
   e) $4{,}23^2$ f) $8{,}56^2$ g) $6{,}78^2$ h) $7{,}19^2$
   i) $5{,}92^2$ k) $7{,}85^2$ l) $8{,}65^2$ m) $5{,}89^2$
   n) $7{,}45^2$ o) $9{,}52^2$ p) $7{,}51^2$ q) $4{,}32^2$

2. a) $53{,}2^2$ b) $67{,}3^2$ c) $68{,}2^2$ d) $69{,}3^2$
   e) 346^2 f) 683^2 g) 821^2 h) 639^2
   i) $0{,}324^2$ k) $0{,}0319^2$ l) $0{,}824^2$ m) $0{,}0357^2$

3. a) $4{,}567^2$ b) $7{,}926^2$ c) $8{,}317^2$ d) $3{,}172^2$
e) $8{,}129^2$ f) $4{,}713^2$ g) $4{,}159^2$ h) $9{,}148^2$
i) $3{,}164^2$ k) $7{,}901^2$ l) $9{,}003^2$ m) $6{,}907^2$

4. a) $56{,}27^2$ b) $78{,}19^2$ c) $70{,}62^2$ d) $50{,}81^2$
e) $0{,}4167^2$ f) $0{,}5061^2$ g) $0{,}04207^2$ h) $0{,}02305^2$
i) $523{,}4^2$ k) $820{,}7^2$ l) 3167^2 m) 3509^2

5. Bestimme mit Hilfe des Rechenstabs die Quadrate der folgenden Zahlen.
a) 3,1 b) 8,2 c) 9,1 d) 65,3 e) 72,1 f) 36,4
g) 235 h) 62,4 i) 93,4 k) 73,6 l) 523 m) 641
n) 0,54 o) 0,452 p) 0,0492 q) 0,036 r) 0,0047 s) 0,0093

b) Quadratwurzeln

Ergibt sich für $\sqrt{a}$ **eine irrationale Zahl** wie z.B. $\sqrt{2}$, $\sqrt{3}$, $\sqrt{5}$ und $\sqrt{7}$, so ist es nicht möglich, sie vollständig als Dezimalbruch aufzuschreiben, weil dieser weder abbricht noch periodisch ist. Wir begnügen uns in der Regel mit einer genäherten Angabe der Quadratwurzel durch abbrechende Dezimalbrüche mit höchstens 4 Ziffern, d.h. mit der durch die Tafel oder den Rechenstab ermöglichten Genauigkeit.

Da für $a \in \mathbb{R}_0^+$
$$\sqrt{a^2} = a$$

gilt, sind die Berechnung des Quadrats und der Quadratwurzel **Umkehrungen** voneinander: Wir können zur Berechnung von Quadratwurzeln die Quadrattafel und den Rechenstab verwenden, nur erfolgt die Ablesung jetzt in der **umgekehrten** Richtung. Dies bedeutet für die **Tafel:** Quadrate liest man im Tafelinnern, Quadratwurzeln an den Zeilen- und Spalteneingängen ab.

Beispiel: 3. $\sqrt{16{,}40} = 4{,}05$

Zahl	5
⋮	⋮
4,0	16,40

Wie man Quadratwurzeln mit Hilfe der A- und D-Skala des **Rechenstabs** bestimmt, zeigen die Bilder 3.14 und 3.15.

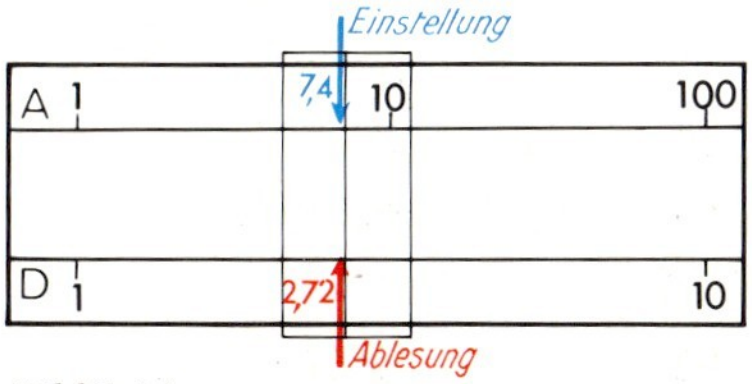

Bild 3.14
$\sqrt{7{,}4} = 2{,}72$

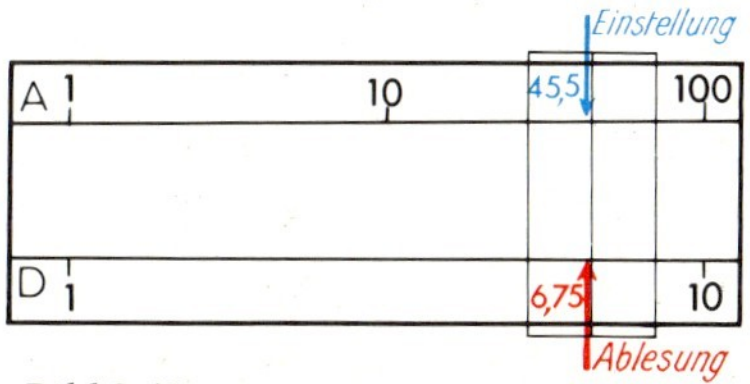

Bild 3.15
$\sqrt{45{,}5} = 6{,}75$

Will man z.B. $\sqrt{585{,}6}$ bestimmen, so können wir die Tafel erst benutzen, nachdem wir das Komma so verschoben haben, daß sich eine in der Tafel vorkommende Zahl ergibt. Dabei ist die Umkehrung der Aussage über die Kommaverschiebung von Seite 28 zu beachten.

Kommaverschiebung
Wird das Komma im Radikanden um $2n$ Stellen nach links bzw. rechts verschoben, so ist es in der Wurzel um n Stellen nach links bzw. rechts zu verschieben.

Beispiele:
4. $\sqrt{585{,}6} = 24{,}2$, da $\sqrt{5{,}856} = 2{,}42$
5. $\sqrt{1789} = 42{,}3$, da $\sqrt{17{,}89} = 4{,}23$

Merke: Das Komma im Radikanden wird stets um eine **gerade** Anzahl von Stellen verschoben, bis man zu Zahlen der Tafel oder des Rechenstabs kommt.

Interpolieren

Auch beim Wurzelziehen mit Hilfe der Tafel kann man interpolieren. Die Interpolationsgleichung $d = \frac{n}{10} \cdot D$ ist jetzt nach n aufzulösen:

$$n = \frac{10 \cdot d}{D}.$$

Für das praktische Rechnen ist es zweckmäßig, D und d in Einheiten der letzten Stelle anzugeben.

Beispiele:
6. $\sqrt{38{,}64} = 6{,}216$.
   Aus $\sqrt{38{,}56} = 6{,}21$ und $\sqrt{38{,}69} = 6{,}22$ ergibt sich 8 für d, 13 für D, also mit der Interpolationsformel: $n = \frac{10 \cdot 8}{13} \approx 6$.
7. $\sqrt{0{,}07924} = 0{,}2815$.
   Zunächst Kommaverschiebung um 2 Stellen im Radikanden, dann:
   $\sqrt{7{,}896} = 2{,}81$
   $\sqrt{7{,}952} = 2{,}82$
   28 für d, 56 für D:
   $n = \frac{10 \cdot 28}{56} = 5$

▲ Wir haben auf Seite 64 gefunden, daß für $a < b$ und $0 < k < 1$ gilt:
$$a^2 + d' = [a + k(b - a)]^2 < a^2 + k(b^2 - a^2) = a^2 + d.$$
▲ Mit Hilfe unseres Interpolationsverfahrens erhält man also für eine Quadratwurzel stets eine **zu kleine** Zahl.

Sehr viel einfacher ist die Bestimmung von Quadratzahlen und Quadratwurzeln bzw. Näherungszahlen für sie mit Hilfe von **Taschenrechnern**.

3. Von den rationalen zu den reellen Zahlen

Mit den einfachsten Rechnern kann man Quadratzahlen ohne jede Mühe berechnen. Für die Berechnung von Quadratwurzeln muß man ein „Probierverfahren" ähnlich unserer Bestimmung von Schranken für die Intervallschachtelungen anwenden oder mit Hilfe des Rechners das Iterationsverfahren von Aufgabe 15. auf Seite 115 durchführen.

Mit Rechnern, die eine sogenannte „Wurzelautomatik" haben, lassen sich Näherungszahlen für Quadratwurzeln ebenso einfach berechnen wie Quadratzahlen.

Mit sogenannten „wissenschaftlichen" Rechnern kann man darüber hinaus Kubikwurzeln (s. 3.7.) ohne jede Mühe berechnen.

Aufgaben

Bestimme mit der Quadrattafel auf vier Ziffern genau:

1. a) $\sqrt{7{,}076}$ b) $\sqrt{45{,}97}$ c) $\sqrt{66{,}75}$ d) $\sqrt{87{,}98}$
   e) $\sqrt{57{,}76}$ f) $\sqrt{34{,}34}$ g) $\sqrt{4{,}623}$ h) $\sqrt{23{,}52}$
   i) $\sqrt{44{,}89}$ k) $\sqrt{53{,}00}$ l) $\sqrt{40{,}83}$ m) $\sqrt{54{,}61}$

2. a) $\sqrt{4570}$ b) $\sqrt{5084}$ c) $\sqrt{0{,}5170}$ d) $\sqrt{0{,}4886}$
   e) $\sqrt{3329}$ f) $\sqrt{312\,500}$ g) $\sqrt{304\,700}$ h) $\sqrt{0{,}1421}$
   i) $\sqrt{0{,}0615}$ k) $\sqrt{0{,}001136}$ l) $\sqrt{0{,}000818}$ m) $\sqrt{0{,}0006052}$

Wie lauten die jeweils auf eine vierziffrige Dezimalzahl gerundeten Quadratwurzeln aus den Zahlen in den Aufgaben 3. und 4.?

3. a) 44,30   b) 39,34   c) 37,02   d) 35,56
   e) 42,79   f) 7,189   g) 5,2   h) 4,4
   i) 2,04   k) 1,87   l) 10,01   m) 12
   n) 13,5   o) 20   p) 28   q) 74

4. a) 5295   b) 6192   c) 4890   d) 5840
   e) 0,087   f) 0,1278   g) 0,00081   h) 0,00039
   i) 0,00005   k) 0,000072   l) 21 845   m) 15 084
   n) 191 347   o) 220 368   p) 217 532   q) 71 947

▲ 5. Löse die folgenden Gleichungen so genau, wie es die Tafel ermöglicht.
   a) $x^2 = 13{,}69$ b) $y^2 = 11{,}22$ c) $z^2 = 6{,}101$ d) $w^2 = 7{,}75$
   e) $x^2 - 8{,}77 = 0$ f) $y^2 - 7 = 0$ g) $z^2 - 5{,}2 = 0$ h) $w^2 - 3{,}31 = 0$
   i) $8{,}12 - x^2 = 0$ k) $6{,}66 - y^2 = 0$ l) $5{,}471 - z^2 = 0$ m) $1278 - w^2 = 0$
   n) $x^2 + 12 = 35{,}2$ o) $2310 + y^2 = 4519$
   p) $6138 = x^2 + 2381$ q) $0{,}021 + y^2 = 0{,}4$

6. Bestimme mit dem Rechenstab möglichst genau die Quadratwurzeln folgender Zahlen.
   a) 2   b) 7,2   c) 11,3   d) 65   e) 72,3   f) 89
   g) 203   h) 157   i) 138   k) 517   l) 813   m) 183
   n) 1030   o) 6932   p) 5102   q) 2004   r) 5072   s) 3702
   t) 0,45   u) 0,374   v) 0,0032   w) 6032   x) 0,0005   y) 5010

3.7. Kubikzahlen, Kubikwurzeln und ihre Näherungszahlen

Berechne   a) $0{,}2^3$, 2^3, 20^3,   b) $0{,}12^3$, $1{,}2^3$, 12^3,
und vergleiche die Ergebnisse miteinander.

Bestimme a) die größte zweiziffrige Dezimalzahl, die $x^3 < 4$ löst,
b) die kleinste zweiziffrige Dezimalzahl, die $x^3 > 4$ löst.

Bei praktischen Rechnungen, z.B. der Volumenberechnung von Würfeln, kommen die dritten Potenzen reeller Zahlen oft vor. Dritte Potenzen nennt man auch **Kubikzahlen.**

Beispiele:
$4^3 = 4 \cdot 4 \cdot 4 = 64$, $6^3 = 6 \cdot 6 \cdot 6 = 216$, $11^3 = 11 \cdot 11 \cdot 11 = 1331$.

Die Lösungen der Gleichungen $x^3 = a$, $a \in \mathbb{R}_0^+$, nennt man **Kubikwurzeln** und schreibt für sie $\sqrt[3]{a}$ (gelesen: dritte Wurzel aus a).

Beispiele: $\sqrt[3]{64} = 4$, $\sqrt[3]{216} = 6$, $\sqrt[3]{1331} = 11$.

Durch Ausrechnen der dritten Potenzen können wir uns eine **Kubikzahltafel** aufstellen. Eine solche Tafel ist am Schluß des Buches abgedruckt. Im vorigen Kapitel haben wir mit der Quadrattafel sowohl Quadrate wie auch Quadratwurzeln bestimmt. Ebenso können wir jetzt mit unserer neuen Tafel Kubikzahlen und Kubikwurzeln finden.

Wir können mit der am Schluß des Buches abgedruckten Tafel dritte Potenzen und dritte Wurzeln beliebiger positiver reeller Zahlen bestimmen, wenn wir nach dem bekannten Verfahren interpolieren und bei der Verschiebung des Kommas den folgenden Sachverhalt beachten:

Kommaverschiebung
Wird das Komma in der Basis um n Stellen nach rechts oder links verschoben, so wird es in der Kubikzahl um $3n$ Stellen nach rechts oder links verschoben. Wird das Komma im Radikanden um $3n$ Stellen nach rechts oder links verschoben, so wird es in der Wurzel um n Stellen nach rechts oder links verschoben.

Diese Aussagen begründet man wie die entsprechenden Aussagen über Quadrate und Quadratwurzeln auf Seite 125 und 128.

3. Von den rationalen zu den reellen Zahlen

Beispiele:
1. $3{,}264^3 = 34{,}78$, da $3{,}26^3 = 34{,}65$, $3{,}27^3 = 34{,}97$ und die Interpolationsgleichung mit 4 für n, 32 für D liefert:
$$d = \frac{4}{10} \cdot 32 \approx 13.$$

2. $43{,}67^3 = 83280$, da $4{,}36^3 = 82{,}88$, $4{,}37^3 = 83{,}45$; 7 für n, 57 für D:
$$d = \frac{7}{10} \cdot 57 \approx 40,$$
Kommaverschiebung in der Potenz um 3 Stellen.

3. $\sqrt[3]{0{,}003481} = 0{,}1516$, da $\sqrt[3]{3{,}443} = 1{,}51$, $\sqrt[3]{3{,}512} = 1{,}52$; 38 für d, 69 für D:
$$n = \frac{10 \cdot 38}{69} \approx 6,$$
Kommaverschiebung in der Wurzel um 1 Stelle.

Anmerkung: Für die Gleichungen $x^3 = a$, $a \in \mathbb{R}_0^+$, finden wir nach unseren bisherigen Überlegungen immer **eine** Lösung. Ob es noch weitere Lösungen dieser Gleichungen in $\mathbb{R}$ gibt, können wir erst später untersuchen.

Wie man Kubikzahlen und Kubikwurzeln mit Hilfe der D- und K-Skala des **Rechenstabs** bestimmt, zeigen die Bilder 3.16 bis 3.18.

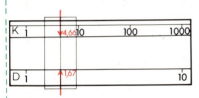
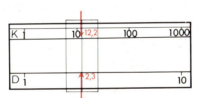

Bild 3.16
$1{,}67^3 = 4{,}66$; $\sqrt[3]{4{,}66} = 1{,}67$

Bild 3.17
$2{,}3^3 = 12{,}2$; $\sqrt[3]{12{,}2} = 2{,}3$

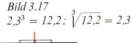
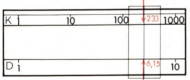

Abb. 3.18
$6{,}15^3 = 233$; $\sqrt[3]{233} = 6{,}15$

Aufgaben

1. Bestimme mit der Kubikzahltafel auf vier Ziffern genau die Kubikzahlen bzw. Kubikwurzeln in den Aufgaben 1.–4.

a) $2{,}61^3$ b) $7{,}53^3$ c) $83{,}2^3$ d) 961^3
e) $0{,}624^3$ f) $67{,}3^3$ g) $0{,}0032^3$ h) $0{,}713^3$
i) $78{,}9^3$ k) $81{,}4^3$ l) 637^3 m) $0{,}0418^3$

2. a) $3{,}846^3$ b) $8{,}635^3$ c) $74{,}98^3$ d) $14{,}69^3$
e) $0{,}7348^3$ f) 2157^3 g) 9306^3 h) $464{,}7^3$
i) $5{,}629^3$ k) $0{,}03261^3$ l) $0{,}4964^3$ m) 7003^3

3. a) $\sqrt[3]{28{,}09}$ b) $\sqrt[3]{14{,}53}$ c) $\sqrt[3]{596{,}9}$ d) $\sqrt[3]{812{,}2}$
  e) $\sqrt[3]{2515}$ f) $\sqrt[3]{4657}$ g) $\sqrt[3]{5452}$ h) $\sqrt[3]{7415}$
  i) $\sqrt[3]{0{,}4069}$ k) $\sqrt[3]{0{,}7363}$ l) $\sqrt[3]{0{,}9557}$ m) $\sqrt[3]{0{,}02865}$
  n) $\sqrt[3]{0{,}0295}$ o) $\sqrt[3]{0{,}005452}$ p) $\sqrt[3]{0{,}001907}$ q) $\sqrt[3]{0{,}0393}$

4. Bestimme mit Hilfe der Tafel die Kubikwurzeln aus folgenden Zahlen.
  a) 7,195 b) 61,20 c) 30,40 d) 442,4
  e) 347,9 f) 810,3 g) 772 h) 823
  i) 3179 k) 9981 l) 402300 m) 507500
  n) 0,6617 o) 0,7456 p) 0,09993 q) 0,03172

5. Löse die folgenden Gleichungen so genau, wie es die Tafel ermöglicht.
  a) $x^3 = 300{,}5$ b) $x^3 = 462$ c) $x^3 = 675{,}2$ d) $x^3 = 670$
  e) $x^3 - 100{,}2 = 0$ f) $x^3 - 582 = 0$ g) $x^3 - 2519 = 0$ h) $x^3 - 10 = 0$
  i) $48610 - x^3 = 0$ k) $0{,}00324 - x^3 = 0$ l) $0{,}00274 = x^3$ m) $10^4 - x^3 = 0$

6. Berechne mit dem Rechenstab so genau wie möglich.
  a) $2{,}3^3$ b) $5{,}7^3$ c) $8{,}2^3$ d) $62{,}1^3$ e) $58{,}3^3$
  f) $47{,}2^3$ g) $50{,}3^3$ h) $40{,}7^3$ i) 583^3 k) 825^3
  l) 602^3 m) 704^3 n) 6250^3 o) 7432^3 p) 6071^3
  q) $0{,}34^3$ r) $0{,}362^3$ s) $0{,}0412^3$ t) $0{,}00402^3$ u) $0{,}0505^3$

7. Bestimme mit dem Rechenstab die Kubikwurzeln aus folgenden Zahlen möglichst genau.
  a) 3 b) 5 c) 5,63 d) 7,2 e) 12 f) 17,5
  g) 23,5 h) 56 i) 520 k) 435 l) 265 m) 890
  n) 1850 o) 8345 p) 3940 q) 0,565 r) 0,72 s) 0,032
  t) 0,0039 u) 0,0125 v) 0,00392 w) 0,86 x) 0,00048 y) 0,0000584

GEOMETRIE

4. DER SATZ DES PYTHAGORAS

4.1. Die Flächensätze am rechtwinkligen Dreieck

a) Zeichne auf Pappe ein rechtwinkliges Dreieck und über jeder Seite ein Quadrat. Schneide die Quadrate sorgfältig aus und vergleiche die Masse des größten Quadrates mit der Gesamtmasse der beiden anderen Quadrate auf einer Balkenwaage. Was stellst du fest?

b) In dem Quadratgitter von Bild 4.1 ist das gleichschenklig rechtwinklige Dreieck ABC mit den Quadraten über seinen drei Seiten gezeichnet. Vergleiche die Flächeninhalte der drei Quadrate miteinander.

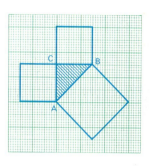

Bild 4.1

Bevor wir jetzt einige Flächensätze am rechtwinkligen Dreieck untersuchen, wollen wir die Bezeichnungen einiger besonderer Strecken im rechtwinkligen Dreieck (Bild 4.2) wiederholen, bzw. festlegen. Die beiden Seiten a und b, die den rechten Winkel begrenzen, heißen **Katheten**. Die Seite c, die dem rechten Winkel gegenüberliegt, heißt **Hypotenuse**. Betrachten wir die drei Höhen, so erkennen wir, daß zwei von ihnen mit den Katheten zusammenfallen. Die dritte steht auf der Hypotenuse senkrecht; sie heißt **die Höhe** im rechtwinkligen Dreieck. Die Höhe zerlegt die Hypotenuse in die beiden **Hypotenusenabschnitte:** $q = \overline{AD}$ und $p = \overline{BD}$.

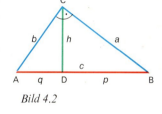

Bild 4.2

Wir haben schon in Band 7084 den Satz des Pythagoras behandelt. Er ist für die Mathematik von fundamentaler Bedeutung, und er kann auf viele verschiedene Arten bewiesen werden. Wir wollen den Beweis jetzt mit Hilfe von Flächenverwandlungen führen und zwar ganz ähnlich, wie er bereits im 4. Jahrhundert v. Chr. in den „Elementen des Euklid" dargestellt worden ist.

Bild 4.3

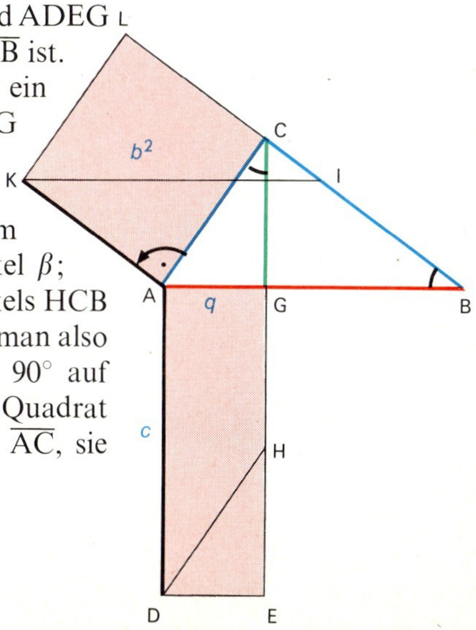

In dem rechtwinkligen Dreieck ABC in Bild 4.3 ist $\overline{CG}$ die Höhe und ADEG ein Rechteck, bei dem die Seite $\overline{AD}$ so lang wie die Hypotenuse $\overline{AB}$ ist. Die Strecke $\overline{DH}$ ist parallel zu $\overline{AC}$, das Viereck ADHC ist also ein Parallelogramm. Dieses Parallelogramm und das Rechteck ADEG haben die gleiche Grundlinie $\overline{AD}$ und dieselbe Höhe $\overline{AG}$, also auch gleich große Flächeninhalte. Wir sagen, daß das Rechteck ADEG in das Parallelogramm ADHC verwandelt worden ist. In dem Parallelogramm ist der Winkel ACH ebenso groß wie der Winkel β; denn man kann zu den Größen beider Winkel die Größe des Winkels HCB addieren und erhält in beiden Fällen die Winkelsumme 90°. Dreht man also das Parallelogramm ADHC um A mit einem Drehwinkel von 90° auf ABIK, so liegt I auf BC. Das Parallelogramm ABIK und das Quadrat ACLK haben die gleiche Grundseite $\overline{KA}$ und die gleiche Höhe $\overline{AC}$, sie sind daher flächengleich. Also gilt:

$$A_{ADEG} = A_{ACLK}, \quad \text{oder} \quad q \cdot c = b^2.$$
$$p \cdot c = a^2.$$

Ebenso ist:

Satz 4.1 (Kathetensatz des Euklid):
Im rechtwinkligen Dreieck ist die Fläche des Quadrats über einer Kathete ebenso groß wie die Fläche des Rechtecks, das aus der Hypotenuse und dem zugehörigen Hypotenusenabschnitt gebildet wird.

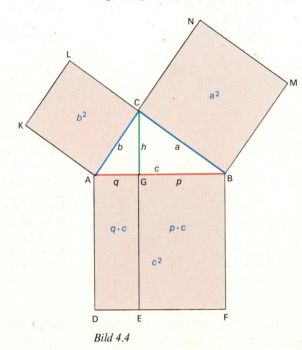

Bild 4.4

In Bild 4.4 sind KACL und CBMN die Quadrate über den Katheten, und ADFB ist das Quadrat über der Hypotenuse des Dreiecks ABC. ADFB wird durch die Höhe CG in zwei Rechtecke zerlegt, und für sie gilt nach Satz 4.1:

$$a^2 = pc \quad \text{und} \quad b^2 = qc.$$

Addieren wir einerseits die Flächeninhalte der Quadrate, andererseits die Flächeninhalte der Rechtecke, so erhalten wir:

$$a^2 + b^2 = pc + qc = (p + q) \cdot c,$$
also wegen $p + q = c$:
$$a^2 + b^2 = c^2.$$

Satz 4.2 (Satz des Pythagoras):
In jedem rechtwinkligen Dreieck sind die Flächen der Kathetenquadrate zusammen ebenso groß wie die Fläche des Quadrates über der Hypotenuse.

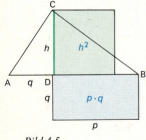

Bild 4.5

In Bild 4.5 zerlegt die Höhe CD das Dreieck ABC in zwei rechtwinklige Dreiecke ADC und BCD. Für diese Dreiecke gilt nach Satz 4.2:

$c^2 = a^2 + b^2, a^2 = h^2 + p^2, b^2 = h^2 + q^2$. Daraus folgt:
$c^2 = 2h^2 + p^2 + q^2$.

Da $c = p + q$, also $c^2 = p^2 + 2pq + q^2$ ist, folgt weiter:

$h^2 = pq$.

Satz 4.3 (Höhensatz des Euklid):
In jedem rechtwinkligen Dreieck ist die Fläche des Quadrates über der Höhe ebenso groß wie die Fläche des Rechtecks, das aus den beiden Hypotenusenabschnitten gebildet wird.

Mit Hilfe der Flächensätze 4.1 und 4.3 können wir ein Rechteck ABCD in ein gleich großes Quadrat verwandeln. Wir zeigen zwei verschiedene Konstruktionen:

a) In Bild 4.6 wird die Strecke $\overline{CD}$ bis I so verlängert, daß $\overline{ID} = \overline{AD}$ ist. Dann wird über $\overline{IC}$ als Durchmesser ein Halbkreis gezeichnet. Die Gerade

4. Der Satz des Pythagoras

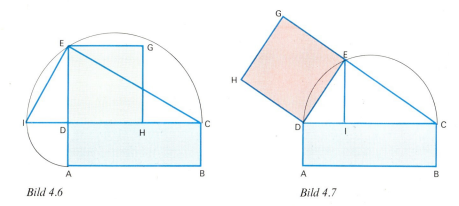

Bild 4.6 　　　　　　　　　　Bild 4.7

AD schneidet diesen in E. $\overline{DE}$ ist die Höhe im rechtwinkligen Dreieck CEI und eine Seite des Quadrates DHGE. Nach dem Höhensatz ist $A_{ABCD} = A_{DHGE}$.

b) In Bild 4.7 wird über $\overline{DC}$ als Durchmesser ein Halbkreis gezeichnet. Auf $\overline{DC}$ bestimmt man I so, daß $\overline{DI} = \overline{AD}$ ist, und errichtet auf $\overline{DC}$ in I die Senkrechte EI. Dann zeichnet man das Quadrat DEGH. Nach dem Kathetensatz ist $A_{ABCD} = A_{DEGH}$.

Anmerkung: Wir haben in den vorhergehenden Bänden konsequent zwischen einer Strecke $\overline{AB}$ und ihrer Länge $L(\overline{AB})$, einem Winkel α und seiner Größe $W(\alpha)$ unterschieden. Diese notwendige Unterscheidung beachten wir auch in diesem Buch, wir vereinfachen aber die Schreibweise, weil viele Rechnungen dadurch übersichtlicher werden. Mit $\overline{AB}$ werden wir sowohl die Strecke $\overline{AB}$ als auch ihre Länge, mit α werden wir sowohl den Winkel α als auch seine Größe beschreiben.

Aufgaben

1. In Bild 4.8 sind in das Quadrat über der Hypotenuse des rechtwinkligen Dreiecks ABC noch drei andere, zu ABC kongruente Dreiecke gezeichnet. a) Begründe, daß das Viereck GCIH ein Quadrat mit dem Flächeninhalt $A = (b-a)^2$ ist. b) Begründe, daß für A auch die Beziehung $A = c^2 - 2ab$ gilt. c) Zeige, daß aus a) und b) der Satz des Pythagoras folgt.

2. Zeichne auf Pappe ein rechtwinkliges Dreieck und über der Hypotenuse, sowie über jeder Kathete a) ein gleichseitiges Dreieck, b) einen Halbkreis. Schneide diese Figuren sorgfältig aus und vergleiche die Masse der Figur über der Hypotenuse mit der Gesamtmasse beider Figuren über den Katheten auf einer Balkenwaage. Was stellst du fest?

3. Bei einem Rechteck sind a) die Seiten 3 cm und 5 cm lang, b) eine Seite 3 cm und eine Diagonale 6 cm lang. Zeichne das Rechteck und konstruiere durch Flächenverwandlung ein Quadrat mit gleichem Flächeninhalt.

4. Gegeben sind zwei Quadrate Q_1 und Q_2 mit den Flächeninhalten a^2 und b^2, $a > b$. Konstruiere ein Quadrat Q_3 mit dem Flächeninhalt: a) $a^2 + b^2$, b) $a^2 - b^2$.

5. Zeichne ein Quadrat Q_1 und konstruiere dann ein Quadrat Q_2, das einen doppelt so großen Flächeninhalt wie Q_1 hat.

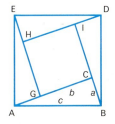

Bild 4.8

4.2. Flächenverwandlung durch Scherung

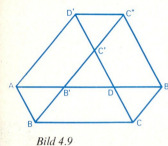

Bild 4.9

In Bild 4.9 ist das Parallelogramm ABCD in das Parallelogramm ABC'D', dieses in das Parallelogramm AB'C''D' und dieses in das Parallelogramm DB''C''D' verwandelt worden. Weise nach, daß alle vier Parallelogramme flächengleich sind. b) Zeige, daß auch das Viereck CB''C''C' ein Parallelogramm ist. c) Erkläre das Verfahren, nach welchem die Flächenverwandlungen vorgenommen wurden.

Beim Beweis des Kathetensatzes (Bild 4.3) haben wir zunächst das Rechteck ADEG in das Parallelogramm ADHC und dann das Parallelogramm ABIK in das Quadrat ACLK verwandelt. Diese Flächenverwandlung wollen wir jetzt durch eine Abbildung erklären, bei der die ganze Ebene auf sich abgebildet wird; sie ist zwar keine Kongruenzabbildung, überträgt aber doch wie diese eine Fläche auf eine gleich große Bildfläche.

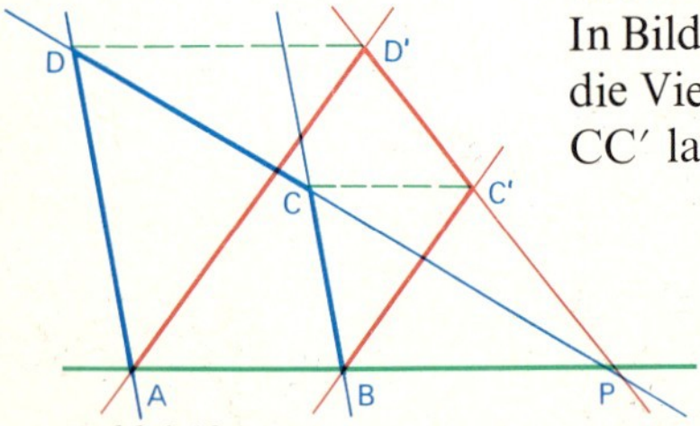

In Bild 4.10 sind AD und BC sowie AD' und BC' jeweils zueinander parallel, die Vierecke ABCD und ABC'D' sind also Trapeze. Die Geraden DD' und CC' laufen parallel zu AB, die Geraden DC und D'C' schneiden sich im Punkte P auf AB. Daher sind die Dreiecke APD und APD' sowie BPC und BPC' jeweils flächengleich. Da man die Fläche von ABCD als die Differenz der Flächen von APD und BPC, bzw. ABC'D' als die Differenz der Flächen von APD' und BPC' auffassen kann, sind ABCD und ABC'D' flächengleich.

Bild 4.10

An Bild 4.10 wollen wir nun die Eigenschaften der Abbildung entwickeln, durch die das Trapez ABCD auf ABC'D' abgebildet wird. Wir fordern, daß nicht nur die Punkte A und B Fixpunkte der Abbildung sind, sondern daß **alle** Punkte der Geraden AB festbleiben, diese Gerade also **Fixpunktachse** ist. Wir fordern außerdem, daß ein beliebiger anderer Punkt und sein Bildpunkt auf einer Parallelen zur Fixpunktachse liegen und daß die Bilder von Parallelen wieder zueinander parallel sind. Aus diesen Forderungen ergibt sich dann in Bild 4.10, daß der Schnittpunkt P von AB und CD ein Fixpunkt ist, daß also auch C'D' – das Bild von CD – durch P läuft. Damit folgt weiter, daß ABC'D' wieder ein Trapez ist und daß die Trapeze ABCD und ABC'D' flächengleich sind. Wir übertragen die genannten Eigenschaften auf alle Punkte und Punktmengen der Ebene und definieren damit die neue Abbildung, die man **Scherung** nennt.

Definition 4.1
Eine Abbildung der Ebene auf sich heißt Scherung, wenn für sie die folgenden Eigenschaften gelten:

1. Jedem Punkt der Ebene ist genau ein Bildpunkt zugeordnet, und zu jedem Bildpunkt gehört genau ein Originalpunkt.
2. Jeder Geraden ist genau eine Bildgerade zugeordnet.
3. Alle Punkte genau einer Geraden sind Fixpunkte. Diese Gerade ist also eine Fixpunktgerade, man nennt sie die Scherungsachse.
4. Ein Punkt und sein Bild liegen auf einer Parallelen zur Scherungsachse.

Aus diesen Eigenschaften kann man andere folgern. So ergibt sich z. B. aus den Eigenschaften 1. und 2.:

5. Parallele Geraden werden auf parallele Geraden abgebildet.

Begründung: Wären die Bilder g′ und h′ von zwei Parallelen g und h nicht parallel, müßten sie sich in einem Punkte S′ schneiden. S′ würde dann als Schnittpunkt auf den beiden Bildgeraden g′ und h′ liegen. Er müßte also das Bild von zwei Originalpunkten S_1 und S_2 sein, von denen dann jeder auf einer der Parallelen g bzw. h liegen würde. Das ist aber nach Eigenschaft 1. nicht möglich. Also können sich die Bildgeraden nicht schneiden, d. h. sie sind parallel.

Mit Hilfe der Eigenschaften 1. bis 5. können wir zu einem beliebigen Punkt P das Bild P′ eindeutig konstruieren, wenn ein Punkt A, sein Bild A′ und die Scherungsachse a gegeben sind:

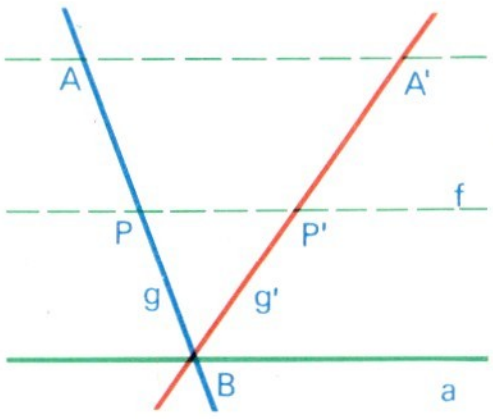

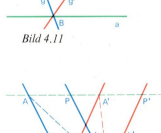

Bild 4.11

1. Fall: P liegt nicht auf AA′ (Bild 4.11). Wir zeichnen die Gerade g, g = AP, die a in B schneidet. Durch P legen wir eine Parallele f zu a, durch A′ und B zeichnen wir die Gerade g′. Der Schnittpunkt von f und g′ ist P′.

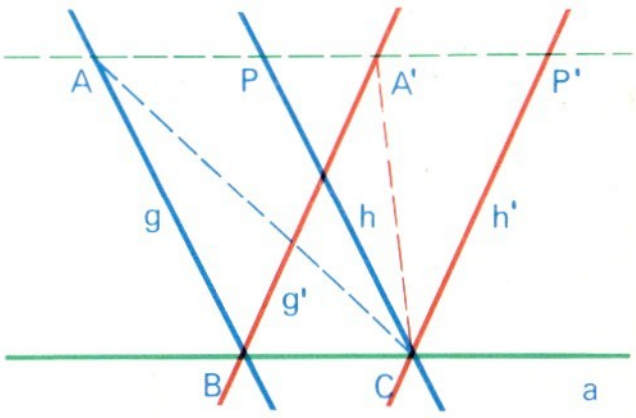

2. Fall: P liegt auf AA′ (Bild 4.12). Wir wählen auf a einen beliebigen Punkt B, zeichnen g, g = AB, und die Parallele h zu g durch den Punkt P. h schneide a in C. Jetzt zeichnen wir g′, g′ = A′B, und durch C die Parallele h′ zu g′. h′ und die Gerade AA′ schneiden sich in P′.

An Bild 4.12 lesen wir noch drei weitere Eigenschaften der Abbildung ab:

a) AP ist eine Parallele zur Scherungsachse. Sie wird auf sich selbst abgebildet, da nach Eigenschaft 4. auch A′ und P′ auf dieser Parallelen liegen müssen. Es gilt also:

Bild 4.12

6. Bei der Scherung ist jede Parallele zur Scherungsachse eine Fixgerade.

b) In den Parallelogrammen ABCP und A′BCP′ sind die Strecken $\overline{AP}$ und $\overline{BC}$ sowie $\overline{BC}$ und $\overline{A'P'}$ gleich lang. Daher ist auch $\overline{AP} = \overline{A'P'}$, und somit gilt allgemein:

7. Liegt eine Strecke auf einer Parallelen zur Scherungsachse, so sind diese Strecke und ihr Bild gleich lang.

c) Die beiden Parallelogramme ABCP und A′BCP′ haben die gleiche Grundlinie und gleiche Höhen, also gleich große Flächeninhalte. Dasselbe gilt für die einander entsprechenden Dreiecke ABC und A′BC in Bild 4.12. Damit erhalten wir Eigenschaft:

8. Ein Parallelogramm (ein Dreieck), von dem eine Seite auf der Scherungsachse liegt, wird auf ein Parallelogramm (ein Dreieck) mit gleich großem Flächeninhalt abgebildet.

4. Der Satz des Pythagoras

Die Eigenschaft 8. kann man noch verallgemeinern: Jedes beliebige n-Eck, $n \geq 3$, wird nämlich durch die Scherung auf ein n-Eck mit gleich großem Flächeninhalt abgebildet. Um diese Aussage zu begründen, genügt es nachzuweisen, daß ein **beliebiges** Dreieck und dessen Bild gleich große Flächeninhalte haben, denn man kann jedes n-Eck in Dreiecke und das Bild des n-Ecks in die entsprechenden Bilddreiecke zerlegen.

In Bild 4.13 wird das Dreieck ABC auf A'B'C' geschert. Wir wollen nachweisen, daß die Flächeninhalte A_{ABC} und $A_{A'B'C'}$ gleich groß sind. Dazu betrachten wir die Dreiecke CEF, BDF, ADE und deren Bilder: C'EF, B'DF und A'DE. Nach Eigenschaft 8. und Bild 4.13 gilt für deren Flächeninhalte:

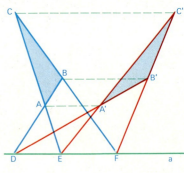

Bild 4.13

a) $A_{CEF} = A_{C'EF}$, $A_{BDF} = A_{B'DF}$, $A_{ADE} = A_{A'DE}$;

b) $A_{ABC} = A_{CEF} + A_{ADE} - A_{BDF}$,
$A_{A'B'C'} = A_{C'EF} + A_{A'DE} - A_{B'DF}$.

Aus a) und b) folgt: $A_{ABC} = A_{A'B'C'}$, und damit die Eigenschaft:

9. Bei der Scherung wird ein beliebiges Dreieck (n-Eck, $n \geq 3$) auf ein Dreieck (n-Eck) mit gleich großem Flächeninhalt abgebildet.

Aufgaben

1. Zeichne ein Dreieck ABC mit $a = 3$ cm, $b = 2{,}5$ cm, $c = 4$ cm. Schere das Dreieck an der Achse AB so, daß das Bilddreieck

   a) rechtwinklig,   b) gleichschenklig wird.

   c) Ist a) auch lösbar, wenn man das Dreieck an BC schert und wenn außerdem der rechte Winkel bei A' liegen soll?

2. Zeichne ein gleichseitiges Dreieck ABC mit der Höhe $\overline{CD}$. Schere das Dreieck an CD so, daß

   a) $\sphericalangle$ A'CD $= 90°$ ist,   b) das Teildreieck DA'C gleichschenklig ist.

3. Verwandle ein Parallelogramm ABCD durch Scherung

   a) an einer Diagonalen in einen Rhombus,

   b) an einer der längeren Seiten in einen Rhombus.

4. Bei einer Scherung sei die x-Achse Scherungsachse, R' (2; 2) sei das Bild von R (0; 2). Konstruiere das Bild von

   a) A (1; 1), b) B (−2; 4), c) C (−1; −1), d) D (0; −3), e) E (3; 2),

   f) f = AR, g) g = RD, h) h = BC, i) s = $\overline{RE}$, k) $\sphericalangle$ CRA.

5. Man kann in einer Figur auch nur eine Teilfigur durch eine Scherung abbilden. So wird z. B. in Bild 4.14 das Teildreieck BCE durch eine Scherung an BC auf das Teildreieck BCD abgebildet, während das Teildreieck ABC bei der Scherung nicht berücksichtigt wird.

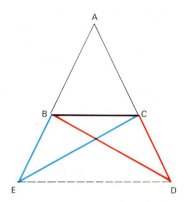

Bild 4.14

a) Begründe so, daß die Flächeninhalte der Dreiecke ACE und ABD gleich groß sind.

b) Zeichne ein Dreieck ACE mit $\alpha = \angle$ EAC $= 45°$, $\overline{AE} = 6$ cm, $\overline{AC} = 3$ cm und schere einen Teil dieses Dreiecks so, daß ein neues Dreieck ABD entsteht, wobei α unverändert ist, D auf AC liegt und $\overline{AD} = 5$ cm ist. c) Zeichne ein Dreieck ACE mit $\alpha = \angle$ EAC $= 50°$, $w_\alpha = 4$ cm, $\gamma = \angle$ ACE $= 90°$. Verwandle es durch Scherung eines geeigneten Teildreiecks in das Dreieck ABD so, daß B auf AE liegt, $\alpha = 50°$ und $\beta = \angle$ DBA $= 90°$ ist.

6. Gegeben ist das Trapez ABCD, A(0; 0), B(6; 0), C(0; 4), D(4; 4). Schere es so an der Achse AB, daß ein symmetrisches Trapez entsteht.

▲ **7.** Gegeben ist ein Parallelogramm ABCD mit $\alpha = \angle$ DAB $= 60°$, $\overline{AB} = 4$ cm und $\overline{BC} = 3$ cm. Es soll durch Scherung an der Diagonalen AC in ein Rechteck verwandelt werden.

▲ **8.** Zeichne einen Kreis k mit dem Mittelpunkt M(0; 0) und $r = 5$ cm. Wähle auf diesem Kreis etwa 10 Punkte aus und schere sie an der Achse AB, A(-5; 0), B(5; 0); dabei soll der Punkt C(0; 5) auf C'(5; 5) abgebildet werden. Verbinde dann die Bildpunkte miteinander, so daß die Bildkurve des Kreises entsteht. Beschreibe ihre Form.

▲ **9.** Zeichne ein beliebiges Fünfeck ABCDE, eine Scherungsachse a und schere das Fünfeck auf A'B'C'D'E'. Begründe, warum das Fünfeck und sein Bild gleich große Flächeninhalte haben.

10. Begründe mit Hilfe der Scherungseigenschaften, daß die 5 Parallelogramme in Bild 4.9: ABCD, ABC'D', AB'C''D', DB''C''D' und CC'C''B'' gleich große Flächeninhalte haben.

▲ **11.** Zeichne a) ein gleichseitiges Dreieck, b) einen Rhombus, c) ein symmetrisches Trapez. Verwandle diese Figur zuerst in ein flächengleiches Rechteck und dann in ein flächengleiches Quadrat.

▲ **12.** Zeichne das Fünfeck ABCDE: A(0; 0), B(5; -2), C(7; 0), D(4; 5), E(0; 2). Verwandle es dann in ein flächengleiches Quadrat. Wie groß ist der Flächeninhalt?

4.3. Das Messen von Streckenlängen und Flächeninhalten

Zwei Freunde zeichnen sehr sorgfältig je ein gleichschenklig rechtwinkliges Dreieck mit 20 cm langen Katheten. Dann messen sie die Länge der Hypotenuse. Der eine mißt 28,2 cm, der andere 28,3 cm. Wie lang ist die Hypotenuse ganz genau? Zeichne selbst und vergleiche. Versuche, die nächsten Dezimalstellen durch Rechnung zu gewinnen.

Mit Hilfe einer Flächenverwandlung ist in Bild 4.15 ein Quadrat mit dem Flächeninhalt 5 cm² konstruiert worden. Die Seiten dieses Quadrates sind $\sqrt{5}$ cm lang. Wir versuchen jetzt, die Zahl $\sqrt{5}$ durch einen Dezimalbruch anzugeben. Wenn wir sehr sorgfältig zeichnen und messen, erhalten wir:

$\sqrt{5} = 2{,}23$; das ist aber ungenau, denn die Rechnung ergibt $2{,}23^2 = 4{,}9729$. Die nächste Dezimalstelle finden wir durch Probieren. Danach ist $\sqrt{5} = 2{,}236$. Aber auch das ist ungenau, denn man rechnet: $2{,}236^2 = 4{,}999696$. Können wir überhaupt einen Dezimalbruch für $\sqrt{5}$ aufschreiben? Diese Frage wird in der Algebra beantwortet, wir übernehmen hier nur das Ergebnis:

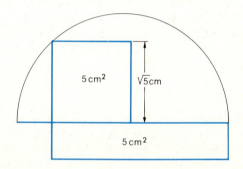

Bild 4.15

$\sqrt{5}$ ist **keine rationale Zahl,** sondern eine **irrationale Zahl.** Man kann sie daher auch nicht durch einen Dezimalbruch darstellen, der an einer Stelle abbricht, oder der periodisch ist. Die Menge aller rationalen Zahlen und die Menge aller irrationalen Zahlen bilden die Menge aller **reellen Zahlen.** $\sqrt{5}$ ist demnach eine reelle Zahl mit der Dezimalbruchdarstellung: $\sqrt{5} = 2{,}236\ldots$; die Punkte hinter der Ziffer 6 deuten an, daß noch unbegrenzt viele Ziffern folgen.

Wir fassen zusammen: Zwischen der Länge e der Rechteckseite $\overline{AD}$ und der Länge a der Quadratseite $\overline{EF}$ in Bild 4.15 besteht die Beziehung: $a = \sqrt{5} \cdot e$. Dabei ist $\sqrt{5}$ das Verhältnis der Streckenlängen a und e. Ganz entsprechend gilt für zwei beliebige Streckenlängen a und b

Satz 4.4
Zu den Längen a und b zweier beliebiger Strecken gibt es stets eine reelle Zahl k, so daß $a = kb$ gilt. Den Quotienten $k = a : b$ nennt man das Verhältnis der Streckenlängen a und b.

4. Der Satz des Pythagoras

Den Flächeninhalt eines Rechtecks messen wir mit einem Quadrat, dessen Seitenlänge e die Maßeinheit für die Längenmessung ist und dessen Flächeninhalt E jetzt als Maßeinheit für den Flächeninhalt verwendet wird. Sind die Seitenlängen a und b des Rechtecks rationale Vielfache von e, so gilt nach früheren Überlegungen für den Flächeninhalt: $A_{Re} = ab$. Wir setzen nun fest, daß diese Formel auch dann den Flächeninhalt des Rechtecks angibt, wenn zu a und b beliebige reelle Zahlen als Maßzahlen gehören. So ist z. B. in Bild 4.16: $\overline{AD} = \sqrt{5}$ cm und $\overline{AB} = 3$ cm, also $A_{ABCD} = 3 \cdot \sqrt{5}$ cm².

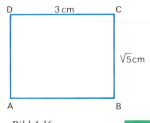

Bild 4.16

Satz 4.5
Sind in einem Rechteck die Maßzahlen der Seitenlängen a und b reelle Zahlen, so gilt die Flächenformel:
$$A_{Re} = a \cdot b$$

Entsprechend gelten auch alle anderen, früher bewiesenen Formeln für Flächeninhalte, wenn die Maßzahlen der Längen reelle Zahlen sind. Z. B. gilt für das Parallelogramm mit der Seite g und der zugehörigen Höhe h: $A_P = g \cdot h$, oder für das Dreieck mit der Seite g und der zugehörigen Höhe h: $A_D = \frac{1}{2} gh$.

Aufgaben

1. Konstruiere ein Quadrat mit dem Flächeninhalt a) 20 cm², b) 17 cm², c) 12 cm², indem du von einem gleich großen Rechteck ausgehst. Bestimme die Maßzahl der Quadratseite mit dem Zentimetermaß und kontrolliere das Ergebnis mit Hilfe einer Quadrattafel.

2. Konstruiere Strecken von der Länge $\sqrt{5}$ cm, $\sqrt{7}$ cm, $\sqrt{11}$ cm.

3. In Bild 4.17 sind zuerst das rechtwinklige Dreieck ABC mit $\overline{AB} = \overline{BC} = 1$ cm und daran anschließend der Reihe nach die anderen rechtwinkligen Dreiecke gezeichnet. Wie lang ist $\overline{AF}$? Konstruiere nach dem gleichen Verfahren eine Strecke mit der Länge $\sqrt{7}$ cm.

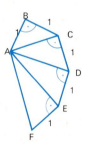

Bild 4.17

4. Konstruiere ein Rechteck mit den Seitenlängen a und b und berechne mit der Genauigkeit der Quadrattafel den Flächeninhalt:
a) $a = \sqrt{3}$ cm, $b = 4$ cm, b) $a = \sqrt{6}$ cm, $b = \sqrt{24}$ cm, c) $a = \sqrt{5}$ cm, $b = \sqrt{7}$ cm.

▲ 5. Konstruiere ein Parallelogramm ABCD mit der Höhe h, die zu AB senkrecht steht: $\overline{AB} = 5$ cm, $h = \sqrt{5}$ cm, ∢ BAD = 60°. Berechne den Flächeninhalt A_{ABCD} mit der Genauigkeit der Quadrattafel.

▲ 6. Konstruiere ein Dreieck ABC: a) $c = \sqrt{6}$ cm, $h_c = 3$ cm, $\alpha = 50°$, b) $c = 5$ cm, $b = \sqrt{7}$ cm, $h_c = 2$ cm, c) $b = 5$ cm, $a = 12$ cm, $\gamma = 90°$. Berechne die Flächeninhalte so genau, wie es mit einer Tafel für Quadratzahlen möglich ist, und bei c) auch die Länge der dritten Seite.

4.4. Die Berechnung von Seitenlängen in einfachen Figuren

In einem rechtwinkligen Dreieck ABC mit einem rechten Winkel bei C kann man die Länge einer Seite berechnen, wenn die Längen der beiden anderen Seiten bekannt sind.
Aus $a^2 + b^2 = c^2$ folgt nämlich: $c = \sqrt{a^2 + b^2}$, $a = \sqrt{c^2 - b^2}$, $b = \sqrt{c^2 - a^2}$.

Beispiel: $a = 3$ cm, $b = 1,5$ cm, $c = \sqrt{9 + 2,25}$ cm $= \sqrt{11,25}$ cm $\approx 3,35$ cm.

Andere Figuren kann man manchmal auf einfache Weise in rechtwinklige Dreiecke zerlegen und dann aus den Längen gegebener Strecken andere Längen berechnen.

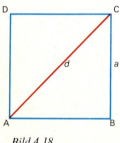

Bild 4.18

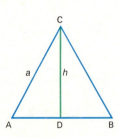

Bild 4.19

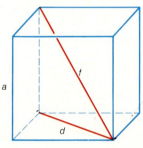

Bild 4.20

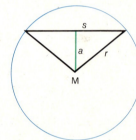

Bild 4.21

Beispiele:
a) Das Quadrat ABCD (Bild 4.18) hat die Seitenlänge a. Für die Länge der Diagonale gilt: $d = \sqrt{a^2 + a^2} = \sqrt{2a^2} = a\sqrt{2}$.

b) Das gleichseitige Dreieck ABC (Bild 4.19) hat die Seitenlänge a. Für die Höhe $\overline{CD}$ gilt: $h^2 = a^2 - \left(\dfrac{a}{2}\right)^2 = \dfrac{3}{4}a^2$, also $h = \dfrac{a}{2}\sqrt{3}$.

c) Für die Länge f der Raumdiagonale im Würfel (Bild 4.20) gilt:
$f^2 = a^2 + d^2 = a^2 + 2a^2 = 3a^2$; also ist $f = a\sqrt{3}$.

d) In einem Kreis mit dem Radius r liegt eine Sehne mit der Länge s (Bild 4.21). Für ihren Abstand a vom Mittelpunkt M gilt:
$a^2 + \dfrac{s^2}{4} = r^2$, also ist $a = \sqrt{r^2 - \dfrac{s^2}{4}}$.

Aufgaben

1. In einem rechtwinkligen Dreieck ABC sind die Längen von zwei Seiten gegeben. Bei A soll der rechte Winkel liegen:
a) $b = 4,5$ cm, $a = 6$ cm; b) $c = 5,5$ cm, $b = 3,2$ cm;
c) $a = \sqrt{5}$ cm, $b = 2$ cm; d) $c = \sqrt{8}$ cm, $a = \sqrt{17}$ cm.
Berechne die Länge der dritten Seite.

4. Der Satz des Pythagoras

2. Von einem Rechteck sind entweder die beiden Seitenlängen a und b oder eine Seitenlänge und die Länge d einer Diagonale gegeben:
   a) $a = 2,5$ cm, $b = 2,3$ cm; b) $d = \sqrt{7}$ cm, $b = \sqrt{3}$ cm;
   c) $a = 48,3$ cm, $d = 52,1$ cm; d) $a = 40$ cm, $d = 41$ cm.
   Berechne die Länge der fehlenden dritten Strecke und den Flächeninhalt des Rechtecks.

3. Berechne die Länge der Diagonale in einem Quadrat
   a) mit der Seitenlänge $\sqrt{2}$ cm, b) mit der Seitenlänge 3 cm,
   c) mit dem Flächeninhalt 4 cm², d) mit dem Flächeninhalt 6 cm².

4. Berechne den Flächeninhalt eines Quadrats, dessen Diagonale folgende Länge hat:
   a) $\sqrt{8}$ cm, b) $3\sqrt{2}$ cm, c) 0,5 m.

5. Berechne die Länge der Höhe und den Flächeninhalt eines gleichseitigen Dreiecks mit der Seitenlänge: a) 4 cm, b) 6 cm, c) 5,2 cm.

6. Berechne die Seitenlänge und den Flächeninhalt eines gleichseitigen Dreiecks mit der Höhe h: a) $h = \sqrt{3}$ cm, b) $h = 3$ cm.

7. In einem gleichschenkligen Dreieck sind s, a und h die Längen der Schenkel, der Basis sowie der Höhe, die zur Basis senkrecht steht. A ist der Flächeninhalt. Zwei dieser vier Größen sind gegeben, berechne die beiden anderen:
   a) $s = 5$ cm, $a = 3$ cm; b) $s = 4$ cm, $h = 2,5$ cm; c) $a = 4$ cm, $h = 4$ cm; d) $a = 5$ cm, $A = 25$ cm²; e) $h = 4$ cm, $A = 12$ cm².

8. Berechne den Flächeninhalt eines regelmäßigen Sechsecks mit der Seitenlänge a.

9. Die Seiten eines Rhombus sind 6 cm, eine Diagonale ist 3 cm lang. Wie lang ist die andere Diagonale und wie groß ist der Flächeninhalt?

10. In einem symmetrischen Drachen sind die Längen der Diagonalen e und f gegeben. Es ist $e = 4$ cm und $f = 6$ cm. f wird von e im Verhältnis 1 : 2 geteilt. Berechne die Längen der Seiten und den Flächeninhalt.

11. In einem symmetrischen Trapez ist eine der beiden parallelen Seiten 3 cm, die Höhe 2 cm und jeder der beiden Schenkel 2,5 cm lang. Berechne die Länge der fehlenden Seite und den Flächeninhalt des Trapezes. Gibt es mehrere Lösungen?

12. In einem Kreis mit dem Radius 10 cm hat eine Sehne s vom Mittelpunkt M den Abstand 3 cm. Wie lang ist s?

13. Wie lang ist in einem Kreis mit dem Radius 5 cm:
    a) die Seite eines einbeschriebenen regelmäßigen Sechsecks?
    ▲ b) die Seite eines einbeschriebenen regelmäßigen Achtecks?
    c) die Diagonale eines umbeschriebenen Quadrats?

14. In einem Koordinatensystem sind die Punkte P_1 und P_2 gegeben:
    a) $P_1(3; 4)$, $P_2(11; 7)$, b) $P_1(2; 5)$, $P_2(-3; 4)$, c) $P_1(1; 1)$, $P_2(-4; -5)$.
    Berechne jeweils die Entfernung der Punkte vom Nullpunkt und die Länge von $\overline{P_1 P_2}$.

15. Ein Würfel hat eine 5 cm lange Kante. Wie lang ist eine Raumdiagonale?

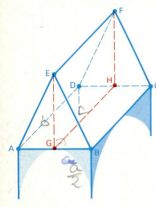

Bild 4.22

16. Wie groß ist der Rauminhalt eines Würfels, dessen Raumdiagonalen 4 cm lang sind?

17. Miß die Seitenlängen einer Streichholzschachtel und berechne die Längen der drei Flächendiagonalen und der Raumdiagonalen sowie den Rauminhalt der Schachtel.

18. Ein Oktaeder hat die Kantenlänge 4 cm. Berechne die Länge der Raumdiagonalen.

19. Die Länge einer geradlinigen Straße mit gleichbleibendem **Gefälle** wird in einer Wanderkarte ausgemessen; sie beträgt danach 1,2 km. Die Straße fällt in ihrer gesamten Länge um 35 m ab. Welche Länge der Straße würde man am Kilometerzähler eines Autos ablesen, wenn man die Straße entlangführe? Um wieviel Prozent weicht die mit dem Kilometerzähler ermittelte Länge von der in der Karte gemessenen Länge ab?

20. In Bild 4.22 ist schematisch ein **Giebeldach** dargestellt. Die Giebelbreite $\overline{AB}$ beträgt 7,50 m. Die **Traufe** $\overline{BC}$ ist 16,80 m lang. Die **Firsthöhe** $\overline{EG}$ beträgt 5,00 m. Berechne den Flächeninhalt des gesamten Daches.

21. Eine 6 m lange Leiter wird an eine senkrechte Mauer gestellt. Das untere Ende der Leiter ist 1,20 m von der Mauer entfernt. In welcher Höhe berührt das obere Ende der Leiter die Mauer?

22. Jemand will sich einen nicht zerlegbaren Schrank beim Tischler anfertigen lassen und ihn in einem 3,50 m breiten, 4,75 m langen und 2,50 m hohen Zimmer aufstellen; die Tür des Zimmers ist 0,81 m breit und 1,98 m hoch. Der Schrank soll 1,25 m breit, 0,60 m tief und 2,45 m hoch sein. Wird sich der Schrank in dem Zimmer aufstellen lassen?

4.5. Die Umkehrung des pythagoreischen Satzes

Spanne mit Hilfe von drei Pflöcken auf ebener Erde eine 120 cm lange Schnur so, daß ein Dreieck entsteht. Die eine Seite soll 50 cm, die zweite 40 cm und die dritte 30 cm lang sein. Bestimme dann die Größen der Innenwinkel. Was stellst du fest?

Wir wollen untersuchen, ob auch die Umkehrung des pythagoreischen Satzes gilt, ob also ein Dreieck immer rechtwinklig ist, wenn die Flächen der Quadrate über zwei seiner Seiten zusammen ebenso groß sind wie die Fläche des Quadrates über der dritten Seite.
In Bild 4.23 habe das Dreieck $A_1B_1C_1$ die Seitenlängen a, b und c_1, und es gelte die Aussage:

(1) $$a^2 + b^2 = c_1^2.$$

Das zweite Dreieck $A_2B_2C_2$ in diesem Bild ist rechtwinklig, seine Katheten haben die Längen a und b, seine Hypotenuse hat die Länge c_2. Für dieses Dreieck gilt nach dem Satz des Pythagoras:

(2) $$a^2 + b^2 = c_2^2.$$

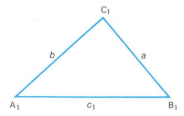
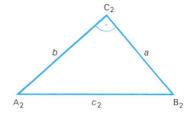

Bild 4.23

Aus den Gleichungen (1) und (2) folgt $c_1^2 = c_2^2$ und daraus $c_1 = c_2$, da c_1 und c_2 positive Größen sind.
Die beiden Dreiecke stimmen also in den Längen ihrer drei Seiten überein und sind daher kongruent zueinander. Daraus folgt, daß auch das Dreieck $A_1B_1C_1$ rechtwinklig ist.

Satz 4.6
Wenn in einem Dreieck ABC die Quadrate über zwei seiner Seiten zusammen ebenso groß sind wie das Quadrat über der dritten Seite, dann ist ABC rechtwinklig.

Dieser Aussage werden wir noch eine allgemeinere Form geben. Dazu betrachten wir die Menge $\mathbb{M}$ aller Dreiecke ABC mit der gemeinsamen Seite $c = \overline{AB}$. Diese Menge teilen wir durch einen Kreis k mit dem Durchmesser $\overline{AB}$ in die drei Teilmengen $\mathbb{M}_1$, $\mathbb{M}_2$ und $\mathbb{M}_3$ ein (Bild 4.24). Zu $\mathbb{M}_1$ gehört jedes Dreieck, dessen Eckpunkt C auf k liegt, zu $\mathbb{M}_2$ jedes Dreieck, bei dem C außerhalb des Kreises liegt, und bei jedem Dreieck von $\mathbb{M}_3$ liegt C innerhalb des Kreises. Eine solche Einteilung nennen wir eine Klasseneinteilung.

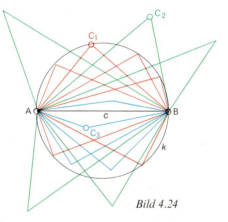

Bild 4.24

Definition 4.2
Die Zerlegung einer Menge $\mathbb{M}$ in echte Teilmengen heißt eine Klasseneinteilung, wenn jedes Element von $\mathbb{M}$ einer dieser Teilmengen angehört und wenn der Durchschnitt von je zwei dieser Teilmengen die leere Menge ist.

Nach dieser Definition ist die obige Einteilung der Dreiecke ABC eine Klasseneinteilung, denn jedes Dreieck aus $\mathbb{M}$ gehört zu einer solchen Teilmenge, und der Durchschnitt von je zwei Teilmengen ist leer.

4. Der Satz des Pythagoras

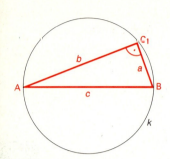

Bild 4.25a

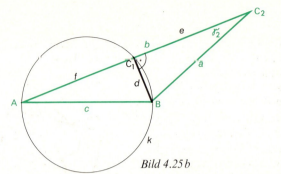

Bild 4.25b

Alle Dreiecke einer Klasse haben charakteristische Eigenschaften. Das erkennen wir in den Bildern 4.25 a–c.

I. ABC_1 ist ein Dreieck aus der Menge $\mathbb{M}_1$ (Bild 4.25a). Nach dem Satz des Thales ist es rechtwinklig. Für die Längen der Seiten gilt:
$$a^2 + b^2 = c^2.$$

II. ABC_2 gehört zu $\mathbb{M}_2$ (Bild 4.25b). Da das Teildreieck BC_2C_1 rechtwinklig ist, kann γ_2 nur ein spitzer Winkel sein. Für die Seitenlängen a, b und c gelten folgende Beziehungen:
$$a^2 + b^2 = (d^2 + e^2) + (f + e)^2 = (d^2 + f^2) + 2e^2 + 2ef$$
$$= c^2 + 2e(e + f) = c^2 + 2eb > c^2.$$

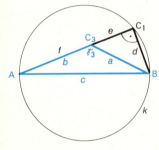

Bild 4.25c

III. ABC_3 gehört zu $\mathbb{M}_3$ (Bild 4.25c). Da das Dreieck BC_1C_3 rechtwinklig ist, muß $\sphericalangle BC_3C_1$ spitz, γ_3 also stumpf sein. Für die Seitenlängen a, b und c gelten folgende Beziehungen:
$$a^2 + b^2 = (d^2 + e^2) + (f - e)^2 = (d^2 + f^2) + 2e^2 - 2ef$$
$$= c^2 - 2e(f - e) = c^2 - 2eb < c^2.$$

Wir fassen zusammen: Gehört ein Dreieck ABC aus der Menge $\mathbb{M}$

 I. zur Klasse $\mathbb{M}_1$, dann ist $\gamma = 90°$ und $a^2 + b^2 = c^2$,
 II. zur Klasse $\mathbb{M}_2$, dann ist $\gamma < 90°$ und $a^2 + b^2 > c^2$,
 III. zur Klasse $\mathbb{M}_3$, dann ist $\gamma > 90°$ und $a^2 + b^2 < c^2$.

Aus diesem Ergebnis können wir noch weitere Schlüsse ziehen. Gilt z. B. in einem Dreieck ABC die Aussage $\gamma < 90°$, so muß das Dreieck zu $\mathbb{M}_2$ gehören. Würde es nämlich zu $\mathbb{M}_3$ oder zu $\mathbb{M}_1$ gehören, so müßte ja γ größer oder gleich 90° sein. Wenn aber ABC zu $\mathbb{M}_2$ gehört, so ist $a^2 + b^2 > c^2$. Aus $\gamma < 90°$ folgt also $a^2 + b^2 > c^2$.

Entsprechend gewinnt man die folgenden Aussagen über ein Dreieck ABC:

 I a) Aus $\gamma = 90°$ folgt $a^2 + b^2 = c^2$ (Satz des Pythagoras),
 I b) aus $a^2 + b^2 = c^2$ folgt $\gamma = 90°$ (Umkehrung von I a),
 II a) aus $\gamma < 90°$ folgt $a^2 + b^2 > c^2$,
 II b) aus $a^2 + b^2 > c^2$ folgt $\gamma < 90°$ (Umkehrung von II a),
 III a) aus $\gamma > 90°$ folgt $a^2 + b^2 < c^2$,
 III b) aus $a^2 + b^2 < c^2$ folgt $\gamma < 90°$ (Umkehrung von III a).

4. Der Satz des Pythagoras

Aufgaben

1. Die Schüler der ganzen Schule sollen auf dem Schulhof geordnet aufgestellt werden. Welche der folgenden Ordnungen würde zu einer Klasseneinteilung führen:
   a) die Einteilung nach verschiedenen Altersstufen,
   b) die Einteilung nach der Farbe der Kleidungsstücke,
   c) die Einteilung nach der Schulklassenzugehörigkeit?

2. Jemand schlägt vor, die Geraden einer Ebene nach ihren Schnitten mit den Seiten eines Rechtecks zu ordnen (Bild 4.26). Alle Geraden, die die Seite $\overline{AB}$ schneiden, werden zusammengefaßt. Entsprechend soll mit den Geraden verfahren werden, die $\overline{BC}$, $\overline{CD}$ bzw. $\overline{AD}$ schneiden. Ergibt sich hierbei eine Klasseneinteilung für die Menge der Geraden?

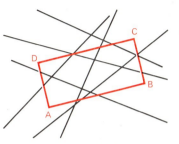

Bild 4.26

3. Die Menge aller Kongruenzabbildungen wird eingeteilt:
   a) in die Menge aller gleichsinnigen und in die Menge aller ungleichsinnigen Abbildungen,
   b) in die Menge aller Achsenspiegelungen, die Menge aller Doppelspiegelungen und die Menge aller Dreifachspiegelungen.
   Welche dieser Einteilungen sind Klasseneinteilungen?

4. Die Menge aller Doppelspiegelungen an zwei Geraden, die sich in einem Punkte F schneiden, wird so eingeteilt, daß jede Teilmenge alle Doppelspiegelungen enthält, deren Spiegelachsen gleich große Winkel einschließen. Welche Kongruenzabbildung entspricht jeder solchen Teilmenge? Handelt es sich bei der Einteilung um eine Klasseneinteilung?

5. Die Menge der natürlichen Zahlen von 1 bis 100 wird eingeteilt:
   a) in die Menge der geraden und in die Menge der ungeraden Zahlen,
   b) in die Mengen der einstelligen, zweistelligen und dreistelligen Zahlen,
   c) in die Mengen, deren Elemente durch 2, bzw. durch 3, bzw. durch 5, bzw. durch 7 teilbar sind.
   Welche dieser Einteilungen sind Klasseneinteilungen?

6. Steht n für eine natürliche Zahl, so bedeuten auch $a = 2n + 1$, $b = 2n^2 + 2n$ und $c = 2n^2 + 2n + 1$ natürliche Zahlen. Zeige, daß für sie $a^2 + b^2 = c^2$ gilt, und weise so nach, daß es viele rechtwinklige Dreiecke gibt, bei denen die Maßzahlen aller drei Seitenlängen natürliche Zahlen sind. Mache auch die Probe: Setze z. B. für n die Zahlen 1, 2, 3 und 4.

   Anmerkung: Je drei natürliche Zahlen a, b und c, für welche die Beziehung $a^2 + b^2 = c^2$ gilt, nennt man **pythagoreische Zahlen**.

7. Zeige, daß die drei Terme
   $$a = m^2 - n^2, \quad b = 2mn, \quad c = m^2 + n^2$$
   pythagoreische Zahlen bedeuten, wenn man für n und m natürliche Zahlen einsetzt.

8. Von einem Dreieck kennt man die Seitenlängen a, b und c:
   a) $a = 7$ cm, $b = 3{,}4$ cm, $c = 4{,}5$ cm;
   b) $a = 2$ cm, $b = 4$ cm, $c = 3{,}5$ cm.
   Welche Aussagen kann man ohne Zeichnung über die Größen der Winkel im Dreieck machen?

9. Jemand mißt in einem Dreieck ABC (Bild 4.27) die Streckenlängen a, b, s, p und q.

a) Wie kann er damit feststellen, ob $\overline{CD}$ eine Höhe in dem Dreieck ist oder nicht? ▲ b) Könnte er dabei auf die Messung von s verzichten?

10. Zeige, daß die Menge aller Punkte $P(x;y)$ in der Ebene durch die drei Aussageformen: $x^2 + y^2 < 4$, $x^2 + y^2 = 4$ und $x^2 + y^2 > 4$ in drei Klassen eingeteilt wird, und beschreibe die Gebiete, die zu diesen Klassen gehören.

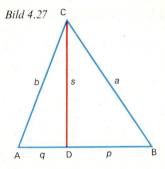

Bild 4.27

4.6. Der geometrische Ort

Im vorigen Kapitel haben wir die Ebene durch einen Kreis k in drei verschiedene Punktmengen eingeteilt. Jede dieser Punktmengen hat charakteristische Eigenschaften, die nur jeweils für diese eine Punktmenge gelten. Eine solche Punktmenge heißt **geometrischer Ort.**
So ist z. B. die Kreislinie mit dem Durchmesser $\overline{AB}$ – mit Ausnahme der Punkte A und B – der geometrische Ort für die Scheitelpunkte aller rechten Winkel in der Ebene, deren Schenkel durch A und durch B laufen.
In den folgenden Aufgaben werden wir die charakteristischen Eigenschaften einer Punktmenge nennen und dann diese Punktmenge, bzw. den geometrischen Ort, für den diese Eigenschaften zutreffen, bestimmen.

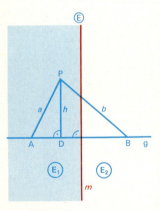

Bild 4.28

Beispiel: Gegeben sind eine Gerade g und darauf die Punkte A und B. Gesucht ist der geometrische Ort für alle Punkte, die von B weiter entfernt sind als von A und die mit g in ein und derselben Ebene E liegen.

Wir wissen, daß alle Punkte, die von A und von B gleich weit entfernt sind, auf der Mittelsenkrechten m zu $\overline{AB}$ liegen (Bild 4.28). m teilt die Ebene E in die zwei Halbebenen E_1 und E_2 – die Punkte auf m gehören weder zu E_1 noch zu E_2 –. Wir vermuten nun, daß diejenige Halbebene, in der auch A liegt, also E_1, der gesuchte geometrische Ort ist.

Beweis: Wir wählen einen beliebigen Punkt P in der Ebene E, bei dem die Entfernung a zu Punkt A kleiner ist als die Entfernung b zu Punkt B. $h = \overline{PD}$ sei das Lot von P auf g. Nach Voraussetzung gilt: $a < b$, also auch: $a^2 < b^2$.
Nach dem Satz des Pythagoras ist: $a^2 = \overline{AD}^2 + h^2 \wedge b^2 = \overline{BD}^2 + h^2$. Daher gilt auch: $\overline{AD}^2 + h^2 < \overline{BD}^2 + h^2$, also $\overline{AD}^2 < \overline{BD}^2$. Daraus folgt: $\overline{AD} < \overline{BD}$.
Das heißt aber, daß der Punkt D in derselben Halbebene wie A, also in E_1 liegt. Da $h = \overline{PD}$ parallel zu m läuft, liegt auch P in E_1. Diese Halbebene ist demnach der gesuchte geometrische Ort.

4. Der Satz des Pythagoras

Aufgaben

1. Auf der Geraden g sind zwei Punkte A und B gegeben, $\overline{AB} = 5$ cm. Gesucht ist der geometrische Ort für alle Punkte, a) die von A 1 cm entfernt sind, b) die von B 4 cm entfernt sind, c) die von A mehr als 1 cm und von B mehr als 4 cm entfernt sind.

2. Gegeben ist ein Punkt M in der Ebene. Gesucht ist der geometrische Ort aller Punkte P der Ebene, deren Entfernung von M
   a) größer als 3 cm ist, b) 5 cm beträgt, c) kleiner als 5 cm und größer als 3 cm ist.

3. In der Ebene sind zwei Punkte A und B gegeben. Gesucht ist der geometrische Ort aller Punkte P der Ebene, für die
   a) $\overline{PA} = \overline{PB}$; b) $\overline{PA} > \overline{PB}$; c) $\overline{PA} < \overline{PB}$ ist.

4. Gegeben sind zwei Parallelen g und h. Gesucht ist der geometrische Ort für alle Punkte P der Ebene,
   a) die von g und h den gleichen Abstand haben,
   b) deren Abstand von g größer ist als von h,
   c) deren Abstand von g doppelt so groß ist wie der Abstand von h.

5. Gegeben sind zwei sich schneidende Geraden g und h. Gesucht ist der geometrische Ort für alle Punkte, deren Abstand von g genau so groß ist wie deren Abstand von h.

6. Gegeben ist das Dreieck ABC. Gesucht ist der geometrische Ort für alle Punkte,
   a) die von den drei Seiten des Dreiecks den gleichen Abstand haben,
   b) die von den drei Eckpunkten des Dreiecks gleich weit entfernt sind.

7. Gegeben sind ein Kreis k mit dem Mittelpunkt M und eine Sehne $\overline{AB}$. Gesucht ist der geometrische Ort für die Scheitelpunkte aller Winkel,
   a) die halb so groß sind wie der zur Sehne gehörende Mittelpunktswinkel,
   b) die größer sind als ein beliebiger Umfangswinkel über der Sehne,
   c) die kleiner sind als ein beliebiger Umfangswinkel über der Sehne.

8. Gegeben sind eine Gerade g und darauf zwei Punkte A und B, $\overline{AB} = 3$ cm. Gesucht ist der geometrische Ort für alle Punkte, die von A a) doppelt so weit, b) dreimal so weit entfernt sind wie von B. Die Aufgabe ist zeichnerisch zu lösen. **Anleitung:** Zeichne um B den Kreis mit $r = a$ cm und um A den Kreis mit $r = 2a$ cm, $a = 1, 2, 3 \ldots$. Bestimme die Schnittpunkte der Kreise, setze für a immer größere Zahlen ein und verbinde die benachbarten Schnittpunkte miteinander, so daß eine zusammenhängende Kurve entsteht.

5. FIGUREN UND KÖRPER IM RAUM

5.1 Prismen und Pyramiden

Bild 5.1

Die Fotografie 5.1 zeigt einen Ausschnitt einer modernen Großstadt. Beschreibe Figuren und geometrische Körper, die bei den Gebäuden und Gebäudeteilen besonders oft zu erkennen sind.

Die in Bild 5.2 dargestellten räumlichen Figuren sind Beispiele von Körpern. Im einzelnen zeigt das Bild einen Quader (a), ein Oktaeder (b), zwei Prismen (c) und (d) und zwei Pyramiden (e) und (f).

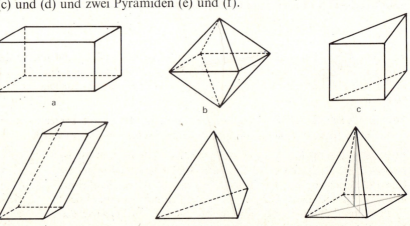

Bild 5.2

5. Figuren und Körper im Raum

Definition 5.1
Ein Prisma ist ein Körper, der zwei Vielecke mit gleicher Eckenzahl als Grund- und Deckfläche besitzt und bei dem alle Seitenflächen Parallelogramme sind.

Ist die Grundfläche eines Prismas ein Dreieck, so heißt es **dreiseitig,** ist die Grundfläche ein *n*-Eck, so heißt es **n-seitig.** Sind alle Seitenflächen Rechtecke, so nennt man es ein **senkrechtes,** sonst ein **schiefes Prisma.** So ist z.B. der Quader in Bild 5.2a ein vierseitiges, senkrechtes Prisma, Bild 5.2c zeigt ein dreiseitiges senkrechtes Prisma und Bild 5.2d ein vierseitiges schiefes Prisma.

Definition 5.2
Eine Pyramide ist ein Körper, dessen Grundfläche ein Vieleck ist und bei dem alle Seitenflächen Dreiecke sind, die einen gemeinsamen Eckpunkt, die Spitze der Pyramide, besitzen.

Ist die Grundfläche einer Pyramide ein *n*-Eck, so heißt sie **n-seitig.** Sind alle Seitenflächen zueinander kongruent, so handelt es sich um eine **senkrechte,** sonst eine **schiefe Pyramide.** In Bild 5.2f ist eine vierseitige, senkrechte Pyramide dargestellt. Das Tetraeder in Bild 5.2e ist eine dreiseitige, senkrechte Pyramide. Das Oktaeder in Bild 5.2b kann man sich aus zwei vierseitigen, senkrechten Pyramiden zusammengesetzt vorstellen.
Prismen und Pyramiden werden jeweils von mehreren ebenen Flächen begrenzt, daher kann man an diesen Körpern gut erkennen, wie Ebenen zueinander liegen können:
a) Zwei voneinander verschiedene Ebenen können zueinander parallel sein, d. h. sie haben keinen Punkt gemeinsam. Zum Beispiel gehören zwei einander gegenüberliegende Würfelflächen zu parallelen Ebenen.
b) Wenn zwei Ebenen nicht parallel sind, schneiden sie sich in genau einer Geraden, ihrer **Spurgeraden.** Das gilt z. B. für zwei Ebenen, die zu irgend zwei Flächen einer Pyramide gehören.

Aufgaben

1. Zeichne das Schrägbild eines Würfels, dessen Kanten 5 cm lang sind und in den ein Oktaeder eingezeichnet ist. Berechne a) die Länge der Diagonalen einer Würfelfläche, b) die Länge einer Oktaederkante, c) die Länge einer Raumdiagonalen im Oktaeder.

2. Zeichne das Schrägbild einer quadratischen Pyramide, deren Seitenkanten 5 cm und deren Grundkanten 3 cm lang sind. Berechne zunächst die Höhe der Pyramide.

3. Das senkrechte Prisma ABCDEF in Bild 5.3 hat ein gleichseitiges Dreieck ABC als Grundfläche. Die Seite des Dreiecks soll 4 cm, die Kante $\overline{AD}$ 6 cm lang sein. Durch den Querschnitt ABF wird das Prisma in zwei Körper zerlegt. a) Um welche Art von Körpern handelt es sich? b) Berechne die Längen der Kanten $\overline{BF}$ und $\overline{AF}$. c) Berechne den Rauminhalt des Prismas.

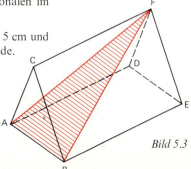

Bild 5.3

4. Beantworte die folgenden Fragen an Hand der Körper in Bild 5.2: a) Zwei parallele Ebenen E_1 und E_2 werden von einer dritten Ebene E_3 in den Geraden a und b geschnitten. Wie liegen a und b zueinander, sind sie windschief, schneiden sie sich oder laufen sie zueinander parallel? b) Zwei Ebenen E_1 und E_2 schneiden sich in der Geraden g. Eine dritte Ebene E_3 schneidet E_1 in f und E_2 in h. Wie liegen die Geraden g, f und h zueinander? Gibt es mehrere Möglichkeiten?

5. Gegeben sind zwei zueinander parallele Ebenen E_1 und E_2. Gesucht ist der geometrische Ort für alle Punkte, die

a) von E_1 genau so weit entfernt sind wie von E_2,
b) von E_2 weiter entfernt sind als von E_1.

6. Gegeben sind zwei Ebenen E_1 und E_2, die nicht zueinander parallel laufen. Gesucht ist der geometrische Ort für alle Punkte, die

a) auf E_1 und auf E_2 liegen,
▲ b) auf E_1 liegen und von E_2 einen bestimmten Abstand a haben.

7. Gesucht ist der geometrische Ort für alle Punkte im Raum, die
a) von einem Punkt M gleich weit entfernt sind,
▲ b) Scheitelpunkte von rechten Winkeln sind, deren Schenkel durch zwei gegebene Punkte A und B laufen.

5.2. Winkel zwischen Geraden und Ebenen im Raum

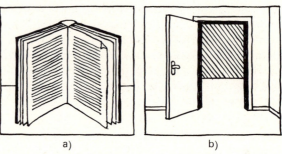

a) b)

Bild 5.4

In Bild 5.4a steht ein aufgeklapptes Buch auf einer Tischplatte, in Bild 5.4b ist eine geöffnete Tür dargestellt. Vergleiche die beiden Bilder miteinander, insbesondere die Form der Buchblätter mit der Form der Tür, aber auch die Stellung des Buchrückens zur Tischplatte mit der Stellung der Türbandkante zum Fußboden. Warum liegt die Türunterkante bei jeder Drehung der Tür genau über dem Fußboden? Welcher Konstruktionsfehler liegt vor, wenn die Tür beim Drehen auf dem Fußboden schleift?

Strecken oder Strahlen, die wie bei der Spitze einer Pyramide in einem Punkt zusammenstoßen, bilden eine **räumliche Ecke.** Wird eine solche Ecke aus drei Strahlen gebildet, kann man sie durch die Größe ihrer Winkel beschreiben. So sind z. B. die räumlichen Ecken eines Quaders dadurch bestimmt, daß die drei Winkel jeder Ecke 90° groß sind.

Auch die Strahlen $\overset{\llcorner}{a}$, $\overset{\llcorner}{b}$ und $\overset{\llcorner}{c}$ in Bild 5.5 bilden eine räumliche Ecke. Dabei steht $\overset{\llcorner}{c}$ senkrecht auf $\overset{\llcorner}{a}$ und auf $\overset{\llcorner}{b}$; $\overset{\llcorner}{a}$ und $\overset{\llcorner}{b}$ bilden den Winkel α und liegen in der Ebene **E**. Der Anschauung entnehmen wir, daß $\overset{\llcorner}{c}$ auf allen Strahlen des Büschels $\mathbb{S}$ senkrecht steht und daß daher auch die Gerade c, welche den Strahl $\overset{\llcorner}{c}$ enthält, auf allen Geraden, die in der Ebene **E** liegen und durch S laufen, senkrecht steht. Diese Gerade c nennt man die **Senkrechte** im Punkte S auf der Ebene **E**, und **E** nennt man die zur Geraden c **senkrechte Ebene** durch S.

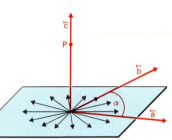

Bild 5.5

In Bild 5.6 ist c die Senkrechte im Punkte S auf der Ebene **E**. P ist ein Punkt auf c. Man bezeichnet die Senkrechte c auch als das **Lot** von P auf die Ebene **E** und S als den **Fußpunkt** dieses Lotes in **E**.
In Bild 5.6 ist A ein beliebiger Punkt in der Ebene **E**. Das Dreieck PSA ist rechtwinklig, da das Lot PS auf allen Geraden in **E** durch S senkrecht steht. Also gilt nach dem Satz des Pythagoras:

$$\overline{PA}^2 = \overline{PS}^2 + \overline{SA}^2, \text{ bzw. } \overline{PA}^2 > \overline{PS}^2 \text{ und damit: } \overline{PA} > \overline{PS}.$$

Satz 5.1
Die Entfernung eines Punktes P außerhalb einer Ebene E vom Fußpunkt des Lotes von P auf E ist die kürzeste Entfernung zwischen P und einem beliebigen Punkt der Ebene.

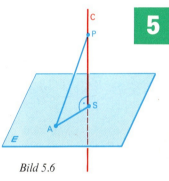

Bild 5.6

Wir wollen jetzt die Lage eines beliebigen Strahles $\overset{\llcorner}{g}$, der eine Ebene **E** in S trifft, durch einen Winkel beschreiben (Bild 5.7). Dazu wählen wir auf $\overset{\llcorner}{g}$ einen Punkt P und fällen von ihm das Lot auf die Ebene **E**. Der Fußpunkt des Lotes sei P'. P' heißt auch die (senkrechte) **Projektion** des Punktes P in die Ebene **E**, und entsprechend ist auch der Strahl $\overline{SP'}$ die Projektion des Strahles $\overline{SP}$ in die Ebene **E**. Den Winkel PSP' nennen wir **den Winkel zwischen** dem **Strahl** $\overline{SP}$ **und der Ebene E**.

Bild 5.7

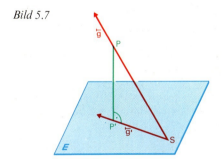

Bild 5.8

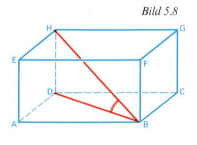

So ist z.B. in dem Quader von Bild 5.8 die Flächendiagonale BD die Projektion der Raumdiagonalen BH in die Ebene ABCD. Also ist Winkel HBD der Winkel zwischen der Raumdiagonalen und der Grundfläche des Quaders.

In Bild 5.9 ist ein dreiseitiges, senkrechtes Prisma gezeichnet. Die Kante BC steht demnach senkrecht zu den Ebenen ABE und DCF, und die Vierecke ABCD, ADFE und BCFE sind Rechtecke. Daraus folgt, daß $\overline{AB} = \overline{DC}$, $\overline{EB} = \overline{FC}$ und $\overline{AE} = \overline{DF}$ ist, daß also die Dreiecke ABE und DCF zueinander kongruent sind. Damit sind aber die Winkel ABE und DCF gleich groß. Jeden dieser Winkel bezeichnen wir als den Winkel zwischen den beiden Ebenen ABCD und EBCF.

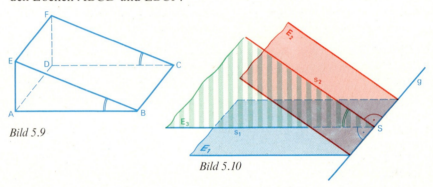

Bild 5.9

Bild 5.10

Sind nun zwei Ebenen E_1 und E_2 gegeben, die sich in der Spurgeraden g schneiden (Bild 5.10), so können wir den Winkel zwischen den beiden Ebenen in einer Ebene E_3 bestimmen, die in einem Punkte S auf g senkrecht steht. Dazu wählen wir auf g einen beliebigen Punkt S. Durch S zeichnen wir die Senkrechte s_1 zu g in der Ebene E_1, und die Senkrechte s_2 zu g in der Ebene E_2. Die Geraden s_1 und s_2 liegen in einer Ebene E_3, und sie sind die Spurgeraden dieser Ebene mit den Ebenen E_1 und E_2. Nach der Konstruktion steht E_3 senkrecht auf g – genau wie auch in Bild 5.9 die Ebene ABE senkrecht auf BC steht –; den Winkel zwischen den beiden Spurgeraden s_1 und s_2 nennen wir den **Winkel zwischen** den **beiden Ebenen** E_1 und E_2.

Aufgaben

1. Bild 5.8 zeigt das Schrägbild eines Quaders, dessen Kanten 3 cm, 4 cm und 2 cm lang sein sollen. Bestimme durch Konstruktion a) die Größe des Winkels zwischen HB und der Fläche ABCD, b) die Größe des Winkels zwischen HB und BA, c) die Größe des Winkels zwischen den Flächen ABGH und ABFE.

2. Gegeben ist eine quadratische Pyramide ABCDS mit der Spitze S, der Grundkante $\overline{AB} = 4$ cm und der Höhe $\overline{SS'} = 5$ cm. Bestimme durch Konstruktion: a) den Winkel zwischen der Höhe SS' und der Kante SB, b) den Winkel zwischen der Fläche BCS und der Grundfläche ABCD.

3. Zeichne wie in Bild 6.4 in das Schrägbild eines Würfels das Schrägbild eines Oktaeders PQRSUT, mit UT als Raumdiagonale, und bestimme ohne Konstruktion: a) den Winkel zwischen SU und UT, b) den Winkel zwischen PU und der Fläche STQU, c) den Winkel zwischen der Fläche PQRS und der Fläche STQU.

4. Zeichne das Bild eines Würfels ABCDEFGH und seiner Diagonalfläche BFHD. Welchen Winkel bildet die Raumdiagonale EC mit dieser Fläche?

▲ **5.** Bestimme durch Konstruktion die Größe des Winkels zwischen zwei Flächen eines Tetraeders.

▲ **6.** In einem Tetraeder ist von einem Eckpunkt das Lot auf die der Ecke gegenüberliegende Fläche gefällt. Zeichne ein Schrägbild des Tetraeders mit dem Lot. Wo liegt der Fußpunkt des Lotes?

7. Beantworte die folgenden Fragen möglichst mit Begründung und mit Hilfe geeigneter Beispiele: a) Ist die Projektion einer Geraden auf eine Ebene immer eine Gerade? b) Ist die Projektion eines Dreiecks immer wieder ein Dreieck?

▲ **8.** „Die Projektion $\mathbb{M}'$ der Punktmenge $\mathbb{M}$ auf eine Ebene ist die Menge der Projektionen aller Punkte von $\mathbb{M}$ auf **E**." Mit dieser Erklärung wird eine Zuordnung einer Punktmenge auf eine andere beschrieben. Überlege dir, ob es sich dabei um eine Abbildung handelt, oder sogar um eine umkehrbare Abbildung.

9. In Bild 5.11 ist schematisch ein **Walmdach** abgebildet: die beiden **Walme** ABE und CDF sind zueinander kongruente Dreiecke; die **Hauptdachflächen** BCFE und DAEF sind zueinander kongruente Trapeze. Die Geraden EH und FI stehen auf der Dachgrundfläche ABCD senkrecht. Die **Traufe** $\overline{AB}$ ist 8,50 m lang. Die Länge der **Traufe** $\overline{BC}$ beträgt 16,50 m. Der **First** $\overline{EF}$ besitzt die Länge von 9,50 m. Die **Firsthöhe** $\overline{EH}$ beträgt 5,30 m. Bestimme teils durch Rechnung, teils durch Zeichnung

a) die Länge der vier **Grate** $\overline{AE}$, $\overline{BE}$, $\overline{CF}$ und $\overline{DF}$,

b) den Flächeninhalt des gesamten Daches,

Bild 5.11

c) die Größen der Winkel zwischen den Hauptdachflächen und der Dachgrundfläche,

d) die Größen der Winkel zwischen den Walmen und der Dachgrundfläche.

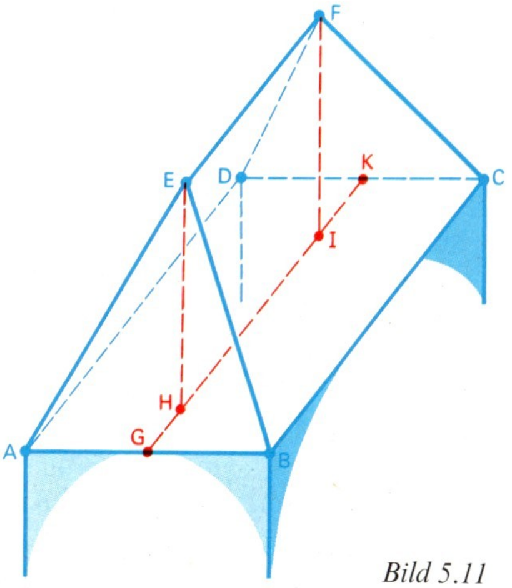

10. Die Erdachse bildet mit der Ebene, in der sich die Erde um die Sonne bewegt, einen Winkel mit der Größe von 66°33′. Wie groß ist der Winkel, unter dem die Äquatorebene diese Ebene schneidet?

11. a) Wie groß ist der Winkel, den die Meridianebenen, in denen Berlin und New York liegen, miteinander bilden?

b) Wie liegen die Ebenen zueinander, in denen die Breitenkreise liegen?

c) Wie liegt die Erdachse zu den Meridianebenen, wie zu den Breitenkreisebenen?

5.3. Die fünf regelmäßigen Körper

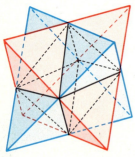

Bild 5.12

In der Ebene haben wir regelmäßige Vielecke kennengelernt. Bei einem solchen Vieleck sind alle Seiten gleich lang und alle Innenwinkel gleich groß. Den regelmäßigen Vielecken in der Ebene entsprechen im Raum die regelmäßigen Körper. Zu ihnen gehören z. B. Würfel, Tetraeder und Oktaeder.

Bei einem regelmäßigen Körper sind alle Flächen zueinander kongruente, regelmäßige Vielecke, und alle Winkel, die zwischen je zwei aneinander grenzenden Flächen liegen, sind gleich groß. Die letzte Eigenschaft schließt aus, daß ein regelmäßiger Körper irgendwelche „Einbuchtungen" haben kann. So ist z. B. der in Bild 5.12 dargestellte Körper als Schnittfigur aus zwei sich schneidenden Tetraedern entstanden. Bei ihm sind zwar alle Kanten und auch alle Flächen zueinander kongruent, die Winkel zwischen zwei roten Flächen und die zwischen einer roten und einer blauen Fläche sind aber verschieden groß. Der Körper ist also nicht regelmäßig.

Bei einem regelmäßigen Körper müssen in einer räumlichen Ecke mindestens drei regelmäßige Vielecke mit ihren Ecken zusammenstoßen, und die Summe der Winkelgrößen muß kleiner sein als 360°. Wäre die Summe gleich 360°, so lägen die Vielecke wie in einem Parkett flach nebeneinander, wäre die Summe größer als 360°, so müßte man sich den Körper an dieser Stelle eingebuchtet vorstellen, er könnte also nicht regelmäßig sein. Durch die genannten Bedingungen ist die mögliche Anzahl der regelmäßigen Körper begrenzt. Sind z. B. die Flächen des Körpers gleichseitige Dreiecke, so können in einer Ecke entweder drei, vier oder höchstens fünf Dreiecke zusammenstoßen. Sind die Flächen Quadrate, so können drei Quadrate eine räumliche Ecke bilden. Auch drei zueinander kongruente regelmäßige Fünfecke sind als räumliche Ecke möglich, aber nicht mehr vier, denn der Eckwinkel eines solchen Fünfecks beträgt 108° (siehe Aufgabe 2.), und es gilt: $3 \cdot 108° < 360° < 4 \cdot 108°$. Zueinander kongruente regelmäßige Sechsecke oder regelmäßige Vielecke mit noch größerer Eckzahl können aber keinen regelmäßigen Körper begrenzen, da ihre Innenwinkel gleich oder größer als 120° sind (vgl. Aufg. 3.). Es kann also höchstens fünf verschiedenartige regelmäßige Körper geben. Drei solche kennen wir schon. Die beiden anderen sind das Dodekaeder (Zwölfflach) und das Ikosaeder (Zwanzigflach). In Bild 5.13 sind alle fünf regelmäßigen Körper mit ihren Netzen dargestellt.

5. Figuren und Körper im Raum 157

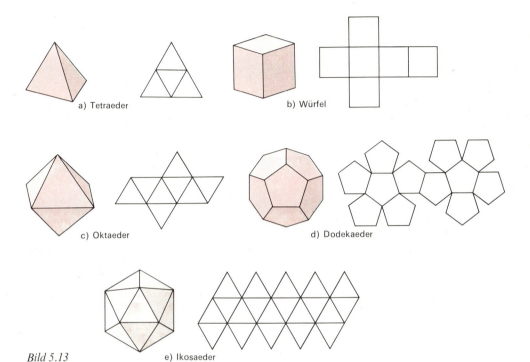

Bild 5.13

a) Tetraeder
b) Würfel
c) Oktaeder
d) Dodekaeder
e) Ikosaeder

Aufgaben

1. Zeichne das Netz a) eines Dodekaeders, b) eines Ikosaeders. Klebe ein Modell dieses Körpers.

2. Jedes regelmäßige n-Eck, z. B. das regelmäßige Fünfeck in Bild 5.14, läßt sich in gleichschenklige Dreiecke zerlegen, deren Spitzen im Mittelpunkt des Umkreises des n-Ecks liegen.
Zeige mit dieser Zerlegung, daß im regelmäßigen Fünfeck für die Größe α_5 der Innenwinkel gilt:
$$\alpha_5 = 180° - \frac{360°}{5} = 180° - 72° = 108°.$$

▲ 3. Für die Größe α_n der Innenwinkel eines regelmäßigen n-Ecks gilt die Gleichung:
$$\alpha_n = \frac{n-2}{n} \cdot 180°.$$
Begründe, wieso die Menge
$$\mathbb{L} = \left\{ n \,\bigg|\, \frac{n-2}{n} \cdot 180° < 120° \land 2 < n \right\}_{\mathbb{N}}$$
alle möglichen Eckzahlen für diejenigen regelmäßigen n-Ecke angibt, aus denen sich regelmäßige Körper bilden lassen.

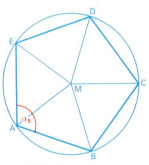

Bild 5.14

6. VEKTOREN

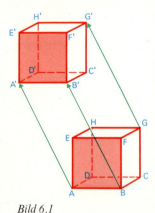

Bild 6.1

6.1. Erweiterung des Vektorbegriffs

Im Zusammenhang mit der Schiebung haben wir Vektoren als Pfeilmengen in der Ebene kennengelernt. Die Beschränkung, daß alle Pfeile eines Vektors in derselben Ebene liegen, wollen wir jetzt aufheben.

Durch eine **Schiebung im Raum** wird jedem Punkt X ein Bildpunkt X' zugeordnet. Die Paare (X, X') aus Ursprungspunkten X und Bildpunkten X' nennen wir **Pfeile.** Die Pfeile einer Schiebung sind gleich lang und gleich gerichtet. So werden z.B. in Bild 6.1 die Eckpunkte des Würfels ABCDEFGH auf die Eckpunkte des Würfels A'B'C'D'E'F'G'H' abgebildet, denn bei einer Schiebung sind allen Strecken gleich lange und parallele Bildstrecken zugeordnet.

Die Menge der Pfeile, die so zu einer Schiebung im Raum gehören, nennen wir einen **Vektor.**

Definition 6.1
Die Menge aus allen Pfeilen derselben Schiebung nennt man einen Vektor.

Zur Vereinfachung der Schreibweise werden wir oft den Vektor, zu dem der Pfeil (X, X') gehört, mit $\overrightarrow{XX'}$ (gelesen: Vektor zu (X, X')) bezeichnen.

Da alle Pfeile eines Vektors $\vec{v}$ die gleiche Länge haben, können wir diese gemeinsame Länge wie in der Ebene als den Betrag $|\vec{v}|$ des Vektors bezeichnen. Unter dem Winkel zwischen zwei Vektoren im Raum verstehen wir das gleiche wie in der Ebene. Einige Beispiele zeigt Bild 6.2.

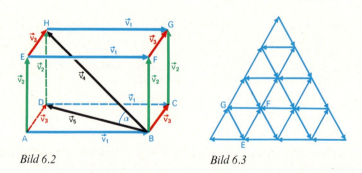

Bild 6.2   Bild 6.3

Hat ein Vektor den Betrag von einer Längeneinheit, so nennen wir ihn **Einheitsvektor.** In Bild 6.3 haben die Pfeile (E, F), (F, G) und (G, E), die das gleichseitige Dreieck EFG bilden, alle den Betrag 1 cm, so daß sie Pfeile von Einheitsvektoren $\vec{e}_1$, $\vec{e}_2$ und $\vec{e}_3$ sind.

Aufgaben

1. Zeichne einen Würfel ABCDEFGH und in diesen ein Oktaeder PQRSTU wie in Bild 6.4. Nenne Pfeile zwischen den Eckpunkten dieser beiden Körper, die zu den folgenden Vektoren gehören: a) $\overrightarrow{QR}$, b) $\overrightarrow{QS}$, c) $\overrightarrow{QP}$, d) $\overrightarrow{UT}$, e) $\overrightarrow{EG}$, f) $\overrightarrow{DU}$, g) $\overrightarrow{BD}$. h) Berechne die Beträge der Vektoren a) bis g), wenn $\overrightarrow{QR}$ ein Einheitsvektor ist.

6. Vektoren 159

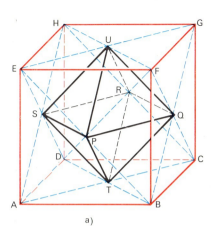
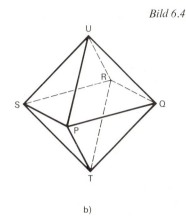

Bild 6.4

a) b)

2. Ein Quadrat wird durch Pfeile von zwei Einheitsvektoren $\vec{e}_1$ und $\vec{e}_2$ festgelegt. Berechne die Beträge der Vektoren, deren Pfeile vom Mittelpunkt des Quadrats zu den Eckpunkten führen.

   Anmerkung: Im folgenden verzichten wir oft auf die Angabe einer Längeneinheit. Man kann sie also frei wählen. Wir sagen dann, daß ein Einheitsvektor den Betrag 1 hat.

3. Verschiebe ein regelmäßiges Sechseck ABCDEF nacheinander durch $\mathfrak{V}_{\overrightarrow{AB}}$, $\mathfrak{V}_{\overrightarrow{AC}}$, $\mathfrak{V}_{\overrightarrow{AD}}$, $\mathfrak{V}_{\overrightarrow{AE}}$ und $\mathfrak{V}_{\overrightarrow{AF}}$. a) Kennzeichne in der Gesamtfigur alle Eckpunkte und dann diejenigen Pfeile, die zu $\overrightarrow{AD}$ gehören. b) $\overrightarrow{AB}$ sei ein Einheitsvektor. Nenne andere Einheitsvektoren in der Figur. Berechne $|\overrightarrow{AE}|$, $|\overrightarrow{AD}|$ und $|\overrightarrow{AC}|$. c) Wie groß sind die Winkel BAC, BAD, BAE und BAF?

4. Die 12 Kanten eines Würfels kann man in drei Klassen von je vier zueinander parallelen Kanten einteilen. Jeder solchen Klasse kann man einen Vektor zuordnen, alle Würfelkanten lassen sich also durch drei verschiedene Vektoren beschreiben. Überlege dir an Hand von Bild 5.13, wieviele Vektoren notwendig sind, um die Kanten bei den anderen regelmäßigen Körpern zu beschreiben.

5. Eine Strecke $\overrightarrow{AB}$ wird durch die Punkte C und D in drei gleich lange Teile zerlegt. Je zwei der vier Punkte A, B, C und D begrenzen zwei Pfeile. Zu wieviel Vektoren gehören die möglichen Pfeile?

▲ 6. Nach Definition 6.1 ist jeder Vektor eine Pfeilmenge. Vergleiche die Vektoren $\vec{p}$ und $\vec{q}$ miteinander, für die gilt: a) $\vec{p} \cup \vec{q} = \vec{p}$, b) $\vec{p} \cap \vec{q} = \vec{p}$, c) $\vec{q} \subset \vec{p}$.

7. Zeichne Pfeile von drei Einheitsvektoren $\vec{e}_1$, $\vec{e}_2$ und $\vec{e}_3$ so, daß die Winkel $\vec{e}_1\vec{e}_2$, $\vec{e}_2\vec{e}_3$ und $\vec{e}_3\vec{e}_1$ sämtlich gleich groß sind.

8. In dem Quader ABCDEFGH (Bild 6.2) ist $|\overrightarrow{BA}| = 5\,\text{LE}$, $|\overrightarrow{BC}| = 4\,\text{LE}$ und $|\overrightarrow{BF}| = 3\,\text{LE}$. Bestimme durch Rechnung und durch Konstruktion: $|\overrightarrow{BH}|$ und den Winkel zwischen $\overrightarrow{BH}$ und $\overrightarrow{BD}$.

Anmerkung:
Bei der Einführung der Schiebung wurde früher auch ein einzelner Pfeil (A, B) mit $\overrightarrow{AB}$ bezeichnet.
Im Rahmen der Vektorrechnung ist es notwendig, die Bezeichnung $\overrightarrow{AB}$ dem Vektor vorzubehalten, dem der Pfeil (A, B) angehört.
$\mathfrak{V}_{\overrightarrow{AB}}$ bedeutet dann die Schiebung, die durch den Pfeil (A, B) bestimmt bzw., der der Vektor $\overrightarrow{AB}$ zugeordnet ist.

6.2. Die Gruppe der Vektoren in bezug auf die Addition

Wenn man zwei Schiebungen in einer Ebene miteinander verkettet, so erhält man wieder eine Schiebung in dieser Ebene. Eine solche Verkettung kann man mit Pfeilen darstellen, und wir haben früher vereinbart, daß die Addition zweier Vektoren auf die gleiche Weise beschrieben werden soll. Diese Vereinbarung wollen wir jetzt auf Vektoren im Raum ausdehnen.

In Bild 6.5 sind die durch die Pfeile (A, A') und (A', A'') zwei Schiebungen im Raum festgelegt. B ist ein beliebiger Punkt im Raum. Durch die Verkettung $\mathfrak{V}_{\overrightarrow{AA'}} \circ \mathfrak{V}_{\overrightarrow{A'A''}}$ werden der Punkt A über A' auf A'' und der Punkt B über B' auf B'' abgebildet. Um zu bestätigen, daß diese Verkettung wieder eine Schiebung im Raum ist, genügt es zu zeigen, daß die Pfeile (AA'') und (BB'') unabhängig

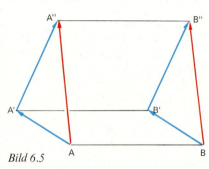

Bild 6.5

von der Auswahl des Punktes B gleich lang und gleich gerichtet sind. Dazu betrachten wir die Vierecke ABB'A', A'B'B''A'' und ABB''A''. In ABB'A' sind die Seiten $\overline{AA'}$ und $\overline{BB'}$ gleich lang und parallel; also ist das Viereck ein Parallelogramm, und daher sind auch die Seiten $\overline{AB}$ und $\overline{A'B'}$ gleich lang und parallel. Entsprechend folgt für das Viereck A'B'B''A'': $\overline{A'A''}$ und $\overline{B'B''}$ sind gleich lang und parallel; das Viereck A'B'B''A'' ist also ein Parallelogramm, und damit sind auch $\overline{A'B'}$ und $\overline{A''B''}$ gleich lang und parallel.

Zusammenfassend ergibt sich:
1. $L(\overline{AB}) = L(\overline{A'B'})$ und $\overline{AB} \parallel \overline{A'B'}$;
2. $L(\overline{A'B'}) = L(\overline{A''B''})$ und $\overline{A'B'} \parallel \overline{A''B''}$.

Aus 1. und 2. folgt:
3. $L(\overline{AB}) = L(\overline{A''B''})$ und $\overline{AB} \parallel \overline{A''B''}$.

Also ist auch ABB''A'' ein Parallelogramm und damit gilt:
4. $L(\overline{AA''}) = L(\overline{BB''})$ und $\overline{AA''} \parallel \overline{BB''}$.

Satz 6.1
Die Verkettung von zwei Schiebungen im Raum ist wieder eine Schiebung.

In Bild 6.6 sind die Pfeile (P, P'), (P', P'') und (P, P'') Elemente der Vektoren $\vec{v}_1$, $\vec{v}_2$ und $\vec{v}_3$. In dem Bild wird gezeigt, wie die Schiebungen $\mathfrak{V}_{\overrightarrow{PP'}}$ und $\mathfrak{V}_{\overrightarrow{P'P''}}$ miteinander zu der Schiebung $\mathfrak{V}_{\overrightarrow{PP''}}$ verkettet werden.

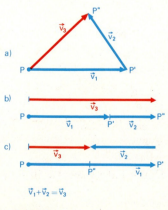

Bild 6.6

Wir **vereinbaren** nun, daß mit dieser Konstruktion auch die **Addition zweier Vektoren im Raum** beschrieben wird. Wir schreiben:

$$\overrightarrow{PP'} + \overrightarrow{P'P''} = \overrightarrow{PP''} \quad \text{bzw.} \quad \vec{v}_1 + \vec{v}_2 = \vec{v}_3 \quad \text{(Bild 6.6)}.$$

Zur Konstruktion eines Pfeiles der **Vektorsumme** zeichnet man den Pfeil (P, P') des Vektors $\vec{v}_1$, dann den Pfeil (P', P'') des Vektors $\vec{v}_2$ und erhält mit dem Pfeil (P, P'') einen Pfeil des **Summenvektors** $\vec{v}_3$.

Die Vektorsumme von mehr als zwei Vektoren im Raum ergibt sich, indem man die Addition zweier Vektoren mehrfach hintereinander ausführt.

Zum Beispiel erhalten wir die Vektorsumme dreier Vektoren $\vec{v}_1$, $\vec{v}_2$ und $\vec{v}_3$, deren Pfeile nicht in derselben Ebene liegen (Bild 6.7), folgendermaßen: Zuerst zeichnen wir in der Ebene AEHD den Pfeil (A, H) der Vektorsumme $\vec{v}_1 + \vec{v}_2$; dann tragen wir in der Ebene ABGH den Pfeil (H, G) des Vektors $\vec{v}_3$ an (A, H) an und erhalten mit (A, G) einen Pfeil des Vektors $\vec{v} = \vec{v}_1 + \vec{v}_2 + \vec{v}_3$. Für die Addition im Raum gelten die gleichen Aussagen wie für die Addition der Vektoren in der Ebene:

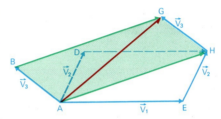

Bild 6.7

(1) Addiert man zwei Vektoren, so erhält man wieder einen Vektor (Bild 6.6).
(2) Die Vektoraddition ist kommutativ (Bild 6.8).
(3) Die Vektoraddition ist assoziativ (Bild 6.9).
(4) Es gibt einen Nullvektor $\vec{o}$ mit der Eigenschaft: $\vec{v} + \vec{o} = \vec{o} + \vec{v} = \vec{v}$; dieser Vektor hat den Betrag 0, und er hat keine Richtung.
(5) Zu jedem Vektor $\vec{v}$ gibt es den inversen Vektor $(-\vec{v})$ mit der Eigenschaft: $\vec{v} + (-\vec{v}) = \vec{o}$. $\vec{v}$ und $(-\vec{v})$ haben den gleichen Betrag und entgegengesetzte Richtungen.

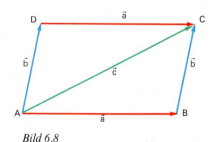

Bild 6.8

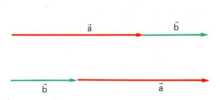

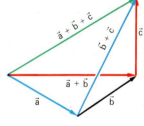

Bild 6.9

Damit gilt genau wie für die Vektoren in der Ebene der

Satz 6.2
Die Menge aller Vektoren bildet in bezug auf die Addition eine Gruppe.

6. Vektoren

Ebenso wie in der Ebene erklären wir im Raum die **Subtraktion von zwei Vektoren** als **Umkehrung der Addition.** Dazu bestimmen wir mit Verwendung der Gruppeneigenschaften (1) bis (5) zu zwei gegebenen Vektoren $\vec{a}$ und $\vec{b}$ einen Vektor $\vec{x}$, für den die Gleichung: $\vec{a} + \vec{x} = \vec{b}$ gilt. Diese Gleichung formen wir in mehreren Schritten um:

a) $(-\vec{a}) + (\vec{a} + \vec{x}) = (-\vec{a}) + \vec{b}$; (1) und (5)
b) $((-\vec{a}) + \vec{a}) + \vec{x} = \vec{b} + (-\vec{a})$; (3) und (2)
c) $\vec{o} + \vec{x} = \vec{b} + (-\vec{a})$; (4)
d) $\vec{x} = \vec{b} + (-\vec{a})$. (4)

Wir schreiben vereinfachend: $\vec{b} + (-\vec{a}) = \vec{b} - \vec{a}$, und erhalten

$$\vec{x} = \vec{b} - \vec{a}.$$

Den Vektor $\vec{x}$ nennen wir den Differenzvektor von $\vec{a}$ und $\vec{b}$. Wie man ihn zeichnerisch gewinnt, zeigt Bild 6.10.

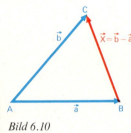
Bild 6.10

Aufgaben

1. Die Vektoren $\overrightarrow{AB}, \overrightarrow{AC}, \overrightarrow{AD}$ und $\overrightarrow{AE}$ haben die gleiche Richtung, und für ihre Beträge gilt: $|\overrightarrow{AB}| = 4{,}2$ cm, $|\overrightarrow{AC}| = 3{,}4$ cm, $|\overrightarrow{AD}| = |\overrightarrow{AB}| + |\overrightarrow{AC}|$, $|\overrightarrow{AE}| = |\overrightarrow{AB}| + |\overrightarrow{AD}|$. Addiere a) $\overrightarrow{AB}$ und $\overrightarrow{AC}$, b) $\overrightarrow{AC}$ und $\overrightarrow{AD}$, c) $\overrightarrow{AE}$ und $\overrightarrow{AD}$. Zeichne jeweils einen Pfeil des Summenvektors und bestimme seinen Betrag.

2. Zum Vektor $\vec{a}$ mit $|\vec{a}| = 5$ cm soll der Vektor $\vec{b}$ mit $|\vec{b}| = 3$ cm und $\sphericalangle \vec{a}\vec{b} = 60°$ addiert werden. Fertige eine Zeichnung an und lies an dieser Zeichnung den Betrag des Summenvektors $\vec{c}$ und die Größe von $\sphericalangle \vec{a}\vec{c}$ ab.

3. Für die drei Vektoren $\vec{v}_1, \vec{v}_2$ und $\vec{v}_3$ soll die Gleichung $\vec{v}_1 + \vec{v}_2 = \vec{v}_3$ gelten. Zeichne Pfeile der drei Vektoren so, daß zusätzlich folgende Aussage gilt: a) $|\vec{v}_1| + |\vec{v}_2| = |\vec{v}_3|$; b) $|\vec{v}_1| + |\vec{v}_2| > |\vec{v}_3|$; c) $|\vec{v}_1| - |\vec{v}_2| = 0 \wedge |\vec{v}_3| = \frac{1}{2}|\vec{v}_1|$.

d) Kann man Pfeile dieser drei Vektoren auch so zeichnen, daß $|\vec{v}_1| + |\vec{v}_2| < |\vec{v}_3|$ ist? Begründe die Antwort.

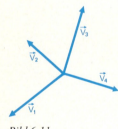
Bild 6.11

4. Zeichne die Vertreter von vier Vektoren $\vec{v}_1, \vec{v}_2, \vec{v}_3$ und $\vec{v}_4$ wie in Bild 6.11 und bilde dann die Vektorsummen: $\vec{v}_1 + \vec{v}_2 = \vec{v}_5$, $\vec{v}_3 + \vec{v}_4 = \vec{v}_6$, $\vec{v}_3 + \vec{v}_5 = \vec{v}_7$, $\vec{v}_4 + \vec{v}_5 = \vec{v}_8$, $\vec{v}_4 + \vec{v}_7 = \vec{v}_9$, $\vec{v}_3 + \vec{v}_8 = \vec{v}_{10}$, $\vec{v}_5 + \vec{v}_6 = \vec{v}_{11}$.

5. Ein ebenes Viereck wird von Pfeilen der Vektoren $\vec{v}_1, \vec{v}_2, \vec{v}_3$ und $\vec{v}_4$ gebildet. Um welche Art von Viereck handelt es sich, wenn zwischen den Vektoren die folgenden Beziehungen bestehen:
a) $\vec{v}_1 + \vec{v}_2 + \vec{v}_3 + \vec{v}_4 = \vec{o}$, $\vec{v}_1 + \vec{v}_3 = \vec{o}$, b) $\vec{v}_1 + \vec{v}_2 + \vec{v}_3 + \vec{v}_4 = \vec{o}$, $|\vec{v}_1| = |\vec{v}_2| = |\vec{v}_3| = |\vec{v}_4|$, c) $\vec{v}_1 + \vec{v}_2 + \vec{v}_3 + \vec{v}_4 = \vec{o}$, $\vec{v}_1 + \vec{v}_3 = \vec{o}$, $|\vec{v}_1 + \vec{v}_2| = |\vec{v}_2 + \vec{v}_3|$.

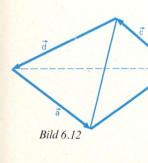
Bild 6.12

6. Ist es möglich, daß a) die Summe von zwei Einheitsvektoren, b) die Summe von drei Einheitsvektoren wieder ein Einheitsvektor ist?

7. In Bild 6.12 bilden Pfeile der Vektoren $\vec{a}, \vec{b}, \vec{c}$ und $\vec{d}$ ein räumliches Viereck, die Eckpunkte liegen also nicht in einer gemeinsamen Ebene. Zeige, daß man die Summe von je zwei dieser Vektoren immer durch die Summe der beiden anderen bzw. ihrer inversen Vektoren ausdrücken kann.

6. Vektoren

8. Der Würfel ABCDEFGH in Bild 6.13 wird von Pfeilen der drei Vektoren $\vec{a}$, $\vec{b}$ und $\vec{c}$ aufgespannt. a) Zeige, daß die Raumdiagonale $\overrightarrow{AG}$ durch einen Pfeil des Summenvektors $\vec{a} + \vec{b} + \vec{c}$ dargestellt wird. b) Auf welchen verschiedenen Wegen kann man die Pfeilketten durchlaufen, um von A nach G zu gelangen? Welche Vektorsummen werden dabei jeweils gebildet?

9. Aus der Gruppe der Vektoren kann man Untergruppen bilden. Zeige z.B., daß alle Vektoren, deren Pfeile sämtlich parallel sind, eine solche Untergruppe bezüglich der Addition bilden.

10. Überlege, ob es eine Untergruppe aus der Gruppe der Vektoren geben kann, die nur endlich viele Vektoren, aber mehr als einen Vektor enthält.

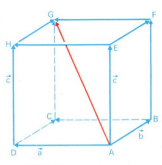

Bild 6.13

11. Die Seiten eines Rhombus sollen von Einheitsvektoren gebildet werden. Die eine Diagonale wird dann durch den Differenzvektor, die andere durch den Summenvektor beschrieben. Wie groß ist der Betrag des Summenvektors, wenn der Betrag des Differenzvektors gleich 1 ist?

12. Durch Pfeile der drei Vektoren $\vec{a}$, $\vec{b}$ und $\vec{c}$ werden in Bild 6.14 drei Kanten eines Tetraeders festgelegt. Zu welchen Vektoren gehören die drei anderen Kanten?

13. Zeichne einen Würfel wie in Bild 6.13 mit den Kantenvektoren $\vec{a}$, $\vec{b}$ und $\vec{c}$. Beschreibe die Raumdiagonalen $\overrightarrow{AG}$, $\overrightarrow{BH}$, $\overrightarrow{CE}$ und $\overrightarrow{DF}$ durch Summen und Differenzen dieser drei Vektoren.

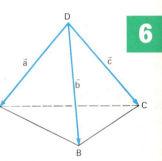

Bild 6.14

14. In Bild 6.15 ist ein dreiseitiges Prisma mit den Kantenvektoren $\vec{a}$, $\vec{b}$ und $\vec{c}$ dargestellt. Zeige, daß man mit diesen drei Vektoren alle Kanten und alle Flächendiagonalen beschreiben kann.

15. Gegeben ist ein Punkt O. Man denke sich von jedem aller möglichen Einheitsvektoren denjenigen Pfeil gezeichnet, der in O beginnt. Die Endpunkte dieser Pfeile kennzeichnen wir durch die Variable X. Welches ist der geometrische Ort für alle Punkte X, wenn wir a) alle möglichen Einheitsvektoren in einer Ebene, b) alle Einheitsvektoren im Raum betrachten?

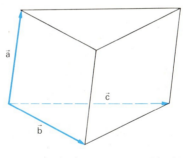

Bild 6.15

16. Pfeile der drei Vektoren $\vec{a}$, $\vec{x}$ und $\vec{x} - \vec{a}$ sollen ein gleichschenkliges Dreieck mit der Basis $\vec{a}$ bilden. Welche Aussagen gelten dann für die Beträge der Vektoren $\vec{x}$ und $\vec{x} - \vec{a}$?

17. Gegeben ist der Pfeil (O, A) des Vektors $\vec{a}$. In O werden alle Pfeile (O, X) der Vektoren $\vec{x}$ eingetragen, die mit (O, A) in ein und derselben Ebene liegen und für die
a) $|\vec{x}| = |\vec{x} - \vec{a}|$, b) $|\vec{x}| > |\vec{x} - \vec{a}|$, c) $|\vec{x}| < |\vec{x} - \vec{a}|$ gilt. Welches ist der geometrische Ort für alle Punkte X?

18. Löse die Aufgabe 17. ohne die Einschränkung, daß die Pfeile (O, X) aller möglichen Vektoren $\vec{x}$ mit (O, A) in ein und derselben Ebene liegen sollen.

19. Im Punkt O werden die Pfeile (O, A) und (O, X) der Vektoren $\vec{a}$ und $\vec{x}$ angetragen. Welches ist der geometrische Ort für alle Punkte X, die mit O und A in ein und derselben Ebene E liegen, und für die a) $|\vec{x} - \vec{a}| = 1$, b) $|\vec{x} - \vec{a}| < 1$, c) $|\vec{x} - \vec{a}| > 1$ gilt?

6.3. Die Multiplikation eines Vektors mit einer reellen Zahl

Gegeben ist der Pfeil (O, A) des Vektors $\vec{a}$. An die Spitze dieses Pfeiles denke man sich die Pfeile (A, X) von allen Vektoren angetragen, die zu einem Vektor $\vec{b}$ parallel sind. Welches ist der geometrische Ort für alle Punkte X?

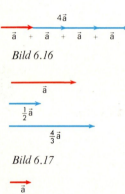

Bild 6.16

Bild 6.17

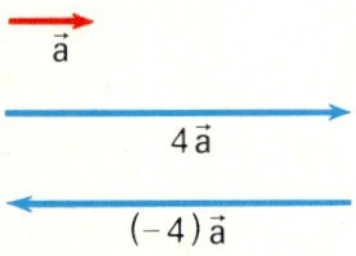

Bild 6.18

In Bild 6.16 ist die Vektorsumme $\vec{a} + \vec{a} + \vec{a} + \vec{a}$ dargestellt. Der Summenvektor hat die gleiche Richtung wie $\vec{a}$, sein Betrag ist gleich $4 \cdot |\vec{a}|$. An Stelle von $\vec{a} + \vec{a} + \vec{a} + \vec{a}$ schreiben wir $4 \cdot \vec{a}$ oder kürzer $4\vec{a}$.

Entsprechend wollen wir unter $k\vec{a}$, $k \in \mathbb{R}_0^+$, denjenigen Vektor verstehen, der die gleiche Richtung wie $\vec{a}$ und den Betrag $k|\vec{a}|$ besitzt; für $k = 0$ soll $0 \cdot \vec{a} = \vec{o}$ gelten. In Bild 6.17 sind z. B. neben dem Vektor $\vec{a}$ die Vektoren $\frac{1}{2}\vec{a}$ und $\frac{4}{3}\vec{a}$ dargestellt. Setzen wir: $-\vec{a} = (-1) \cdot \vec{a}$, so erhält auch die Multiplikation eines Vektors mit einer negativen Zahl einen Sinn. Dann haben z. B. die Vektoren $4\vec{a}$ und $(-4)\vec{a}$ in Bild 6.18 die gleichen Beträge, aber entgegengesetzte Richtungen, sie sind also zueinander invers.

Definition 6.2
Ist $\vec{a}$ ein beliebiger Vektor und k eine beliebige reelle Zahl, so ist auch $k\vec{a}$ ein Vektor. Für seinen Betrag gilt die Gleichung: $|k\vec{a}| = |k| \cdot |\vec{a}|$. Ist $k > 0$, so hat $k\vec{a}$ die gleiche Richtung wie $\vec{a}$, ist $k < 0$, so sind $k\vec{a}$ und $\vec{a}$ entgegengesetzt gerichtet. Für $k = 0$ gilt: $0 \cdot \vec{a} = \vec{o}$.

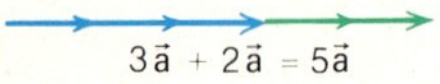

Rechengesetze: Für die Multiplikation eines Vektors mit einer reellen Zahl lesen wir aus den Bildern 6.19a und b die folgenden Rechengesetze ab:

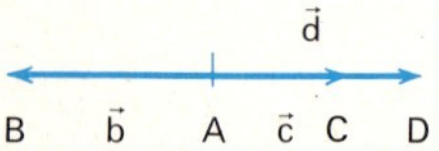

Bild 6.19a

Bild 19b

a) $m\vec{a} + n\vec{a} = (m + n)\vec{a}$

b) $m(n\vec{a}) = (mn)\vec{a}$.

Sind die Pfeile zweier verschiedener Vektoren parallel, dann liegen alle Pfeile mit demselben Anfangspunkt auf derselben Geraden, wie z. B. die Pfeile (A, B), (A, C) und (A, D) der Vektoren $\vec{b}, \vec{c}$ und $\vec{d}$ in Bild 6.20a. Solche Vektoren nennt man **kollinear**.

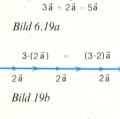

Bild 6.20a

Sind $\vec{b}$ und $\vec{c}$ irgend zwei kollineare Vektoren, so gibt es für diese nach Satz 4.4 sicher eine positive Zahl $|k|$, so daß $|\vec{b}| = |k| \cdot |\vec{c}|$ ist und demzufolge eine Zahl k, so daß

(1) $\qquad \vec{b} = k\vec{c}, \quad k \in \mathbb{R} \quad$ gilt.

Zum Beispiel ist in Bild 6.20a $|\vec{b}| = 1{,}5 |\vec{c}|$ und $\vec{b} = -1{,}5\vec{c}$. Ist umgekehrt für zwei Vektoren $\vec{b}$ und $\vec{c}$ die Bedingung (1) erfüllt, so haben $\vec{b}$ und $\vec{c}$ nach Definition 6.2 entweder gleiche oder entgegengesetzte Richtung, sind also kollinear. (1) nennt man daher auch **Kollinearitätsbedingung**.

Satz 6.3
Wenn zwischen zwei Vektoren $\vec{b}$ und $\vec{c}$ die Gleichung $\vec{b} = k\,\vec{c}$, $k \in \mathbb{R}$ gilt, dann sind $\vec{b}$ und $\vec{c}$ kollinear, und wenn $\vec{b}$ und $\vec{c}$ kollinear sind, dann gilt diese Gleichung.

Mit Hilfe der Kollinearitätsbedingung können wir auch eine Gerade g beschreiben, die durch einen Punkt A läuft und auf der ein Pfeil des Vektors $\vec{g}$ mit dem Anfangspunkt A liegt (Bild 6.20 b); denn jeder Punkt X auf dieser

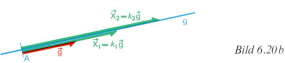

Bild 6.20 b

Geraden ist durch den Pfeil (A, X) festgelegt, die Vektoren $\vec{x} = \overrightarrow{AX}$ und $\vec{g}$ sind zueinander kollinear, also gilt für sie:

(2) $\qquad \vec{x} = k\,\vec{g}, \quad k \in \mathbb{R}.$

Aufgaben

1. Gegeben ist der Vektor $\vec{a}$ mit $|\vec{a}| = 2$ cm.
   a) Zeichne Pfeile der Vektoren $3\vec{a}$, $-2\vec{a}$, $\frac{1}{2}\vec{a}$, $4{,}5\vec{a}$. Bestimme den Vektor $\vec{x}$ so, daß
   b) $\vec{x} + 3\vec{a} = \vec{a}$, c) $3\vec{x} = 4\vec{a}$, d) $2\vec{x} - \vec{a} = \vec{a}$, e) $\vec{x} + \vec{a} = \frac{1}{2}\vec{a}$ ist.

2. Gegeben sind $\vec{a}$ und $\vec{b}$ mit $|\vec{a}| = |\vec{b}| = 1$ cm und $\sphericalangle\,\vec{a}\vec{b} = 90°$. Konstruiere einen Pfeil von $\vec{c} = 3\vec{a} + 4\vec{b}$ und bestimme durch Zeichnung und durch Rechnung $|\vec{c}|$.

3. Gegeben sind die Vektoren $\vec{a}$ und $\vec{b}$ mit $|\vec{a}| = 2$ cm, $|\vec{b}| = 1$ cm und $\sphericalangle\,\vec{a}\vec{b} = 60°$. Zeichne mit diesen Angaben Pfeile der folgenden Vektoren:
   a) $2\vec{a} + \vec{b}$, b) $\vec{b} - 3\vec{a}$, c) $2\vec{b} + 3\vec{a}$, d) $-2\vec{a} - 2\vec{b}$, e) $\frac{3}{2}\vec{a} + 3\vec{b}$.

4. Ein Rechteck ABCD mit dem Mittelpunkt M wird von Pfeilen der Vektoren $\vec{a}$ und $\vec{b}$ gebildet. Bestimme mit diesen Vektoren: $\overrightarrow{MA}$, $\overrightarrow{MB}$, $\overrightarrow{MC}$ und $\overrightarrow{MD}$.

5. In einem Rhombus sind die Diagonalen durch $\vec{a}$ und $\vec{b}$ gegeben. Zu welchen Vektoren gehören dann die Seiten des Rhombus?

6. Die Punkte A, B und C liegen auf einer Geraden. B teilt die Strecke $\overline{AC}$ im Verhältnis 3 : 4. Beschreibe diese Aussagen durch Vektoren.

7. In dem Quadrat (Bild 6.21) sind $\overrightarrow{HG}$ und $\overrightarrow{AC}$ kollinear.
   a) Wie lautet die Kollinearitätsbedingung zwischen diesen Vektoren?
   b) Nenne andere Paare kollinearer Vektoren in der Figur und gib jedesmal die Kollinearitätsbedingung an.

8. Pfeile von vier verschiedenen Vektoren $\vec{a}$, $\vec{b}$, $\vec{c}$ und $\vec{d}$ bilden eine geschlossene Pfeilkette.
   a) Überlege, ob einige dieser Vektoren kollinear sein können.
   b) Es sei $\vec{a} + \vec{c} = \vec{o}$ und $\vec{b} + \vec{d} = \vec{o}$, c) es sei $\vec{c} + 2\vec{a} = \vec{o}$.
   Beschreibe die von der Pfeilkette gebildeten Vierecke in b) und c).

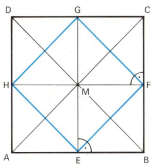

Bild 6.21

9. Zeichne je einen Pfeil eines Vektors $\vec{a}$ und eines dazu kollinearen Vektors $\vec{b}$, so daß sich
   a) $|\vec{a}|:|\vec{b}| = 1:2$, b) $|\vec{a}|:|\vec{b}| = 3:3,5$, c) $|\vec{a}|:|\vec{b}| = 1,5:2$
   verhält. Gib in jedem Falle die Kollinearitätsbedingung an.

10. Zwischen zwei Vektoren $\vec{a}$ und $\vec{b}$ besteht die Beziehung:
    a) $\vec{o} = 3\vec{b} - 2\vec{a}$; b) $5\vec{b} + 3\vec{a} = \vec{o}$; c) $\frac{1}{4}\vec{a} - \frac{2}{3}\vec{b} = \vec{o}$;
    d) $4\vec{a} + 2\vec{b} = 3\vec{a} - 2\vec{b}$; e) $2\vec{a} + 4\vec{b} = 3\vec{a} + 4\vec{b}$.
    Beschreibe jedesmal den Vektor $\vec{b}$ als ein Vielfaches von $\vec{a}$ oder umgekehrt und zeichne einen Pfeil von $\vec{b}$, indem du einen Pfeil von $\vec{a}$ beliebig wählst.

11. Zeichne wie in Bild 6.13 einen Würfel ABCDEFGH mit den Kantenvektoren $\vec{a}$, $\vec{b}$ und $\vec{c}$. O sei der Mittelpunkt von $\overline{EG}$, P der Mittelpunkt von $\overline{BG}$, Q der Mittelpunkt von $\overline{BD}$ und R der Mittelpunkt von $\overline{DE}$.
    Zeichne in den Würfel das Tetraeder EBGD und beschreibe seine Kanten mit den Vektoren $\vec{a}$, $\vec{b}$ und $\vec{c}$. Bilde dann die Vektorsumme $\overrightarrow{ED} + \overrightarrow{DB} + \overrightarrow{BG} + \overrightarrow{GE}$.
    b) Beschreibe die Vektoren $\overrightarrow{AO}$, $\overrightarrow{BO}$, $\overrightarrow{CO}$ und $\overrightarrow{DO}$ mit den Vektoren $\vec{a}$, $\vec{b}$ und $\vec{c}$ und vergleiche die Vektorsummen $\overrightarrow{AO} + \overrightarrow{CO}$ und $\overrightarrow{BO} + \overrightarrow{DO}$ miteinander.
    c) Nenne mit den in der Figur angegebenen Punkten solche Vektoren, die zu $\overrightarrow{FO}$, $\overrightarrow{PO}$, $\overrightarrow{BO}$ kollinear sind. Gib immer die Kollinearitätsbedingung an.

6.4. Komplanare Vektoren

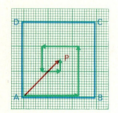

Bild 6.22

In dem Quadrat ABCD (Bild 6.22) wird der Punkt P durch den Vektor $\overrightarrow{AP}$ festgelegt, und dieser Vektor ist durch die Vektorgleichung: $\overrightarrow{AP} = \frac{3}{4}\vec{a} + \frac{2}{3}\vec{b} - \frac{1}{2}\vec{a} - \frac{1}{3}\vec{b} + \frac{1}{4}\vec{a} + \frac{1}{6}\vec{b}$
bestimmt. Ist diese Gleichung gegeben, so finden wir den Punkt P, indem wir den Streckenzug durchlaufen, der durch die Vektorgleichung beschrieben ist. Wir beginnen in A, zeichnen zunächst den zugehörigen Pfeil des Vektors $\frac{3}{4}\vec{a}$, dann den Pfeil des Vektors $\frac{2}{3}\vec{b}$ usw. Zeichne den Streckenzug bis zum Punkte P.

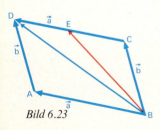

Bild 6.23

In Bild 6.23 wird das Parallelogramm ABCD durch $\vec{a}$ und $\vec{b}$ „aufgespannt". Andere Vektoren, deren Pfeile in dieser Figur vorkommen, kann man mit Hilfe von $\vec{a}$ und $\vec{b}$ beschreiben. Ist z.B. E die Mitte von $\overline{DC}$, so ist $\overrightarrow{BE} = \overrightarrow{BC} + \overrightarrow{CE} = \vec{b} - \frac{1}{2}\vec{a}$. Diese Vektorgleichung ist ein Beispiel für eine Gleichung der Form:

$$\vec{c} = m\vec{a} + n\vec{b}.$$

Den Term $m\vec{a} + n\vec{b}$, $m, n \in \mathbb{R}$, nennt man **Linearkombination** der Vektoren $\vec{a}$ und $\vec{b}$.

Liegen die Pfeile verschiedener Vektoren zu ein und derselben Ebene parallel, so liegen alle Pfeile dieser Vektoren mit demselben Anfangspunkt in genau einer Ebene, wie z. B. die Pfeile der Vektoren $\overrightarrow{BA}$, $\overrightarrow{BD}$, $\overrightarrow{BC}$ und $\overrightarrow{BE}$ in Bild 6.23. Solche Vektoren heißen **komplanar**. Aus dieser Erklärung folgt, daß zwei Vektoren immer komplanar sind.

Wir wählen nun drei komplanare Vektoren $\vec{a}$, $\vec{b}$ und $\vec{c}$ so, daß sie nicht kollinear sind (Bild 6.24). Durch C legen wir die Parallele zu OB, die OA in P schneidet. Die Vektoren $\overrightarrow{PC}$ und $\overrightarrow{OB}$, sowie die Vektoren $\overrightarrow{OP}$ und $\overrightarrow{OA}$ sind jeweils kollinear. Also gilt für sie nach Satz 6.3: $\overrightarrow{PC} = n \cdot \overrightarrow{OB}$ und $\overrightarrow{OP} = m \cdot \overrightarrow{OA}$. Außerdem ist $\overrightarrow{OC} = \overrightarrow{OP} + \overrightarrow{PC}$, und damit gilt:

(1) $\qquad\qquad \vec{c} = m\vec{a} + n\vec{b}, \quad m, n \in \mathbb{R}.$

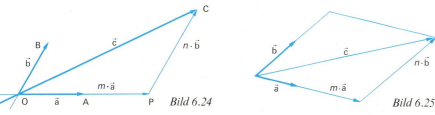

Bild 6.24   Bild 6.25

Diese Gleichung besagt, daß von drei komplanaren – aber nicht kollinearen Vektoren – jeder durch eine Linearkombination der beiden anderen angegeben werden kann.

Ist umgekehrt für die drei Vektoren $\vec{a}$, $\vec{b}$ und $\vec{c}$ die Gleichung (1) erfüllt, dann sind die Vektoren komplanar (Bild 6.25).

Beweis: Sind $\vec{a}$ und $\vec{b}$ nicht kollinear, dann spannen die Vektoren $m\vec{a}$ und $n\vec{b}$ ein Parallelogramm auf, in dem der Vektor $\vec{c}$ eine Diagonale angibt, d.h. $\vec{a}$, $\vec{b}$ und $\vec{c}$ sind komplanar. Sind $\vec{a}$ und $\vec{b}$ kollinear, ist also $\vec{b} = k\vec{a}$, dann ist $\quad \vec{c} = m\vec{a} + nk\vec{a} = (m + nk)\vec{a}$,
d.h. alle drei Vektoren sind kollinear und damit komplanar. Die Bedingung (1) heißt **Komplanaritätsbedingung.**

Satz 6.4
Wenn zwischen drei Vektoren $\vec{a}$, $\vec{b}$ und $\vec{c}$ die Gleichung: $\vec{c} = m\vec{a} + n\vec{b}$, $m, n \in \mathbb{R}$, gilt, dann sind $\vec{a}$, $\vec{b}$ und $\vec{c}$ komplanar, und wenn $\vec{a}$, $\vec{b}$ und $\vec{c}$ komplanar, aber nicht zwei dieser Vektoren kollinear sind, dann gilt diese Gleichung.

Für viele Anwendungen ist eine Folgerung aus der Gleichung (1) besonders wichtig: Wir nehmen an, daß $\vec{c} = \vec{o}$ ist, $\vec{a}$ und $\vec{b}$ aber vom Nullvektor verschieden sind und auch nicht kollinear sind. Dann sind aber auch die Vektoren $m\vec{a}$ und $n\vec{b}$ nicht kollinear, und daher ist die Gleichung: $\vec{o} = m\vec{a} + n\vec{b}$ nur erfüllbar, wenn beide Summanden Nullvektoren sind, d.h. wenn sowohl m als auch n gleich Null sind.

Aufgaben

1. Gegeben sind $\vec{a}$ und $\vec{b}$, wobei $|\vec{a}| = 2$ cm, $|\vec{b}| = 3$ cm und $\sphericalangle \vec{a}, \vec{b} = 90°$ ist. Zeichne einen Pfeil des Vektors $\vec{c}$:
   a) $\vec{c} = 2\vec{a} + 3\vec{b}$;   b) $\vec{c} = \frac{3}{2}\vec{a} + \frac{1}{2}\vec{b}$;   c) $\vec{c} = -3,5\vec{a} - 1,5\vec{b}$;
   d) $2\vec{a} + 3\vec{b} + \vec{c} = \vec{o}$;   e) $\vec{a} + \vec{b} + 2\vec{c} = \vec{o}$.

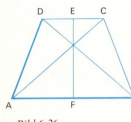

Bild 6.26

2. In dem symmetrischen Trapez ABCD (Bild 6.26) ist $\overrightarrow{DC} = \frac{1}{2}\overrightarrow{AB}$. Stelle durch eine Linearkombination der Vektoren $\overrightarrow{AB}$ und $\overrightarrow{AD}$ den folgenden Vektor dar:
   a) $\overrightarrow{AC}$,   b) $\overrightarrow{AF}$,   c) $\overrightarrow{AE}$,   d) $\overrightarrow{CB}$,   e) $\overrightarrow{FE}$,   f) $\overrightarrow{BD}$.

3. Zwischen zwei nicht kollinearen Vektoren $\vec{a}$ und $\vec{b}$ besteht die Vektorgleichung:
   a) $(m - n)\vec{a} + (n - 3)\vec{b} = \vec{o}$;   b) $(m - 4)\vec{a} + (n + m)\vec{b} = \vec{o}$;
   c) $(n + m)\vec{a} + (n - m)\vec{b} = \vec{o}$;   d) $(2n - m)\vec{a} + (m + 3)\vec{b} = \vec{o}$;
   e) $(m + 2n)\vec{a} + (2m + n)\vec{b} = \vec{o}$.
   Welche Zahlen muß man für die Variablen m und n einsetzen, damit wahre Aussagen entstehen?

▲ 4. $\vec{a}$ und $\vec{b}$ seien zwei beliebige nicht kollineare Vektoren. Zwischen ihnen und den Vektoren $\vec{c}, \vec{d}$ und $\vec{e}$ bestehen die Beziehungen: $\vec{a} + \vec{b} + \vec{c} + \vec{d} + \vec{e} = \vec{o}, \vec{a} + 2\vec{c} = \vec{o}$ und $\vec{b} + 2\vec{d} = \vec{o}$.
   a) Zeichne ein Fünfeck, in dem die Vektoren $\vec{a}, \vec{b}, \vec{c}, \vec{d}$ und $\vec{e}$ die Seiten beschreiben. Beachte dabei, daß $\vec{c}$ und $\vec{d}$ zu $\vec{a}$ bzw. zu $\vec{b}$ kollinear sind.   b) Stelle den Vektor $\vec{e}$ als Linearkombination von $\vec{a}$ und $\vec{b}$ dar und weise so nach, daß alle fünf Vektoren komplanar sind.

5. $\vec{a}$ und $\vec{b}$ sind zwei beliebige nicht kollineare Vektoren. Zwischen ihnen und den Vektoren $\vec{c}$ und $\vec{d}$ gelten folgende Beziehungen: $\vec{a} + \vec{b} + \vec{c} + \vec{d} = \vec{o}$ und $\vec{a} + 2\vec{c} = \vec{o}$.
   a) Zeichne ein Viereck, in dem diese Vektoren die Seiten beschreiben.
   b) Zeige, daß die vier Vektoren komplanar sind und gib die Komplanaritätsbedingung für $\vec{c}, \vec{b}$ und $\vec{d}$ an.

6. Gegeben sind vier Vektoren $\vec{a}, \vec{b}, \vec{c}, \vec{d}$. Zwischen ihnen bestehen die Beziehungen:
   a) $\vec{a} + \vec{b} + \vec{c} = \vec{o}$ und $\vec{b} + \vec{c} = \vec{d}$;   b) $\vec{a} = 2\vec{b}, \vec{b} = \vec{c} + \vec{d}$ und $\vec{d} = -\vec{a}$;
   c) $\vec{a} + \vec{b} + \vec{c} + \vec{d} = \vec{o}, \vec{a} + \vec{b} = \vec{o}$ und $\vec{c} + \vec{d} = \vec{o}$.
   Welche der vier Vektoren sind zueinander kollinear, welche komplanar?

7. In einem Dreieck werden die Seiten durch die Vektoren $\vec{a}, \vec{b}$ und $\vec{c}$ beschrieben. Zu welchen Vektoren gehören
   a) die drei Seitenhalbierenden;   b) die Seiten des Mittendreiecks;
   c) Zeige, daß man die in a) und b) angegebenen Stücke auch nur durch $\vec{a}$ und $\vec{b}$ beschreiben kann.

8. Überlege, ob man mit zwei Vektoren $\vec{a}$ und $\vec{b}$ sowie mit Linearkombinationen dieser beiden Vektoren die sechs Kanten eines Tetraeders beschreiben kann.

▲ 9. Durch die drei Punkte O, A und B wird in der Ebene ein Dreieck gebildet. Aus den Seitenvektoren $\vec{a} = \overrightarrow{OA}$ und $\vec{b} = \overrightarrow{AB}$ bilden wir die Linearkombination: $\overrightarrow{OX} = \vec{a} + x\vec{b}$.
   a) Welches ist der geometrische Ort für die Spitzen X aller Pfeile (O, X), wenn man für die Variable x die Zahlen aus $\mathbb{R}$ einsetzt?

b) Beantworte die gleiche Frage für die Linearkombination $\overrightarrow{OX} = 2\vec{a} + x\vec{b}$.

c) Setze in der Linearkombination $\overrightarrow{OX} = n\vec{a} + m\vec{b}$ für n und m ganze Zahlen ein. Beschreibe dann den geometrischen Ort für die Spitzen der möglichen Pfeile (O, X).

d) Zeichne ein gleichseitiges Dreieck OAB mit $\overline{OA} = 2$ cm und beantworte mit dieser Grundfigur die Fragen a) und b).

10. Zeichne wie in Bild 6.27 einen Würfel ABCDEFGH zu den Kantenvektoren $\vec{a}$, $\vec{b}$ und $\vec{c}$ und zeichne in diesen Würfel das Sechseck PQRSTU, wobei alle Eckpunkte des Sechsecks Mittelpunkt von Würfelkanten sind. Stelle die zu den Diagonalen des Sechsecks gehörenden Vektoren $\overrightarrow{PS}$, $\overrightarrow{QT}$ und $\overrightarrow{UR}$ als Linearkombinationen von $\vec{a}$, $\vec{b}$ und $\vec{c}$ dar und zeige, daß die drei Diagonalvektoren die Komplanaritätsbedingung erfüllen. Was bedeutet das geometrisch für das Sechseck?

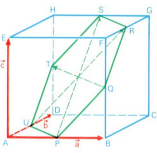

Bild 6.27

6.5. Darstellung eines Vektors durch Basisvektoren

1. In der Ebene kann man jeden Punkt mit Hilfe eines Koordinatensystems festlegen. So ist z. B. in Bild 6.28 der Punkt P durch das Zahlenpaar (2,5; 1) bestimmt. Der Punkt P ist aber auch durch den Pfeil (O, P) festgelegt. Den zugehörigen Vektor $\overrightarrow{OP}$ können wir durch eine Linearkombination der Einheitsvektoren $\vec{e}_1$ und $\vec{e}_2$ beschreiben: $\overrightarrow{OP} = 2,5\vec{e}_1 + \vec{e}_2$. Erkläre ganz entsprechend mit Hilfe einer Vektorgleichung die Lage der Punkte: $Q(-1; 3)$, $R(0; 5)$, $S(3; -2)$ und $T(3; 4)$. Zeichne vom Nullpunkt aus die Pfeile der Vektoren $\overrightarrow{OQ}$, $\overrightarrow{OR}$, $\overrightarrow{OS}$, $\overrightarrow{OT}$ und berechne ihre Beträge.

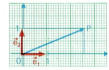

Bild 6.28

2. In den Quader ABCDEFGH (Bild 6.29) sind die Kanten und zwei Flächendiagonalen durch Vektoren dargestellt. Bilde die Vektorsummen $\vec{a} + \vec{f}$ und $\vec{b} + \vec{h}$ und vergleiche sie miteinander. Bedenke dabei, daß man $\vec{f}$ durch $\vec{b}$ und $\vec{c}$, sowie $\vec{h}$ durch $\vec{a}$ und $\vec{c}$ ausdrücken kann.

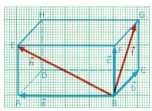

Bild 6.29

In Bild 6.30 sind die Kanten eines **Parallelflachs** durch die Vektoren $\vec{a}$, $\vec{b}$ und $\vec{c}$ gekennzeichnet. Andere Strecken in dem Körper kann man durch eine Linearkombination dieser drei Vektoren beschreiben. So ist z. B. $\overrightarrow{AF} = \vec{a} + \vec{c}$, oder $\overrightarrow{BH} = \vec{b} + \vec{c} - \vec{a}$. Wir werden jetzt zeigen, daß man jeden beliebigen Vektor $\vec{v} = \overrightarrow{AP}$ im Raum durch diese drei Vektoren darstellen kann. Dazu zeichnen wir durch P die Parallele zu AE, welche die Ebene ABCD in P_1 schneidet und die Parallele durch P_1 zu AD, die AB in P_2 schneidet. Dann ist

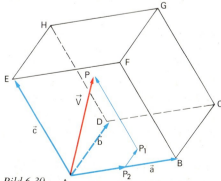

Bild 6.30

$\overrightarrow{AP} = \overrightarrow{AP_2} + \overrightarrow{P_2P_1} + \overrightarrow{P_1P}$. Wegen $\overrightarrow{AP_2} = p\vec{a}$, $\overrightarrow{P_2P_1} = q\vec{b}$ und $\overrightarrow{P_1P} = r\vec{c}$ mit $p, q, r \in \mathbb{R}$ folgt daraus

$$(1) \quad \vec{v} = p\vec{a} + q\vec{b} + r\vec{c}.$$

In Bild 6.30 ist z. B. $p = \frac{1}{2}$, $q = \frac{1}{3}$, $r = \frac{3}{4}$, also $\vec{v} = \frac{1}{2}\vec{a} + \frac{1}{3}\vec{b} + \frac{3}{4}\vec{c}$.

In (1) sind $\vec{a}$, $\vec{b}$ und $\vec{c}$ drei beliebige Vektoren, die allerdings nicht zueinander komplanar sein dürfen. Sie bilden die **Basis** zur Darstellung irgendeines anderen Vektors, d.h. jeder andere Vektor läßt sich als Linearkombination dieser Vektoren schreiben. Man nennt sie daher auch **Basisvektoren**. Die einzelnen Glieder in (1): $p\vec{a}$, $q\vec{b}$ und $r\vec{c}$ sind die **Komponenten** des Vektors $\vec{v}$ in bezug auf diese Basis.

Aus (1) ziehen wir eine wichtige Folgerung:

Wir nehmen an, daß in dieser Gleichung $\vec{v}$ der Nullvektor ist, daß $\vec{a}$, $\vec{b}$ und $\vec{c}$ vom Nullvektor verschieden und auch nicht komplanar sind. Dann sind auch die Vektoren $p\vec{a}$, $q\vec{b}$ und $r\vec{c}$ nicht komplanar und daher ist die Gleichung:
$$\vec{o} = p\vec{a} + q\vec{b} + r\vec{c}$$

nur dann wahr, wenn alle drei Summanden Nullvektoren sind, wenn also p, q und r gleich Null sind.

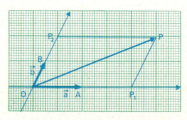

Bild 6.31

In der Ebene kann man die Lage aller Punkte durch zwei Basisvektoren $\vec{a}$ und $\vec{b}$ beschreiben, die allerdings nicht zueinander kollinear sein dürfen (Bild 6.31). Das zeigen wir für den Punkt P. Durch P legen wir die Parallele zu OB, die OA in P_1 schneidet, und eine zweite Parallele zu OA, die OB in P_2 schneidet. Dann ist $\overrightarrow{OP} = \overrightarrow{OP_1} + \overrightarrow{OP_2}$. Wegen $\overrightarrow{OP_1} = p\vec{a}$ und $\overrightarrow{OP_2} = q\vec{b}$ folgt $\overrightarrow{OP} = p\vec{a} + q\vec{b}$, $p, q \in \mathbb{R}$.

Aufgaben

1. In Bild 6.32 sind $\vec{a}$ und $\vec{b}$ Pfeile von zwei Basisvektoren für die Ebene **E**. Für den Vektor $\overrightarrow{OP}$ lesen wir die Gleichung: $\overrightarrow{OP} = \frac{1}{2}\vec{a} - \frac{3}{4}\vec{b}$ ab. Zeichne entsprechend Pfeile von zwei Basisvektoren $\vec{a}$ und $\vec{b}$ und in derselben Ebene den Pfeil (O, P) des Vektors $\overrightarrow{OP}$, für den die folgende Gleichung gilt:
a) $\overrightarrow{OP} = 2\vec{a} - \vec{b}$, b) $\overrightarrow{OP} = -\vec{a} - 3\vec{b}$,
c) $\overrightarrow{OP} = \frac{3}{2}\vec{a} + \frac{5}{2}\vec{b}$.

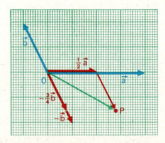

Bild 6.32

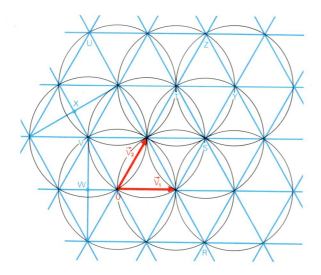

Bild 6.33

2. Das Netz aus gleichseitigen Dreiecken in Bild 6.33 wird von den Basisvektoren $\vec{v}_1$ und $\vec{v}_2$ aufgespannt. Beschreibe die Lage der Gitterpunkte R, S, T, U, V, W, X, Y, Z durch diese Basisvektoren.

3. $\vec{a}$ und $\vec{b}$ sind zwei nicht kollineare Vektoren, k und m sind Variable für reelle Zahlen. Es gelten die Gleichungen: a) $\vec{o} = k\vec{a} + (3-m)\vec{b}$, b) $\vec{o} = (k-m)\vec{a} + (k+1)\vec{b}$, c) $\vec{o} = (k+m)\vec{a} + m\vec{b}$, d) $(k-2)\vec{a} = (3-m)\vec{b}$, e) $3\vec{a} = k\vec{a} - m\vec{b}$, f) $2\vec{b} + k\vec{a} - m\vec{b} + \vec{a} = \vec{o}$, g) $\vec{b} + 3\vec{a} = m\vec{a} - k\vec{b}$. Bestimme k und m.

4. Zeichne eine Gerade g und auf ihr den Pfeil (O, A) des Vektors $\vec{a}$. Nach Satz 6.3 kann man jeden Punkt der Geraden mit Hilfe eines einzigen Basisvektors $\vec{a}$ bestimmen. So gilt in Bild 6.34 für den Punkt B: $\overrightarrow{OB} = -3\vec{a}$. Zeichne eine solche Gerade g mit dem Basisvektor $\vec{a} = \overrightarrow{OA}$ und bestimme darauf Punkte B, C, D und E, für die gilt: $\overrightarrow{OB} = 2\vec{a}$, $\overrightarrow{OC} = -\frac{3}{2}\vec{a}$, $\overrightarrow{OD} = \sqrt{5}\vec{a}$, $\overrightarrow{OE} = -\sqrt{5}\vec{a}$. Wähle dann auf derselben Geraden mit denselben Punkten O, A, B, C, D und E den Vektor $\overrightarrow{OC}$ als Basisvektor und lege die Punkte A, B, D, E durch diesen Vektor fest.

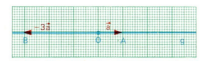

Bild 6.34

5. Zeichne Pfeile von drei nicht komplanaren Vektoren $\vec{a}$, $\vec{b}$ und $\vec{c}$ wie in Bild 6.30 und dazu den Pfeil (O, P) eines vierten Vektors $\overrightarrow{OP}$, für den gilt:
a) $\overrightarrow{OP} = \vec{a} + \vec{b} + \vec{c}$; b) $\overrightarrow{OP} = -\vec{a} + 2\vec{b} + \vec{c}$; c) $\overrightarrow{OP} = \frac{1}{2}\vec{a} + 2\vec{b} - 3\vec{c}$;
d) $\overrightarrow{OP} = \vec{a} + 3\vec{c}$; e) $\overrightarrow{OP} = -\vec{a} - 2\vec{c} - 3\vec{b}$; f) $\overrightarrow{OP} = -\vec{b} - \vec{c}$.

6. $\vec{a}$, $\vec{b}$ und $\vec{c}$ sind drei nicht komplanare Vektoren, und es gelten die Gleichungen:
a) $\vec{o} = (m-3)\vec{a} + (m-n)\vec{b} + (n+l)\vec{c}$;
b) $\vec{o} = (3-m+l)\vec{a} + m\vec{b} + (2l-n)\vec{c}$; c) $\vec{a} + \vec{b} + \vec{c} = m\vec{a} + n\vec{b} + l\vec{c}$.
Welche Zahlen müssen für die Variablen l, m und n eingesetzt werden, damit man wahre Aussagen erhält?

▲ 7. Zeichne eine quadratische Pyramide mit Pfeilen der Basisvektoren $\vec{a}$, $\vec{b}$ und $\vec{c}$ wie in Bild 6.35.

   a) Beschreibe alle Kanten und die Flächendiagonalen mit den Basisvektoren.

   b) Zeichne $\vec{SE} = \frac{1}{2}\vec{a} + \frac{1}{2}\vec{b}$; $\vec{SF} = \frac{4}{2}\vec{b} + \frac{1}{2}\vec{c}$;

   $\vec{SG} = \vec{c} + \frac{1}{2}(\vec{a} - \vec{b})$;

   $\vec{SH} = \vec{a} + \frac{1}{2}\vec{c} - \frac{1}{2}\vec{b}$.

   c) Beschreibe $\vec{SM}$ durch die Basisvektoren.

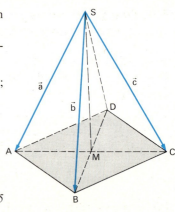

Bild 6.35

▲ 8. Zeichne Pfeile von drei Basisvektoren $\vec{a}$, $\vec{b}$ und $\vec{c}$ wie in Bild 6.30 und konstruiere Pfeile der Vektoren: $\vec{v} = 3\vec{a} - 2\vec{b} - \vec{c}$ und $\vec{w} = -\vec{a} + 3\vec{b} - 2\vec{c}$. Zeichne und berechne dann denjenigen Vektor $\vec{z}$, der mit $\vec{v}$ und $\vec{w}$ ein Dreieck bildet, so daß $\vec{v} + \vec{w} + \vec{z} = \vec{o}$ gilt.

9. Zeichne einen Würfel ABCDEFGH zu den Kantenvektoren $\vec{a}$, $\vec{b}$ und $\vec{c}$ wie in Bild 6.13. Beschreibe die Lage der Spitzen P der Pfeile (A, P), für die folgende Vektorgleichung gilt:

   a) $\vec{AP} = \vec{AB} + \frac{1}{2}\vec{b}$; b) $\vec{AP} = \vec{AB} + \frac{1}{2}\vec{b} + \frac{1}{2}\vec{c}$;

   c) $\vec{AP} = \vec{AB} + 2\vec{b} + \vec{c}$;

▲ d) $\vec{AP} = \vec{AB} + \vec{b} - \vec{c}$. e) Welches ist der geometrische Ort für die Spitzen aller Pfeile $\vec{AP}$, für die die Vektorgleichung
   $\vec{AP} = \vec{AB} + m\vec{b} + n\vec{c}$ mit $m, n \in \mathbb{R}$ gilt?

Bild 6.36

▲ 10. In der dreiseitigen Pyramide ABCD in Bild 6.36 sind $\vec{b} = \vec{AB}$, $\vec{c} = \vec{AC}$ und $\vec{d} = \vec{AD}$ Basisvektoren, P, Q und R sind die Mittelpunkte von $\vec{BC}$, $\vec{AC}$ bzw. $\vec{AB}$.

   a) Beschreibe die Vektoren $\vec{DP}$, $\vec{SQ}$ und $\vec{DR}$ durch die drei Basisvektoren. b) Man kann auch $\vec{DP}$, $\vec{DQ}$ und $\vec{DR}$ als Basisvektoren wählen. Beschreibe mit ihnen die Vektoren $\vec{AB}$, $\vec{AC}$ und $\vec{AD}$.

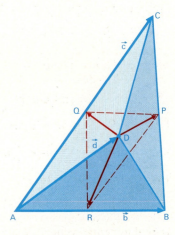

6.6. Das Distributivgesetz für die Multiplikation einer Vektorsumme mit einer Zahl

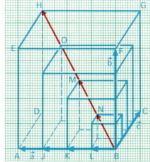

In Bild 6.37 sind in den Würfel ABCDEFGH zu den Basisvektoren $\vec{a}$, $\vec{b}$ und $\vec{c}$ drei kleinere Würfel gezeichnet. Dabei ist $\vec{BJ} = \frac{3}{4}\vec{a}$, $\vec{BK} = \frac{1}{4}\vec{a}$ und $\vec{BL} = \frac{1}{4}\vec{a}$.

Bestimme die zu den Raumdiagonalen gehörenden Vektoren $\vec{BH}$, $\vec{BO}$, $\vec{BM}$ und $\vec{BN}$ durch Linearkombination der Basisvektoren und $\vec{BO}$, $\vec{BM}$ und $\vec{BN}$ auch durch den Vektor $\vec{BH}$.

Bild 6.37

Mit den uns schon bekannten Rechengesetzen für Vektoren werden wir jetzt zeigen, wie man eine Vektorsumme mit einer Zahl multipliziert. Es ist z.B.

$4(\vec{a} + \vec{b}) = (\vec{a} + \vec{b}) + (\vec{a} + \vec{b}) + (\vec{a} + \vec{b}) + (\vec{a} + \vec{b})$
$= (\vec{a} + \vec{a} + \vec{a} + \vec{a}) + (\vec{b} + \vec{b} + \vec{b} + \vec{b}) = 4\vec{a} + 4\vec{b}.$

Ganz entsprechend gilt für jede natürliche Zahl m:

(1) $\qquad m(\vec{a} + \vec{b}) = m\vec{a} + m\vec{b}.$

Wir fragen uns nun, ob sich die Gleichung auch für alle rationalen Zahlen ergibt und untersuchen dazu den Vektor:

$\vec{v} = \frac{1}{q}\vec{a} + \frac{1}{q}\vec{b}$, $q \in \mathbb{N}$. Wir erhalten nach (1):

$q\vec{v} = q\left(\frac{1}{q}\vec{a}\right) + q\left(\frac{1}{q}\vec{b}\right) = \left(q\frac{1}{q}\right)\vec{a} + \left(q\frac{1}{q}\right)\vec{b} = \vec{a} + \vec{b}$; also ist

$\vec{v} = \frac{1}{q}(\vec{a} + \vec{b})$ und damit: $\frac{1}{q}(\vec{a} + \vec{b}) = \frac{1}{q}\vec{a} + \frac{1}{q}\vec{b}.$

Nach Multiplikation mit der natürlichen Zahl p ergibt sich:

(2) $\qquad \frac{p}{q}(\vec{a} + \vec{b}) = \frac{p}{q}\vec{a} + \frac{p}{q}\vec{b}.$

Für die inversen Vektoren:

$-\frac{p}{q}(\vec{a} + \vec{b})$, $-\frac{p}{q}\vec{a}$ und $-\frac{p}{q}\vec{b}$

folgt dann entsprechend Bild 6.38:

(3) $\qquad -\frac{p}{q}(\vec{a} + \vec{b}) = -\frac{p}{q}\vec{a} - \frac{p}{q}\vec{b}$; also gilt für jede rationale Zahl k:

(4) $\qquad k(\vec{a} + \vec{b}) = k\vec{a} + k\vec{b}.$

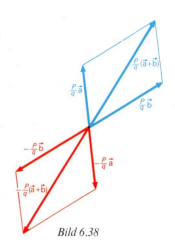

Bild 6.38

Da jede reelle Zahl durch eine Intervallschachtelung aus rationalen Zahlen erfaßt werden kann (siehe das Kapitel „Von den rationalen zu den reellen Zahlen"), muß diese Gleichung auch für jede beliebige reelle Zahl r erfüllt sein.

Wir stellen damit fest:

Für die Multiplikation einer Vektorsumme mit einer reellen Zahl gilt das **Distributivgesetz:** $r(\vec{a} + \vec{b}) = r\vec{a} + r\vec{b}$.

Zusammenfassend erhalten wir somit für das Rechnen mit Vektoren die folgenden Gesetzmäßigkeiten:

1. Die Menge der Vektoren bildet in bezug auf die Addition eine kommutative Gruppe.
2. Für die Multiplikation eines Vektors mit reellen Zahlen gilt:
   a) $1 \cdot \vec{a} = \vec{a}$;
   b) $r\vec{a} + s\vec{a} = (r + s)\vec{a}$;
   c) $r(s\vec{a}) = (rs)\vec{a}$;
   d) $r(\vec{a} + \vec{b}) = r\vec{a} + r\vec{b}$.

Anmerkung: Diese Gesetze gelten nicht nur für die Menge aller Vektoren im Raum, sondern z.B. auch für die Menge aller Vektoren, die in ein und derselben Ebene liegen, oder auch für die Menge aller Vektoren, deren Pfeile auf ein und derselben Geraden g liegen.

Darüberhinaus werden wir aber auch noch Mengen mit ganz anderen Elementen kennenlernen, für die obige Gesetze gelten, wenn wir darin die Vektoren durch diese Elemente ersetzen und die Addition der Elemente dieser Mengen sowie die Multiplikation der Elemente dieser Mengen mit einer reellen Zahl geeignet deuten.

Wir nennen jede solche Menge einen **Vektorraum.** Die Menge aller Vektoren im Raum ist dafür ein Modell, aber auch die Menge aller Vektoren in einer Ebene oder die Menge der Vektoren auf einer Geraden sind solche Modelle.

Aufgaben

1. Löse die folgenden Vektorgleichungen nach $\vec{x}$ auf:
   a) $3\vec{x} + 2\vec{a} = \vec{b}$; b) $\vec{a} - 2\vec{x} + \vec{b} = \vec{o}$; c) $\vec{b} + \frac{3}{5}\vec{x} - 2\vec{a} = \vec{o}$;
   d) $3(\vec{x} + \vec{b}) = \vec{a}$; e) $m\vec{x} + n\vec{x} + p\vec{a} = \vec{o}$;
   f) $4(\vec{x} - \vec{a}) + 2(\vec{x} + \vec{b}) = \vec{o}$; g) $\frac{1}{2}(2\vec{b} - \vec{x}) - \frac{1}{2}(\vec{x} + 2\vec{b}) = \vec{o}$;
   h) $m(\vec{x} + \vec{a}) + n(\vec{x} - \vec{a}) = \vec{o}$; i) $m\vec{x} + n\vec{x} + p\vec{x} = (m + n + p)\vec{a}$.

2. Die Vektoren $\vec{a}$ und $\vec{b}$ sind gegeben. Konstruiere auf zwei verschiedene Arten einen Pfeil von:
   a) $3(\vec{a} + \vec{b})$; b) $-2\left(\vec{a} + \frac{1}{2} \cdot \vec{b}\right)$; c) $2{,}5(\vec{a} - \vec{b})$.

3. Vereinfache:
   a) $3(\vec{a} + \vec{b}) - 2(\vec{a} - \vec{b}) + 4(\vec{b} - \vec{a})$; b) $\frac{\vec{a} + \vec{b}}{2} - \frac{\vec{a} - \vec{b}}{2}$;
   c) $\frac{\vec{a} + \vec{b}}{3} + \frac{\vec{a} + \vec{b}}{6} + \frac{\vec{a} + \vec{b}}{2}$; d) $\frac{2}{3}(\vec{a} - \vec{b}) + \frac{1}{6}(2\vec{a} + 4\vec{b})$.

6. Vektoren

4. Ordne in den folgenden Gleichungen nach den Vektoren $\vec{a}$, $\vec{b}$ und $\vec{c}$:
a) $m(\vec{a} + \vec{b}) + n\vec{b} + p(\vec{a} + \vec{c}) = \vec{o}$;
b) $m(\vec{a} - \vec{b} - \vec{c}) + \vec{a} - 2\vec{b} + 3\vec{c} = \vec{a} + \vec{b} + \vec{c}$;
c) $\frac{1}{2}(\vec{a} + 2\vec{b}) - 2\left(\vec{c} + \frac{1}{4}\vec{a}\right) = 5\vec{b}$; d) $\frac{2}{3}\left(\vec{a} - \vec{b} + \frac{3}{2}\vec{c}\right) - (\vec{b} - 2\vec{a} + \vec{c}) = \vec{o}$.

5. $\vec{a}$, $\vec{b}$ und $\vec{c}$ sind Basisvektoren. Untersuche, ob $\vec{u}$, $\vec{v}$ und $\vec{w}$ komplanar sind:
a) $\vec{u} = \vec{a} - \vec{b} - \vec{c}$, $\vec{v} = \vec{a} + \vec{b} - \vec{c}$, $\vec{w} = 2\vec{b}$; b) $\vec{u} = \vec{a} + \vec{b} + \vec{c}$, $\vec{v} = \frac{1}{2}\vec{c}$,
$\vec{w} = \frac{1}{2}\vec{a} - \vec{b} + \vec{c}$; c) $\vec{u} = -\frac{3}{2}\vec{a} - \vec{b} + \vec{c}$, $\vec{v} = -\frac{3}{2}\vec{a} + 3\vec{b} - 3\vec{c}$, $\vec{w} = \vec{a} - \vec{b}$.

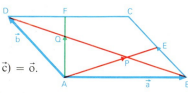
Bild 6.39

6. In Bild 6.39 spannen die Vektoren $\vec{a}$ und $\vec{b}$ das Parallelogramm ABCD auf. E ist der Mittelpunkt von $\overline{BC}$, P der Schnittpunkt von AE und BD.
a) Zeige, daß für den Vektor $\overrightarrow{AP}$ mit Hilfe der Variablen m und n die folgenden Gleichungen aufgestellt werden können:
I. $\overrightarrow{AP} = m\left(\vec{a} + \frac{1}{2}\vec{b}\right)$, II. $\overrightarrow{AP} = \vec{b} + n(\vec{b} - \vec{a})$.
b) Zeige: Aus a) folgt $m\left(\vec{a} + \frac{1}{2}\vec{b}\right) = \vec{b} + n(\vec{b} - \vec{a})$ und daraus:
$\vec{a}(m + n) + \vec{b}\left(\frac{m}{2} - 1 - n\right) = \vec{o}$.

c) Welche Zahlen muß man für die Variablen m und n in der letzten Gleichung einsetzen, damit eine wahre Aussage entsteht? Bestimme so den Vektor $\overrightarrow{AP}$.

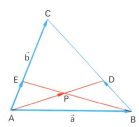
Bild 6.40

7. Verbinde in dem Parallelogramm ABCD in Bild 6.39 den Mittelpunkt F der Seite $\overline{CD}$ mit A. Der Schnittpunkt von AF und BD sei Q. Bestimme mit dem in Aufgabe 6. erklärten Verfahren den Vektor $\overrightarrow{AQ}$ als Linearkombination von $\vec{a}$ und $\vec{b}$.

8. In Bild 6.40 beschreiben die Vektoren $\vec{a}$ und $\vec{b}$ die Seiten $\overline{AB}$ und $\overline{AC}$ des Dreiecks ABC, außerdem ist $\overrightarrow{BD} = \frac{1}{3}\overrightarrow{BC}$ und $\overrightarrow{AE} = \frac{1}{3}\overrightarrow{AC}$. AD und BE schneiden sich in P. Bestimme $\overrightarrow{AP}$ durch eine Linearkombination der Vektoren $\vec{a}$ und $\vec{b}$.

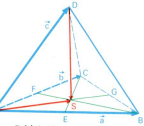
Bild 6.41

9. In einem Dreieck ABC sei E der Mittelpunkt von $\overline{AB}$ und F der Mittelpunkt von $\overline{AC}$. S sei der Schnittpunkt der Seitenhalbierenden CE und BF. Bestimme $\overrightarrow{AS}$ als Linearkombination der Basisvektoren $\vec{a} = \overrightarrow{AB}$ und $\vec{b} = \overrightarrow{AC}$.

10. In dem Tetraeder ABCD (Bild 6.41) ist E der Mittelpunkt von $\overline{AC}$. S sei der Schnittpunkt von BF und CE. Bestimme zunächst $\overrightarrow{AS}$ und dann $\overrightarrow{DS}$ als Linearkombination der Basisvektoren $\vec{a} = \overrightarrow{AB}$, $\vec{b} = \overrightarrow{AC}$ und $\vec{c} = \overrightarrow{AD}$.

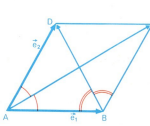
Bild 6.42a

11. Die Winkel eines Rhombus werden von den Diagonalen halbiert. Wählen wir die Seiten des Rhombus als Pfeile der Einheitsvektoren $\vec{e}_1$ und $\vec{e}_2$ (Bild 6.42a), so erhalten wir für die Winkelhalbierenden die Vektoren: $\overrightarrow{AC} = \vec{e}_1 + \vec{e}_2$ und $\overrightarrow{BD} = \vec{e}_2 - \vec{e}_1$.
a) In Bild 6.42b ist ein Dreieck ABC mit den Seitenvektoren $\vec{a}$, $\vec{b}$ und $\vec{c}$ dargestellt. Begründe mit Hilfe des Rhombus AFGH die Aussage, daß durch die Linearkombination: $\overrightarrow{AX} = x\left(\frac{\vec{c}}{|\vec{c}|} + \frac{\vec{b}}{|\vec{b}|}\right)$ ein Punkt X auf der Winkelhalbierenden w_α beschrieben wird. b) Beschreibe entsprechend zu Aufgabe a) einen Punkt auf der Winkelhalbierenden w_β. c) Wo liegt ein Punkt, zu dem die Linearkombination: $\overrightarrow{AP} = k\left(\frac{\vec{b}}{|\vec{b}|} - \frac{\vec{c}}{|\vec{c}|}\right)$ gehört?

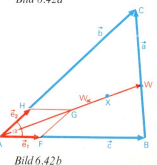
Bild 6.42b

6.7. Anwendungen der Vektorrechnung

6.7.1. Beweise von einfachen geometrischen Sätzen

Mit Hilfe der Vektoren kann man geometrische Beweise führen. Das zeigen wir an zwei Beispielen.

1. Wir wollen beweisen, daß sich in einem Parallelogramm die Diagonalen gegenseitig halbieren.
Dazu betrachten wir in dem Parallelogramm ABCD (Bild 6.43) die aus den Pfeilen (A, B), (B, M) und (M, A) gebildete geschlossene Pfeilkette. Es gilt die Vektorgleichung:

(1) $\qquad \vec{AB} + \vec{BM} + \vec{MA} = \vec{o}.$

Die drei Vektoren $\vec{AB}$, $\vec{BM}$ und $\vec{MA}$ können wir als Linearkombinationen der Seitenvektoren $\vec{a}$ und $\vec{b}$ darstellen:

$$\vec{AB} = \vec{a}, \quad \vec{BM} = m(\vec{b} - \vec{a}), \quad \vec{MA} = n(\vec{a} + \vec{b}).$$

Also können wir für (1) schreiben:

$\vec{a} + m(\vec{b} - \vec{a}) + n(\vec{a} + \vec{b}) = \vec{o},$
$\Rightarrow \vec{a} + m\vec{b} - m\vec{a} + n\vec{a} + n\vec{b} = \vec{o},$
$\Rightarrow \vec{a}(1 - m + n) + \vec{b}(m + n) = \vec{o}.$

$\vec{a}$ und $\vec{b}$ sind nicht kollinear, also ist:

$1 - m + n = 0 \land m + n = 0.$

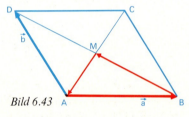

Bild 6.43

Daraus folgt: $m = -n$ und $m = \frac{1}{2}$ sowie $n = -\frac{1}{2}$.

Damit ist die obige Aussage bewiesen.

2. Wir wollen beweisen, daß in einem beliebigen Dreieck die Winkelhalbierende eines Winkels die Gegenseite zu diesem Winkel im Verhältnis der beiden anliegenden Seiten teilt.

Für das Dreieck ABC (Bild 6.42b) mit den Seitenvektoren $\vec{a}$, $\vec{b}$ und $\vec{c}$ und dem Vektor $\vec{AW} = \vec{w}_\alpha$ lautet die obige Behauptung:

(1) $\qquad \dfrac{|\vec{BW}|}{|\vec{WC}|} = \dfrac{|\vec{c}|}{|\vec{b}|}.$

Wir setzen: $\vec{BW} = m\vec{a}, m \neq 1$, damit $\vec{WC} = (1 - m)\vec{a}$, und sehen, daß (1) gleichbedeutend ist mit:

(2) $\qquad \dfrac{|\vec{BW}|}{|\vec{WC}|} = \dfrac{m|\vec{a}|}{(1 - m)|\vec{a}|} = \dfrac{m}{1 - m} = \dfrac{|\vec{c}|}{|\vec{b}|}.$

Zum Beweis betrachten wir das Teildreieck ABW. Für seine Seitenvektoren gilt:

(3) $\qquad \vec{AB} + \vec{BW} - \vec{AW} = \vec{o}.$

Die Seitenvektoren schreiben wir als Linearkombinationen der Vektoren $\vec{b}$ und $\vec{c}$:
$\overrightarrow{AB} = \vec{c}$, $\overrightarrow{BW} = m\vec{a} = m(\vec{b} - \vec{c})$; die Winkelhalbierende $\overrightarrow{AW}$ ist Diagonale im Rhombus AFGH, also ist: $\overrightarrow{AW} = n(\vec{e}_1 + \vec{e}_2) = n\left(\dfrac{\vec{c}}{|\vec{c}|} + \dfrac{\vec{b}}{|\vec{b}|}\right)$, (siehe auch Seite 175, Aufgabe 11). Damit erhalten wir für (3):

$$\vec{c} + m(\vec{b} - \vec{c}) - n\left(\dfrac{\vec{c}}{|\vec{c}|} + \dfrac{\vec{b}}{|\vec{b}|}\right) = \vec{o}$$

$$\Rightarrow \vec{c} + m\vec{b} - m\vec{c} - n\dfrac{\vec{c}}{|\vec{c}|} - n\dfrac{\vec{b}}{|\vec{b}|} = \vec{o}$$

$$\Rightarrow \left(1 - m - \dfrac{n}{|\vec{c}|}\right)\vec{c} + \left(m - \dfrac{n}{|\vec{b}|}\right)\vec{b} = \vec{o}.$$

$\vec{b}$ und $\vec{c}$ sind nicht kollinear, also gilt:
$1 - m = \dfrac{n}{|\vec{c}|}$ und $m = \dfrac{n}{|\vec{b}|}$. Daraus folgt die Behauptung:

$$\dfrac{|\overrightarrow{BW}|}{|\overrightarrow{WC}|} = \dfrac{m}{1-m} = \dfrac{|\vec{c}|}{|\vec{b}|}.$$

Aufgaben

1. Beweise: Halbieren sich in einem Viereck ABCD die Diagonalen, so ist das Viereck ein Parallelogramm. **Anleitung:** Wähle die halben Diagonalen als Pfeile von Basisvektoren $\vec{a}$ und $\vec{b}$ und beschreibe die Seiten des Vierecks durch Linearkombinationen.

2. In dem Dreieck ABC (Bild 6.44) ist DE ∥ BC und $\overrightarrow{AB} = k\overrightarrow{AD}$. Beweise, daß dann auch $\overrightarrow{BC} = k\overrightarrow{DE}$ und $\overrightarrow{AC} = k\overrightarrow{AE}$ gilt.

3. In dem beliebigen Viereck ABCD (Bild 6.45) sind O, P, Q und R die Mittelpunkte der Seiten. Zeige, daß das Viereck OPQR ein Parallelogramm ist. **Anleitung:** Bilde mit Hilfe der Seitenvektoren von ABCD die Vektorsumme: $\overrightarrow{OP} + \overrightarrow{PQ} + \overrightarrow{QR} + \overrightarrow{RO} = \vec{o}$ und folgere daraus die Gleichheit von $\overrightarrow{OP}$ und $-\overrightarrow{QR}$.

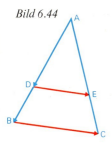

Bild 6.44

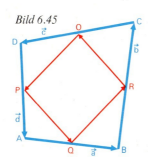

Bild 6.45

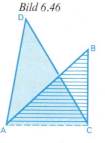

Bild 6.46

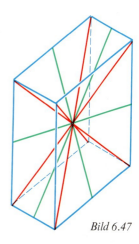

Bild 6.47

4. In einem windschiefen Viereck (Bild 6.46) schneiden und halbieren sich die Verbindungsstrecken der Mitten gegenüberliegender Seiten. Beweise diese Aussage.

5. Beweise: In jedem Prisma, bei dem Grund- und Deckfläche Parallelogramme sind, schneiden sich die Raumdiagonalen und die Verbindungsstrecken der Mitten gegenüberliegender Kanten in einem Punkt (Bild 6.47).

Anmerkung: Ein Prisma, bei dem die Grund- und Deckfläche Parallelogramme sind, nennt man **Spat**.

6. Vektoren

▲ **6.** Beweise: In einem beliebigen Dreieck ABC schneiden sich die Seitenhalbierenden in einem Punkt S.
Anleitung (Bild 6.48): Bestimme in dem Hilfsdreieck ABS, $\{S\} = AE \cap BF$, die Vektoren $\overrightarrow{AB}, \overrightarrow{BS}$ und $\overrightarrow{AS}$ als Linearkombinationen der Seitenvektoren $\vec{b}$ und $\vec{c}$ und zeige, daß $\overrightarrow{AS} = \frac{2}{3}\overrightarrow{AE}$ und $\overrightarrow{BS} = \frac{2}{3}\overrightarrow{BF}$ ist. Verfahre dann entsprechend in einem Hilfsdreieck ATC, wobei T der Schnittpunkt von AE und CD sein soll.

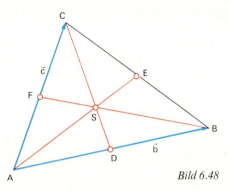

Bild 6.48

7. In dem Dreieck ABC mit den Seitenmitten D, E und F (Bild 6.49) sind die Vektoren $\vec{d} = \overrightarrow{AD}$ und $\vec{f} = \overrightarrow{AF}$ gegeben. Bestimme als Linearkombination von $\vec{d}$ und $\vec{f}$:
a) $\overrightarrow{AE}$; b) $\overrightarrow{CD}$; c) $\overrightarrow{BE}$; d) $\overrightarrow{FB}$; e) $\overrightarrow{DC}$; f) $\overrightarrow{AS}$ mit $\{S\} = \overrightarrow{DC} \cap \overrightarrow{FB}$.

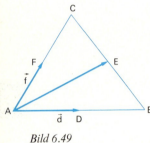

Bild 6.49

8. Das Parallelogramm ABCD (Bild 6.50) ist durch $\vec{a}$ und $\vec{b}$ gegeben. E und F sind Seitenmitten.
a) Bestimme der Reihe nach $\overrightarrow{BE}, \overrightarrow{BF}$ und $\overrightarrow{AC}$ als Linearkombinationen von $\vec{a}$ und $\vec{b}$.
b) Zeige, daß die Schnittpunkte $\{S\} = EB \cap AC$ und $\{T\} = FB \cap AC$ die Strecke $\overline{AC}$ in drei gleich lange Strecken teilen.

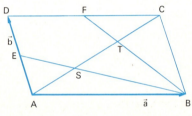

Bild 6.50

▲ **9.** Beweise: Trägt man auf der Seite $\overline{AD}$ des Parallelogramms ABCD den Pfeil (A, E) des Vektors $\overrightarrow{AE} = \frac{1}{k} \cdot \overrightarrow{AD}$, $k \neq 0$, ab, so teilt BE die Diagonale $\overline{AC}$ im Verhältnis $1 : k$.

10. Zeichne auf Pappe ein Dreieck mit den drei Seitenhalbierenden und schneide die Figur aus. Lege dann das Dreieck so auf einen spitzen Gegenstand, z.B. eine Zirkelspitze, daß es im Gleichgewicht liegen bleibt. Bestimme den Punkt, in dem das Dreieck aufliegt. Verfahre entsprechend mit anderen ebenen Figuren, z.B. einem Parallelogramm.

Anmerkung: Mit dem in Aufgabe 10. beschriebenen Versuch kann man den **Schwerpunkt** von Figuren experimentell bestimmen. In der Physik wird der Schwerpunkt wie folgt erklärt: In jedem starren Körper gibt es einen Schwerpunkt. Er ist dadurch ausgezeichnet, daß eine in diesem Punkt angreifende, senkrecht nach oben gerichtete Kraft, die genau so groß ist wie das Gewicht des Körpers, diesen bei jeder Lage des Körpers im Gleichgewicht hält.

▲ **11.** Das Experiment in Aufgabe 10. zeigt, daß in einem Dreieck ABC der Schwerpunkt gleich dem Schnittpunkt S der Seitenhalbierenden ist. Zeige, daß für den Schwerpunkt des Dreiecks die Beziehung: $\overrightarrow{AS} + \overrightarrow{BS} + \overrightarrow{CS} = \vec{o}$ gilt. **Anleitung:** Benutze die Anleitung zu Aufgabe 6.

▲ **12.** Gegeben ist ein Dreieck ABC mit dem Schwerpunkt S und einem beliebigen Punkt P. Beweise die Gleichung: $\overrightarrow{AP} + \overrightarrow{BP} + \overrightarrow{CP} = 3\overrightarrow{SP}$.
Zeige, daß man mit Hilfe dieser Beziehung den Schwerpunkt eines Dreiecks konstruieren kann, ohne die Seiten zu halbieren.

13. In einer dreiseitigen Pyramide ABCD (Bild 6.51) sind S_1, S_2, S_3 und S_4 die Schwerpunkte der vier Dreiecksflächen. Zeige, daß sich die vier Geraden AS_1, BS_2, CS_3 und DS_4 in einem Punkte T schneiden. **Anleitung:** Zeige zunächst, daß der Punkt T, $\{T\} = AS_1 \cap DS_4$ in dem Dreieck ATD die Strecken $\overline{DS_4}$ und $\overline{AS_1}$ im Verhältnis 3 : 1 teilt. Weise dann nach, daß die Strecke $\overline{DS_4}$ auch von BS_2 und CS_3 im Verhältnis 3 : 1 geteilt wird.

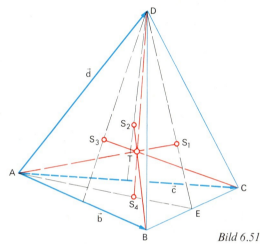

Bild 6.51

14. Durch geeignete Experimente kann man nachweisen, daß der in Aufgabe 13. berechnete Schnittpunkt T der Schwerpunkt der dreiseitigen Pyramide ABCD (Bild 6.51) ist. Zeige, daß für diesen Schwerpunkt die Beziehung gilt:

$$\overrightarrow{AT} + \overrightarrow{BT} + \overrightarrow{CT} + \overrightarrow{DT} = \vec{o}.$$

6.7.2. Vektoren in der Physik

Eine große Bedeutung haben die Vektoren für die Physik, weil man viele physikalische Größen genau wie Vektoren durch Pfeile darstellen kann und weil man mit diesen physikalischen Größen auch so rechnen kann wie mit Vektoren. Das soll an solchen Begriffen erläutert werden, die wir schon vom Physikunterricht her kennen, an der Kraft und an der Geschwindigkeit.

Eine Kraft erkennt man an ihrer Wirkung; z.B. kann ein ruhender Körper durch eine Kraft in Bewegung versetzt werden. Diese Wirkung ist von der Größe der Kraft, von ihrer Richtung und von ihrem Angriffspunkt abhängig. Wir stellen daher eine Kraft durch einen Pfeil dar. Sein Anfang entspricht dem Angriffspunkt, seine Richtung der Kraftrichtung und seine Länge der Größe der Kraft. Verschieben wir diesen Pfeil in der Pfeilrichtung, so stellt auch der verschobene Pfeil dieselbe Kraft dar, bei jeder anderen Verschiebung des Pfeiles erhalten wir aber auch eine andere Wirkung und damit eine andere Kraft. Mehrere Kräfte, z.B. $\overrightarrow{F_1}$ und $\overrightarrow{F_2}$ in den Bildern

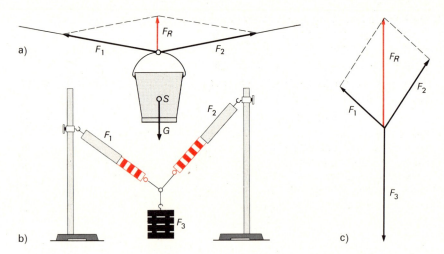

Bild 6.52

6.52 a, b und c, die an demselben Punkt eines Körpers angreifen, kann man durch eine einzige Kraft $\vec{F_R}$ ersetzen. Wie groß diese Ersatzkraft ist, und welche Richtung sie hat, stellen wir durch ein Experiment fest. Dabei finden wir $\vec{F_R}$ in der Pfeildarstellung als die Diagonale in einem Parallelogramm, dessen Seiten von den Pfeilen $\vec{F_1}$ und $\vec{F_2}$ gebildet werden. Wir können $\vec{F_R}$ als die Summe von $\vec{F_1}$ und $\vec{F_2}$ auffassen und erkennen so, daß wir mit Kräften wie mit Vektoren rechnen können – unter der Voraussetzung, daß sie **im gleichen Punkt** angreifen. Alle Kräfte mit gemeinsamem Angriffspunkt bilden ein Modell für den Begriff Vektorraum.

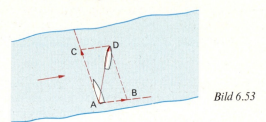

Bild 6.53

Auch die Geschwindigkeiten von sich bewegenden Körpern kann man durch Pfeile angeben. Die Länge und Richtung eines solchen Pfeiles beschreiben dann die Größe und die Richtung der Geschwindigkeit. Wir machen folgendes Gedankenexperiment (Bild 6.53): Auf einem Fluß soll sich eine Fähre senkrecht zur Strömung mit einer Geschwindigkeit von 0,5 m/s bewegen, der Fluß habe eine Strömungsgeschwindigkeit von 0,1 m/s. Wenn keine Strömung vorhanden wäre, würde die Fähre in 100 Sekunden 50 Meter von A nach C zurücklegen. Durch die Strömung wird sie aber in der gleichen Zeit um $\overline{AB}$ = 10 m abgetrieben, befindet sich also nach 100 Sekunden in D. Wir stellen somit fest, daß man Geschwindigkeiten wie Vektoren addieren kann.

6. Vektoren

Aufgaben

1. Zwei Kräfte $\vec{F_1}$ und $\vec{F_2}$ sollen in einem Punkt angreifen. Es sei
   a) $|\vec{F_1}| = 5\,\text{N}$, $|\vec{F_2}| = 4\,\text{N}$, $W(\vec{F_1}\vec{F_2}) = 60°$;
   b) $|\vec{F_1}| = 3\,\text{N}$, $|\vec{F_2}| = 3\,\text{N}$, $W(\vec{F_1}\vec{F_2}) = 180°$;
   c) $|\vec{F_1}| = 4\,\text{N}$, $|\vec{F_2}| = 2\,\text{N}$, $W(\vec{F_1}\vec{F_2}) = 30°$.
   Zeichne die Kraftpfeile, bestimme die Ersatzkraft $\vec{F_R}$, und diejenige Kraft $\vec{F_3}$, die sich mit $\vec{F_R}$ im Gleichgewicht befindet.

2. Eine 1 N schwere Lampe hängt an zwei Drähten mitten über einer Straße. Die beiden Winkel α_1 und α_2 sind 10° groß (Bild 6.54). Bestimme durch eine Zeichnung die Zugkräfte in den Drähten. Wie ändert sich die Größe dieser Kräfte, wenn man die Seile stärker durchhängen läßt?

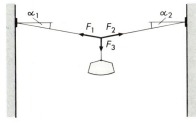

Bild 6.54

3. Zeichne a) zwei Kräfte, b) drei Kräfte, c) vier Kräfte wie in Bild 6.55, die in einem Punkt angreifen und zeichne die Ersatzkraft. Welche Kraft muß man jeweils zusätzlich wirken lassen, damit sich die Kräfte im Gleichgewicht befinden?

4. Zeichne einen Quader. An der einen Ecke des Quaders sollen in Richtung der drei Kanten Kräfte angreifen. Die Längen der Kanten sollen die Größen der Kräfte angeben. Bestimme durch Zeichnung und durch Rechnung die Größe der Ersatzkraft.

5. Ein Schiff fährt mit einer Geschwindigkeit von 0,4 m/s über einen 50 m breiten Fluß und wird dabei 12,50 m abgetrieben. Berechne die Strömungsgeschwindigkeit des Flusses.

6. In Bild 6.56 ist AB ein um M drehbarer Balken, an dem zwei Kräfte $\vec{F_1}$ und $\vec{F_2}$ angreifen. Welche Wirkung erzielen diese Kräfte? Warum kann man in diesem Beispiel die Kräfte nicht so addieren wie Vektoren? Mache dir so den Unterschied zwischen einem Kraftpfeil und einem durch eine Schiebung gegebenen Vektor klar.

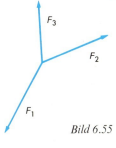

Bild 6.55

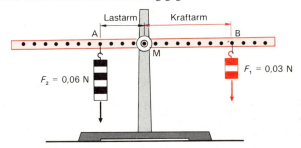

Bild 6.56

7. Bestimme in dem oben für die Geschwindigkeiten angegebenen Gedankenexperiment, welche Zeit die Fähre zur Überquerung des Flusses braucht, wenn dieser 100 m breit ist, und um wieviel Meter sie dabei in der Strömungsrichtung abgetrieben wird.

8. Ein Flugzeug fliegt in nördlicher Richtung mit einer Eigengeschwindigkeit von 700 km/h. Gleichzeitig weht ein Ostwind mit einer Geschwindigkeit von 10 m/s. Skizziere die Pfeile für die Geschwindigkeiten und berechne, wie groß die Geschwindigkeit des Flugzeuges relativ zur Erde ist.

6.7.3. Lösung von Gleichungssystemen mit Hilfe von Vektoren

1. In einem rechtwinkligen Achsenkreuz mit dem Ursprung O sind die Punkte A und B durch die Zahlenpaare (4; 2) und (1; 3) gegeben.

   a) Zeichne die Pfeile (O, A) und (O, B).

   b) Verdopple die beiden Pfeile.

2. a) Ergänze die durch die Pfeile (O, A) und (O, B) aus Aufgabe 1. gegebene Figur OAB zu einem Parallelogramm OACB.

   b) Wie könnte man den Pfeil (O, C) beschreiben?

Für das Gleichungssystem

$$\text{I} \quad 1x + 3y = 9$$
$$\text{II} \wedge 2x + 1y = 8$$

kennen wir aus den vorhergehenden Kapiteln graphische und rechnerische Lösungsmethoden. Dabei würde sich ergeben, daß das Zahlenpaar (3; 2) für (x; y) die einzige Lösung dieses Systems ist.

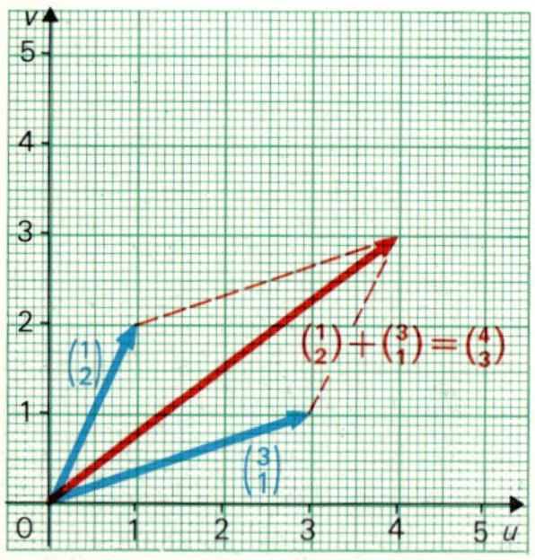

Es soll nun ein neues zeichnerisches Verfahren für die Lösung des Systems besprochen werden, das zu dem Begriff Vektorraum in Beziehung steht.

Man kann nämlich die Zahlen, die als Faktoren vor x, vor y und auf der rechten Seite der einzelnen Gleichungen unseres Systems stehen, als Beschreibungen von Pfeilen deuten. Dies gelingt z. B., wenn man eine u- und eine v-Zahlengerade, die sich in dem Punkte O schneiden, als Bezugsachsen verwendet und die Zahl 1 vor x in Gleichung I als Projektion eines von O ausgehenden Pfeiles auf die u-Zahlengerade, die Zahl 2 vor x in Gleichung II als Projektion desselben Pfeiles auf die v-Zahlengerade deutet (Bild 6.57).

Bild 6.57

Dabei ergibt sich ein Pfeil, den wir durch das Symbol $\binom{1}{2}$ festlegen wollen. Die Zahl 1 soll dann u-Komponente, die Zahl 2 v-Komponente des Pfeiles heißen. Entsprechend ergäben sich die Pfeile $\binom{3}{1}$ für die Faktoren von y und $\binom{9}{8}$ für die Zahlen auf der rechten Seite der Gleichungen I und II.

In unserem Gleichungssystem wird mit diesen Pfeilen „gerechnet". Es ist jetzt zu überlegen, wie das vor sich geht.

Um das System mit zwei Gleichungen als **eine** Pfeilgleichung auffassen zu können, wird die **Addition von Pfeilen** durch Addition der entsprechenden Komponenten erklärt.

Es gilt mithin z. B.:

$$\binom{1}{2} + \binom{3}{1} = \binom{1+3}{2+1} = \binom{4}{3}$$

Bei der **geometrischen Beschreibung** dieser Pfeiladdition sind zwei Fälle zu unterscheiden:

Fall 1: Die Pfeile sind nicht kollinear.
Aus Bild 6.57 ist sofort ersichtlich, daß der Summenpfeil $\binom{1}{2} + \binom{3}{1}$ durch die Diagonale des Parallelogramms dargestellt wird, das die Pfeile $\binom{1}{2}$ und $\binom{3}{1}$ aufspannen.

Fall 2: Die Pfeile sind kollinear.
Das Beispiel $\binom{1}{2} + \binom{-3}{-6} = \binom{1+(-3)}{2+(-6)} = \binom{-2}{-4}$ zeigt, daß die Summe wie auf der Zahlengeraden durch Addition der Strecken (unter Berücksichtigung des Vorzeichens) gebildet wird.
Die Multiplikation von Pfeilen mit einer natürlichen Zahl soll wie bei rationalen Zahlen eine Abkürzung für die Addition gleicher Summanden sein.
Soll z.B. der Pfeil $\binom{1}{2}$ mit $n \in \mathbb{N}$ multipliziert werden, so ist

$$\binom{1}{2} \cdot n = \underbrace{\binom{1}{2} + \binom{1}{2} + \ldots + \binom{1}{2}}_{n \text{ Summanden}} = \binom{1 + 1 + \ldots + 1}{2 + 2 + \ldots + 2} = \binom{n \cdot 1}{n \cdot 2}$$

Dieses Ergebnis gestattet die folgende allgemeine Definition:
Die **Multiplikation eines Pfeiles mit** $k \in \mathbb{R}$ bedeutet, die Komponenten des Pfeiles einzeln mit k zu multiplizieren.

In Bild 6.58 sind die Pfeile $\binom{1}{2}$ und $\binom{1}{2} \cdot 3$ dargestellt. Wie man sieht, liegen beide Pfeile auf derselben Geraden – sie sind also kollinear –, nur ist der zweite 3 mal so lang wie der erste.
Da auch $k = -1$ gesetzt werden kann, gibt es zu jedem Pfeil den **inversen Pfeil**. In Bild 6.58 ist der Pfeil $\binom{-1}{-2}$ eingezeichnet. Nach der Definition der Addition ist nämlich $\binom{1}{2} + \binom{-1}{-2} = \binom{0}{0}$. Es ergibt sich also der **Nullpfeil**, das **neutrale Element** bezüglich der Addition. Die **Kommutativität** und **Assoziativität** dieser Pfeiladdition folgt unmittelbar aus der Kommutativität und Assoziativität des Addierens von reellen Zahlen. Auch das Distributiv-Gesetz gilt. Z.B. ist:

$$\binom{1}{2}k + \binom{3}{1}k = \binom{1\,k}{2\,k} + \binom{3\,k}{1\,k} = \binom{(1+3)\,k}{(2+1)\,k} = \binom{1+3}{2+1}k$$

Im ganzen: Wenn man das „Rechnen" mit den Pfeilen so definiert, wie wir es getan haben, bildet die Menge der Pfeile ein weiteres Modell für den Begriff Vektorraum.
Unser Gleichungssystem kann nun mit Hilfe der Pfeile durch eine einzige Pfeilgleichung ersetzt werden:
Es gilt
$$\begin{matrix} \text{I} \\ \text{II} \end{matrix} \wedge \begin{matrix} x + 3y = 9 \\ 2x + 1y = 8 \end{matrix} \Leftrightarrow \binom{1}{2}x + \binom{3}{1}y = \binom{9}{8}.$$

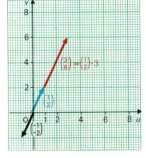

Bild 6.58

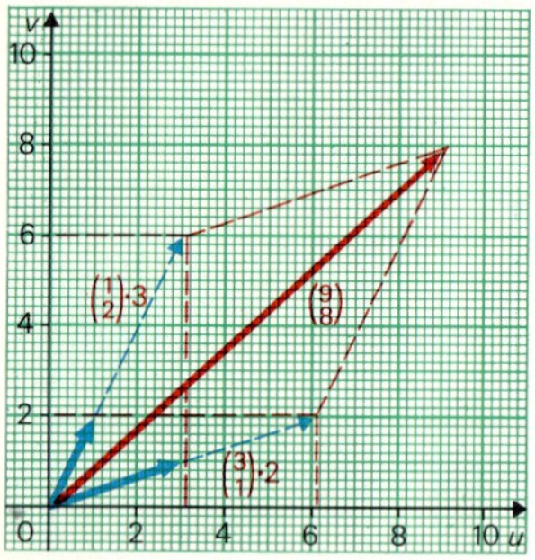

Bild 6.59

In Bild 6.59 ist dargestellt, daß sich der Pfeil $\binom{9}{8}$ ergibt, wenn der Pfeil $\binom{1}{2}$ mit 3 für x und der Pfeil $\binom{3}{1}$ mit 2 für y multipliziert und die Ergebnispfeile dann in der von uns festgelegten Weise addiert werden.

Offensichtlich „lösen" also die Zahlen 3 für x und 2 für y die Pfeilgleichung und damit unser Gleichungssystem. Aber wie sieht man anschaulich, daß es keine weitere Lösung gibt?

Zunächst wissen wir, daß die Pfeile $\binom{1}{2}$ und $\binom{3}{1}$ **nicht kollinear** sind, daß also der Fall 1 der geometrischen Beschreibung der Pfeiladdition vorliegt. Dies bedeutet, daß der Pfeil $\binom{9}{8}$ Diagonale eines Parallelogramms ist, dessen Seiten $\binom{1}{2}x$ und $\binom{3}{1}y$ Vielfache von $\binom{1}{2}$ bzw. von $\binom{3}{1}$ sind. Das zeichnerische Lösen geht also so vor sich: Man wird zuerst den Pfeil $\binom{9}{8}$ zeichnen und dann die Pfeile $\binom{1}{2}$ und $\binom{3}{1}$. Letztere legen die Richtungen der Parallelogrammseiten fest. Mit Parallelen durch die Spitze des Pfeiles $\binom{9}{8}$ zu den Pfeilen $\binom{1}{2}$ und $\binom{3}{1}$ ergänzt man die Figur zu einem Parallelogramm. Da es zu jeder Richtung jeweils nur **eine** Parallele durch einen Punkt gibt, entsteht nur **ein** solches Parallelogramm. Man kann jetzt ablesen, wieviel mal so lang die Parallelogrammseiten wie die Pfeile $\binom{1}{2}$ bzw. $\binom{3}{1}$ sind, und findet die Zahlen 2 für x und 3 für y als die gesuchten Faktoren ebenfalls **eindeutig.** Man sagt auch, daß der Pfeil $\binom{9}{8}$ durch das geschilderte Verfahren in Vielfache der Pfeile $\binom{1}{2}$ und $\binom{3}{1}$ zerlegt wird (Bild 6.59).

Zweifellos funktioniert dieses Verfahren nicht, wenn die Pfeile auf der linken Seite unserer Pfeilgleichung in dieselbe oder die entgegengesetzte Richtung zeigen, aber mit dem Pfeil auf der rechten Seite nicht kollinear sind. Dann spannen sie nämlich kein Parallelogramm auf, und die Konstruktion kann nicht durchgeführt werden. Man kann in diesem Fall aber auch von einem entarteten Parallelogramm mit dem Flächeninhalt Null sprechen.

Um schon an Hand der gegebenen Zahlen schnell beurteilen zu können, ob dieser Fall vorliegt oder nicht, formulieren wir das Problem jetzt allgemein:

Wenn das Gleichungssystem

$$\begin{array}{ll} \text{I} & A_1 x + B_1 y = C_1 \\ \text{II} \wedge & A_2 x + B_2 y = C_2 \end{array}$$

gegeben ist, so entspricht diesem die Pfeilgleichung

$$\begin{pmatrix} A_1 \\ A_2 \end{pmatrix} x + \begin{pmatrix} B_1 \\ B_2 \end{pmatrix} y = \begin{pmatrix} C_1 \\ C_2 \end{pmatrix}$$

Die eindeutige Zerlegungskonstruktion gelingt genau dann, wenn die Pfeile $\begin{pmatrix} A_1 \\ A_2 \end{pmatrix}$ und $\begin{pmatrix} B_1 \\ B_2 \end{pmatrix}$ nicht kollinear sind, also ein Parallelogramm mit einem nicht verschwindenden Flächeninhalt aufspannen. In Aufgabe 4. wird hergeleitet, daß dieser Flächeninhalt durch den Term $A_1 B_2 - B_1 A_2$ beschrieben wird. Damit ist anschaulich klar, daß die notwendige und auch hinreichende Bedingung für die eindeutige Lösbarkeit des Gleichungssystems in $\mathbb{R}$

$$A_1 B_2 - B_1 A_2 \neq 0$$

lautet.

Der Term $A_1 B_2 - B_1 A_2$ trat in Abschnitt 2.4 bei der allgemeinen rechnerischen Beschreibung der Lösung eines Systems von zwei linearen Gleichungen mit zwei Variablen als Nennerterm auf. Stellt er die Zahl 0 dar, gibt es keine eindeutige Lösung.

Aus $A_1 B_2 - B_1 A_2 = 0$ können wir nun ebenfalls rechnerisch folgern, daß die beiden Pfeile $\begin{pmatrix} A_1 \\ A_2 \end{pmatrix}$ und $\begin{pmatrix} B_1 \\ B_2 \end{pmatrix}$, wenn keiner von ihnen der Nullpfeil ist, auf derselben Geraden liegen, daß also

$$\begin{pmatrix} A_1 \\ A_2 \end{pmatrix} = \begin{pmatrix} B_1 \\ B_2 \end{pmatrix} \cdot k, k \in \mathbb{R} \text{ gilt.}$$

Dies sieht man folgendermaßen ein:

Da der Pfeil $\begin{pmatrix} B_1 \\ B_2 \end{pmatrix}$ nicht der Nullpfeil sein soll, können nicht B_1 und B_2 zugleich Null sein. Es sei $B_1 \neq 0$; dann gibt es $k \in \mathbb{R}$, $A_1 = B_1 \cdot k$.
Aus $A_1 B_2 - B_1 A_2 = 0$ folgt dann $B_1 \cdot k B_2 = B_1 A_2$ oder $B_2 \cdot k = A_2$.
Damit ist $\begin{pmatrix} A_1 \\ A_2 \end{pmatrix} = \begin{pmatrix} B_1 k \\ B_2 k \end{pmatrix} = \begin{pmatrix} B_1 \\ B_2 \end{pmatrix} \cdot k$.

Wie steht es nun mit der Lösbarkeit eines **Systems von drei linearen Gleichungen mit drei Variablen**?
Es läßt sich leicht berechnen, daß z.B. das Gleichungssystem

$$\begin{array}{rl} \text{I} & 1x + 2y + 3z = 6 \\ \text{II} \wedge & 2x + 1y + 1z = 4 \\ \text{III} \wedge & 1x + 1y + 2z = 4 \end{array}$$

die Lösung $(x; y; z) = (1; 1; 1)$ besitzt.
Ihm entspricht die Pfeilgleichung

$$\begin{pmatrix} 1 \\ 2 \\ 1 \end{pmatrix} x + \begin{pmatrix} 2 \\ 1 \\ 1 \end{pmatrix} y + \begin{pmatrix} 3 \\ 1 \\ 2 \end{pmatrix} z = \begin{pmatrix} 6 \\ 4 \\ 4 \end{pmatrix}$$

Anmerkung:
Wir können jetzt, nachdem die Zahlenmenge $\mathbb{Q}$ zur Zahlenmenge $\mathbb{R}$ erweitert wurde und auch unsere Pfeilrechnung für Zahlen aus $\mathbb{R}$ gilt, für die Formvariablen A, B, C und damit auch für x und y reelle Zahlen zulassen. Im Kapitel 1. hatten wir uns noch auf rationale Zahlen beschränken müssen.

In einem (rechtwinkligen) u-v-w-Achsensystem lassen sich die Pfeile $\begin{pmatrix}1\\2\\1\end{pmatrix}$, $\begin{pmatrix}2\\1\\1\end{pmatrix}$, $\begin{pmatrix}3\\1\\2\end{pmatrix}$ und $\begin{pmatrix}6\\4\\4\end{pmatrix}$ einzeichnen. Man kann sich nun vorstellen, daß sich der Pfeil $\begin{pmatrix}6\\4\\4\end{pmatrix}$ in Vielfache der drei anderen Pfeile zerlegen läßt. Anstelle des Parallelogramms bei dem System von zwei Gleichungen entsteht dann ein Parallelflach, also ein Körper. Wir können die Zeichnung nicht durchführen, weil dazu eine besondere Darstellungstechnik gehört. Aber wir können sagen, daß die eindeutige Zerlegung nur gelingen kann, wenn die Pfeile $\begin{pmatrix}1\\2\\1\end{pmatrix}$, $\begin{pmatrix}2\\1\\1\end{pmatrix}$ und $\begin{pmatrix}3\\1\\2\end{pmatrix}$ auch wirklich ein Parallelflach aufspannen, das einen nicht verschwindenden **Raum**inhalt hat. Die drei Pfeile dürfen also nicht in einer Ebene liegen.

In Abschnitt 2.4 wurde nun gezeigt, daß bei der Lösung des allgemeinen Systems

$$\begin{array}{rl} \text{I} & A_1 x + B_1 y + C_1 z = D_1 \\ \text{II} \wedge & A_2 x + B_2 y + C_2 z = D_2 \\ \text{III} \wedge & A_3 x + B_3 y + C_3 z = D_3 \end{array}$$

der Term

$$A_1 B_2 C_3 + B_1 C_2 A_3 + C_1 A_2 B_3 - A_1 C_2 B_3 - B_1 A_2 C_3 - C_1 B_2 A_3 = \begin{vmatrix} A_1 & B_1 & C_1 \\ A_2 & B_2 & C_2 \\ A_3 & B_3 & C_3 \end{vmatrix}$$

als Nennerterm auftritt. Es liegt daher nahe, zu vermuten, daß dieser Term ein Maß für den Rauminhalt des von den Pfeilen $\begin{pmatrix}A_1\\A_2\\A_3\end{pmatrix}$, $\begin{pmatrix}B_1\\B_2\\B_3\end{pmatrix}$ und $\begin{pmatrix}C_1\\C_2\\C_3\end{pmatrix}$ aufgespannten Parallelflachs darstellt.

Bei **Systemen aus vier und mehr linearen Gleichungen** mit entsprechend vielen Variablen verläßt uns die Anschauung. Wir sind dann für die Beurteilung der Lösbarkeit darauf angewiesen, die in den Zahlentermen sichtbar werdenden Gesetzmäßigkeiten zu ermitteln.

Aufgaben

1. Bilde zu den Pfeilen $\begin{pmatrix}3\\4\end{pmatrix}$, $\begin{pmatrix}-1\\5\end{pmatrix}$, $\begin{pmatrix}-3\\-2\end{pmatrix}$ das

   a) 5-fache, b) 4-fache, c) (-3)-fache, d) $(-2,5)$-fache und stelle die gegebenen Pfeile und ihre Vielfachen in einem u-v-System dar.

2. Bilde zu den Pfeilen $\begin{pmatrix}-2\\-4\end{pmatrix}$ und $\begin{pmatrix}3\\5\end{pmatrix}$, die wir als „Vektoren" in unserem Pfeilmodell mit $\vec{a}$ bzw. $\vec{b}$ bezeichnen, die folgenden Pfeile:
   a) $\vec{a} \cdot 3 + \vec{b} \cdot 2$; b) $\vec{a} \cdot 5 + \vec{b} \cdot 4$; c) $\vec{a} \cdot (-1) + \vec{b} \cdot 3$; d) $\vec{a} \cdot (-2) + \vec{b} \cdot (-5)$.

3. Löse die folgenden Gleichungssysteme mit Hilfe von Pfeilen:
   a) $3x + 4y = 10$
      $\wedge\ x + 5y = 7$
   b) $2x - 3y = 4$
      $\wedge\ 3x - 7y = 1$
   c) $-3x + 4y = 6$
      $\wedge\ 5x - 3y = 1$
   d) $-5x + 9y = -1$
      $\wedge\ 3x + 5y = 8$
   e) $4x - 3y = 0$
      $\wedge\ -2x + 5y = 14$
   f) $5x + 9y = 34$
      $\wedge\ 2x + 3y = 13$

4. Zeige mit Hilfe von Bild 6.60:

Der Flächeninhalt des von den Pfeilen $\binom{A_1}{A_2}$ und $\binom{B_1}{B_2}$ aufgespannten Parallelogramms ist $A_1 B_2 - B_1 A_2$.

Anleitung: Berechne zunächst den Flächeninhalt des Dreiecks OAP aus den Flächeninhalten des Dreiecks OEP, des Trapezes ADEP und des Dreiecks ODA.

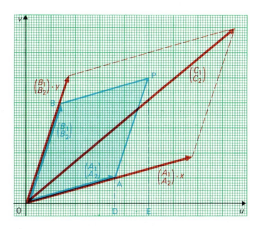

Bild 6.60

5. Zeige, daß durch $\begin{vmatrix} A_1 & B_1 & C_1 \\ A_2 & B_2 & C_2 \\ A_3 & B_3 & C_3 \end{vmatrix}$ der Rauminhalt eines Quaders gegeben ist, wenn nur A_1, B_2 und $C_3 \neq 0$ sind und für die Darstellung der Pfeile ein rechtwinkliges u-v-w-System verwendet wird.

6. Prüfe an Hand von $\begin{vmatrix} A_1 & B_1 & C_1 \\ A_2 & B_2 & C_2 \\ A_3 & B_3 & C_3 \end{vmatrix}$, ob die folgenden Gleichungssysteme eindeutig lösbar sind:

a) $2x + 3y - z = 4$
$\wedge\ x - 2y + 2z = 1$
$\wedge\ 3x + y - 4z = 0$

b) $x - 2y + 2z = -6$
$\wedge\ 3x + 3y - 4z = 10$
$\wedge\ 4x + y - 2z = 4$

7. DIE STRAHLENSÄTZE

7.1. Die Herleitung der Strahlensätze

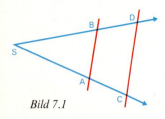

Bild 7.1

In Bild 7.1 werden die Strahlen $\overrightarrow{SA}$ und $\overrightarrow{SB}$ von den Parallelen AB und CD geschnitten. Bestimme durch Messung möglichst genau die Längen der Strecken in dieser Figur zwischen den gekennzeichneten Punkten und bestimme mit diesen Meßergebnissen die Streckenverhältnisse: $\dfrac{\overline{SA}}{\overline{SC}}$, $\dfrac{\overline{SB}}{\overline{SD}}$, $\dfrac{\overline{AB}}{\overline{CD}}$, $\dfrac{\overline{SA}}{\overline{AC}}$ und $\dfrac{\overline{SB}}{\overline{BD}}$.

Vergleiche die Ergebnisse miteinander.

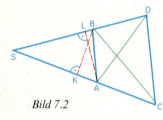

Bild 7.2

Wir wollen jetzt untersuchen, ob zwischen den Längen der Seiten in den Dreiecken SAB und SCD von Bild 7.1 gesetzmäßige Beziehungen bestehen und zwar mit einer Methode, die schon in den „Elementen des Euklid" beschrieben worden ist. Dazu betrachten wir in Bild 7.2 das Dreieck SCD, in welchem AB irgendeine Parallele zu CD ist.

Mit den Hilfslinien AD und BC entstehen in diesem Bild die Dreiecke ABD und ABC. Da diese dieselbe Grundseite $\overline{AB}$ und die gleiche Höhe über AB haben, sind sie flächengleich. Es ist: $A_{ABC} = A_{ABD}$ und somit auch $A_{SCB} = A_{SAD}$. Es gelten also die Proportionen:

(1) $\qquad \dfrac{A_{SAB}}{A_{ABC}} = \dfrac{A_{SAB}}{A_{ABD}} \quad$ sowie $\quad \dfrac{A_{SAB}}{A_{SBC}} = \dfrac{A_{SAB}}{A_{SAD}}.$

In diesen Verhältnisgleichungen können wir die Verhältnisse zwischen den Flächeninhalten durch Streckenverhältnisse ersetzen. Die Dreiecke SAB, ABC und SBC haben nämlich dieselbe Höhe $\overline{BK}$, und die Dreiecke SAB, ABD und SAD haben dieselbe Höhe $\overline{AL}$.

Also können wir an Stelle von (1) schreiben:

$$\dfrac{1/2\ \overline{BK}\cdot\overline{SA}}{1/2\ \overline{BK}\cdot\overline{AC}} = \dfrac{1/2\ \overline{AL}\cdot\overline{SB}}{1/2\ \overline{AL}\cdot\overline{BD}} \quad \text{sowie} \quad \dfrac{1/2\ \overline{BK}\cdot\overline{SA}}{1/2\ \overline{BK}\cdot\overline{SC}} = \dfrac{1/2\ \overline{AL}\cdot\overline{SB}}{1/2\ \overline{AL}\cdot\overline{SD}},$$

und daraus folgt:

(2) $\qquad \dfrac{\overline{SA}}{\overline{AC}} = \dfrac{\overline{SB}}{\overline{BD}} \quad$ sowie $\quad \dfrac{\overline{SA}}{\overline{SC}} = \dfrac{\overline{SB}}{\overline{SD}}.$

In dem Dreieck SCD werden also die Seiten $\overline{SD}$ und $\overline{SC}$ durch eine Parallele zu CD im gleichen Verhältnis geteilt.

Dieser Aussage geben wir noch dadurch eine andere Form, daß wir die Seiten $\overline{SC}$ und $\overline{SD}$ zu den Strahlen $\overrightarrow{SC}$ und $\overrightarrow{SD}$ erweitern, die von den Parallelen AB und CD geschnitten werden (Bild 7.1).

Satz 7.1 (1. Strahlensatz)
Werden zwei Strahlen mit einem gemeinsamen Anfangspunkt von zwei Parallelen geschnitten, so verhalten sich die Längen von je zwei Abschnitten auf dem einen Strahl wie die Längen der entsprechenden Abschnitte auf dem anderen Strahl.

In dem Dreieck SCD von Bild 7.3 ist AB parallel zu CD, und BF ist parallel zu SC. Also gilt mit D als dem Anfangspunkt der Strahlen DS und DC nach (2):

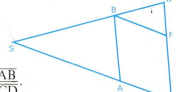

$\dfrac{\overline{SB}}{\overline{SD}} = \dfrac{\overline{CF}}{\overline{CD}}$ und wegen $\overline{CF} = \overline{AB}$: $\dfrac{\overline{SB}}{\overline{SD}} = \dfrac{\overline{AB}}{\overline{CD}}$.

Bild 7.3

Betrachten wir zu dieser Verhältnisgleichung wieder S als den Anfangspunkt der Strahlen $\overleftarrow{SD}$ und $\overleftarrow{SC}$, so erhalten wir

Satz 7.2 (2. Strahlensatz)
Werden zwei Strahlen mit einem gemeinsamen Anfangspunkt von zwei Parallelen geschnitten, so verhalten sich die Längen der Abschnitte auf den Parallelen wie die vom Anfangspunkt aus gemessenen Längen der entsprechenden Abschnitte auf jedem der Strahlen.

Wir werden jetzt die beiden Strahlensätze noch einmal, und zwar mit Hilfe der Vektorrechnung herleiten (Bild 7.4):
Das Dreieck SAB wird von Pfeilen der Vektoren $\vec{a} = \overrightarrow{SA}$, $\vec{b} = \overrightarrow{SB}$ und $\vec{f} = \overrightarrow{AB}$ gebildet, und es ist:

(3) $\qquad \vec{a} + \vec{f} = \vec{b}$.

Die Seiten des Dreiecks SCD gehören zu Vektoren, die zu $\vec{a}$, $\vec{b}$ und $\vec{f}$ kollinear sind. Wir können also $\overrightarrow{SC} = k\vec{a}$, $\overrightarrow{SD} = l\vec{b}$ und $\overrightarrow{CD} = m\vec{f}$, $k, l, m, \in \mathbb{R}^+$ setzen und erhalten damit die Linearkombination:

(4) $\qquad k\vec{a} + m\vec{f} = l\vec{b}$, bzw. $k\vec{a} + m\vec{f} = l(\vec{a} + \vec{f})$.

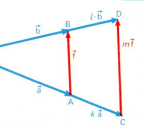

Bild 7.4

Wir wenden das Distributivgesetz an und erhalten:
$k\vec{a} + m\vec{f} = l\vec{a} + l\vec{f}$. Daraus folgt:
$(k - l)\vec{a} + (m - l)\vec{f} = \vec{o}$. Da $\vec{a}$ und $\vec{f}$ nicht kollinear sind, gilt: $k - l = 0$, also $k = l$ und entsprechend $m = l$. Für die Seiten des Dreiecks SCD gilt also die Linearkombination:

(5) $\qquad k\vec{a} + k\vec{f} = k\vec{b}$, bzw. $k\vec{a} + k\vec{f} = k(\vec{a} + \vec{f})$.

Da die Variablen k, l und m auch die Seitenverhältnisse in den beiden Dreiecken SAB und SCD angeben, folgt aus $k = l$:

(6) $\qquad \dfrac{\overline{SC}}{\overline{SA}} = \dfrac{\overline{SD}}{\overline{SB}}$, also der 1. Strahlensatz.

Entsprechend folgt aus $k = m$:

(7) $\qquad \dfrac{\overline{SC}}{\overline{SA}} = \dfrac{\overline{CD}}{\overline{AB}}$, also der 2. Strahlensatz.

Anmerkung: Diese Herleitung der Strahlensätze zeigt, daß das Distributivgesetz in (5) dasselbe aussagt wie die Strahlensätze in (6) und (7).

7. Die Strahlensätze

Aufgaben

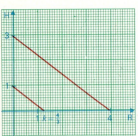

Bild 7.6

1. In Bild 7.5 wird die Strecke $\overline{AC}$ durch B im Verhältnis 3 : 2 geteilt. Mit Hilfe des 1. Strahlensatzes kann man jede andere Strecke $\overline{AD}$ durch X im gleichen Verhältnis teilen.
Teile eine Strecke von 10 cm Länge durch Konstruktion: a) im Verhältnis 1 : 8; b) im Verhältnis 3 : 8.
c) Bild 7.6 zeigt das von früher her bekannte Multiplikations-Diagramm. Erkläre, wie man mit diesem Diagramm jede positive rationale Zahl auf dem Zahlenstrahl R darstellen kann.

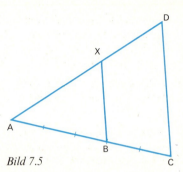

Bild 7.5

2. Konstruiere zwei Strecken a und b, deren Längen im Verhältnis 2 : 3 stehen, und für die a) $a + b = 10$ cm, b) $a - b = 6$ cm gilt.

3. In Bild 7.7 geben die Variablen b, c, d, e, f und g die Längen der gekennzeichneten Strecken an. Berechne: a) e, wenn b, c und d; b) f, wenn b, d und g; c) g, wenn b, f und d gegeben sind. ▲ d) Kann man jede der 6 Variablen bestimmen, wenn irgend drei der fünf anderen gegeben sind?

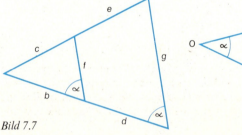

Bild 7.7

Bild 7.8

▲ 4. Zwischen den Schenkeln $\overleftarrow{f}$ und $\overleftarrow{h}$ des Winkels α mit dem Scheitelpunkt O (Bild 7.8) liegt ein Punkt A. Eine Gerade g durch A soll $\overleftarrow{f}$ in B und $\overleftarrow{h}$ in C schneiden. Wie muß g gelegt werden, damit a) $\overline{OB} : \overline{OC} = 3 : 2$, b) $\overline{BA} : \overline{AC} = 3 : 2$ gilt?

5. In einem Dreieck ABC ist $\overline{BC} = 5$ cm, $\overline{AC} = 6$ cm, $\overline{AB} = 4$ cm. Auf $\overline{AB}$ liegt D, und es ist $\overline{AD} = 3$ cm. Zeichne das Dreieck ABC und trage den Punkt D ein. Die Parallele durch D zu $\overline{BC}$ schneidet $\overline{AC}$ in E, die Parallele zu $\overline{AB}$ durch E schneidet $\overline{BC}$ in F. Die Parallele durch F zu $\overline{AC}$ schneidet $\overline{AB}$ in G. In welchen Verhältnissen teilen die Punkte E, F und G die Dreieckseiten? In welchem Verhältnis teilt G die Strecke $\overline{AD}$? Berechne die Länge der Strecke $\overline{GD}$.

6. Wenn zwei Rechtecke mit den Seitenlängen a und b, bzw. c und d flächengleich sind, so gilt die Produktgleichung $a \cdot b = c \cdot d$. Mit Hilfe der Strahlensätze kann eine dieser vier Größen konstruktiv bestimmt werden, wenn die drei anderen bekannt sind.
   a) Verwandle ein Rechteck mit $a = 3$ cm und $b = 6$ cm in ein flächengleiches mit $c = \sqrt{6}$ cm.
   b) Verwandle ein Quadrat mit $c = d = \sqrt{5}$ cm in ein flächengleiches Rechteck mit $a = 2 \cdot \sqrt{5}$ cm. Die Aufgaben sollen durch Konstruktion und durch Rechnung gelöst werden.

7. Die Strahlensätze

7. In dem Rechteck ABCD (Bild 7.9) liegt P auf BD, und es ist HF parallel zu AD sowie EG parallel zu AB. Berechne $\overline{CG}$, $\overline{PG}$ und $\overline{PE}$, wenn $\overline{AB} = 4$ cm, $\overline{BC} = 3$ cm und $\overline{BG} = 2$ cm gewählt wird. a) Weise so nach, daß die Rechtecke AFPE und GCHP gleiche Flächeninhalte haben. b) Beweise die Aussage in a) auch allgemein.

8. In das gleichschenklige Dreieck ABC (Bild 7.10) mit der Höhe $h = 5$ cm und der Basis $\overline{AB} = 4$ cm ist ein Rechteck EFGH mit $\overline{FG} = 3$ cm gezeichnet. Wie lang ist die Seite $\overline{EF}$?

9. In Bild 7.11 sind ABC und CDE zwei rechtwinklige Dreiecke, die auch in der Größe der Winkel bei A und C übereinstimmen. Sie liegen so, daß $\overline{AC}$ und $\overline{CE}$ gemeinsam eine Strecke bilden. Von ABC sind zwei Seiten, von CDE ist eine Seite gegeben. Zeige, daß man die anderen Seiten der beiden Dreiecke berechnen kann.

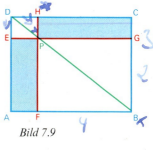

Bild 7.9

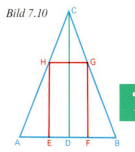

Bild 7.10

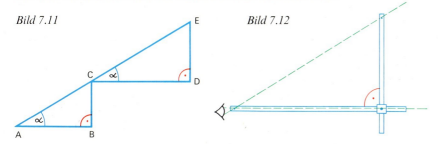

Bild 7.11

Bild 7.12

Beispiel: $\overline{AB} = 4$ cm, $\overline{BC} = 3$ cm, $\overline{CE} = 7{,}5$ cm. Berechne: $\overline{AC}$, $\overline{CD}$ und $\overline{ED}$.

10. Mit dem in Bild 7.12 skizzierten Gerät kann man die Höhe von Bäumen oder Häusern messen. Es besteht aus zwei Stäben, die zueinander senkrecht sind. Einer der Stäbe kann auf dem anderen verschoben werden. Fertige dir ein Modell an. Erkläre, wie man damit z. B. die Höhe eines Baumes messen kann und führe selbst eine Messung durch.

11. Wie in Bild 7.13 soll über einen See hinweg die Länge von $\overline{AB}$ bestimmt werden. Man mißt $\overline{AC} = 500$ m, $\overline{CE} = 50$ m, $\overline{BD} = 40$ m.

12. Die Strecke zwischen A und dem unzugänglichen Punkt B soll bestimmt werden (Bild 7.14). Man mißt $\overline{AC} = 335$ m, $\overline{CE} = 127$ m, $\overline{ED} = 205$ m. Die Winkel bei C und E sollen rechte sein.

13. Die Strecke $\overline{AB}$ in Bild 7.15 soll bestimmt werden, ohne daß man den Fluß überquert. Man mißt $\overline{BC} = 43$ m, $\overline{DE} = 87$ m, $\overline{BD} = 59$ m.

Anmerkung: Bei den Aufgaben 11–13 werden für die Messungen parallele Geraden gefordert. Das macht technische Schwierigkeiten. In der Praxis wendet man daher andere Verfahren an.

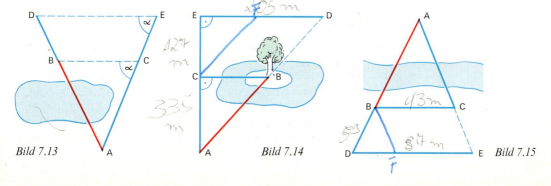

Bild 7.13   Bild 7.14   Bild 7.15

▲ 14. Gegeben ist eine Strecke $\overline{AB}$ von der Länge 8 cm. Gesucht ist der geometrische Ort für alle Punkte X auf AB, für die

a) $\dfrac{\overline{AX}}{\overline{BX}} = \dfrac{2}{1}$, b) $\dfrac{\overline{AX}}{\overline{BX}} < \dfrac{2}{1}$ gilt.

▲ 15. Gegeben ist ein Dreieck ABC. Auf $\overline{AB}$ liegt X, auf $\overline{AC}$ liegt Y, und zwar so, daß XY parallel zu BC läuft. Welches ist der geometrische Ort für alle Punkte X, für die

a) $\overline{XY} = \dfrac{1}{3}\overline{BC}$, b) $\overline{XY} < \dfrac{1}{3}\overline{BC}$, c) $\overline{XY} > \dfrac{1}{2}\overline{BC}$,

d) $\overline{XY} > \dfrac{1}{3}\overline{BC}$ und $\overline{XY} < \dfrac{1}{2}\overline{BC}$, e) $\overline{XY} < \dfrac{1}{3}\overline{BC}$ oder $\overline{XY} > \dfrac{1}{2}\overline{BC}$ ist.

7.2. Umkehrungen der Strahlensätze

Wir untersuchen jetzt, ob man die Strahlensätze **umkehren** kann. Will man einen Satz umkehren, muß man eine seiner Voraussetzungen mit der Folgerung vertauschen. Die Voraussetzungen und die Folgerung des 1. Strahlensatzes sind bei folgender Formulierung besonders deutlich:
Wenn zwei Strahlen einen gemeinsamen Anfangspunkt S haben **und wenn** sie von zwei Parallelen in A und B, bzw. C und D geschnitten werden, **dann** gilt die Verhältnisgleichung:

(1) $$\dfrac{\overline{SA}}{\overline{SC}} = \dfrac{\overline{SB}}{\overline{SD}}.$$

Der Satz enthält also zwei Voraussetzungen und eine Folgerung.
Für die eine mögliche Umkehrung des Satzes vertauschen wir nun die 2. Voraussetzung mit der Folgerung. Wir gehen also davon aus, daß zwei Strahlen mit dem Anfangspunkt S von zwei **Geraden** in A und B, bzw. in C und D so geschnitten werden (Bild 7.16), daß die Gleichung (1) erfüllt ist. Wir wollen zeigen, daß AB und CD zueinander parallel sind:

1. Beweis (ohne Vektoren)
Wir nehmen an, daß AB und CD nicht parallel laufen. Dann gibt es genau eine Parallele zu AB durch C, die den Strahl $\overleftarrow{SB}$ in D′ schneidet. Nach dem 1. Strahlensatz gilt:

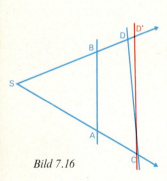

Bild 7.16

(2) $\dfrac{\overline{SA}}{\overline{SC}} = \dfrac{\overline{SB}}{\overline{SD'}}$. Aus (1) und (2) folgt:

$\dfrac{\overline{SB}}{\overline{SD}} = \dfrac{\overline{SB}}{\overline{SD'}}$ und daraus $\overline{SD} = \overline{SD'}$. D und D′ fallen also zusammen,

und das ist nur möglich, wenn CD zu AB parallel läuft.

2. Beweis (mit Vektoren)

In Bild 7.17 gelten für die Vektoren $\vec{SA} = \vec{a}$, $\vec{SC} = k\vec{a}$, $\vec{SB} = \vec{c}$, $\vec{SD} = k\vec{c}$, $\vec{AB} = \vec{b}$ und $\vec{CD} = \vec{d}$ die Beziehungen:

(3) $\vec{a} + \vec{b} = \vec{c}$ sowie (4) $k\vec{a} + \vec{d} = k\vec{c}$, also
$$k\vec{a} + \vec{d} = k(\vec{a} + \vec{b}) = k\vec{a} + k\vec{b}.$$

Daraus folgt: $\vec{d} = k\vec{b}$; d.h., die Vektoren $\vec{d}$ und $\vec{b}$ sind kollinear. Die Geraden AB und CD sind also parallel.

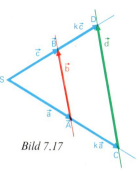

Bild 7.17

Satz 7.3
Werden zwei Strahlen mit einem gemeinsamen Anfangspunkt von zwei Geraden geschnitten und verhalten sich die Längen von zwei Abschnitten auf dem einen Strahl wie die Längen der entsprechenden Abschnitte auf dem anderen Strahl, so sind die beiden Geraden zueinander parallel.

Wir untersuchen jetzt, ob auch die entsprechende Umkehrung des 2. Strahlensatzes wahr ist. Dazu setzen wir in Bild 7.18 die Gültigkeit der Verhältnisgleichung: (5) $\dfrac{\overline{AB}}{\overline{CD}} = \dfrac{\overline{SA}}{\overline{SC}}$ voraus und überlegen, ob daraus folgt, daß AB parallel zu CD ist. Zeichnet man um C den Kreis mit dem Radius $\overline{CD}$, so schneidet dieser den Strahl $\overline{SB}$ ein zweites Mal in D'. Wir zeichnen die Gerade CD'. Nun gilt neben (5) auch: $\dfrac{\overline{AB}}{\overline{CD'}} = \dfrac{\overline{SA}}{\overline{SC}}$. Da aber CD' und CD im allgemeinen verschiedene Geraden durch denselben Punkt C sind, können sie nicht beide zu AB parallel laufen. Diese Umkehrung des 2. Strahlensatzes ist daher falsch.

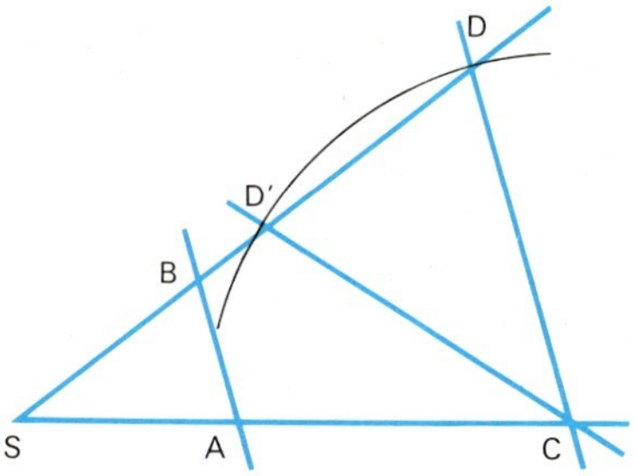

Bild 7.18

Aufgaben

1. Überlege dir, ob die folgende Aussage wahr ist: Werden zwei Strahlen $\overline{S_1AC}$ und $\overline{S_2BD}$ von zwei Parallelen AB und CD geschnitten und gilt die Verhältnisgleichung: $\dfrac{\overline{S_1A}}{\overline{S_1C}} = \dfrac{\overline{S_2B}}{\overline{S_2D}}$, so ist $S_1 = S_2$. Zeige, daß auch diese Aussage eine Umkehrung des 1. Strahlensatzes ist.

2. Beweise vektoriell, daß die folgende Umkehrung des 2. Strahlensatzes wahr ist (Bild 7.19): Wird ein Strahl $\overline{SAC}$ von zwei Parallelen AB und CD geschnitten, liegen ferner B und D auf ein und derselben Seite des Strahles $\overline{SAC}$ und gilt die Verhältnisgleichung: $k = \dfrac{\overline{SA}}{\overline{SC}} = \dfrac{\overline{AB}}{\overline{CD}}$, dann liegen S, B und D auf einem Strahl $\overline{SBD}$.

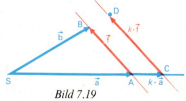

Bild 7.19

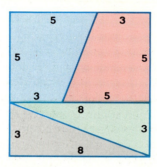

Bild 7.20a   Bild 7.20b

▲ **3.** In Bild 7.20a ist ein Quadrat in vier Teilflächen zerlegt, und scheinbar sind diese Teilflächen in Bild 7.20b zu einem Rechteck zusammengesetzt. Die Ziffern an den Seiten der Teilflächen geben jeweils die Maßzahlen der Seitenlängen an. Berechne die Flächeninhalte von Quadrat und Rechteck und vergleiche. Wo steckt der Fehler?

▲ **4.** Gegeben sind eine Gerade g und ein Punkt P außerhalb von g. Zeichne unter Verwendung von Satz 7.3 mit Zirkel und Lineal die Parallele zu g durch P.

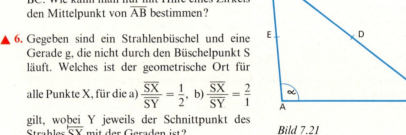

▲ **5.** In dem Dreieck ABC (Bild 7.21) ist $\alpha = 95°$, E und D sind die Seitenmitten von $\overline{AC}$ und $\overline{BC}$. Wie kann man nur mit Hilfe eines Zirkels den Mittelpunkt von $\overline{AB}$ bestimmen?

▲ **6.** Gegeben sind ein Strahlenbüschel und eine Gerade g, die nicht durch den Büschelpunkt S läuft. Welches ist der geometrische Ort für alle Punkte X, für die a) $\frac{\overline{SX}}{\overline{SY}} = \frac{1}{2}$, b) $\frac{\overline{SX}}{\overline{SY}} = \frac{2}{1}$ gilt, wobei Y jeweils der Schnittpunkt des Strahles $\overrightarrow{SX}$ mit der Geraden ist?

Bild 7.21

7. Zwischen zwei Vektoren $\vec{a}$ und $\vec{b}$ bestehen die beiden Linearkombinationen: $\vec{b} - \vec{a} = \vec{c}$ und $k\vec{b} - k\vec{a} = \vec{d}$. Welche Beziehung kann man daraus für $\vec{c}$ und $\vec{d}$ folgern, und welche Umkehrung der Strahlensätze entspricht dieser Beziehung?

▲ **8.** Bild 7.22 zeigt zwei konzentrische Kreise, von denen der Mittelpunkt nicht bekannt ist, wie z.B. bei einem Reifen. Man weiß nur, daß die Gerade AB durch den Mittelpunkt läuft. Durch den Punkt C soll mit Lineal und Dreieck eine Gerade durch den Mittelpunkt der Kreise gezeichnet werden.

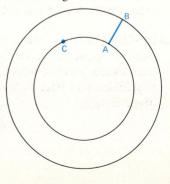

Bild 7.22

7.3. Projektionen in der Ebene

Die Figur zum Strahlensatz können wir noch dadurch erweitern, daß wir an Stelle der zwei Strahlen mit gemeinsamem Anfangspunkt zwei sich schneidende Geraden wählen und diese durch irgend zwei Parallelen schneiden lassen. Sie können auch, wie die Parallelen f und h in Bild 7.23, so gewählt werden, daß der Geradenschnittpunkt S zwischen ihnen liegt.
In das Bild ist zu f und h noch eine dritte Parallele g so gezeichnet, daß S von g und f den gleichen Abstand hat. Also können wir f durch eine Punktspiegelung an S auf g abbilden. Aus Symmetriegründen gilt dann in vektorieller Schreibweise:

$\overrightarrow{SA} = -\overrightarrow{SE}, \overrightarrow{SB} = -\overrightarrow{SF}, \overrightarrow{AB} = -\overrightarrow{EF}$ und entsprechend:

$\overrightarrow{SC} = -k \cdot \overrightarrow{SE}, \overrightarrow{SD} = -k \cdot \overrightarrow{SF}, \overrightarrow{CD} = -k \cdot \overrightarrow{EF}, k \in \mathbb{R}^+$.

Daraus folgen dann die Verhältnisgleichungen:

$\dfrac{\overline{SC}}{\overline{SE}} = \dfrac{\overline{SD}}{\overline{SF}} = \dfrac{\overline{CD}}{\overline{EF}}$ oder auch $\dfrac{\overline{EC}}{\overline{SC}} = \dfrac{\overline{FD}}{\overline{SD}}$.

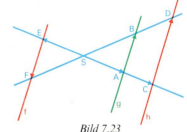

Bild 7.23

Satz 7.4
Werden zwei Geraden, die sich in einem Punkte S schneiden, von zwei Parallelen geschnitten, von denen keine durch S läuft, so gilt:

a) Die Längen von zwei Abschnitten auf der einen Geraden verhalten sich wie die Längen der entsprechenden Abschnitte auf der anderen Geraden.

b) Die Längen der Abschnitte auf den Parallelen verhalten sich wie die Längen der entsprechenden, von S aus gemessenen Abschnitte auf einer der Geraden.

Nun erweitern wir das Bild 7.23 auf zwei verschiedene Weisen. Wir ersetzen das eine Mal die zwei Parallelen durch ein ganzes Parallelenbüschel, das zwei Geraden schneidet, das andere Mal ersetzen wir die beiden Geraden durch ein ganzes Geradenbüschel, das von zwei Parallelen geschnitten wird (Bild 7.24a und b, Bild 7.25).

1.a) In Bild 7.24a wird durch das Parallelenbüschel jedem Punkt der Geraden g ein Punkt der Geraden f zugeordnet. Wir sagen auch: die Gerade g wird durch eine **Parallelprojektion** auf die Gerade f abgebildet. Für diese Abbildung gilt z. B. nach Satz 7.4 die Verhältnisgleichung:

$$\dfrac{\overline{AB}}{\overline{BE}} = \dfrac{\overline{A'B'}}{\overline{B'E'}}.$$

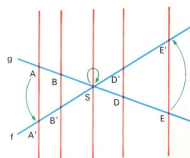

Bild 7.24a

1.b) In Bild 7.24b wird das Parallelenbüschel von zwei Parallelen g und f geschnitten und auch hier wieder die Gerade g durch Parallelprojektion auf die Gerade f abgebildet. Da $\overline{AB} = \overline{A'B'}$ und $\overline{BE} = \overline{B'E'}$ ist, gilt auch für diesen Fall die Verhältnisgleichung: $\dfrac{\overline{AB}}{\overline{BE}} = \dfrac{\overline{A'B'}}{\overline{B'E'}}$ und damit allgemein

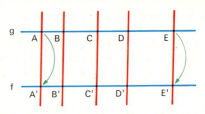

Bild 7.24b

Satz 7.5
Werden zwei Geraden durch eine Parallelprojektion aufeinander abgebildet, so verhalten sich die Längen von zwei Strecken auf der einen Geraden, wie die Längen der Bildstrecken auf der anderen Geraden.

2. In Bild 7.25 wird durch die Geraden des Geradenbüschels jedem Punkt der Geraden g genau ein Punkt der zu ihr parallelen Geraden f zugeordnet. Wir sagen auch: die Gerade g wird durch das Geradenbüschel auf die Parallele f abgebildet und bezeichnen die Abbildung als eine **Zentralprojektion** der Geraden g auf die Parallele f. Nach Satz 7.4 gelten die Verhältnisgleichungen:
$\dfrac{\overline{AB}}{\overline{A'B'}} = \dfrac{\overline{SB}}{\overline{SB'}} = \dfrac{\overline{BC}}{\overline{B'C'}}$. Daraus folgt:
$\dfrac{\overline{AB}}{\overline{BC}} = \dfrac{\overline{A'B'}}{\overline{B'C'}}$.

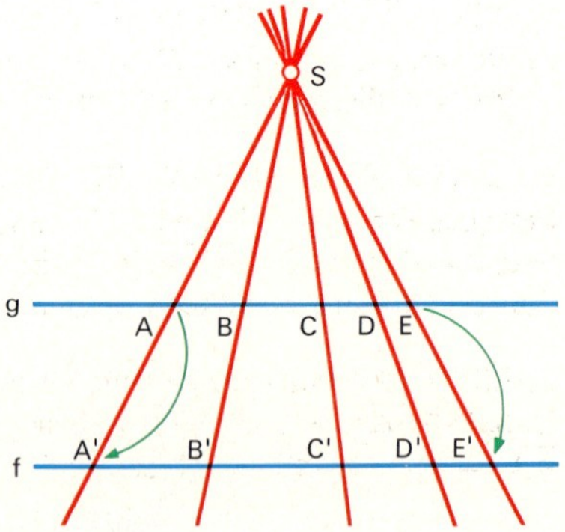

Bild 7.25

Satz 7.6
Werden zwei Parallelen durch eine Zentralprojektion aufeinander abgebildet, so verhalten sich die Längen von zwei Strecken auf der einen Parallelen wie die Längen der Bildstrecken auf der anderen Parallelen.

Aufgaben

1. Auf der Mattscheibe einer Lochkamera erscheint das Bild einer Kerze (Bild 7.26). Wie lang ist das Bild, wenn die Länge der Kerze 11 cm, die Entfernung Kerze – Öffnung 20 cm und die Entfernung Öffnung – Mattscheibe 15 cm beträgt?

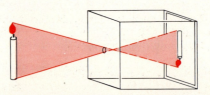

Bild 7.26

7. Die Strahlensätze

2. Bei dünnen Linsen kann man durch eine geometrische Konstruktion zu einem Gegenstand G das Bild B bestimmen. In Bild 7.27 sind F_1 und F_2 die Brennpunkte der Linse, f ist die Brennweite, g ist die Gegenstandsweite, b die Bildweite. Welche Beziehung besteht auf Grund von Satz 7.4 zwischen G, B, g und f? Bestätige am Bild die Gleichung $\frac{g}{b} = \frac{g-f}{f}$ und leite daraus durch Umformungen die Linsengleichungen: $f = \frac{b \cdot g}{b + g}$ bzw. $\frac{1}{f} = \frac{1}{g} + \frac{1}{b}$ ab.

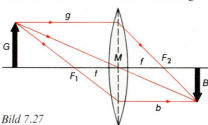

Bild 7.27

3. Vor einer Konvexlinse mit einer Brennweite von 20 cm steht in 40 cm Abstand ein Gegenstand von 2 cm Länge. Wie lang ist das Bild, und an welcher Stelle befindet es sich? Wo müßte der Gegenstand stehen, damit das Bild in 4 cm Größe erscheint, und an welcher Stelle steht es dann?

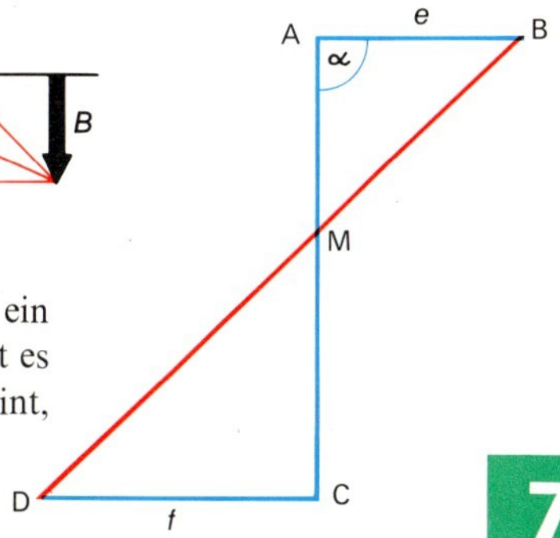

4. In Bild 7.28 ist AB parallel zu DC, $e:f = 3:4$ und $\overline{AC} = 3{,}8$ cm.
 a) Wo liegt der Punkt M? b) Berechne mit Hilfe der Quadrattafel (am Ende des Buches) die Länge von $\overline{BD}$, wenn $\alpha = 90°$ und $e = 1{,}8$ cm sind.

Bild 7.28

5. In dem beliebigen Dreieck ABC (Bild 7.29) ist EFG das Mittendreieck. Die beiden **Seitenhalbierenden** AF und BG schneiden sich in S. Zeige, daß der Punkt S nach Satz 7.4 die Strecken $\overline{BG}$ und $\overline{AF}$ im Verhältnis 2:1 teilt. Beweise so, daß auch $\overline{CE}$ durch S läuft und ebenfalls von S im Verhältnis 2:1 geteilt wird.

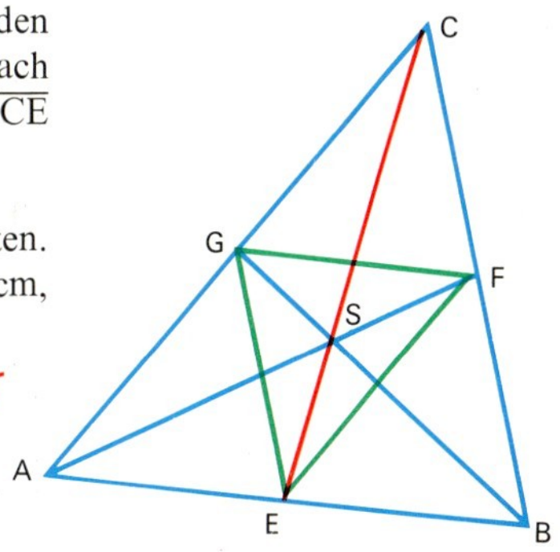

6. In Bild 7.30 werden die Geraden g und h von einem Parallelenbüschel geschnitten. Dabei sei: $\overline{ZA} = 2$ cm, $\overline{BC} = 2$ cm, $\overline{BA} = 1$ cm, $\overline{D'E'} = 1{,}3$ cm, $\overline{ZA'} = 2{,}3$ cm, $\overline{AA'} = 1{,}2$ cm, $\overline{AD} = 4{,}8$ cm.

Wie groß sind: $\overline{B'C'}$, $\overline{DE}$, $\overline{BB'}$, $\overline{DD'}$, $\overline{EE'}$?

Bild 7.29

Bild 7.30

7. Jemand behauptet, daß man in Bild 7.30 $\overline{B'C'}$ berechnen kann, wenn die Längen folgender Strecken bekannt sind: a) $\overline{AZ}$, $\overline{A'Z}$, $\overline{BZ}$, $\overline{CZ}$; b) $\overline{EB}$, $\overline{E'B'}$ und $\overline{BC}$; c) $\overline{ZA}$, $\overline{ZB}$, $\overline{ZC}$, $\overline{A'B'}$; d) $\overline{EB}$, $\overline{E'B'}$, $\overline{ZA}$, $\overline{AA'}$, $\overline{BB'}$, $\overline{CC'}$.
Was sagst du zu diesen Behauptungen?

8. In Bild 7.31 wird die Gerade g durch das Geradenbüschel $\mathbb{Z}$ auf die Parallele g' abgebildet. Dabei sei $\overline{AB} = 1$ cm, $\overline{A'B'} = 1{,}5$ cm, $\overline{BC} = 1{,}3$ cm, $\overline{C'D'} = 2$ cm. Wie groß sind $\overline{B'C'}$ und $\overline{CD}$?

9. Kann man in Bild 7.31 $\overline{AA'}$ berechnen, wenn $\overline{CD}$, $\overline{C'D'}$ und $\overline{ZA}$ bekannt sind?

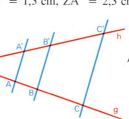

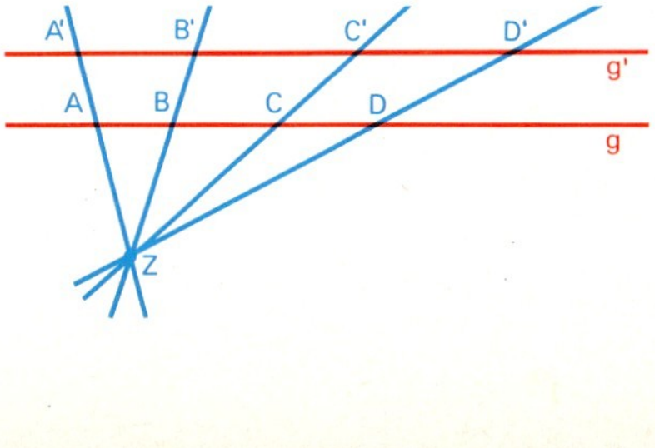

Bild 7.31

8. ÄHNLICHKEITSABBILDUNGEN

8.1. Zentrische Streckungen

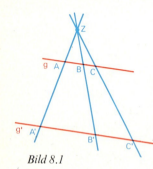
Bild 8.1

In Bild 8.1 wird durch eine Zentralprojektion in der Ebene **E** A auf A', B auf B' und C auf C' abgebildet. Dabei gilt speziell das Streckenverhältnis $\frac{\overline{ZA'}}{\overline{ZA}} = \frac{\overline{ZB'}}{\overline{ZB}} = \frac{3}{1}$, bzw. die Gleichung: $\overline{ZA'} = 3\,\overline{ZA}$.

Wir wollen uns jetzt diese Zentralprojektion als den Teil einer Abbildung vorstellen, bei der jedem Punkt P der Ebene genau ein Bildpunkt P' zugeordnet wird. Diese Zuordnung soll durch folgende Konstruktionsvorschrift erfolgen:

Der Punkt Z sei der einzige Fixpunkt der Ebene. Zu einem beliebigen Punkt P zeichnet man den Strahl $\overrightarrow{ZP}$ und trägt auf diesem von Z aus eine Strecke ab, die dreimal so lang ist wie $\overline{ZP}$. Der Endpunkt ist P' (Bild 8.2).
Eine solche Abbildung heißt **zentrische Streckung.** Der Faktor 3 heißt **Streckfaktor** und Z ist das **Streckzentrum.**

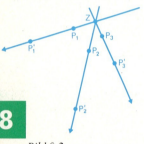
Bild 8.2

Als Streckfaktor kann jede reelle Zahl gewählt werden. Ist $k = 1$, wird jeder Punkt auf sich selbst abgebildet, dabei handelt es sich also um die identische Abbildung. Das Bild 8.3 zeigt die zentrische Streckung für $k = \frac{1}{2}$. Der Streckfaktor kann auch eine negative Zahl sein. So ist z. B. in Bild 8.4: $k = -2$; die Pfeile (Z, A) und (Z, A') sind entgegengesetzt gerichtet, und für ihre Längen gilt: $\overline{ZA} = 2\,\overline{ZA'}$. Das Bild A' von A kann man konstruieren, indem man den Punkt A zunächst an Z auf A* spiegelt und dann das Bild A* durch eine Streckung mit dem Zentrum Z und dem Streckfaktor 2 abbildet.

Bild 8.3

Da eine zentrische Streckung durch das Zentrum Z und den Streckfaktor k eindeutig bestimmt ist, wird sie durch die Schreibweise $\mathfrak{Z}_{Z;k}$ gekennzeichnet.
Die wichtigsten Eigenschaften der zentrischen Streckung sind in der folgenden Tafel zusammengestellt:

1. Zu jedem Punkt der Ebene gibt es genau einen Bildpunkt.
2. Es gibt genau einen Fixpunkt; dieser Punkt ist das Streckzentrum.
3. Ein Punkt P, sein Bild P' und das Streckzentrum Z liegen auf derselben Geraden.
4. Jede Gerade wird auf eine Bildgerade abgebildet.
5. Eine nicht durch Z gehende Gerade und ihr Bild sind zueinander parallel.
6. Alle Geraden durch das Zentrum Z sind Fixgeraden.
7. Die Länge von Bild- und Originalstrecke stehen im gleichen Verhältnis $|k|$ zueinander. Die Zahl k heißt Streckfaktor.
8. Ist k positiv, so haben ein Pfeil und sein Bild die gleiche Richtung; ist k negativ, so sind ein Pfeil und sein Bild entgegengesetzt gerichtet.

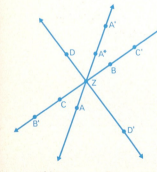
Bild 8.4

Aus diesen Eigenschaften leiten wir noch eine weitere Konstruktionsvorschrift ab, nach der wir zu irgendeinem Punkt P den Bildpunkt P' eindeutig bestimmen können. Wir setzen dabei voraus, daß wir den Punkt Z, einen Punkt A und dessen Bild A' kennen und unterscheiden bei der Konstruktion zwei verschiedene Lagen des Punktes P:

a) Der Punkt P liegt nicht auf ZA (Bild 8.5a).
   Der Bildpunkt P' muß auf ZP und auf der Parallelen zu AP durch A' liegen. Daraus ergibt sich die folgende Konstruktion: Man zeichnet ZP, dann g = AP und zu AP die Parallele g' durch A'. Dann ist $\{P'\} = g' \cap ZP$.

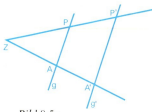

Bild 8.5a

b) Der Punkt P liegt auf ZA (Bild 8.5b).
   Man konstruiert zunächst zu einem beliebigen Punkt Q, der nicht auf ZA liegt, das Bild Q' und dann mit dessen Hilfe den Punkt P'. Dabei gilt die Verhältnisgleichung:

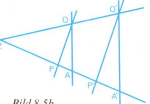

Bild 8.5b

$$\frac{\overline{ZA'}}{\overline{ZA}} = \frac{\overline{ZQ'}}{\overline{ZQ}} = \frac{\overline{ZP'}}{\overline{ZP}} = k.$$

Die Strecken $\overline{ZA}$ und $\overline{ZP}$ werden also im gleichen Verhältnis abgebildet.

Wir untersuchen jetzt, wie durch eine zentrische Streckung ein Vektor in der Ebene abgebildet wird. In Bild 8.6 sind (Z, C) und (A, B) zwei Pfeile des Vektors $\vec{c}$ in der Ebene **E**. Das Viereck ABCZ ist daher ein Parallelogramm in **E**. Diese Figur soll von Z aus mit dem Streckfaktor k, $\frac{\overline{ZA'}}{\overline{ZA}} = k$, zentrisch gestreckt werden. Dabei wird nach der Konstruktionsvorschrift B auf B' und C auf C' abgebildet. A'B' ist parallel zu AB, also auch parallel zu ZC', und B'C' ist parallel zu CB, bzw. zu ZA'. Damit ist auch das Bildviereck A'B'C'Z ein Parallelogramm. Daraus folgt, daß die Pfeile (A', B') und (Z, C') gleich lang und gleich gerichtet sind, und zwar ist $\overline{A'B'} = |k|\overline{AB}$ und $\overline{ZC'} = |k|\overline{ZC}$. Die beiden Pfeile gehören also zum gleichen Vektor $\vec{c}'$, $\vec{c}' = k\vec{c}$.

Satz 8.1
Bei einer zentrischen Streckung $\mathfrak{Z}_{Z;k}$ in der Ebene **E** wird ein beliebiger Vektor $\vec{c}$ in dieser Ebene auf den kollinearen Vektor $\vec{c}'$, $\vec{c}' = k\vec{c}$ abgebildet.

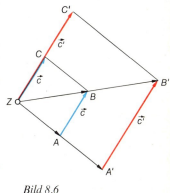

Bild 8.6

Den Satz 8.1 hätte man auch als Definition der zentrischen Streckung benutzen können, denn wie sich zeigt, folgen die oben genannten Eigenschaften 1. bis 7. dieser Abbildung aus diesem Satze. Man könnte also sagen:

Definition 8.1
Bei einer zentrischen Streckung $\mathfrak{Z}_{Z;k}$ in der Ebene mit dem Streckzentrum Z und dem Streckfaktor k, $k \in \mathbb{R}$, ist Z der einzige Fixpunkt, und ein beliebiger Vektor $\vec{a}$ wird auf den kollinearen Vektor $\vec{a}' = k \cdot \vec{a}$ abgebildet.

Wie aus Bild 8.7 ersichtlich, wird der zu dem Pfeil (Z, A) gehörende Vektor $\vec{z}$ auf den Vektor $\vec{z}' = k\,\vec{z}$ abgebildet. Zu $\vec{z}'$ gehört der Pfeil (Z, A') mit der gleichen Richtung, aber der k-fachen Länge von (Z, A). Damit ergibt sich Eigenschaft 3. Alle Vektoren $\vec{x}$, deren Pfeile auf der Geraden g durch A liegen, sind kollinear zu dem gegebenen Richtungsvektor $\vec{g}$ der Geraden g. Nach der Abbildung sind sie in Vektoren $\vec{x}'$ übergegangen, die zu den Vektoren $\vec{x}$ kollinear sind. Daher sind auch alle $\vec{x}'$ zu $\vec{g}' = k\,\vec{g}$ kollinear, und g' ist eine zu g parallele Gerade (Eigenschaften 4, 5 und 6). Da jeder Originalstrecke ein Pfeil und damit ein Vektor zugeordnet werden kann, folgt auch Eigenschaft 7.

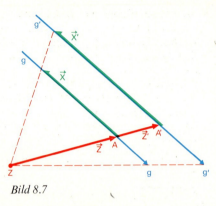

Bild 8.7

Aufgaben

1. Wähle in einem Koordinatensystem (0; 0) als Streckzentrum und zu A(2; 1) den Bildpunkt A'(4; 2). Bilde dann durch Konstruktion folgende Punkte und Geraden ab:
   a) B(3; 0), C(1; 2), D(3; 3), E(1; 4), F(−2; −2), G(0; −1), H(1; −2), I(1; 0,5).
   b) AC, EF, GH, IA.

2. Zeichne eine Strecke $\overline{AB}$ und wähle auf ihr einen Punkt C, der sie im Verhältnis 1 : 4 teilt.
   a) C sei das Streckzentrum, B sei das Bild von A. Wo liegt das Bild von B?
   b) Bilde $\overline{AB}$ durch $\mathfrak{Z}_{B;\,-2}$ ab.
   c) Wie müssen das Zentrum und der Streckfaktor gewählt werden, damit $\overline{AB}$ auf sich selbst abgebildet wird?

3. Zeichne ein beliebiges Dreieck ABC mit der Seitenmitte A' von $\overline{BC}$ und dem Schwerpunkt S. S sei das Zentrum einer Streckung, A' sei das Bild von A. Konstruiere das Bild von ABC und bestimme den Streckfaktor.

4. Zeichne ein beliebiges Quadrat ABCD mit dem Mittelpunkt M. A sei Streckzentrum, C sei das Bild von M. Konstruiere das Bild des Quadrats. Wie groß ist der Streckfaktor?

5. Zeichne ein Dreieck ABC. Bilde den Pfeil (B, C) der Reihe nach ab durch $\mathfrak{Z}_{A;\,1}$, $\mathfrak{Z}_{A;\,-1}$, $\mathfrak{Z}_{A;\,2}$, $\mathfrak{Z}_{A;\,\frac{1}{2}}$, $\mathfrak{Z}_{A;\,-2}$. Vergleiche die Längen und Richtungen der Bildpfeile (B', C') miteinander. Welche dieser Abbildungen ist uns schon von früher bekannt?

6. Zeichne ein Parallelogramm mit dem Symmetriezentrum M. Bilde es ab durch:
   a) $\mathfrak{Z}_{M;\,\frac{1}{2}}$, b) $\mathfrak{Z}_{M;\,2}$, c) $\mathfrak{Z}_{M;\,-2}$, d) $\mathfrak{Z}_{A;\,-1}$.

7. Zeichne ein beliebiges Viereck ABCD und wähle einen Punkt P innerhalb, einen Punkt Q außerhalb und einen Punkt R auf einer Seite des Vierecks. Bilde das Viereck ab durch
   a) $\mathfrak{Z}_{R;\,2}$; b) $\mathfrak{Z}_{P;\,2}$; c) $\mathfrak{Z}_{Q;\,2}$.

8. Ähnlichkeitsabbildungen

8. In dem Parallelogramm ABCD (Bild 8.8) liegt Z auf der Diagonalen AC, EG ist parallel zu AB und läuft durch Z, FH ist parallel zu AD und läuft ebenfalls durch Z. Zeichne eine solche Figur und bilde sie durch $\mathfrak{Z}_Z$ so ab, daß A auf C fällt. Welches sind die Bilder von B, F, G, H, D und E? Wie müßte man Z auf AC wählen, damit das Parallelogramm durch $\mathfrak{Z}_Z$ auf sich selbst abgebildet wird? Wie groß müßte man in diesem Falle den Streckfaktor k wählen? Beantworte die beiden letzten Fragen für den Fall, daß es sich bei dem Viereck ABCD um ein Quadrat handelt.

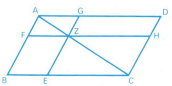

Bild 8.8

9. Zeichne Figuren wie in Bild 8.9 a–d, und bilde sie jeweils durch $\mathfrak{Z}_{Z;\,2}$ ab.

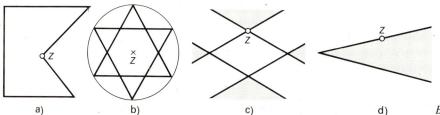

Bild 8.9

10. Ein Dreieck ABC wird von Pfeilen der Vektoren $\vec{a} = \overrightarrow{BC}$, $\vec{b} = \overrightarrow{CA}$ und $\vec{c} = \overrightarrow{AB}$ gebildet. Es wird abgebildet durch $\mathfrak{Z}_{A;\,2}$. Zeichne ein solches Dreieck und sein Bild. Welches sind die Seitenvektoren des Bilddreiecks?

11. Wie muß man bei den folgenden Figuren das Streckzentrum und den Streckfaktor wählen, damit die Figur auf sich abgebildet wird?
   a) ein Geradenbüschel **Z**, b) ein Parallelenbüschel **g**, c) ein Winkel α, d) eine Gerade g, e) ein Strahl $\overline{h}$, f) eine Strecke $\overline{s}$, g) ein Kreis k, h) eine Halbebene E_1, i) ein Quadrat.

▲ 12. Zeichne ein Dreieck ABC mit seinen drei Höhen und dem Höhenschnittpunkt H. Bilde das Dreieck durch eine zentrische Streckung $\mathfrak{Z}_H$ so ab, daß C' auf AB liegt. Konstruiere das Bild nur mit Hilfe von Lineal und Dreieck.

▲ 13. Zeichne ein Dreieck ABC mit seinem Schwerpunkt S. Bilde es ab durch $\mathfrak{Z}_{S;\,-2}$. In welchem Verhältnis stehen die Flächeninhalte der beiden Dreiecke zueinander?

14. Zeichne ein Dreieck ABC mit den Seitenvektoren $\vec{a} = \overrightarrow{BC}$, $\vec{b} = \overrightarrow{CA}$, $\vec{c} = \overrightarrow{AB}$ und der Höhe $\vec{h}_c = \overrightarrow{DC}$. Bilde dieses Dreieck durch eine zentrische Streckung $\mathfrak{Z}_{D;\,-2}$ ab. Welches sind die Beträge von $\vec{a}'$, $\vec{b}'$, $\vec{c}'$ und $\vec{h}_c'$? Vergleiche die Flächeninhalte der beiden Dreiecke miteinander.

8.2. Die Verkettung zentrischer Streckungen mit demselben Zentrum

Wir wollen jetzt in derselben Ebene **E** zentrische Streckungen miteinander verketten. In Bild 8.10 wird durch die Streckung $\mathfrak{Z}_{Z;k_1}$ der Pfeil (Z, A) des Vektors $\vec{a}$ auf den Pfeil (Z, A') des Vektors $\vec{a}'$ abgebildet. Durch die Streckung $\mathfrak{Z}_{Z;k_2}$ mit demselben Zentrum wird dann der Pfeil (Z, A') dem Pfeil (Z, A'') des Vektors $\vec{a}''$ zugeordnet. Dabei ist nach Satz 8.1 $\vec{a}' = k_1 \vec{a}$ und $\vec{a}'' = k_2 \vec{a}' = k_2 k_1 \vec{a}$. Da bei dieser Verkettung der Fixpunkt erhalten bleibt und auch alle anderen Eigenschaften der zentrischen Streckung gelten, folgt

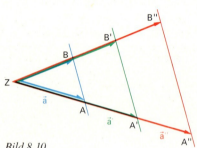

Bild 8.10

Satz 8.2
Werden zwei zentrische Streckungen $\mathfrak{Z}_{Z;k_1}$ und $\mathfrak{Z}_{Z;k_2}$ miteinander verkettet, so erhält man wieder eine Streckung mit dem Zentrum Z und dem Streckfaktor $k_2 k_1$. In Zeichen gilt:

$$\mathfrak{Z}_{Z;k_1} \circ \mathfrak{Z}_{Z;k_2} = \mathfrak{Z}_{Z;k_1 k_2}.$$

Da bei dieser Verkettung nur die Streckungsfaktoren miteinander multipliziert werden, gelten bei ihr auch die gleichen Gesetze wie für die Multiplikation der Zahlen. Aus $k_2 k_1 = k_1 k_2$ folgt z. B. $\mathfrak{Z}_{Z;k_1 k_2} = \mathfrak{Z}_{Z;k_2 k_1}$, also gilt das Kommutativgesetz. Auch das Assoziativgesetz gilt:

$$(\mathfrak{Z}_{Z;k_1} \circ \mathfrak{Z}_{Z;k_2}) \circ \mathfrak{Z}_{Z;k_3} = \mathfrak{Z}_{Z;k_1} \circ (\mathfrak{Z}_{Z;k_2} \circ \mathfrak{Z}_{Z;k_3}) = \mathfrak{Z}_{Z;k_1 k_2 k_3}.$$

Zu jeder Streckung $\mathfrak{Z}_{Z;k}$ gibt es die inverse Streckung $\mathfrak{Z}_{Z;\frac{1}{k}}$, denn es ist $\mathfrak{Z}_{Z;k} \circ \mathfrak{Z}_{Z;\frac{1}{k}} = \mathfrak{Z}_{Z;1}$; das ist aber die identische Abbildung.

Satz 8.3
Die Menge aller zentrischen Streckungen mit demselben Zentrum bildet in bezug auf die Verkettung ihrer Elemente eine Abbildungsgruppe.

Aufgaben

1. Zeichne einen Punkt Z und eine Gerade g, die nicht durch Z läuft, und bilde g durch $\mathfrak{Z}_{Z;2}$ auf g', g' durch $\mathfrak{Z}_{Z;\frac{3}{2}}$ auf g'' und g'' durch $\mathfrak{Z}_{Z;\frac{4}{3}}$ auf g''' ab. Durch welche Abbildung kann man die Verkettung der drei Abbildungen ersetzen?

2. Zeichne eine Strecke $\overline{AB}$ und bilde sie ab durch
   a) $\mathfrak{Z}_{Z;-1} \circ \mathfrak{Z}_{A;-1}$, b) $\mathfrak{Z}_{A;\frac{1}{2}} \circ \mathfrak{Z}_{A;2}$, c) $\mathfrak{Z}_{A;2} \circ \mathfrak{Z}_{A;-2} \circ \mathfrak{Z}_{A;-1}$.
   Zeichne auch immer die Zwischenbilder.

3. Bestimme die inverse Abbildung zu
   a) $\mathfrak{Z}_{Z;3} \circ \mathfrak{Z}_{Z;-3}$, b) $\mathfrak{Z}_{B;\frac{1}{4}} \circ \mathfrak{Z}_{B;-1}$, c) $\mathfrak{Z}_{A;-1} \circ \mathfrak{Z}_{A;-2} \circ \mathfrak{Z}_{A;-3}$.

4. Ein Dreieck ABC mit dem Schwerpunkt S wird durch $\mathfrak{Z}_{S;-\frac{1}{2}}$ auf A'B'C' und A'B'C' durch dieselbe Streckung dann auf A''B''C'' abgebildet. Zeichne! Durch welche Abbildung kann man ABC direkt auf A''B''C'' abbilden?

▲ 5. Die Gruppe aller Streckungen mit gemeinsamen Zentrum soll auf Untergruppen untersucht werden. Überlege, ob die folgenden Mengen solche Untergruppen bilden:
a) alle $\mathfrak{Z}_{Z;k}$ für $k \in \mathbb{R}^+$, b) alle $\mathfrak{Z}_{Z;k}$ für $k \in \mathbb{R}^-$, c) alle $\mathfrak{Z}_{Z;k}$ mit $k \in \mathbb{N}$, alle $\mathfrak{Z}_{Z;k}$ mit $k \in \mathbb{Z}$, d) $\mathfrak{Z}_{Z;1}$ und $\mathfrak{Z}_{Z;-1}$, e) alle $\mathfrak{Z}_{Z;k}$ mit $k \in \mathbb{Q}$.

Anleitung: Zur Lösung dieser Aufgabe muß man feststellen, ob für die Abbildungen der gegebenen Menge die Gruppeneigenschaften erfüllt sind, wenn man zwei Abbildungen miteinander verkettet. Man muß also untersuchen, ob bei dieser Verkettung wieder eine Abbildung der Menge entsteht, ob in der Menge die identische Abbildung enthalten ist und ob von jedem Element der Menge auch das inverse Element zu dieser Menge gehört. Auf den Nachweis, daß das Assoziativgesetz gilt, können wir hier verzichten, da wir schon früher gezeigt haben, daß dieses Gesetz bei der Verkettung aller Abbildungen erfüllt ist.

8.3. Zentrisch ähnliche Figuren

Definition 8.2
Wird bei einer zentrischen Streckung $\mathfrak{Z}_Z$ eine Figur F auf eine Figur F' abgebildet, so nennt man F' zentrisch ähnlich zu F; in Zeichen: $F' \stackrel{z}{\sim} F$.

Auf Grund der Eigenschaften der zentrischen Streckung erkennen wir mit Hilfe von Bild 8.11 folgende Eigenschaften zentrisch ähnlicher Figuren:

a) Die Verbindungsgeraden entsprechender Punkte schneiden sich in einem Punkt Z, dem sogenannten **Ähnlichkeitszentrum.**
b) Einander entsprechende Strecken sind parallel zueinander.
   Daraus folgt:
c) Einander entsprechende Winkel sind gleich groß.
d) Die Längen entsprechender Strecken stehen im gleichen Verhältnis zueinander.

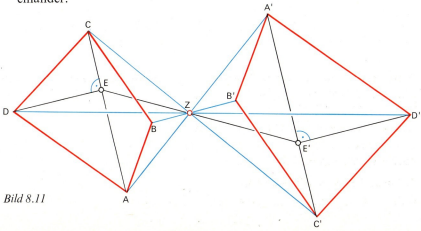

Bild 8.11

In Bild 8.11 werden die beiden zentrisch ähnlichen Vierecke ABCD und A'B'C'D' durch die Diagonalen AC bzw. A'C' in Paare zentrisch ähnlicher Dreiecke zerlegt. Es ist ABC ≴ A'B'C' und ACD ≴ A'C'D'. Die Höhe ED im Dreieck ACD entspricht der Geraden E'D' und der Winkel CED dem Winkel C'E'D'. Dieser ist also auch ein rechter und damit ist E'D' auch Höhe im Dreieck A'C'D'. Ist k der Streckfaktor, so gilt für die Größe der Flächen:

$$A_{ACD} = \tfrac{1}{2}\overline{AC} \cdot \overline{ED} \text{ und } A'_{A'C'D'} = \tfrac{1}{2}\overline{A'C'} \cdot \overline{E'D'} = \tfrac{1}{2} k \cdot \overline{AC} \cdot k \cdot \overline{ED} = k^2 \cdot A_{ACD}.$$

Entsprechend gilt:

$$A'_{A'B'C'} = k^2 \cdot A_{ABC} \quad \text{und damit auch} \quad A'_{A'B'C'D'} = k^2 \cdot A_{ABCD}.$$

Dieses Ergebnis kann man auf alle Paare zentrisch ähnlicher **Vielecke** übertragen.

Satz 8.4
Wird ein Vieleck mit dem Flächeninhalt A durch eine zentrische Streckung $\mathfrak{Z}_{Z;k}$ auf ein Vieleck mit dem Flächeninhalt A' abgebildet, so gilt:

$$A' = k^2 \cdot A.$$

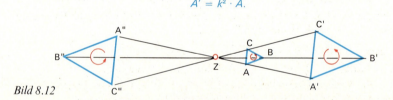

Bild 8.12

In Bild 8.12 werden die beiden Dreiecke ABC und A'B'C' durch eine zentrische Streckung $\mathfrak{Z}_{Z;k}$ mit positivem Streckfaktor aufeinander abgebildet. Wir erkennen, daß sie den gleichen Umlaufsinn haben. Durch die Punktspiegelung $\mathfrak{Z}_{Z;-1}$ wird A'B'C' auf A''B''C'' abgebildet. Auch bei dieser Punktspiegelung ändert sich der Umlaufsinn nicht. Die zentrische Streckung, die ABC in A''B''C'' überführt, setzt sich aus beiden Abbildungen zusammen, $\mathfrak{Z}_{Z;-k} = \mathfrak{Z}_{Z;k} \circ \mathfrak{Z}_{Z;-1}$, und auch dabei bleibt der Umlaufsinn erhalten.

Satz 8.5
Zentrisch ähnliche Figuren haben den gleichen Umlaufsinn.

Aufgaben

1. Im symmetrischen Trapez ABCD (Bild 8.13) teilt der Punkt Z die Diagonale $\overline{AC}$ im Verhältnis 2 : 1. Bilde ABCD ab durch

   a) $\mathfrak{Z}_{Z;2}$, b) $\mathfrak{Z}_{Z;-2}$. c) Vergleiche den Flächeninhalt des Originals mit dem der Bilder. d) Wie groß ist der Flächeninhalt des Bildes von ABCD, wenn man die Abbildung $\mathfrak{Z}_{Z;2} \circ \mathfrak{Z}_{Z;2}$ ausführt?

▲ 2. Zu dem symmetrischen Trapez (Bild 8.13) soll eine zentrisch ähnliche Figur mit $\{Z_1\} = AB \cap CD$ als Ähnlichkeitszentrum gezeichnet werden. Dabei soll eine Seite der zu zeichnenden Figur

a) mit $\overline{AD}$, b) mit $\overline{BC}$ zusammenfallen.

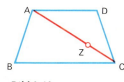

Bild 8.13

3. Zeichne ein Quadrat ABCD und dazu ein zentrisch ähnliches mit A als Ähnlichkeitszentrum, so daß sich die Flächeninhalte von Bild und Original wie 1 : 2 verhalten.

4. Zeichne ein Dreieck ABC und ein zentrisch ähnliches Dreieck AB'C' mit dreimal so großem Flächeninhalt.

5. In zwei zentrisch ähnlichen Dreiecken ABC und A'B'C stehen die entsprechenden Seiten $\overline{AB}$ und $\overline{A'B'}$ im Verhältnis: a) 3 : 4, b) 1 : 3, c) 2 : 5 zueinander. Zeichne solche Dreiecke. Wie verhalten sich die Flächeninhalte?

▲ 6. Zeichne ein Dreieck ABC mit den drei Höhen und das Mittendreieck DEF mit seinen drei Höhen. Beweise:

a) ABC und DEF sind zentrisch ähnlich. Der Schwerpunkt S von ABC ist das Ähnlichkeitszentrum.

b) Die Mittelsenkrechten in ABC und die Höhen in DEF schneiden sich in demselben Punkt M.

c) Der Höhenschnittpunkt H im Dreieck ABC und der Punkt M sind einander entsprechende Punkte in den zentrisch ähnlichen Dreiecken ABC und DEF.

d) Die Punkte M, H und S liegen auf einer Geraden g, der sogenannten Eulerschen Geraden, und S teilt $\overline{MH}$ im Verhältnis 1 : 2.

7. Zeichne zwei zueinander parallele Strecken $\overline{AB}$ und $\overline{CD}$, die

a) auf verschiedenen, b) auf ein und derselben Geraden liegen.

Bestimme ein Ähnlichkeitszentrum. Wieviele Möglichkeiten gibt es jeweils? Untersuche die letzte Frage auch für den Fall, daß die Strecken gleich lang sind.

8. a) Zeige, daß zwei parallele Geraden g und h immer zentrisch ähnlich sind und daß jeder Punkt der Ebene, der nicht auf g oder h liegt, Ähnlichkeitszentrum sein kann.

b) Lege das Ähnlichkeitszentrum so, daß g durch $\mathfrak{Z}_{Z;2}$ auf h abgebildet wird. Vergleiche die Streckfaktoren verschiedener Streckungen, wenn deren Zentren auf einer Parallelen zu g liegen.

c) Zeichne g und h und zu g eine Senkrechte f. Denke dir auf f das Ähnlichkeitszentrum veränderlich. Wie ändert sich der Streckfaktor, wenn Z die Gerade f durchläuft?

9. Man kann manchmal aus gegebenen Stücken mit Hilfe der zentrischen Streckung Figuren konstruieren. Dabei zeichnet man zunächst eine zentrisch ähnliche Figur und führt diese dann durch zentrische Streckung in die gewünschte Figur über.

Beispiel (Bild 8.14):

Es ist ein Dreieck zu zeichnen, in dem $a : b : c = 3 : 4 : 5$ und $h_C = 3$ cm gilt.

Man zeichnet zuerst A'B'C', so daß $\overline{B'C'} : \overline{C'A'} : \overline{A'B'} = 3 : 4 : 5$ gilt (z.B. mit $\overline{B'C'} = 3$ cm, $\overline{C'A'} = 4$ cm, $\overline{A'B'} = 5$ cm), dann $\overline{C'D} = 3$ cm, wobei $\overline{C'D}$ senkrecht zu $\overline{A'B'}$ ist und bildet schließlich C'A'B' durch $\mathfrak{Z}_C$ so auf C'AB ab, daß AB durch D geht.

Bild 8.14

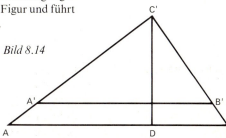

Zeichne entsprechend diesem Beispiel ein Dreieck ABC aus
a) $b : a = 3 : 2$, $\gamma = 60°$, $c = 5$ cm; b) $a : b : c = 4 : 5 : 7$, $s_c = 4$ cm;
c) $a : b : c = 3 : 5 : 5$, $\gamma = 60°$; d) $\gamma = 50°$, $\alpha = 60°$, $h_A = 4$ cm;
e) $\alpha = \beta = 45°$, Radius des Inkreises $\rho = 4$ cm;
f) $a = b = c$, Radius des Umkreises $r = 5{,}5$ cm;
g) $b : w_\gamma = 4 : 3$, $\gamma = 60°$, $c = 5$ cm; h) $h_B = \frac{3}{5}c$, $\beta = 85°$, $a = 5$ cm.

▲ 10. Zeichne ein Dreieck ABC und konstruiere ein Quadrat so, daß eine Seite auf $\overline{AB}$, eine Ecke auf $\overline{AC}$ und eine Ecke auf $\overline{BC}$ liegt.

Anleitung: Zeichne zuerst ein Quadrat DEFG wie in den Bildern 8.15a, oder b, und löse dann die Aufgabe durch zentrische Streckung.

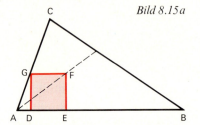

Bild 8.15a

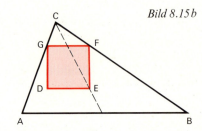

Bild 8.15b

▲ 11. Zeichne einen Halbkreis und konstruiere in diesen ein Quadrat so, daß eine Seite auf dem Durchmesser und zwei Ecken auf der Kreislinie liegen.

8.4. Der Satz des Desargues

Zeichnet man zwei Dreiecke, deren Seiten paarweise parallel sind, so stellt man fest, daß sich die Verbindungsgeraden entsprechender Eckpunkte entweder in einem Punkt schneiden – dann sind also die Dreiecke zentrisch ähnlich –, oder daß sie zueinander parallel laufen –, und dann sind die Dreiecke zueinander kongruent. Wir untersuchen nun, ob sich dieser experimentell ermittelte Zusammenhang auch beweisen läßt.

Dazu setzen wir zwei verschiedene Dreiecke ABC und DEF (Bild 8.16) voraus, deren Seiten paarweise parallel sind: AB ∥ DE, BC ∥ EF, AC ∥ DF. Da die Dreiecke verschieden sein sollen, muß mindestens ein Paar paralleler Seiten auf verschiedenen Geraden liegen, wie z.B. $\overline{AB}$ und $\overline{DE}$. Wir unterscheiden zwei Fälle:

1. Fall: AD und BE sind parallel (Bild 8.16a).
Dann ist ADEB ein Parallelogramm, also sind $\overline{AB}$ und $\overline{DE}$ gleich lang, und die Dreiecke ABC und DEF sind nach Kongruenzsatz wsw zueinander kongruent. Man kann also die Dreiecke durch eine Schiebung $\mathfrak{V}_{\overrightarrow{AD}}$ aufeinander abbilden.

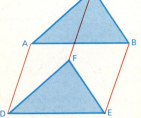

Bild 8.16a

2. Fall: AD und BE schneiden sich in Z (Bild 8.16 b).
Die Strecken $\overline{AB}$ und $\overline{DE}$ sind dann zentrisch ähnlich, und es gibt eine Streckung $\mathfrak{Z}_{Z;k}$ durch die A auf D, B auf E und C auf einen Punkt F^+ abgebildet werden. Dann ist EF^+ parallel zu BC und DF^+ parallel zu AC. Da es aber durch E nur eine Parallele zu BC und durch D nur eine Parallele zu AC gibt und da nach Voraussetzung EF und DF diese Parallelen sind, müssen EF und EF^+ sowie DF und DF^+ zusammenfallen. Das ist nur möglich, wenn F^+ mit F identisch ist. Das Dreieck ABC wird also durch $\mathfrak{Z}_{Z;k}$ auf DEF abgebildet.

Satz 8.6
Zwei Dreiecke, deren Seiten paarweise parallel sind, kann man entweder durch eine Schiebung oder durch eine zentrische Streckung aufeinander abbilden.

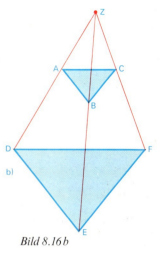

Bild 8.16 b

Aus diesem Satz folgt unmittelbar

Satz 8.7 (Satz des Desargues)
Sind in zwei Dreiecken die Seiten paarweise parallel, so laufen die Verbindungsgeraden entsprechender Eckpunkte zueinander parallel, oder sie schneiden sich in einem Punkte.

Denselben Zusammenhang wollen wir jetzt noch einmal mit Vektoren untersuchen (Bild 8.17 a und b):

Für ABC gilt: I. $\vec{a} + \vec{b} + \vec{c} = \vec{o}$;   und für DEF:
   II. $\vec{d} + \vec{e} + \vec{f} = \vec{o}$.

Wir setzen voraus, daß die Dreieckseiten paarweise parallel sind. Daher sind die entsprechenden Vektoren kollinear:

$$\vec{d} = l\vec{a}, \quad \vec{e} = m\vec{b}, \quad \vec{f} = n\vec{c}.$$

Für II können wir dann schreiben:

   III. $l\vec{a} + m\vec{b} + n\vec{c} = \vec{o}$.

Wir unterscheiden wieder zwei Fälle:

1. Fall: AD und BE sind parallel (Bild 8.17 a).
Dann ist ADEB ein Parallelogramm, also $\vec{a} = \vec{d}$, d.h. $l = 1$.
Wir subtrahieren Gleichung I von Gleichung III und erhalten:

$$(m-1)\vec{b} + (n-1)\vec{c} = \vec{o}.$$

Da aber $\vec{b}$ und $\vec{c}$ durch die Dreieckseiten $\overline{BC}$ und $\overline{AC}$ festgelegt sind, können sie nicht kollinear sein, und daraus folgt: $m = 1$ und $n = 1$. Also ist $\vec{a} = \vec{d}$, $\vec{b} = \vec{e}$ und $\vec{c} = \vec{f}$. Die beiden Dreiecke sind daher zueinander kongruent und man kann sie durch die Schiebung $\mathfrak{V}_{\overrightarrow{AD}}$ aufeinander abbilden. Die Dreiecke sind in diesem Fall **nicht** zentrisch ähnlich.

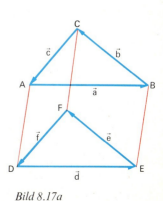

Bild 8.17a

2. Fall: AD und BE schneiden sich in Z (Bild 8.17b).
Die Strecken $\overline{AB}$ und $\overline{DE}$ sind dann zentrisch ähnlich und es gibt eine Streckung $\mathfrak{Z}_{Z;l}$, durch die A auf D, B auf E und C auf einen Punkt F^+ abgebildet wird. Für das Bilddreieck DEF^+ gilt:

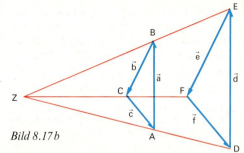

Bild 8.17b

$$\text{IV.} \quad l\vec{a} + l\vec{b} + l\vec{c} = \vec{o}.$$

Von dieser Gleichung subtrahieren wir Gleichung III. und erhalten:

$$(l - m)\vec{b} + (l - n)\vec{c} = \vec{o}.$$

Da aber $\vec{b}$ und $\vec{c}$ durch die Dreieckseiten $\overline{BC}$ und $\overline{AC}$ festgelegt sind, können sie nicht kollinear sein, und daraus folgt: $l = m$ und $l = n$. Daher ist auch $F^+ = F$, Dreieck ABC wird also durch $\mathfrak{Z}_{Z;l}$ auf DEF abgebildet.
Daraus folgen wieder die Sätze 8.6 und 8.7.

Aufgaben

1. Zeichne ein Dreieck ABC und zwei Geraden g und h, so daß g parallel zu AB und h parallel zu AC ist (Bild 8.18). Konstruiere dann **nur** mit einem Lineal eine Parallele zu BC.

▲ 2. Gegeben sind zwei Dreiecke ABC und A'B'C', deren Seiten paarweise parallel sind. Die Dreiecke sollen aber so liegen, daß der Schnittpunkt Z von AA' und BB' auf dem Papier nicht zugänglich ist (Bild 8.19). Auf AB liegt P. Konstruiere auf A'B' einen Punkt P', so daß PP' durch Z läuft.

▲ 3. Zwei Strahlen $\vec{a}$ und $\vec{b}$ (Bild 8.20) haben den unzugänglichen Punkt S als gemeinsamen Anfangspunkt. Durch P soll ein Strahl gelegt werden, der auch in S beginnen soll. Konstruiere mit Hilfe von Satz 8.7 einen solchen Strahl.

4. Beweise folgende Aussage: a) Zwei Quadrate, b) zwei Rhomben sind zentrisch ähnlich, wenn ihre Seiten paarweise parallel laufen.

5. Überlege, ob a) zwei Rechtecke, b) zwei Drachen zentrisch ähnlich sind, wenn ihre Seiten paarweise parallel laufen.

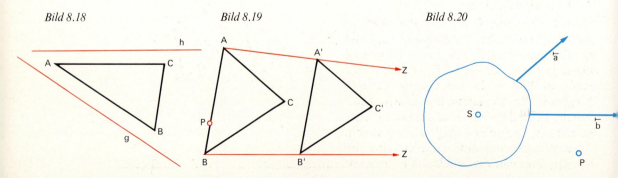

Bild 8.18   Bild 8.19   Bild 8.20

8. Ähnlichkeitsabbildungen

6. In Bild 8.21 sind $A_1B_1C_1D_1$ und $A_2B_2C_2D_2$ zwei Vierecke, deren Seiten paarweise parallel sind und bei denen parallele Seiten im gleichen Verhältnis k, $|k| \neq 1$ stehen.

a) Beweise, daß sich A_1A_2, B_1B_2 und C_1C_2 in einem Punkt Z schneiden.

Anleitung: Verschiebe das Viereck $A_2B_2C_2D_2$ durch $\mathfrak{V}_{\overrightarrow{B_2B_1}}$ und weise dann mit Hilfe von Satz 7.3 nach, daß das bei dieser Verschiebung entstandene Bild von A_2C_2 parallel zu A_1C_1 läuft. Erkläre damit die Parallelität von A_2C_2 und A_1C_1.

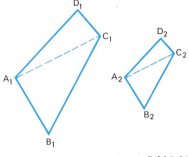

Bild 8.21

b) Beweise, daß die beiden Vierecke zentrisch ähnlich sind.

7. Ein Viereck ABCD wird durch die Seitenvektoren $\vec{a}$, $\vec{b}$, $\vec{c}$ und $\vec{d}$ gebildet, und für sie gilt die Linearkombination: $\vec{a} + \vec{b} + \vec{c} + \vec{d} = \vec{o}$. Ein anderes Viereck EFGH wird von den Seitenvektoren $3\vec{a}$, $3\vec{b}$, $3\vec{c}$ und $3\vec{d}$ gebildet. Zeige, daß die beiden Vierecke zueinander zentrisch ähnlich sind.

8.5. Die Verkettung beliebiger zentrischer Streckungen und Schiebungen

Eine Schiebung $\mathfrak{V} = \mathfrak{V}_{\overrightarrow{AA'}}$ soll mit einer zentrischen Streckung $\mathfrak{Z}_1 = \mathfrak{Z}_{Z_1; k_1}$, $k_1 \neq 1$, verkettet werden (Bild 8.22a). Dabei wird das Dreieck ABC zuerst auf A'B'C' verschoben und dann A'B'C' auf A''B''C'' gestreckt. Die Seiten von ABC laufen zu den entsprechenden Seiten von A'B'C' und diese wieder zu den entsprechenden Seiten von A''B''C'' parallel. Also sind auch die Seiten von ABC und A''B''C'' paarweise parallel und somit folgt nach Satz 8.7, daß man ABC auch durch eine zentrische Streckung mit dem Zentrum Z_2 oder durch eine Schiebung auf A''B''C'' abbilden kann.

8.5.1. Die Verkettung von Schiebungen mit zentrischen Streckungen

Bild 8.22a

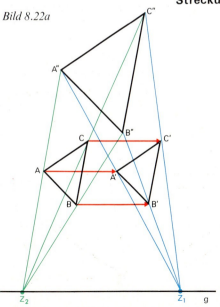

Bei der Schiebung $\mathfrak{V}$ sind alle Parallelen zu AA' Fixgeraden, bei der Streckung $\mathfrak{Z}_1$ sind alle Geraden durch Z_1 Fixgeraden. Also muß diejenige Parallele zu AA', die auch durch Z_1 läuft (in Bild 8.22a die Gerade g), eine Fixgerade der Abbildung $\mathfrak{V} \circ \mathfrak{Z}_1$ sein. Handelt es sich dabei um eine Streckung $\mathfrak{Z}_{Z_2}$, so muß Z_2 auf dieser Fixgeraden g liegen. Z_2 liegt außerdem auf AA'', ist also der Schnittpunkt von AA'' und g. Für die Kon-

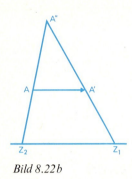

Bild 8.22b

struktion des Punktes Z_2 genügt die Abbildung eines einzigen Punktes A über A' auf A'' (Bild 8.22b). Wir bestimmen noch den Streckfaktor k_2 der Streckung $\mathfrak{Z}_{Z_2}$.

Dafür gilt: $\overline{AB} = \overline{A'B'}$, $k_1 \cdot \overline{A'B'} = \overline{A''B''}$, also $\overline{A''B''} = k_1 \cdot \overline{AB}$.

Daraus folgt: $k_2 = k_1$.

Würde es sich bei der Verkettung $\mathfrak{V} \circ \mathfrak{Z}_1$ um eine Schiebung handeln, so wäre $\overline{A''B''} = \overline{AB}$, also müßte $k_1 = 1$ sein. Das haben wir aber ausgeschlossen.

Entsprechend kann man zeigen, daß auch die Verkettung einer zentrischen Streckung mit einer Schiebung eine zentrische Streckung ist.

Satz 8.8
Die Verkettung einer zentrischen Streckung $\mathfrak{Z}_1$ mit einer Schiebung, oder einer Schiebung mit einer zentrischen Streckung ist eine zentrische Streckung $\mathfrak{Z}_2$. Das Zentrum von $\mathfrak{Z}_2$ liegt auf der Parallelen zum Schiebungspfeil durch das Zentrum von $\mathfrak{Z}_1$, der Streckfaktor von $\mathfrak{Z}_2$ ist gleich dem von $\mathfrak{Z}_1$.

Aufgabe

Gegeben ist das Dreieck ABC mit A(4; 6), B(3; 9), C(2; 7). Schiebe es zunächst so, daß A auf A'(11; 6) abgebildet wird und bilde dann das Bilddreieck durch $\mathfrak{Z}_{(5;0);\frac{1}{2}}$ ab. Bestimme:

a) die Koordinaten der Eckpunkte des Bilddreiecks A''B''C'',
b) das Streckzentrum der Verkettung. c) Vertausche die beiden Abbildungen, führe also zuerst die Streckung und dann die Schiebung durch.

8.5.2. Die Abbildungsgruppe aller zentrischen Streckungen und Schiebungen in einer Ebene

Zwei zentrische Streckungen $\mathfrak{Z}_1 = \mathfrak{Z}_{Z_1;k_1}$ und $\mathfrak{Z}_2 = \mathfrak{Z}_{Z_2;k_2}$ sollen verkettet werden (Bild 8.23). Dabei wird ABC zuerst auf A'B'C' und A'B'C' dann auf A''B''C'' abgebildet. Sie Seiten von ABC laufen zu den entsprechenden von A'B'C' und diese wieder zu den entsprechenden Seiten von A''B''C''

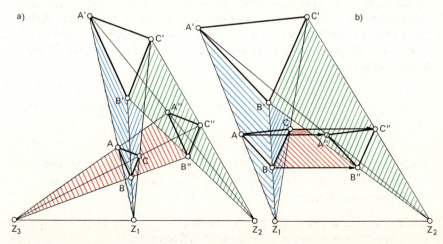

Bild 8.23

parallel. Also sind auch die Seiten von ABC und A''B''C'' paarweise parallel und somit folgt nach Satz 8.6, daß man ABC auch durch eine einzige Schiebung oder durch eine zentrische Streckung mit dem Zentrum Z_3 auf A''B''C'' abbilden kann.

Bei der Abbildung $\mathfrak{Z}_1 \circ \mathfrak{Z}_2$ wird die Gerade Z_1Z_2 auf sich abgebildet, sie ist also eine Fixgerade. Handelt es sich um eine zentrische Streckung $\mathfrak{Z}_3$ mit dem Zentrum Z_3, so muß Z_3 auf Z_1Z_2 liegen, denn es gibt keine Fixgerade, die dann nicht durch Z_3 läuft. Z_3 muß außerdem auf AA'' liegen, also ist $\{Z_3\} = Z_1Z_2 \cap AA''$. Für die Streckfaktoren gilt der folgende Zusammenhang:

$$k_1 \cdot \overline{AB} = \overline{A'B'}, \quad k_2 \cdot \overline{A'B'} = \overline{A''B''}, \quad \text{also} \quad \overline{A''B''} = k_2 k_1 \cdot \overline{AB}.$$

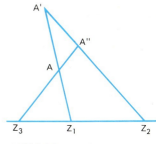

Bild 8.24

Daraus folgt: $k_3 = k_1 k_2$.

Für die Darstellung der Verkettung genügt die Abbildung eines einzigen Punktes A über A' auf A'' (Bild 8.24).

Handelt es sich um eine Schiebung, so muß der Schiebungsvektor parallel zur Fixgeraden Z_1Z_2 liegen (Bild 8.25), und es muß $k_1 k_2 = 1$, also $k_2 = \dfrac{1}{k_1}$ sein. Für die Länge des Schiebungsvektors ergibt sich aus dem Bild:

$|\overrightarrow{AA''}| = |\overline{Z_1Z_2} - \overline{Z_2D}|, \overline{Z_2D} = k_2 \cdot \overline{Z_1Z_2}$, also $|\overrightarrow{AA''}| = |1 - k_2| \cdot \overline{Z_1Z_2}$.

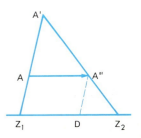

Bild 8.25

Satz 8.9
Die Verkettung zweier zentrischer Streckungen $\mathfrak{Z}_{Z_1;k_1}$ und $\mathfrak{Z}_{Z_2;k_2}$, bei der ein Punkt A auf A'' abgebildet wird, ist entweder eine Schiebung $\mathfrak{V}_{\overrightarrow{AA''}}$ oder eine zentrische Streckung $\mathfrak{Z}_{Z_3;k_3}$. Handelt es sich um eine Schiebung, so ist $k_2 k_1 = 1$, AA'' $\parallel Z_1 Z_2$ und $|\mathfrak{V}_{\overrightarrow{AA''}}| = |1 - k_2| \cdot \overline{Z_1Z_2}$. Handelt es sich um eine zentrische Streckung, so ist $k_3 = k_1 k_2$ und $\{Z_3\} = Z_1Z_2 \cap AA''$.

Verkettet man also zwei beliebige Abbildungen aus der Menge aller Streckungen und aller Schiebungen in der Ebene, so erhält man wieder eine Abbildung aus dieser Menge. Auch die inverse Abbildung zu jeder Abbildung gehört zu der Menge, das Assoziativgesetz ist gültig, und die identische Abbildung gehört als Streckung mit dem Streckfaktor 1 zu dieser Menge. Daraus folgt:

Satz 8.10
Die Menge aller Schiebungen und aller zentrischen Streckungen in einer Ebene bildet in bezug auf die Verkettung eine Abbildungsgruppe.

Aufgaben

1. Zeichne ein Dreieck ABC mit $A(-1;0)$, $B(1;-1)$, $C(1;1)$ und bilde es ab durch
 a) $\mathfrak{Z}_2 \circ \mathfrak{Z}_1$, b) $\mathfrak{Z}_1 \circ \mathfrak{Z}_2$, wobei $\mathfrak{Z}_1 = \mathfrak{Z}_{(0;0);2}$ und $\mathfrak{Z}_2 = \mathfrak{Z}_{(3;0);-1}$ sein soll. Gilt das Kommutativgesetz?

2. Zeichne ein Dreieck ABC und bilde es ab durch $\mathfrak{Z}_1 \circ \mathfrak{Z}_2$, wobei $\mathfrak{Z}_1 = \mathfrak{Z}_{A;2}$ und $\mathfrak{Z}_2 = \mathfrak{Z}_{B;\frac{1}{2}}$ ist. Was für eine Abbildung ist die Verkettung?

3. Zeichne ein Quadrat ABCD und führe nacheinander folgende Abbildungen durch: $\mathfrak{V}_{\overrightarrow{AB}}$, $\mathfrak{Z}_{B';2}$, $\mathfrak{Z}_{A'';\frac{1}{2}}$.

▲ **4.** Zeichne drei Dreiecke ABC, A'B'C' und A''B''C'', so daß AB ∥ A'B' ∥ A''B'', BC ∥ B'C' ∥ B''C'', AC ∥ A'C' ∥ A''C'', $\overline{AB} \neq \overline{A'B'}$, $\overline{AB} \neq \overline{A''B''}$ und $\overline{A'B'} \neq \overline{A''B''}$ ist. Je zwei Dreiecke sind immer zentrisch ähnlich. Wo liegen die drei Ähnlichkeitszentren?

5. Ein Dreieck ABC mit A(0; 1), B(1; 0), C(1; 1) wird durch $\mathfrak{Z}_1$ auf A'B'C', $A'\left(\frac{1}{2}; 0\right)$, B'(1; −1), C'(1; 0) und A'B'C' durch $\mathfrak{Z}_2$ auf A''B''C'' mit $A''\left(\frac{3}{2}; 0\right)$, $B''\left(3; \frac{3}{2}\right)$, C''(3; 0) abgebildet. Was für Abbildungen sind $\mathfrak{Z}_1$, $\mathfrak{Z}_2$ und $\mathfrak{Z}_1 \circ \mathfrak{Z}_2$?

6. Zeichne ein beliebiges Dreieck ABC und bilde es ab durch: a) $\mathfrak{Z}_{A;2}$, b) $\mathfrak{Z}_{A;2} \circ \mathfrak{Z}_{B;3}$, c) $\mathfrak{Z}_{A;2} \circ \mathfrak{Z}_{B;3} \circ \mathfrak{Z}_{C;-\frac{1}{2}}$, ▲ d) $\mathfrak{Z}_{A;2} \circ \mathfrak{Z}_{B;3} \circ \mathfrak{Z}_{C;\frac{1}{2}} \circ \mathfrak{Z}_{A;\frac{1}{3}}$. Handelt es sich bei d) um die identische Abbildung?

7. Überprüfe, ob eine der folgenden Mengen eine Untergruppe aus der Gruppe aller Streckungen und aller Schiebungen ist:

a) die Menge aller Schiebungen, b) die Menge aller zentrischen Streckungen,

c) die Menge aller Schiebungen und aller Streckungen mit den Streckfaktoren +1 und −1.

8.6. Die zentrische Ähnlichkeit zweier Kreise

Es ist leicht einzusehen, daß zwei beliebige Kreise $k_1(M_1, r_1)$ und $k_2(M_2, r_2)$ stets zentrisch ähnlich sind (Bild 8.26). Wir können k_1 durch $\mathfrak{V}_{\overrightarrow{M_1 M_2}}$ auf $k_2^*(M_2, r_1)$ und k_2^* dann durch $\mathfrak{Z}_{M_2;k}$, $k = \frac{r_2}{r_1}$, auf den Kreis k_2 abbilden.

Bei der zentrischen Streckung wird dann z.B. der Punkt P_3 des Kreises k_2^* auf einen Punkt P_2 abgebildet, und es gilt:

$$\overline{M_2 P_2} = k \cdot \overline{M_2 P_3} = \frac{r_2}{r_1} \cdot r_1 = r_2.$$

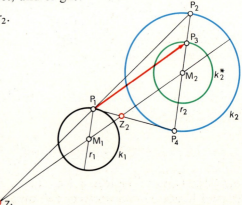

P_2 gehört damit zur Menge aller Punkte, deren Entfernung zu M_2 gleich der Länge von r_2 ist, liegt also auf dem Kreis k_2.

Ist nun umgekehrt P_2 ein beliebiger Punkt auf dem Kreis k_2, so ist er bei der zentrischen Streckung das Bild eines Punktes P_3, und für P_3 gilt entsprechend:

$$\overline{M_2 P_3} = \frac{1}{k} \cdot \overline{M_2 P_2} = \frac{r_1}{r_2} r_2 = r_1.$$

Bild 8.26

Also liegt P_3 auf k_2^*, und damit wissen wir, daß bei der zentrischen Streckung jeder Punkt von k_2^* auf k_2 abgebildet wird, und daß jeder Punkt von k_2 Bild eines Punktes von k_2^* ist.

Ist $r_1 = r_2$, so genügt zur Abbildung des Kreises k_1 auf den Kreis k_2 bereits die Schiebung $\mathfrak{V}_{\overrightarrow{M_1M_2}}$.

Wir bilden jetzt k_2 durch die Punktspiegelung $\mathfrak{Z}_{M_2;-1}$ auf sich ab. Dabei fällt das Bild von P_2 auf P_4. Sowohl durch $\mathfrak{Z}_1 = \mathfrak{V}_{\overrightarrow{M_1M_2}} \circ \mathfrak{Z}_{M_2;k}$ als auch durch $\mathfrak{Z}_2 = \mathfrak{V}_{\overrightarrow{M_1M_2}} \circ \mathfrak{Z}_{M_2;k} \circ \mathfrak{Z}_{M_2;-1} = \mathfrak{V}_{\overrightarrow{M_1M_2}} \circ \mathfrak{Z}_{M_2;-k}$ wird also k_1 auf k_2 abgebildet.

Ist $r_1 \neq r_2$, so sind beide Verkettungen nach Satz 8.8 zentrische Streckungen mit den Zentren: $\{Z_1\} = M_1M_2 \cap P_1P_2$ und $\{Z_2\} = M_1M_2 \cap P_1P_4$. Ist $r_1 = r_2$, so ist $\mathfrak{Z}_1$ eine Schiebung und $\mathfrak{Z}_2$ eine Punktspiegelung, also eine zentrische Streckung mit dem Streckfaktor $k = -1$.

Satz 8.11
Zwei beliebige Kreise sind zentrisch ähnlich.

In Bild 8.27 sind Z_1 und Z_2 die Ähnlichkeitszentren zu den Kreisen k_1 und k_2. Wir legen durch Z_1 die Tangente t_1 an den Kreis k_1. Durch die zentrische Streckung $\mathfrak{Z}_1$ wird k_1 auf k_2, t_1 auf sich selbst, der Berührungspunkt Q_1 auf den Kreispunkt Q_2 und die Strecke $\overline{M_1Q_1}$ auf $\overline{M_2Q_2}$ abgebildet. Der rechte Winkel $Z_1Q_1M_1$ geht in den rechten Winkel $Z_1Q_2M_2$ über, also ist t_1 auch Tangente an k_2 mit dem Berührungspunkt Q_2. Das gilt entsprechend auch für die anderen Tangenten, die man durch Z_1 und Z_2 an die beiden Kreise legen kann. Jede dieser Tangenten berührt beide Kreise und läuft durch ein Ähnlichkeitszentrum.

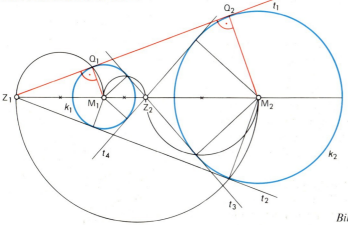

Bild 8.27

Auf Grund dieser Überlegung kann man z.B. die gemeinsamen Tangenten an zwei Kreise so konstruieren, daß man zunächst die Streckungszentren Z_1 und Z_2 bestimmt und dann von diesen Punkten aus die Tangenten zeichnet (Bild 8.27).

8. Ähnlichkeitsabbildungen

Aufgaben

1. Zeichne nach den folgenden Angaben zwei Kreise k_1 und k_2, bestimme die Ähnlichkeitszentren und konstruiere, wenn möglich, die gemeinsamen Tangenten. Dabei gelte für k_1: $M_1(0; 0)$, $r_1 = 4$ cm, und für k_2:
   a) $M_2(8; 0)$, $r_2 = 2$ cm;   b) $M_2(6; 0)$, $r_2 = 2$ cm;   c) $M_2(4; 0)$, $r_2 = 4$ cm;
   d) $M_2(2; 0)$, $r_2 = 2$ cm;   e) $M_2(1; 0)$, $r_2 = 1$ cm.

2. Zeichne ein Dreieck ABC mit $a = 3$ cm, $b = 4$ cm und $c = 6$ cm und einen Kreis k mit dem Mittelpunkt A und $r = 6$ cm. Konstruiere ein zu ABC zentrisch ähnliches Dreieck A'B'C', zu dem k der Umkreis ist.

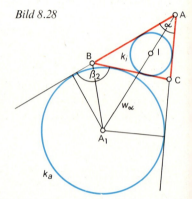

Bild 8.28

3. In dem Dreieck ABC (Bild 8.28) ist k_i der Inkreis und k_a ein Ankreis. Der Mittelpunkt A_1 von k_a ist der Schnittpunkt von w_α und von w_{β_2}.

   a) Zeichne eine solche Figur und bestimme die Ähnlichkeitszentren zu beiden Kreisen.

   b) Zeichne auch noch die beiden anderen Ankreise k_b und k_c und die zugehörigen Ähnlichkeitszentren.

   c) Bestimme die Ähnlichkeitszentren zwischen k_a und k_b.

▲ 4. In Bild 8.29 berührt die Tangente t_1 die beiden Kreise in B und C, M_2D ist parallel zu t_1. Beweise, daß das Dreieck M_1M_2D rechtwinklig ist. Zeichne zwei solche Kreise, bestimme die Länge von $\overline{M_1D}$ und konstruiere auf Grund dieser Überlegungen die gemeinsamen Tangenten an beide Kreise.

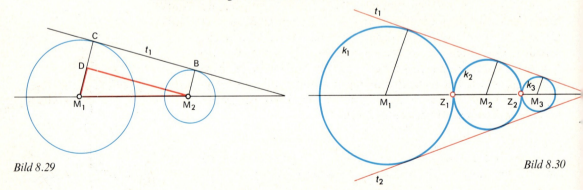

Bild 8.29

Bild 8.30

▲ 5. a) Konstruiere drei Kreise k_1, k_2 und k_3 mit den Berührungspunkten Z_1 und Z_2 und den gemeinsamen Tangenten t_1 und t_2 (Bild 8.30).

   b) Durch $\mathfrak{Z}_{Z_1}$ wird k_1 auf k_2, durch $\mathfrak{Z}_{Z_2}$ wird k_2 auf k_3 abgebildet. Beschreibe die Abbildung $\mathfrak{Z}_3 = \mathfrak{Z}_{Z_1} \circ \mathfrak{Z}_{Z_2}$. Wo liegt das Zentrum und wie groß ist der Streckfaktor?

▲ 6. Zeichne ein gleichseitiges Dreieck ABC und um die Eckpunkte drei Kreise, die sich in D, E und F berühren. Durch $\mathfrak{Z}_1$ soll k_1 auf k_2, durch $\mathfrak{Z}_2$ soll k_2 auf k_3 und durch $\mathfrak{Z}_3$ soll k_3 auf k_1 abgebildet werden. Beschreibe die drei Abbildungen und die Verkettungen. Handelt es sich bei $\mathfrak{Z}_1 \circ \mathfrak{Z}_2 \circ \mathfrak{Z}_3$ um die identische Abbildung?

8.7. Ähnliche Dreiecke

Zeichne ein rechtwinkliges Dreieck ABC ($\gamma = 90°$) und führe die folgenden Abbildungen durch:

$$ABC \xrightarrow{\mathfrak{V}_{\overrightarrow{AB}}} A'B'C' \xrightarrow{\mathfrak{Z}_{A';2}} A''B''C'' \xrightarrow{\vartheta_{A'';90°}} A'''B'''C'''.$$

Vergleiche die Dreiecke ABC und A'''B'''C''' miteinander.

Wir wollen jetzt die Eigenschaften von Figuren untersuchen, die man durch Verkettungen von zentrischen Streckungen und beliebigen Kongruenzabbildungen aufeinander abbilden kann. Solche Verkettungen nennt man **Ähnlichkeitsabbildungen.**

Definition 8.3
Eine Figur F_1 nennt man zu einer Figur F_2 ähnlich, wenn man F_1 durch eine Ähnlichkeitsabbildung auf F_2 abbilden kann; in Zeichen: $F_1 \sim F_2$.

Wir untersuchen jetzt in einer Ebene zwei ähnliche Dreiecke ABC und A'B'C'. Nach Definition 8.3 können wir sie durch eine Ähnlichkeitsabbildung aufeinander abbilden; daher ist $\alpha = \alpha'$, $\beta = \beta'$, $\gamma = \gamma'$. Außerdem gibt es eine reelle Zahl k, so daß $\overline{A'B'} = k \cdot \overline{AB}$, $\overline{B'C'} = k \cdot \overline{BC}$ und $\overline{A'C'} = k \cdot \overline{AC}$ gilt (Bild 8.31).
Sind umgekehrt für zwei Dreiecke ABC und A'B'C' diese sechs Bedingungen für die Winkel und Seiten erfüllt, so sind sie sicher zueinander ähnlich. Denn durch eine Streckung mit dem Faktor k kann man dann ABC auf ein Dreieck A''B''C'' abbilden, das wegen der gleich langen entsprechenden Seiten zu A'B'C' kongruent ist. Wie bei der Kongruenz von Dreiecken genügt aber zum Nachweis der Ähnlichkeit, daß drei der sechs Bedingungen erfüllt sind. Diese Aussage formulieren wir ganz entsprechend zu den Kongruenzsätzen in den sogenannten **Ähnlichkeitssätzen:**

Satz 8.12
Stimmen zwei Dreiecke ABC und A'B'C' in den Verhältnissen der Längen entsprechender Seiten überein, so sind sie ähnlich.

Beweis: Nach der Voraussetzung gibt es eine Zahl k, so daß $\overline{A'B'} = k \cdot \overline{AB}$, $\overline{B'C'} = k \cdot \overline{BC}$ und $\overline{C'A'} = k \cdot \overline{CA}$ ist (Bild 8.31). Durch $\mathfrak{Z}_{Z;k}$ kann daher ABC auf A''B''C'' abgebildet werden, und dann ist:

$$\overline{A''B''} = \overline{A'B'}, \overline{B''C''} = \overline{B'C'} \text{ und } \overline{C''A''} = \overline{C'A'}.$$

Damit ist ABC $\sim$ A''B''C'' und A''B''C'' $\cong$ A'B'C'. Daraus folgt:

$$ABC \sim A'B'C'.$$

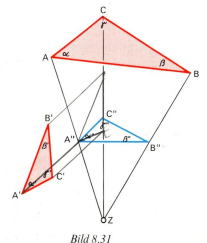

Bild 8.31

Satz 8.13
Zwei Dreiecke sind einander ähnlich, wenn sie in den Verhältnissen der Längen je zweier ihrer Seiten und den von diesen Seiten eingeschlossenen Winkeln übereinstimmen.

Satz 8.14
Zwei Dreiecke sind einander ähnlich, wenn sie in den Verhältnissen der Längen von je zwei Seiten und in den Größen derjenigen Winkel übereinstimmen, die jeweils der längeren Seite gegenüberliegen.

Satz 8.15
Zwei Dreiecke sind einander ähnlich, wenn sie in den Größen je zweier ihrer Winkel übereinstimmen.

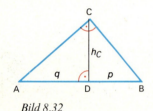

Bild 8.32

Die Beweise zu den Sätzen 8.13, 8.14 und 8.15 erfolgen entsprechend wie der Beweis zu dem Satz 8.12: man bildet das Dreieck ABC durch eine zentrische Streckung zuerst auf ein Dreieck A''B''C'' und dieses dann durch eine Kongruenzabbildung auf A'B'C' ab.

Mit Hilfe von Satz 8.15 kann man ohne Mühe die Flächensätze am rechtwinkligen Dreieck beweisen:

In Bild 8.32 wird das rechtwinklige Dreieck ABC durch die Höhe h_c in die beiden rechtwinkligen Dreiecke ADC und BDC zerlegt. Da der Winkel α in den beiden Dreiecken ABC und ADC, der Winkel β in den beiden Dreiecken ABC und BDC vorkommt, gilt nach Satz 8.15: ABC ∼ ADC, bzw. ABC ∼ BDC und damit auch ADC ∼ BDC, d.h., die drei Dreiecke sind einander ähnlich.

Aus ABC ∼ ADC folgt: $q : b = b : c$ und daraus $qc = b^2$, also der
Kathetensatz des Euklid.

Aus ADC ∼ BDC folgt: $q : h_c = h_c : p$ und daraus $qp = h_c^2$, also der
Höhensatz des Euklid.

Aufgaben

1. Beweise: a) Satz 8.13, b) Satz 8.14, c) Satz 8.15.

2. Unter welcher Voraussetzung sind
   a) zwei rechtwinklige Dreiecke, b) zwei gleichschenklige Dreiecke ähnlich?

3. In zwei ähnlichen Dreiecken stehen die Längen zweier entsprechender Seiten im Verhältnis $k : 1$. Beweise, daß auch andere entsprechende Stücke, z.B. die Radien der Umkreise, entsprechende Höhen, oder entsprechende Seitenhalbierende in demselben Verhältnis stehen.

4. Zeichne ein Dreieck ABC mit $a = 4$ cm, $b = 5$ cm, $c = 6$ cm. Konstruiere ein dazu ähnliches A'B'C' mit:
   a) $a' = 3$ cm, b) $w_{\gamma'} = 3,5$ cm, c) $h_{A'} = 3$ cm, d) $s_{c'} = 5,5$ cm,
   e) Inkreisradius $\rho' = 4$ cm, f) Umkreisradius $r' = 4$ cm.

5. a) Zeichne ein Dreieck ABC mit h_A und h_B (Bild 8.33) und beweise: AEC ~ BDC.

b) Beweise: In einem Dreieck verhalten sich die Längen von zwei Höhen umgekehrt wie die Längen der Seiten, auf denen sie senkrecht stehen.

6. Konstruiere mit Hilfe der Aussage in Aufgabe 5b ein Dreieck aus:
a) $h_A : h_B = 3 : 4$, $a = 4$ cm, $\alpha = 60°$;
b) $h_C : h_A = 4 : 3$, $h_B = 3{,}5$ cm, $\beta = 50°$;
c) $h_C : b = 3 : 5$, $c = 5$ cm, $\alpha = 35°$.

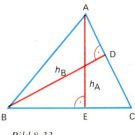

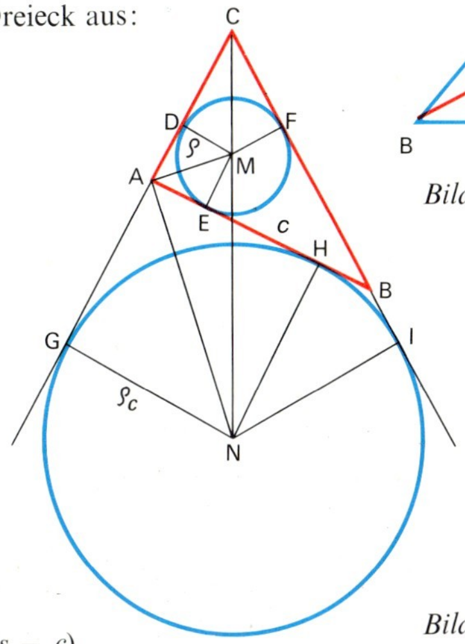

Bild 8.33

7. In dem Dreieck ABC (Bild 8.34) ist ϱ der Radius des Inkreises, ϱ_c der Radius des Ankreises an c und $2s$ der Umfang des Dreiecks: $2s = a + b + c$.

a) Beweise: $\overline{CG} = \overline{CA} + \overline{AH} = \overline{CI} = \overline{CB} + \overline{BH} = s$.

b) Beweise: $\overline{DG} = \overline{FI} = c$, $\overline{CD} = s - c$, $\overline{DA} = s - a$.

c) Beweise: MCD ~ NCG und damit: $\dfrac{\varrho}{s-c} = \dfrac{\varrho_c}{s}$.

d) Beweise: MDA ~ NAG und damit: $\dfrac{\varrho}{s-a} = \dfrac{s-b}{\varrho_c}$.

e) Leite aus c) und d) die Formel $\varrho^2 = \dfrac{(s-a)(s-b)(s-c)}{s}$ ab.

f) Zeige, daß für den Flächeninhalt A des Dreiecks ABC die Beziehung: $A = \varrho \cdot (\overline{DA} + \overline{EB} + \overline{FC}) = \varrho \cdot s$ gilt und beweise so die

Heronische Formel: $A = \sqrt{s(s-a)(s-b)(s-c)}$.

Bild 8.34

8. a) Das Dreieck ABC hat die Seiten $a = 3$ cm, $b = 5$ cm und $c = 6$ cm, ein dazu ähnliches Dreieck hat doppelt so lange Seiten. Berechne in beiden Dreiecken nach der Heronischen Formel den Flächeninhalt.

b) Löse die Aufgabe a) wenn ABC gegeben ist durch $a = b = 5$ cm und $\gamma = 60°$. Berechne den Inhalt auch auf eine andere Weise.

8.8. Ähnlichkeitsbeziehungen am Kreis

In Bild 8.35 schneiden sich zwei Sehnen $\overline{AD}$ und $\overline{BC}$ in einem Punkt S innerhalb des Kreises, in Bild 8.36 schneiden sich zwei Sekanten AD und BC in einem Punkt S außerhalb des Kreises. In beiden Fällen sind die Dreiecke ASB und CSD nach Satz 8.15 ähnlich, denn die Winkel α_1 und α_2 sind als Umfangswinkel über dem Bogen $\overset{\frown}{BED}$ und β_1 und β_2 als Umfangswinkel über $\overset{\frown}{AFC}$ gleich groß.

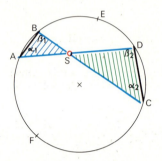

Bild 8.35

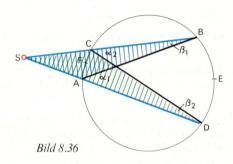

Bild 8.36

Aus ASB ~ CSD folgt: $\overline{SC} : \overline{SD} = \overline{SA} : \overline{SB}$ und daraus:
$\overline{SC} \cdot \overline{SB} = \overline{SA} \cdot \overline{SD}$.
Die Strecken $\overline{SA}$ und $\overline{SD}$ in Bild 8.35 heißen **Abschnitte der Sehne** $\overline{AD}$, die Strecken $\overline{SA}$ und $\overline{SD}$ in Bild 8.36 **Abschnitte der Sekante SD.** In beiden Fällen wird jeder Abschnitt also vom Punkt S aus gemessen, sein anderer Endpunkt liegt auf dem Kreis.

Satz 8.16 (Sehnensatz)
Schneiden sich zwei Sehnen eines Kreises innerhalb des Kreises, dann ist das Produkt der Längen beider Abschnitte einer Sehne gleich dem Produkt der Längen beider Abschnitte der anderen Sehne.

Satz 8.17 (Sekantensatz)
Schneiden sich zwei Sekanten eines Kreises außerhalb des Kreises, dann ist das Produkt der Längen beider Abschnitte der einen Sekante gleich dem Produkt der Längen beider Abschnitte der anderen Sekante.

Aufgaben

▲ 1. In Bild 8.37 ist die Gerade SA Tangente eines Kreises, A ist ihr Berührungspunkt. Die Strecke $\overline{SA}$ heißt **Abschnitt der Tangente.** Überlege dir zunächst, daß die Winkel α_1 und α_2 gleich groß sind und beweise dann den folgenden Satz:

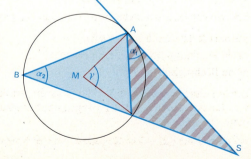

Bild 8.37

8. Ähnlichkeitsabbildungen

Satz 8.18 (Sehnen-Tangenten-Satz)
Schneiden sich eine Sekante und eine Tangente eines Kreises außerhalb des Kreises, dann ist das Produkt der Längen beider Abschnitte der Sekante gleich dem Quadrat der Länge des Tangentenabschnittes.

Anleitung: Um zu zeigen, daß die Winkel α_1 und α_2 gleich groß sind, kann man die Aussagen verwenden, daß in Bild 8.37 der Mittelpunktswinkel γ doppelt so groß ist wie α_2 und daß die Tangente SA senkrecht auf AM steht.

Anmerkung: Setzt man in Bild 8.37 $\overline{SA} = a$, $\overline{SB} = b$ und $\overline{SC} = c$, so gilt die Proportion
I. $\frac{b}{a} = \frac{a}{c}$, und daraus folgt II. $a = \sqrt{bc}$.
In der Proportion I nennt man a die **mittlere Proportionale**, in der Darstellung II nennt man a das **geometrische Mittel** von b und c.

2. Beweise den **Halbsehnensatz** (Bild 8.38): Schneidet eine Sehne $\overline{BC}$ eine andere Sehne in deren Mitte N, so ist das Produkt der Längen beider Abschnitte auf der Sehne $\overline{BC}$ gleich dem Quadrat der Länge der Halbsehne $\overline{ND}$.

3. Zeichne ein rechtwinkliges Dreieck ABC und einen Kreis k(M, r) mit $r = \overline{MA} = \overline{MC}$ (Bild 8.39). Beweise mit Hilfe des Tangentensatzes den Kathetensatz des Euklid.

4. Zeichne ein rechtwinkliges Dreieck ABC und einen Kreis k(M, r) mit $r = \overline{MA} = \overline{MB}$ (Bild 8.40), und beweise mit dem Halbsehnensatz den Höhensatz des Euklid.

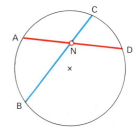

Bild 8.38

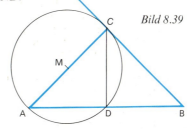

Bild 8.39

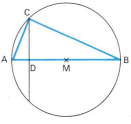

Bild 8.40

5. Zeichne ein Geradenbüschel S und einen Kreis k. a) Begründe folgende Aussage: Das Produkt der Längen beider Abschnitte auf einer Geraden vom Büschelpunkt bis zu den Schnittpunkten mit dem Kreis ist für alle Geraden des Büschels konstant. b) Wie kann man diese Konstante am besten bestimmen?

6. Zeichne ein Rechteck mit den Seiten $a = 3$ cm und $b = 5$ cm. Verwandle es in ein flächengleiches Quadrat
   a) mit dem Tangentensatz,
   b) mit dem Halbsehnensatz,
   c) mit dem Kathetensatz,
   d) mit dem Höhensatz.

7. Verwandle ein Rechteck mit den Seiten $a = 4$ cm, $b = 5$ cm in ein anderes, flächengleiches Rechteck, bei dem eine Seite
   a) 3 cm, b) 5,5 cm, c) 7 cm lang ist.
   Benutze entweder den Sehnensatz oder den Sekantensatz.

8. Verwandle auf verschiedene Arten
   a) ein Parallelogramm, b) ein Trapez
   in ein flächengleiches Quadrat.

9. Zeichne einen Kreis k und bestimme denjenigen Punkt als Schnittpunkt zweier Sehnen, für den das Produkt der Längen der Sehnenabschnitte einen größten Wert besitzt.
   Anleitung: Überlege, welche Halbsehne in einem Kreis am längsten ist.

8. Ähnlichkeitsabbildungen

▲ **10.** Gegeben ist ein Kreis k mit dem Radius $r = 3$ cm. Gesucht ist der geometrische Ort für alle Punkte P als Schnittpunkte von solchen Sekanten, für die das Produkt der Sekantenabschnitte gleich 16 ist.

▲ **11.** Zeichne einen Kreis k mit $r = 4$ cm, und einen Durchmesser $\overline{AB}$. Wähle auf $\overline{AB}$ verschiedene Punkte P und berechne jedesmal das Produkt der Abschnitte $\overline{PA} \cdot \overline{PB}$. Welches ist der geometrische Ort für alle Punkte im Kreis als Schnittpunkte von Sehnen, für die das Produkt der Längen der Sehnenabschnitte kleiner als 12 ist?

12. Bestimme durch Rechnung und Konstruktion das geometrische Mittel der Zahlen:
a) 3,8 und 6,   b) 4 und 9,   c) a und $2a$,   d) $a + b$ und $a - b$.

▲ **13.** In Bild 8.41 ist AB eine Zentrale und ST eine Tangente zu einem Kreis k. S auf AB ist so gewählt, daß $\overline{ST} = \overline{AB}$ ist. Begründe folgende Aussage: In Bild 8.41 wird die Strecke $\overline{SB}$ durch den Punkt A so geteilt, daß ihr größerer Abschnitt die mittlere Proportionale zwischen der ganzen Strecke und dem kleineren Abschnitt ist.

Anmerkung: Man sagt in diesem Fall, die Strecke $\overline{SB}$ sei durch A **stetig geteilt** und nennt diese Art der Teilung auch den **goldenen Schnitt**.

▲ **14.** Nach Aufgabe 13. gilt für Bild 8.41 die Proportion: $\frac{x + d}{d} = \frac{d}{x}$, $d = \overline{AB}$. Trage wie im Bild die Strecke x auf $\overline{ST}$ ab und begründe folgende Aussage:
Trägt man den kleineren Abschnitt einer stetig geteilten Strecke auf dem größeren Abschnitt ab, so wird dieser größere Abschnitt stetig geteilt.

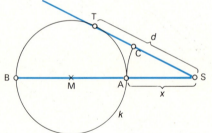

Bild 8.41

▲ **15.** Will man in der Proportion $\frac{x + d}{d} = \frac{d}{x}$ aus Aufgabe 14. die Größe x berechnen, so erhält man durch Umformung die quadratische Gleichung: $x^2 + dx = d^2$. Zeige, daß daraus folgt: $x = -\frac{d}{2} \pm \frac{d}{2}\sqrt{5}$.

▲ **16.** Das Dreieck ABM in Bild 8.42 ist gleichschenklig, und es ist ∢ AMB $= 36°$. Dieses Dreieck ist daher der 10. Teil eines regelmäßigen Zehnecks.
a) Beweise, daß die Dreiecke ABM und BCA ähnlich sind.
b) Beweise, daß die Strecke $\overline{BM}$ durch den Punkt C stetig geteilt wird.
c) Zeichne einen Kreis mit dem Radius $\overline{MB}$ und konstruiere mit Zirkel und Lineal, also ohne Winkelmesser, durch stetige Teilung des Kreisradius eine Zehneckseite. Zeichne dann ein Zehneck im Kreis.
d) Berechne mit Hilfe von Aufgabe 15. die Zehneckseite, wenn $\overline{MB} = 4$ cm ist.
e) Konstruiere in einen Kreis mit Zirkel und Lineal ein regelmäßiges Fünfeck.

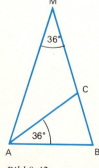

Bild 8.42

8.9. Besondere Eigenschaften ähnlicher Figuren

Wir betrachten die einander ähnlichen Figuren in Bild 8.43. Durch eine Verkettung von Kongruenzabbildungen und zentrischen Streckungen kann man jede von ihnen auf eine der anderen abbilden. So wird z. B. ABCDE durch $\mathfrak{V}_{\overrightarrow{AA'}} \circ \mathfrak{S}_g$ auf $A''B''C''D''E''$ und dieses Fünfeck durch $\mathfrak{Z}_{Z;\frac{1}{2}}$ auf $A^+B^+C^+D^+E^+$ abgebildet. Dabei bleiben die Größen aller Winkel erhalten, und alle Seitenlängen werden im gleichen Verhältnis geändert.

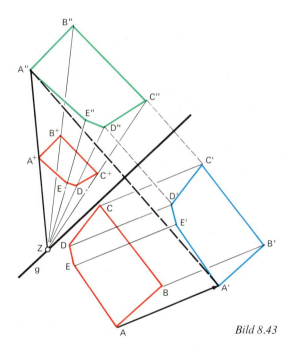

Bild 8.43

Anmerkung: In zwei einander ähnlichen Figuren nennen wir einen Winkel und sein Bild einander entsprechende Winkel, eine Strecke und ihr Bild einander entsprechende Strecken.

Bei den Kongruenzabbildungen ändert sich der Flächeninhalt einer Figur nicht, für zentrische Streckungen gilt nach Satz 8.4: $A' = k^2 \cdot A$; dabei ist k das Verhältnis zwischen den Längen zweier entsprechender Seiten und k^2 das Verhältnis der Quadrate dieser Längen.

Satz 8.19
In zueinander ähnlichen Figuren sind einander entsprechende Winkel gleich groß, die Längen entsprechender Strecken stehen im gleichen Verhältnis zueinander, und die Flächeninhalte verhalten sich wie die Quadrate der Längen entsprechender Strecken.

Der Umlaufsinn einer Figur wird durch zentrische Streckungen nicht geändert. Bildet man also eine Figur durch Streckungen bzw. gleichsinnige Kongruenzabbildungen oder Verkettungen solcher Abbildungen ab, so bleibt der Umlaufsinn erhalten, die Figur und ihr Bild sind **gleichsinnig ähnlich.** Bildet man eine Figur durch Verkettungen von zentrischen Streckungen mit einer Achsenspiegelung oder einer Gleitspiegelung ab, so haben die Figur und ihr Bild einen verschiedenen Umlaufsinn, sie sind **ungleichsinnig ähnlich.** So sind z. B. in Bild 8.43 $ABCDE$ und $A^+B^+C^+D^+E^+$ ungleichsinnig ähnlich, $A''B''C''D''$ und $A^+B^+C^+D^+E^+$ gleichsinnig ähnlich.

Aufgaben

Bild 8.44

1. Ein Bilderrahmen hat eine Leistenbreite von 5 cm. Sind die beiden von dem Rahmen gebildeten Rechtecke (Bild 8.44) ähnlich?

2. Ein Parallelogramm hat die Seitenlängen 2 cm und 3 cm. Durch eine Parallele zu einer Seite wird es in zwei Parallelogramme zerlegt. Wie muß diese Parallele gewählt werden, damit

   a) eines der Parallelogramme zu dem gegebenen ähnlich ist,

   b) die beiden neuen Parallelogramme zueinander ähnlich sind?

   c) Können die gleichen Aufgaben gelöst werden, wenn die Ausgangsfigur ein Rhombus ist?

   d) Kann man ein Trapez durch eine Parallele zu einer Seite in zwei ähnliche Trapeze zerlegen?

3. Gegeben sind zwei ähnliche Vielecke. Für zwei entsprechende Seiten a_1 und a_2 gilt:

   a) $2a_1 = 3a_2$, b) $\sqrt{2}\, a_1 = a_2$, c) $\frac{1}{2} a_1 = 2a_2$.

   In welchem Verhältnis stehen die Umfänge der Figuren? In welchem Verhältnis stehen die Flächeninhalte zueinander?

4. Beweise: Alle regelmäßigen Vielecke mit gleicher Eckenzahl sind ähnlich.

5. Unter welchen Voraussetzungen sind a) zwei Rechtecke, b) zwei Rhomben ähnlich?

6. Zeichne einen Rhombus $ABCD$ mit $\overline{AC} = 4$ cm und $\overline{BD} = 7$ cm und dazu einen ähnlichen Drachen, in dem $\overline{AC}$ die längere Diagonale ist. Berechne die beiden Flächeninhalte.

7. a) Zeichne zwei Vierecke $ABCD$ und $A'B'C'D'$ mit folgenden Eigenschaften: Die Längen entsprechender Seiten stehen paarweise im gleichen Verhältnis zueinander, entsprechende Winkel sind gleich groß.

   b) Beweise, daß $ABCD$ und $A'B'C'D'$ ähnlich sind.

   Anleitung: Zeichne die Diagonalen $\overline{AC}$ und $\overline{A'C'}$ und beweise, daß die dadurch entstandenen Dreiecke paarweise zueinander ähnlich sind.

▲ 8. Beweise: Sind die Seiten ähnlicher Vielecke paarweise parallel, so gehen die Verbindungsgeraden entsprechender Ecken entweder durch einen Punkt, d.h. die Vielecke sind zentrisch ähnlich, oder die Verbindungsgeraden entsprechender Ecken sind parallel, d.h. die Vielecke sind kongruent (vgl. mit Aufgabe 6. Seite 209).

   Anleitung: Beachte die Anleitung zu Aufgabe 7. und den Satz des Desargues.

9. Zeichne zwei ähnliche Dreiecke ABC und A'B'C'.
  a) Die entsprechenden Seiten sollen parallel laufen,
  b) die entsprechenden Seiten sollen nicht parallel laufen.
  Wähle dann einen 4. Punkt D und konstruiere D' so, daß ABCD ∼ A'B'C'D' ist.

10. In Bild 8.45 ist ABC ein rechtwinkliges Dreieck; A_1, A_2 und A_3 sind die Flächeninhalte ähnlicher Figuren über der Hypotenuse und über den Katheten. Beweise mit Hilfe von Satz 8.19 und mit dem Satz des Pythagoras: $A_2 + A_3 = A_1$.

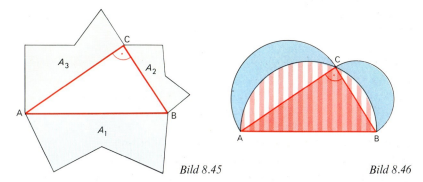

Bild 8.45   *Bild 8.46*

11. In Bild 8.46 sind über den Katheten und über der Hypotenuse des rechtwinkligen Dreiecks ABC Halbkreise gezeichnet. Beweise, daß die Flächeninhalte der dadurch gebildeten „Möndchen" zusammen genauso groß sind wie der Flächeninhalt des Dreiecks ABC.

8.10. Die gleichsinnigen Ähnlichkeitsabbildungen

Gleichsinnig ähnliche Figuren lassen sich durch gleichsinnige Ähnlichkeitsabbildungen aufeinander abbilden. Zu diesen zählen die gleichsinnigen Kongruenzabbildungen, die zentrische Streckung und auch Verkettungen von ihnen, wie z. B. die sogenannte **Drehstreckung.** Man erhält sie, wenn man eine zentrische Streckung mit dem Zentrum Z und eine Drehung um denselben Punkt Z als Drehpunkt miteinander verkettet (Bild 8.47).
Aus dieser Erklärung der Drehstreckung folgt, daß es bei der

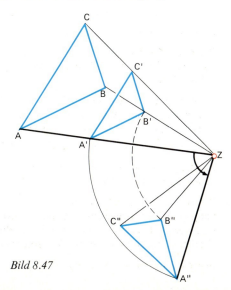

Bild 8.47

8. Ähnlichkeitsabbildungen

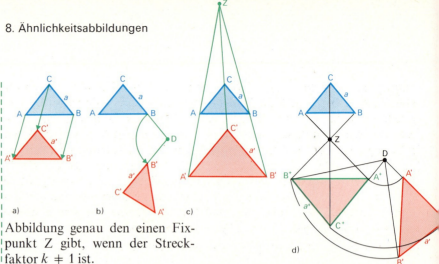

Bild 8.48   a)   b)   c)   d)

Abbildung genau den einen Fixpunkt Z gibt, wenn der Streckfaktor $k \neq 1$ ist.

Wir untersuchen jetzt an Paaren gleichsinnig ähnlicher Dreiecke die verschiedenen Arten der gleichsinnigen Ähnlichkeitsabbildungen. Dazu betrachten wir jeweils ein Paar entsprechender Seiten dieser Dreiecke. Da sich diese Seiten durch ihre Längen und ihre Richtungen voneinander unterscheiden können, ergeben sich die folgenden vier Fälle:

a) Es ist $a = a'$ und a $\parallel$ a' (Bild 8.48a):
   ABC wird durch eine Schiebung oder eine Punktspiegelung auf A'B'C' abgebildet.

b) Es ist $a = a'$ und a $\not\parallel$ a' (Bild 8.48b):
   ABC wird durch eine Drehung auf A'B'C' abgebildet.

c) Es ist $a \neq a'$ und a $\parallel$ a' (Bild 8.48c):
   ABC wird durch eine zentrische Streckung auf A'B'C' abgebildet.

d) Es ist $a \neq a'$ und a $\not\parallel$ a' (Bild 8.48d):
   Wir können ABC zuerst durch eine zentrische Streckung auf ein Dreieck $A^+B^+C^+$ abbilden mit $a^+ = a'$ und $a^+ \parallel a$; dann können wir $A^+B^+C^+$ durch eine Drehung in das Dreieck A'B'C' überführen.

Da wir im Falle d) das Zentrum Z beliebig wählen können, gibt es viele verschiedene Möglichkeiten. Die folgende Betrachtung zeigt aber, daß wir das Streckzentrum und das Drehzentrum immer zusammenlegen können, daß die gesuchte Abbildung also eine Drehstreckung ist (Bild 8.49):

AB und A^+B^+ schneiden sich in O. k_1 ist der Umkreis von OAA^+, k_2 ist der Umkreis von OBB^+. Die beiden Kreise schneiden sich ein zweites Mal in Z. Die Winkel AOA^+ und AZA^+ sind Umfangswinkel über demselben Bogen $\overset{\frown}{ALA^+}$, also gleich groß. Die Winkel BOB^+ und BZB^+ liegen als Um-

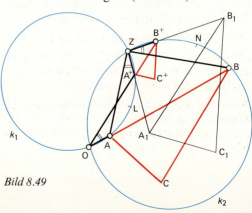

Bild 8.49

fangswinkel über dem Bogen $\widehat{BNB^+}$ und sind daher ebenfalls gleich groß. Die Winkel AOA^+ und BOB^+ haben dieselben Schenkel, sind also einander gleich, und daher gilt auch: $\sphericalangle AZA^+ = \sphericalangle BZB^+$. Dreht man nun das Dreieck ABC um Z mit diesem Winkel auf $A_1B_1C_1$, so liegt A_1 auf A^+Z, B_1 auf B^+Z, und A_1B_1 ist parallel zu A^+B^+. Wegen der gleichsinnigen Ähnlichkeit der Dreiecke ABC und $A_1B_1C_1$ sind auch $A_1B_1C_1$ und $A^+B^+C^+$ gleichsinnig ähnlich, und daher müssen auch A_1C_1 und A^+C^+ sowie B_1C_1 und B^+C^+ parallel liegen. Die Dreiecke sind also zentrisch ähnlich, und Z ist das Streckzentrum. Damit folgt aber, daß ABC durch eine Drehstreckung mit dem Fixpunkt Z auf $A^+B^+C^+$ abgebildet werden kann.

Mehr als die vier genannten Fälle a) bis d) gibt es nicht.

Satz 8.20
▲ **Eine gleichsinnige Ähnlichkeitsabbildung ist entweder eine gleichsinnige Kongruenzabbildung, eine zentrische Streckung oder eine Drehstreckung.**

Aufgaben

1. Zeichne einen Rhombus ABCD, A(−3; 0), B(0; −6), C(3; 0), D(0; 6), mit der Mitte M(0; 0) und bilde ihn ab durch:
   a) $\mathfrak{D}_{M;\,90°} \circ \mathfrak{Z}_{M;\,\frac{1}{2}}$, b) $\mathfrak{D}_{A;\,90°} \circ \mathfrak{V}_{\overrightarrow{\frac{DM}{2}}} \circ \mathfrak{Z}_{C;\,\frac{1}{2}}$, c) $\mathfrak{D}_{D;\,90°} \circ \mathfrak{V}_{\overrightarrow{DA}} \circ \mathfrak{Z}_{A;\,\frac{1}{2}}$.
   Vergleiche die Abbildungen miteinander, bestimme jeweils die Fixpunkte.

2. Zeichne zwei ähnliche Dreiecke ABC und A'B'C', deren entsprechende Seiten nicht parallel und auch nicht gleich lang sind, konstruiere das Zentrum der zugehörigen Drehstreckung und bestimme den Drehwinkel.

3. a) Zeichne eine Figur wie in Bild 8.42 und bilde das Dreieck ABM zuerst durch eine Drehung $\mathfrak{D}_{C;\,108°}$ und dann das Bild durch eine zentrische Streckung auf BCA ab.
   b) Zeige, daß man die Dreiecke ABM und BCA auch durch eine Drehstreckung aufeinander abbilden kann.
   Anleitung: Zeichne in ABM die Höhe auf AB und in BCA die Höhe auf BC und zerlege so die beiden Dreiecke in Paare ähnlicher Dreiecke. Führe mit einem geeigneten Paar die Konstruktion von Bild 8.49 durch.

▲ 4. In den Bildern 8.50 a und b sind jeweils die Dreiecke ABC und BCC' gleichsinnig ähnlich. Zeige, daß man BCC' durch eine Drehstreckung auf ABC abbilden kann. Bestimme durch Konstruktion den Fixpunkt.

▲ 5. Prüfe, ob für die Verkettung $\mathfrak{D}_{Z;\,\alpha} \circ \mathfrak{Z}_{Z;\,k}$ das Kommutativgesetz gilt.

▲ 6. Das Quadrat ABCD (Bild 8.51) soll durch eine Drehstreckung so auf MGDH abgebildet werden, daß A auf M, B auf G und C auf D fällt. Bestimme den Fixpunkt, den Drehwinkel und den Streckfaktor.

7. Das Rechteck ABCD mit $a = 4$ cm und $b = 2$ cm ist gleichsinnig ähnlich zu A'B'DA (Bild 8.52). Bestimme die Drehstreckung, durch die ABCD auf A'B'DA abgebildet wird.

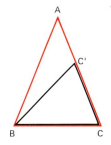

Bild 8.50a

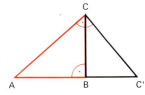

Bild 8.50b

Bild 8.51

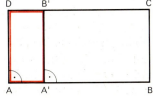

Bild 8.52

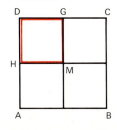

▲ 8.11. Die ungleichsinnigen Ähnlichkeitsabbildungen

Es gibt ungleichsinnige Kongruenzabbildungen, nämlich die Achsenspiegelungen und die Gleitspiegelungen. Damit gibt es auch unter den Ähnlichkeitsabbildungen ungleichsinnige, insbesondere die sogenannte **Streckspiegelung.** Diese ist eine Verkettung einer Spiegelung $\mathfrak{S}_g$ mit einer Streckung $\mathfrak{Z}_{Z;k}$, wobei Z auf g liegt (Bild 8.53a).

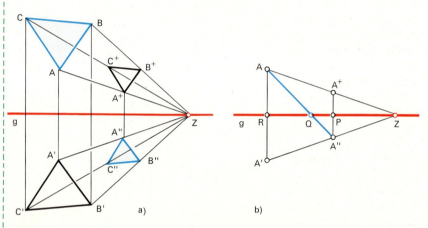

Bild 8.53

Bei beiden Abbildungen $\mathfrak{S}_g$ und $\mathfrak{Z}_{Z;k}$ ist die Gerade g Fixgerade, also ist g auch eine Fixgerade der Streckspiegelung.

Weitere Eigenschaften erkennen wir an Bild 8.53 b:

Der beliebige Punkt A wird durch $\mathfrak{S}_g \circ \mathfrak{Z}_{Z;k}$ über A' auf A'' und durch $\mathfrak{Z}_{Z;k} \circ \mathfrak{S}_g$ über A$^+$ auf A'' abgebildet. Bei der Abbildung kommt es also nicht auf die Reihenfolge von Streckung und Spiegelung an.

Es gilt: $\mathfrak{Z} \circ \mathfrak{S} = \mathfrak{S} \circ \mathfrak{Z}$.

Durch $\mathfrak{Z}_{Z;k} \circ \mathfrak{S}_g$ wird A über A$^+$ auf A'' abgebildet. Wir lesen die folgenden Proportionen ab:

$$k = \frac{\overline{ZA^+}}{\overline{ZA}} = \frac{\overline{A^+P}}{\overline{AR}} = \frac{\overline{A''P}}{\overline{AR}} = \frac{\overline{A''Q}}{\overline{AQ}}.$$

Satz 8.21
Ist bei einer Streckspiegelung A'' das Bild von A, so wird die Strecke $\overline{A''A}$ von der Spiegelgeraden g so geteilt, daß zwischen den Teilstrecken das Streckungsverhältnis k besteht.

8. Ähnlichkeitsabbildungen

Wir zeigen in Bild 8.54, daß man das Dreieck ABC durch eine einzige Streckspiegelung auf das ungleichsinnig ähnliche Dreieck A''B''C'' abbilden kann.

Wir müssen dabei so spiegeln, daß das Spiegelbild A'B' von AB zu A''B'' parallel liegt. Das bedeutet, daß die Winkelhalbierende w_α zwischen den Geraden AB und A''B'' zu der noch unbekannten Spiegelachse w parallel läuft. Außerdem müssen wir so strecken, daß das Zentrum auf w liegt.

Zunächst verschieben wir das Dreieck A''B''C'' parallel zu w_α auf $A^+B^+C^+$, und zwar so, daß AA^+ senkrecht auf w_α steht. Dann teilen wir

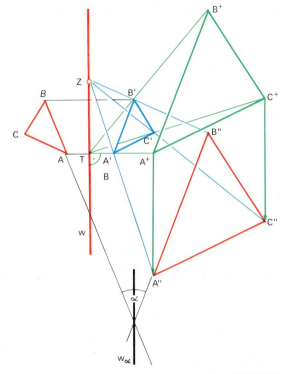

Bild 8.54

auf Grund von Satz 8.21 die Strecke $\overline{AA^+}$ durch einen Punkt T so, daß $\dfrac{\overline{A^+T}}{\overline{AT}} = \dfrac{\overline{A''B''}}{\overline{AB}} = k$ ist, und zeichnen durch T die Parallele w zu w_α. Durch die Spiegelung $\mathfrak{S}_w$ wird ABC auf A'B'C' gespiegelt, durch $\mathfrak{Z}_{T,k}$ fällt A'B'C' auf $A^+B^+C^+$ und durch $\mathfrak{V}_{\overrightarrow{A^+A''}}$ wird $A^+B^+C^+$ auf A''B''C'' geschoben. Also wird durch:

$$\mathfrak{S}_w \circ \mathfrak{Z}_{T,k} \circ \mathfrak{V}_{\overrightarrow{A^+A''}}$$

ABC auf A''B''C'' abgebildet.

Nach Satz 8.8 ist die Verkettung $\mathfrak{Z}_{T;k} \circ \mathfrak{V}_{\overrightarrow{A^+A''}}$ eine zentrische Streckung $\mathfrak{Z}_{Z;k}$, wobei das Zentrum Z auf der Parallelen zu A^+A'' durch T, also auf w liegt. Man erhält Z, indem man A'A'' mit w zum Schnitt bringt.

Die Konstruktion gilt nicht nur für ABC und A''B''C'', sondern sinngemäß für zwei beliebige ungleichsinnig ähnliche Figuren. Daraus folgt

Satz 8.22
▲ **Eine ungleichsinnige Ähnlichkeitsabbildung ist entweder eine Achsenspiegelung oder eine Gleitspiegelung oder eine Streckspiegelung.**

Aufgaben

1. Zeichne ein beliebiges Dreieck ABC mit den Seiten a, b und c und der Winkelhalbierenden w_γ.
   a) Spiegele ABC an w_γ auf A'B'C' und bilde dann A'B'C' durch $\mathfrak{Z}_{C;k}$, $k = \frac{b}{a}$, auf A''B''C'' ab.
   b) Begründe mit Hilfe der entstandenen Figur die Aussage, daß in einem Dreieck ABC die Winkelhalbierende w_γ die Seite $\overline{AB}$ im Verhältnis der anliegenden Seiten $\overline{AC}$ und $\overline{BC}$ teilt.

▲ 2. Zeige, daß man das rechtwinklige Dreieck BDC (Bild 8.55) durch die Streckspiegelung $\mathfrak{S}_{w\beta} \circ \mathfrak{Z}_{B;k}$, $k = \frac{c}{a}$, auf ABC abbilden kann.

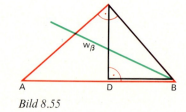

Bild 8.55

▲ 3. Die beiden ähnlichen Dreiecke ABM und ABC in Bild 8.42 sollen durch eine Streckspiegelung aufeinander abgebildet werden.

4. Zeichne einen Rhombus ABCD, so daß $\beta = \delta = 60°$ ist und einen dazu ähnlichen Rhombus A'B'C'D'. Dabei sollen A' die Mitte von $\overline{AB}$, B' = A und D' die Mitte von $\overline{BC}$ sein. Bilde ABCD durch eine Streckspiegelung auf A'B'C'D' ab.

5. Zwei Parallelogramme ABCD und AD'C'D, D' auf $\overline{AB}$, seien ähnlich. Bilde sie aufeinander ab.

6. Von einer Streckspiegelung sei die Fixgerade g, der Fixpunkt Z und der Streckfaktor k bekannt. Untersuche die Abbildung
   a) einer Parallelen zu g,
   b) einer Senkrechten zu g,
   c) einer beliebigen Geraden durch Z.
   d) Gibt es außer g noch andere Fixgeraden?

▲ 7. Jemand behauptet, daß man die Menge $\mathbb{S}$ aller Achsenspiegelungen sowohl als Teilmenge aller Streckspiegelungen $\mathbb{ZS}$, als auch als Teilmenge aller Gleitspiegelungen $\mathbb{G}$ betrachten kann und daß $\mathbb{G} \cap \mathbb{ZS} = \mathbb{S}$ gilt. Was sagst du dazu?

8.12. Die Gruppe der Ähnlichkeitsabbildungen

Verkettet man zwei beliebige Ähnlichkeitsabbildungen, so entsteht wieder eine Ähnlichkeitsabbildung. Zu jeder dieser Abbildungen gibt es eine inverse, das Assoziativgesetz ist für die Verkettung erfüllt, und auch die identische Abbildung gehört zu der Menge der Ähnlichkeitsabbildungen.

Satz 8.23
Die Menge aller Ähnlichkeitsabbildungen in einer Ebene bildet in bezug auf die Verkettung dieser Abbildungen eine Gruppe, die sogenannte Ähnlichkeitsgruppe.

Im folgenden werden immer **Mengen** von Abbildungen in einer Ebene bezeichnet, und zwar mit:

$\ddot{\mathbb{A}}_g$ alle gleichsinnigen, $\ddot{\mathbb{A}}_u$ alle ungleichsinnigen und $\ddot{\mathbb{A}}$ alle Ähnlichkeitsabbildungen.
$\mathbb{K}_g$ alle gleichsinnigen, $\mathbb{K}_u$ alle ungleichsinnigen und $\mathbb{K}$ alle Kongruenzabbildungen.
$\mathbb{Z}$ alle zentrischen Streckungen, $\mathbb{V}$ alle Schiebungen, $\mathbb{D}$ alle Drehungen, $\mathbb{P}$ alle Punktspiegelungen, $\mathbb{G}$ alle Gleitspiegelungen.
$\mathbb{DZ}$ alle Drehstreckungen, $\mathbb{ZS}$ alle Streckspiegelungen.

Aufgaben

1. Bestimme folgende Mengen:
   a) $\ddot{\mathbb{A}}_g \cup \ddot{\mathbb{A}}_u$, b) $\mathbb{K}_g \cup \mathbb{K}_u$, c) $\mathbb{G} \cup \mathbb{S}$, d) $\mathbb{V} \cup \mathbb{D} \cup \mathbb{P}$, e) $\mathbb{V} \cup \mathbb{D} \cup \mathbb{P} \cup \mathbb{Z}$,
   f) $\mathbb{S} \cup \mathbb{V}$, g) $\mathbb{S} \cup \mathbb{V} \cup \mathbb{Z}$, h) $\mathbb{P} \cup \mathbb{Z}$, i) $\mathbb{P} \cup \mathbb{D}$.

2. Bestimme folgende Mengen:
   a) $\ddot{\mathbb{A}}_g \cap \ddot{\mathbb{A}}_u$, b) $\mathbb{K}_g \cap \mathbb{K}_u$, c) $\mathbb{G} \cap \mathbb{S}$, d) $\mathbb{Z} \cap \mathbb{P}$, e) $\mathbb{D} \cap \mathbb{P}$,
   f) $\mathbb{DZ} \cap \mathbb{Z}$, g) $\mathbb{ZS} \cap \mathbb{S}$, h) $\mathbb{V}_g \cap \mathbb{K}_g$, $\ddot{\mathbb{A}}_u \cap \mathbb{Z}$, i) $\ddot{\mathbb{A}}_u \cap \mathbb{K}_u \cap \mathbb{G}$.

3. Bestimme folgende Mengen:
   a) $\ddot{\mathbb{A}} \setminus \ddot{\mathbb{A}}_u$, b) $\ddot{\mathbb{A}}_g \setminus \mathbb{Z}$, c) $\mathbb{K}_g \setminus \mathbb{D}$.

4. Eine Gerade g soll bei einer Ähnlichkeitsabbildung eine Fixgerade sein. Bei welchen Abbildungen aus der Menge $\ddot{\mathbb{A}}$ ist das möglich, wenn
   a) ein Punkt P und sein Bild P' auf derselben Seite,
   b) P und P' auf verschiedenen Seiten von g liegen,
   c) kein Punkt der Ebene Fixpunkt ist,
   d) ein Punkt auf g ein Fixpunkt ist?

5. Nenne Untergruppen aus der Gruppe $\ddot{\mathbb{A}}$ aller Ähnlichkeitsabbildungen. Untersuche insbesondere, ob die folgenden Mengen Untergruppen sind:
   a) $\mathbb{DZ}$, b) $\mathbb{ZS}$, c) die Menge aller Drehstreckungen mit dem Fixpunkt Z,
   d) die Menge aller zentrischen Streckungen, bei denen die Zentren auf einer Geraden g liegen, zusammen mit der Schiebung, die g zur Fixgeraden hat,
   e) die Menge aller Ähnlichkeitsabbildungen mit einer bestimmten Fixgeraden.
   f) Nenne Untergruppen von $\ddot{\mathbb{A}}_g$. g) Nenne Untergruppen von $\mathbb{Z} \cup \mathbb{V}$.

▲ 8.13. Die zentrische Streckung im Raum

Neben den Kongruenzabbildungen in der Ebene haben wir auch schon eine Kongruenzabbildung im Raum, und zwar die Schiebung im Raum, kennengelernt. Es gibt auch Ähnlichkeitsabbildungen im Raum, von denen wir hier nur die **zentrische Streckung im Raum** erwähnen wollen.
Bei dieser Abbildung wird jeder beliebige Punkt P dadurch auf einen Punkt P' abgebildet, daß man einen Fixpunkt Z wählt und dann den Pfeil (Z, P) mit dem Faktor k auf den Pfeil (Z, P') streckt (Bild 8.56). Dabei wird nun auch jeder andere Pfeil im Raum, wie z. B. der Pfeil (P, Q) in Bild 8.56 auf einen parallelen Pfeil der k-fachen Länge abgebildet. Die genaue Erklärung erfolgt mit Hilfe der Vektoren.

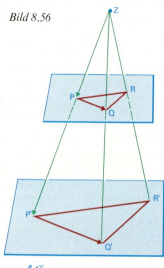

Bild 8.56

Definition 8.4
Bei einer zentrischen Streckung $\mathfrak{z}_{Z;k}$ im Raum mit dem Streckzentrum Z und dem Streckfaktor $k, k \in \mathbb{R}$, ist Z der einzige Fixpunkt, und ein beliebiger Vektor $\vec{a}$ wird auf den kollinearen Vektor $\vec{a}' = k\vec{a}$ abgebildet.

Wichtige Eigenschaften der Abbildung lesen wir aus Bild 8.57 ab. Dort ist Z das Streckzentrum; $\vec{c} = \overrightarrow{ZC}, \vec{a} = \overrightarrow{ZA} = \overrightarrow{PQ}, \vec{b} = \overrightarrow{ZB} = \overrightarrow{CP}$ sind drei beliebige Vektoren. Ihre Bilder sind $\vec{c}' = \overrightarrow{ZC'} = k \cdot \vec{c}, \vec{a}' = \overrightarrow{ZA'} = \overrightarrow{P'Q'} = k \cdot \vec{a}$ und $\vec{b}' = \overrightarrow{ZB'} = \overrightarrow{C'P'} = k \cdot \vec{b}$. Wir erkennen:

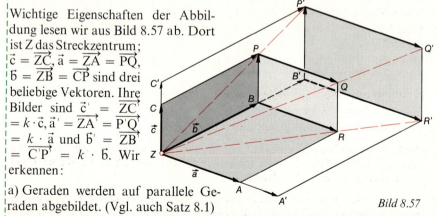

Bild 8.57

a) Geraden werden auf parallele Geraden abgebildet. (Vgl. auch Satz 8.1)
b) Alle Strecken werden im gleichen Verhältnis auf parallele Strecken abgebildet.
c) Ein Winkel und sein Bild sind gleich groß.
   Die Pfeile (B, R) und (B, P) liegen in der Ebene BRQP, ihre parallelen Bilder (B', R') und (B', P') in der parallelen Ebene B'R'Q'P'.
d) Eine Ebene wird auf eine parallele Bildebene abgebildet.

8. Ähnlichkeitsabbildungen

e) Alle Geraden durch den Fixpunkt Z sind Fixgeraden.
f) Alle Ebenen, in denen Z liegt, sind Fixebenen.

Betrachten wir in Bild 8.57 die Ebene ZARB, so sehen wir, daß die zentrische Streckung $\mathfrak{Z}_{Z;k}$ in dieser Ebene nur ein ebener Ausschnitt aus der räumlichen Streckung ist.
In Bild 8.58 wird ein Würfel mit dem Kantenvektor $\vec{a}$ durch $\mathfrak{Z}_{Z;2}$ auf einen Würfel mit dem Kantenvektor $2\vec{a}$ abgebildet. Für die Flächeninhalte A' und A zweier entsprechender Flächen gilt: $A' = 4A$; für die Rauminhalte V' und V der beiden Würfel gilt: $V' = 8V$.

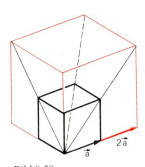

Bild 8.58

Diese Beziehungen gelten allgemein:
g) Eine ebene Fläche wird so auf eine parallele und ähnliche Fläche abgebildet, daß für die Flächeninhalte die Beziehung $A' = k^2 \cdot A$ gilt.
h) Ein Körper wird so auf einen ähnlichen Körper abgebildet, daß für die Rauminhalte V und V' die Beziehung $V' = k^3 \cdot V$ gilt.

Eine zentrische Streckung im Raum ist vollständig bestimmt, wenn wir das Streckungszentrum Z und den Streckungsfaktor k kennen. Ist K ein beliebiger Körper im Raum, so gewinnen wir sein Bild, indem wir alle Vektorpfeile, die von Z ausgehen und zu Punkten des Körpers hinzeigen, mit k multiplizieren. In Bild 8.59 ist die zentrische Streckung einer Pyramide dargestellt.

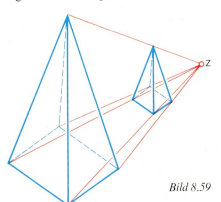

Bild 8.59

Aufgaben

1. Zeichne einen Würfel ABCDEFGH mit dem Mittelpunkt M und bilde ihn ab durch
a) $\mathfrak{Z}_{M;2}$, b) $\mathfrak{Z}_{A;3} \circ \mathfrak{Z}_{B;\frac{1}{3}}$.

2. Zeichne ein Tetraeder ABCD und bilde es ab durch $\mathfrak{Z}_{A;-\frac{3}{2}}$.

3. Zeichne eine quadratische Pyramide. Von dieser soll durch einen einzigen Schnitt eine zentrisch ähnliche Pyramide so abgeschnitten werden, daß sich die Rauminhalte von Bild und Original wie 1 : 2 verhalten.

▲ 4. Ein Quader soll durch einen einzigen Schnitt in zwei Körper zerlegt werden, die zueinander zentrisch ähnlich sind. Auf wieviel Arten ist das möglich? Wo liegt jeweils das Streckzentrum und wie groß ist der Streckungsfaktor?

▲ 5. Überlege, ob
a) alle zentrischen Streckungen im Raum mit demselben Zentrum Z,
b) alle zentrischen Streckungen im Raum eine Abbildungsgruppe bilden.

9. VON DEN ANFÄNGEN DER GEOMETRIE

Bild 9.1

Aus babylonischen Keilschrifttafeln und ägyptischen Papyrusrollen wissen wir, daß die Babylonier und die Ägypter schon vor etwa 4000 Jahren geometrische Kenntnisse besessen haben. Die Babylonier kannten z.B. den Satz des PYTHAGORAS und den Satz des THALES, die Ägypter konnten den Rauminhalt eines Pyramidenstumpfes berechnen.

Das beweist z.B. der sogenannte Moskauer Papyrus (Bild 9.1). Er befindet sich jetzt in Moskau, stammt aber aus Theben, und zwar aus der Zeit des mittleren Reiches (um 2000 v.Chr.). Auf dem Papyrus wird die Berechnung des Volumens eines Pyramidenstumpfes in altägyptischer Priesterschrift beschrieben. Moderne Forscher haben diese Schrift in Hieroglyphen umgeschrieben. Die Übersetzung steht unter dem Papyrus. Der Text dieser 6 Zeilen, die man von rechts nach links lesen muß, lautet:

(1) Addiere du zusammen diese 16
(2) mit dieser 8 und mit dieser 4.
(3) Es entsteht 28. Berechne du
(4) $\frac{1}{3}$ von 6. Es entsteht 2. Rech-
(5) ne du mit 28 2mal. Es entsteht 56.
(6) Siehe: er ist 56. Du hast richtig gefunden.

Die ersten geometrischen Einsichten haben sich wahrscheinlich aus rein praktischen Bedürfnissen ergeben. Schon HERODOT (490 bis etwa 420 v. Chr.), der Begründer der griechischen Geschichtsschreibung, meint, die jährlichen Überschwemmungen des Nils hätten in Ägypten zur Entstehung der Geometrie (*geometria* = Feldmeßkunst) geführt. So wurden durch die Überschwemmungen immer wieder die Vermessungen der Felder notwendig, um z. B. die Flächeninhalte der Felder berechnen zu können. Auch die Berechnung der Rauminhalte von Getreidespeichern, der Ausbau von Kanälen, der Bau von Tempeln und Pyramiden erforderten besondere geometrische Kenntnisse.

Sowohl bei den Babyloniern als auch bei den Ägyptern war die Geometrie im wesentlichen eine Sammlung von einzelnen, aus der Erfahrung gewonnenen Sätzen. Diese empirischen Grundlagen haben die Griechen übernommen, als sie mit den Völkern Kleinasiens in Berührung kamen, und sie haben daraus im Laufe der Jahrhunderte eine völlig neue Wissenschaft entwickelt, die auch heute noch nicht veraltet ist. Dabei handelt es sich um eine deduktive Wissenschaft, bei der also alle Sätze nur mit Hilfe logischer Schlüsse aus einigen unmittelbar einsichtigen Grundlagen gefolgert werden. Die Namen vieler bedeutender griechischer Denker kennzeichnen die Entwicklung der Geometrie zur deduktiven Wissenschaft. Wir wollen hier nur einige von ihnen aufführen. Da aus dieser Zeit der Mathematikgeschichte nur wenige unmittelbare Quellen vorhanden sind, kann manches nur Vermutung sein, was wir über die Leistungen einiger griechischer Mathematiker berichten können.

Einfachste deduktive Beweise hat schon THALES von Milet (um 600 v. Chr.) geführt, indem er schwierigere Sätze auf unmittelbar einleuchtende Aussagen durch logische Schlüsse zurückgeführt hat. Wahrscheinlich waren die Ausgangsfiguren für diese Beweise ein Kreis mit einbeschriebenem Rechteck und dessen Diagonalen (Bild 9.2) sowie vielleicht ein Kreis mit einbeschriebenem symmetrischen Drachen und seinen Diagonalen (Bild 9.3). Aus diesen Figuren lassen sich nämlich leicht Sätze ablesen, die THALES bereits allgemein begründet hat. Folgende Sätze mögen als Beispiele dienen: der Satz des THALES, der Satz über die gleiche Größe von Scheitelwinkeln, der Satz über die gleiche Größe der Basiswinkel im gleichschenkligen Dreieck und der Kongruenzsatz WSW.

Bild 9.2

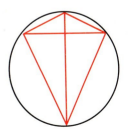

Bild 9.3

Um 550 v. Chr. gründete PYTHAGORAS von Samos in Unteritalien eine philosophische Lebensgemeinschaft, die sich unter anderem ausgiebig mit der Mathematik beschäftigte. Die Pythagoreer, so nannte man diese Gemeinschaft, entwickelten eine Zahlenmystik. Sie glaubten, mit ihr das Wesen der Welt erfassen zu können. Auch das geometrische Wissen wurde von ihnen wesentlich vermehrt; wieviel von dieser Bereicherung dabei auf PYTHAGORAS selbst, wieviel auf seine Schüler zurückgeht, können wir heute nicht mehr feststellen. Die Pythagoreer bewiesen wahrscheinlich als erste den nach PYTHAGORAS benannten Satz und den Satz über die Summe der

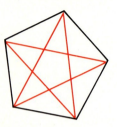

Bild 9.4

Winkelgrößen im Dreieck. Auch die Einsicht, daß in einem Punkt der Ebene sechs gleich große regelmäßige Dreiecke, vier gleich große Quadrate oder drei gleich große regelmäßige Sechsecke lückenlos zusammengepaßt werden können, wird den Pythagoreern zugeschrieben. Außerdem erkannten sie, daß es höchstens fünf regelmäßige Körper geben könne. Sie kannten auch schon eine Konstruktion für das regelmäßige Fünfeck, wie man es aus ihrem Bundeszeichen, dem Drudenfuß (Bild 9.4), erkennen kann: dieser wird nämlich von Diagonalen eines solchen Fünfecks gebildet.

HIPPOKRATES von Chios (um 440 v. Chr.) scheint als erster das angesammelte geometrische Wissen seiner Zeit geordnet und von wenigen Voraussetzungen ausgehend logisch begründet zu haben.

THEAITETOS (um 350 v. Chr.) gelang wohl als erstem, allerdings nur in besonderen Fällen, die strenge Einführung von inkommensurablen Streckenlängen. Inkommensurabel nennt man Streckenlängen, wenn mindestens bei einer von ihnen die Maßzahl irrational ist, falls sie mit der gleichen Längeneinheit ausgemessen werden. THEAITETOS war der Lieblingsschüler des bedeutenden griechischen Philosophen PLATON (427 bis 347 v. Chr.), der zwar selbst kein bedeutender Mathematiker war, aber durch seine Lehren einen großen Einfluß auf die mathematischen Denker seiner Zeit und späterer Zeiten ausübte. Über dem Eingang der Platonischen Akademie in Athen stand die Inschrift: „Niemand trete ein, der nicht Geometrie kennt". Ein anderer Schüler PLATONS war Eudoxos von Knidos (um 370 v. Chr.), der das Problem der Einführung von inkommensurablen Streckenlängen ganz allgemein löste.

Zu einem gewissen Abschluß wurde die elementare Geometrie durch EUKLID von Alexandria (um 320 v. Chr.) gebracht. Zugleich leitete er die klassische Epoche der griechischen Geometrie ein, deren bedeutendster Vertreter ARCHIMEDES von Syrakus (287 bis 212 v. Chr.) war. EUKLID verfaßte die „Elemente", eine systematische Zusammenfassung der gesamten Geometrie seiner Zeit. Sie gliedern sich in 13 Bücher, von denen aber nicht alle von EUKLID selbst stammen. Jahrhundertelang sind die „Elemente" des EUKLID ein Muster einer deduktiven Wissenschaft gewesen.

ALGEBRA II

10. QUADRATISCHE AUSSAGEFORMEN

10.1. Die Funktion $x \to x^2$; $x \in \mathbb{R}$ und graphisches Lösen von quadratischen Gleichungen

1. Zeichne die Graphen zu $y = mx$ mit $-2, -1, 0, 1, 2$ für m.

   Welche Bedeutung hat m für die Graphen?

2. Zeichne die Graphen zu $y = \frac{1}{2}x + n$ mit $-2, -1, 0, 1, 2$ für n.

   Welche Bedeutung hat n für die Graphen?

Im Prospekt für einen Kleinwagen stehen Angaben über den Verlauf des Anfahrens mit diesem Auto. Eine Tafel gibt Auskunft über den Weg s (in m), der zur Zeit t (in s) nach dem Start zurückgelegt ist.
Die Tafel endet bei 12 Sekunden, weil der Wagen zu dieser Zeit seine Reisegeschwindigkeit erreicht hat.

Da jedem Zeitpunkt t der Tafel eine Wegstrecke s eindeutig zugeordnet ist, liefert uns die Tafel eine **Funktion**, deren Graph Bild 10.1 zeigt: Jeder Zeit für t wird ein Weg für s zugeordnet. Dieser Graph gibt den Sachverhalt beim Anfahren nur unvollständig wieder, da in Wirklichkeit zu **jedem** Zeitpunkt zwischen 0 und 12 Sekunden ein bestimmter Weg zurückgelegt ist, d.h. zu dieser Funktion gehört als Argumentmenge nicht nur die in der Tafel angegebene Menge $\{1; 2; 3; \ldots; 12\}$, sondern die umfassendere Menge $\mathbb{A} = \{t \mid 0 \leq t \leq 12\}$. Um Zwischenwerte berechnen zu können, suchen wir zunächst einen möglichst einfachen Term, der die zu den Argumenten $\{1; 2; 3; \ldots; 12\}$ gehörigen Funktionswerte der Tafel ergibt.

t in s	s in m
1	1
2	4
3	9
4	16
5	25
6	36
7	49
8	64
9	81
10	100
11	121
12	144

Da die Zahlen in der Tafel für s jeweils die Quadrate der neben ihnen stehenden Zahlen für t sind, finden wir als Term t^2 und somit die Funktion

$$t \to s \mid s = t^2; t \in \mathbb{A}, \quad \text{kurz:} \quad t \to t^2; t \in \mathbb{A}$$

Anmerkung: Als Zielmenge von Funktionen benutzen wir von jetzt an immer $\mathbb{R}$, wenn keine andere Angabe gemacht ist.

Damit ist die gesuchte Funktion durch eine **quadratische Gleichung mit zwei Variablen,** nämlich t und s, beschrieben.

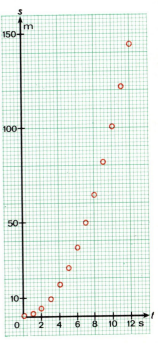

Bild 10.1 Graph zur Tafel über den Verlauf des Anfahrens

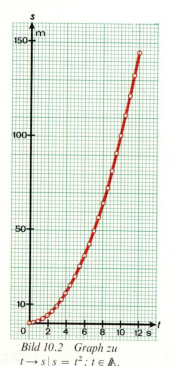

t in s	s in m
0,5	0,25
1,5	2,25
2,5	6,25
3,5	12,25
4,5	20,25
5,5	30,25
6,5	42,25
7,5	56,25
8,5	72,25
9,5	90,25
10,5	110,25
11,5	132,25

Wir wollen annehmen, daß die Gleichung $s = t^2$ nicht nur die zu den Einsetzungen 1; 2; 3; ...; 12 für t gehörigen Funktionswerte richtig angibt, sondern auch für Zwischenzahlen, d.h. für beliebige reelle Argumente zwischen 0 und 12, die wirklichen Verhältnisse beim Anfahren darstellt. Dann können wir weitere Punkte ermitteln und erhalten schließlich die gekrümmte Linie des Bildes 10.2 als Graphen der Gleichung $s = t^2$ mit $0 \leq t \leq 12$.

Vom Graphen des Bildes 10.1 sind wir zum Graphen des Bildes 10.2 gelangt, indem wir die Argumentmenge der Funktion $t \to t^2$; $t \in \mathbb{A}$, **erweitert** haben.

In der behandelten Aufgabe hat das Einsetzen negativer reeller Zahlen für t keinen Sinn, da der Anfahrvorgang erst im Zeitpunkt 0 beginnt. Das Einsetzen von -1 für t z.B. könnte vielleicht so gedeutet werden, daß man für t einen Zeitpunkt wählt, der **vor** dem Anfahren liegt. Da vor dem Anfahren der Weg 0 zurückgelegt ist, gibt die Gleichung den Sachverhalt vor dem Anfahren aber nicht richtig wieder, weil das Einsetzen von -1 für t in $s = t^2$ auf 1 für s führt.

Bild 10.2 Graph zu $t \to s \mid s = t^2$; $t \in \mathbb{A}$, mit $\mathbb{A} = \{t \mid 0 \leq t \leq 12\}_{\mathbb{R}}$

Im folgenden wollen wir aber nicht mehr an das Anfahren des Autos denken, den Variablen in $t \to s \mid s = t^2$ also keine physikalische Bedeutung mehr geben. Dann wird es sinnvoll, für die Argumentvariable beliebige reelle Zahlen, z.B. auch negative Zahlen, einzusetzen. Um die Änderung der Bedeutung auch in der Bezeichnung zum Ausdruck zu bringen, schreiben wir als Argumentvariable x anstelle von t, als Variable für den Funktionswert y anstelle von s. So erhalten wir die Funktion

$$x \to y \mid y = x^2; \quad x \in \mathbb{R}$$

Einige Punkte des Graphen dieser neuen Funktion gewinnen wir mit Hilfe folgender Wertetafel:

x	y
-4	16
-3	9
-2	4
-1	1
0	0
1	1
2	4
3	9
4	16

Bild 10.3 Graph zu $x \to y \mid y = x^2$; $x \in \mathbb{R}$ (Die Maßstäbe auf den Achsen sind gegenüber den Bildern 10.1 und 10.2 geändert.)

Da das Quadrat jeder reellen Zahl nicht-negativ ist, verläuft der Graph in Bild 10.3 nur im 1. und 2. Quadranten, die Wertemenge der Funktion ist $\mathbb{R}_0^+$. Er entfernt sich nach beiden Seiten immer mehr von der y-Achse. Er ist also eine gekrümmte Linie ohne Anfang und Ende, die nicht in sich zurückläuft wie z. B. ein Kreis.

Man bezeichnet diesen Graphen als **Normalparabel.** Die Normalparabel ist **symmetrisch zur y-Achse,** weil $(-a)^2 = a^2$ für alle $a \in \mathbb{R}$.

Aus Bild 10.2 kann man z. B. ablesen, nach welcher Zeit der Wagen einen Weg von 70 m zurückgelegt hat: Durch den Punkt $(0; 70)$ auf der s-Achse zeichnet man eine Parallele zur t-Achse. Durch den Schnittpunkt dieser Parallelen mit dem Graphen zeichnet man eine Parallele zur s-Achse, die die t-Achse in einem Punkt schneidet, der nahe am Punkt $(8,4; 0)$ liegt (Bild 10.4). Der Wagen hat nach ungefähr 8,4 s einen Weg von 70 m zurückgelegt.

Da Bild 10.2 den Graphen der Funktion $t \to s \mid s = t^2; t \in \mathbb{A}$, mit $\mathbb{A} = \{t \mid 0 \leq t \leq 12\}$ zeigt, haben wir somit gefunden: Die **rein-quadratische Gleichung** (mit einer Variablen) $t^2 = 70$ hat in der Grundmenge $\mathbb{A}$ genau eine Lösung; die Parallele zur t-Achse durch den Punkt $(0; 70)$ hat nämlich genau einen Punkt mit dem Funktionsgraphen gemeinsam. Nach Definition 3.2 heißt diese Lösung $\sqrt{70}$. Es ist $\sqrt{70} \approx 8,4$, weil die Parallele zur s-Achse die t-Achse in der Nähe des Punktes $(8,4; 0)$ schneidet.

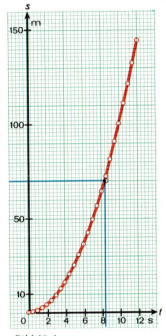

Bild 10.4
Lösung der Gleichung $t^2 = 70$ in der Grundmenge $\{t \mid 0 \leq t \leq 12\}$

Sollen aber die Lösungen der Gleichungen $x^2 = 6$ in der Grundmenge $\mathbb{R}$ angenähert bestimmt werden, so kann man den Graphen aus Bild 10.3 benutzen. Wir erkennen aus Bild 10.5: Die Gleichung $x^2 = 6$ hat in der Grundmenge $\mathbb{R}$ genau zwei Lösungen. Die Parallele zur x-Achse durch den Punkt $(0; 6)$ auf der y-Achse hat nämlich genau zwei Punkte mit dem Graphen gemeinsam.

Nach Definition 3.2 ist $\sqrt{6}$ die positive Lösung von $x^2 = 6$. Dann ist die zweite Lösung der Gleichung $-\sqrt{6}$, denn die Schnittpunkte der Parallelen mit dem Graphen liegen symmetrisch zur y-Achse, weil der Graph symmetrisch zur y-Achse ist.

Es gilt $\sqrt{6} \approx 2,5$ und $-\sqrt{6} \approx -2,5$, weil die Parallelen zur y-Achse durch die Schnittpunkte auf dem Graphen die x-Achse in der Nähe der Punkte $(2,5; 0)$ bzw. $(-2,5; 0)$ schneiden.

Aus Bild 10.5 können wir ablesen:

Satz 10.1
Die rein quadratischen Gleichungen $x^2 = a$, $a \in \mathbb{R}$, **haben für**

a) $a > 0$ **zwei Lösungen:**
  $\mathbb{L} = \{-\sqrt{a}, \sqrt{a}\}$,
b) $a = 0$ **eine Lösung:**
  $\mathbb{L} = \{0\}$ und
c) $a < 0$ **keine Lösung:**
  $\mathbb{L} = \emptyset$

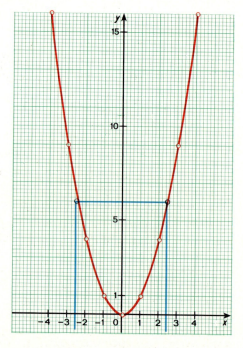

Bild 10.5 Lösungen der Gleichung $x^2 = 6$ in der Grundmenge $\mathbb{R}$

Die Parallelen zur x-Achse durch einen Punkt $(0; a)$ auf der y-Achse haben nämlich mit dem Graphen der Funktion $x \to y \mid y = x^2; x \in \mathbb{R}$,
für $a > 0$ die zwei zur y-Achse symmetrische Punkte $(-\sqrt{a}; a)$ und $(\sqrt{a}; a)$,
für $a = 0$ nur den Punkt $(0; 0)$ und
für $a < 0$ keinen Punkt gemeinsam.

Die Gleichung $x^2 - 4x + 3 = 0$ besitzt gegenüber Gleichungen der Form $x^2 = a$, $a \in \mathbb{R}$, zusätzlich den Term $4x$, in dem die Variable x in der ersten Potenz vorkommt. Solche Gleichungen heißen **gemischtquadratische Gleichungen.**

Sollen z. B. für die Gleichung $x^2 - 4x + 3 = 0$ Lösungen in der Grundmenge $\mathbb{R}$ mit Hilfe des Graphen der Funktion $x \to x^2; x \in \mathbb{R}$, bestimmt werden, so erinnern wir uns an die Lösung eines Systems von zwei Gleichungen mit zwei Variablen:
Ein solches System haben wir so umgeformt, daß eine der Gleichungen nur noch eine Variable enthält. Hier können wir uns umgekehrt denken, daß $x^2 - 4x + 3 = 0$ oder die äquivalente Gleichung $x^2 = 4x - 3$ eine der Gleichungen eines passend umgeformten Systems ist, z.B. des Systems

$$y = x^2 \wedge y = 4x - 3.$$ Es ist nämlich

$$\begin{vmatrix} y = x^2 \\ \wedge\ y = 4x - 3 \end{vmatrix} \Leftrightarrow \begin{vmatrix} x^2 = 4x - 3 \\ \wedge\ y = 4x - 3 \end{vmatrix}.$$

Die Graphen der Gleichungen $y = x^2$ (Normalparabel) und $y = 4x - 3$ (Gerade) sind einfach zu zeichnen. Die Lösungen des Systems sind die Paare aus den Koordinaten der gemeinsamen Punkte von Parabel und Gerade (Bild 10.6).
Die **Abszissen** dieser Schnittpunkte sind die Lösungen der Ausgangsgleichung:

$$\{x \mid x^2 - 4x + 3 = 0\} = \{1; 3\}.$$

Die Koordinaten der gemeinsamen Punkte sind meist nur angenähert abzulesen. Man muß also durch Einsetzen der abgelesenen Abszissen nachprüfen, ob man die Lösungen oder nur Näherungszahlen für sie gefunden hat.
Die Bestimmung der genauen Lösungen von quadratischen Gleichungen in jedem Fall bleibt der rechnerischen Lösungsmethode, die wir in späteren Abschnitten behandeln, vorbehalten.
Schon jetzt aber können wir erkennen:
Die quadratische Gleichung $x^2 + px + q = 0$, $p, q \in \mathbb{R}$, hat zwei Lösungen oder eine oder keine, je nachdem, ob die Gerade zu $y = -px - q$ die Parabel zu $y = x^2$ schneidet oder sie berührt oder an ihr vorbeigeht (Bild 10.7).

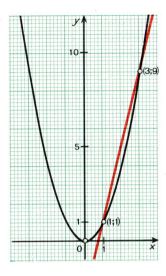

Bild 10.6

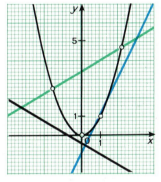

Bild 10.7

Aufgaben

1. Löse die folgenden rein quadratischen Gleichungen graphisch.
   a) $x^2 - 5 = 0$ b) $x^2 - 2{,}25 = 0$ c) $x^2 + 3 = 0$

2. Lies vom Graphen zu $y = x^2$ Näherungszahlen für die folgenden Wurzeln ab.
   a) $\sqrt{2}, \sqrt{3}, \sqrt{5}$ b) $\sqrt{1{,}4}, \sqrt{2{,}7}, \sqrt{3{,}6}$ c) $\sqrt{\dfrac{3}{4}}, \sqrt{\dfrac{11}{5}}$

3. Löse die folgenden Gleichungen graphisch mit Hilfe der Normalparabel.
   a) $x^2 - x - 2 = 0$ b) $x^2 + x - 6 = 0$ c) $x^2 + 5x + 4 = 0$
   d) $x^2 - 2{,}5x + 1{,}5 = 0$ e) $x^2 - 0{,}5x - 1{,}5 = 0$ f) $x^2 + 1{,}4x - 4{,}8 = 0$
   g) $x^2 + x - 3 = 0$ h) $x^2 - 2x + 1 = 0$ i) $x^2 - x - 4 = 0$

4. Ermittle mit Hilfe einer Zeichnung, wieviel Elemente die Lösungsmengen der folgenden Gleichungen haben. Gib Näherungszahlen für die Lösungen an.

a) $x^2 - 4x + 4 = 0$ b) $x^2 - 2x + 2 = 0$ c) $x^2 - 3x + 2\frac{1}{4} = 0$

d) $x^2 - 3x = 0$ e) $x^2 + 4x + 4 = 0$ f) $x^2 + 2,5x = 0$

g) $x^2 + x + 4 = 0$ h) $x^2 + 5x + 6\frac{1}{4} = 0$ i) $x^2 + \frac{1}{4}x + 2\frac{1}{4} = 0$

k) $x^2 - 1,6x = 0$ l) $x^2 - 22x + 120 = 0$ m) $x^2 + 16x + 60 = 0$

n) $x^2 + 20x + 99 = 0$

5. Löse die folgenden Gleichungen graphisch.

Anleitung zu a): Dividiere die Terme auf beiden Seiten der Gleichung jeweils durch 2.

a) $2x^2 + 3x - 9 = 0$ b) $6x^2 + x - 15 = 0$ c) $7x^2 - 4x + 11 = 0$

6. Ermittle mit Hilfe einer **Zeichnung**, welche Punkte die Gerade durch A und B mit der Parabel zu $y = x^2$ gemeinsam hat, und gib an, welche quadratische Gleichung mit einer Variablen zu lösen ist, wenn die Abszissen dieser gemeinsamen Punkte **berechnet** werden sollen.

Beispiel: $A(-2; 0)$, $B(3; 5)$.

Aus der Zeichnung (Bild 10.8) ergeben sich als Schnittpunkte: $(-1; 1)$ und $(2; 4)$.

Rechnung: $\begin{vmatrix} 0 = m \cdot (-2) + b \\ \wedge\ 5 = m \cdot 3\ \ \ \ + b \end{vmatrix} \Leftrightarrow \begin{vmatrix} m = 1 \\ \wedge\ b = 2 \end{vmatrix}$

Gleichung zur Geraden durch A und B:

$$y = x + 2.$$

Berechnung der gemeinsamen Punkte von Parabel und Gerade:

$\begin{vmatrix} y = x^2 \\ \wedge\ y = x + 2 \end{vmatrix} \Leftrightarrow \begin{vmatrix} x^2 - x - 2 = 0 \\ \wedge\ \ \ \ \ \ \ \ \ \ y = x + 2 \end{vmatrix}$

Zur Berechnung der Abszissen ist die Gleichung

$$x^2 - x - 2 = 0 \quad \text{zu lösen.}$$

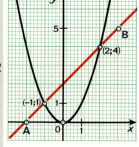

Bild 10.8

a) $A(3; -1)$, $B(-1; 3)$ b) $A(0; -2)$, $B(3; 7)$

c) $A(-0,5; -0,5)$, $B(-2,5; 5,5)$ d) $A(2,5; 3,25)$, $B(-1,5; -0,75)$

10.2. Graphische Lösungsmethode für quadratische Ungleichungen

1. Die Gerade zu $y = \frac{1}{2}x - 3$ zerlegt die Koordinatenebene in zwei Halbebenen. Beschreibe diese Halbebenen
   a) ohne Einschluß,   b) mit Einschluß der Geraden durch Ungleichungen.

2. Wieviel gemeinsame Punkte mit dem Graphen zu $y = x^2$ können Parallelen zur Winkelhalbierenden des 1. Quadranten höchstens haben? Gibt es Parallelen, die keine gemeinsamen Punkte mit ihm haben?

Die graphische Lösungsmethode, die wir für quadratische Gleichungen kennengelernt haben, läßt sich auf quadratische Ungleichungen übertragen. Die Ungleichung $x^2 + px + q > 0$, $p, q \in \mathbb{R}$, wird in die äquivalente Ungleichung $x^2 > -px - q$ umgeformt. Aus dieser Form erkennen wir, daß die Ungleichung für alle $p, q \in \mathbb{R}$ genau von den Abszissen aller Punkte der Parabel zu $y = x^2$ erfüllt wird, die bei der üblichen Zeichnung **oberhalb** der Geraden zu $y = -px - q$ liegen.
Die Ungleichung $x^2 + px + q < 0$, die zu $x^2 < -px - q$ äquivalent ist, wird genau von den Abszissen aller Punkte der Parabel zu $y = x^2$ erfüllt, die **unterhalb** der Geraden zu $y = -px - q$ liegen.
Nach den möglichen Anzahlen der Schnittpunkte müssen wir drei Fälle unterscheiden:

Die Gerade zu $y = -px - q$ **schneidet** die Parabel zu $y = x^2$ in zwei Punkten (Bild 10.9): Die Lösungsmengen der beiden Ungleichungen $x^2 + px + q > 0$ und $x^2 + px + q < 0$ sind nicht leer.
Die Gerade **berührt** die Parabel in einem Punkt (Bild 10.10): Die Lösungsmenge der Ungleichung $x^2 + px + q > 0$ hat als Elemente alle Zahlen außer der Abszisse des Berührpunktes. Die Lösungsmenge der Ungleichung $x^2 + px + q < 0$ ist leer.
Die Gerade **geht** an der Parabel **vorbei** (Bild 10.11): Die Ungleichung $x^2 + px + q > 0$ ist allgemeingültig. Die Lösungsmenge der Ungleichung $x^2 + px + q < 0$ ist leer.

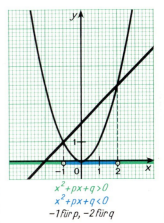

$x^2 + px + q > 0$
$x^2 + px + q < 0$
-1 für p, -2 für q

Bild 10.9

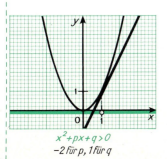

$x^2 + px + q > 0$
-2 für p, 1 für q

Bild 10.10

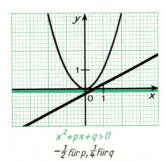

$x^2 + px + q > 0$
$-\frac{1}{2}$ für p, $\frac{1}{4}$ für q

Bild 10.11

Aufgaben

1. Übertrage die graphische Lösungsmethode auf Ungleichungen der Form
   a) $x^2 + px + q \geq 0$, b) $x^2 + px + q \leq 0$.

2. Welche Ungleichungen kannst du mit der Zeichnung des Bildes
   a) 10.9, b) 10.10, c) 10.11 lösen?
   Gib jeweils die Lösungsmenge an.

3. Bestimme angenähert die Lösungen der folgenden Ungleichungen mit Hilfe der Normalparabel.

   a) $x^2 + x - 2 < 0$
   b) $x^2 - 6x + 8 \geq 0$
   c) $x^2 - \frac{3}{4}x + \frac{1}{8} < 0$
   d) $x^2 - 0{,}3x - 0{,}28 \geq 0$
   e) $x^2 < 3x$
   f) $x^2 - 5x \geq 0$
   g) $x^2 - 2x + 3 > 0$
   h) $x^2 + 2x \leq 3$
   i) $x^2 > 4$
   k) $x^2 + 3 \leq 0$
   l) $3x^2 < x + 3$
   m) $4x^2 - 3x \geq -2$
   n) $x^2 - 4x + 3 > 0$
   o) $x^2 - 4x + 3 \leq 0$
   p) $x^2 + 3x + 2{,}25 > 0$
   q) $x^2 + 3x \leq -2{,}25$
   r) $x^2 + 2x + 4 > 0$
   s) $x^2 + 2x + 4 \geq 0$
   t) $x^2 < -2x - 4$

10.3. Lösen von quadratischen Gleichungen durch Rechnung

10.3.1. Reinquadratische Gleichungen

1. Zerlege in Faktoren: a) $x^2 - 4$, b) $y^2 - 25$, c) $z^2 - 1$, d) $w^2 - 169$.
2. Bestimme die rationalen Zahlen, die Lösungen von
   a) $(x - 2)(x + 3) = 0$, b) $(x + 2)(3x - 12) = 0$, c) $x^2 - 3x = 0$ sind.

Durch die Erweiterung der Menge $\mathbb{Q}$ der rationalen Zahlen zur Menge $\mathbb{R}$ der reellen Zahlen wird die in $\mathbb{Q}$ nicht lösbare Gleichung $x^2 = 2$ lösbar: $\sqrt{2}$ ist Lösung dieser Gleichung.

Wir haben mit Hilfe des Graphen der Funktion $x \rightarrow x^2$; $x \in \mathbb{R}$, eingesehen, daß z.B. die Gleichung $x^2 = 2$ in der Grundmenge $\mathbb{R}$ die Lösungen $\sqrt{2}$ und $-\sqrt{2}$ hat. Da in der Menge $\mathbb{R}$ die gleichen Rechengesetze gelten wie in der Menge $\mathbb{Q}$, gelangen wir zu dieser Einsicht auch durch Umformungen der Gleichung, wie wir sie von früher kennen. Um das deutlich zu machen, stellen wir die Umformungen, die das Ablesen der Lösungen gestatten, für die Gleichung $x^2 = 4$ in der Grundmenge $\mathbb{Q}$ den Umformungen der Gleichung $x^2 = 2$ in der Grundmenge $\mathbb{R}$ gegenüber.

10. Quadratische Aussageformen

$$\begin{aligned}
& & x^2 &= 4 \\
\Leftrightarrow & & x^2 - 4 &= 0 \\
\Leftrightarrow & & x^2 - 2^2 &= 0 \\
\Leftrightarrow & & (x+2)(x-2) &= 0 \\
\Leftrightarrow & & x+2 = 0 \;&\vee\; x-2 = 0 \\
\Leftrightarrow & & x = -2 \;&\vee\; x = 2 \\
& & \mathbb{L} &= \{-2;\, 2\}
\end{aligned}$$

$$\begin{aligned}
& & x^2 &= 2 \\
\Leftrightarrow & & x^2 - 2 &= 0 \\
\Leftrightarrow & & x^2 - (\sqrt{2})^2 &= 0 \\
\Leftrightarrow & & (x+\sqrt{2})(x-\sqrt{2}) &= 0 \\
\Leftrightarrow & & x+\sqrt{2} = 0 \;&\vee\; x-\sqrt{2} = 0 \\
\Leftrightarrow & & x = -\sqrt{2} \;&\vee\; x = \sqrt{2} \\
& & \mathbb{L} &= \{-\sqrt{2};\, \sqrt{2}\}
\end{aligned}$$

Dieser Gegenüberstellung entnehmen wir, daß die Umformungen beider Gleichungen einander entsprechen. An die Stelle der Ersetzung von 4 durch 2^2 in $\mathbb{Q}$ tritt jetzt die Ersetzung von 2 durch $(\sqrt{2})^2$ in $\mathbb{R}$.

Bei der Lösung der **reinquadratischen Gleichungen** $x^2 = a$, $a \in \mathbb{R}$, die außer dem Term x^2 nur noch einen Zahlterm enthalten, wollen wir entsprechend vorgehen.

Dabei sind drei Fälle zu unterscheiden:

a) Für **a > 0** können wir stets das eben benutzte Verfahren anwenden: Zu positiven reellen Zahlen gibt es nach 3.4. immer eine Quadratwurzel, so daß wir in der Menge der reellen Zahlen a durch $(\sqrt{a})^2$ ersetzen können. Die Lösungen sind dann $-\sqrt{a}$ und $\sqrt{a}$.

b) Für **a = 0** ist die Lösung 0.

c) Für **a < 0**, $a \in \mathbb{R}$ gibt es keine Lösung, da das Quadrat jeder reellen Zahl > 0 ist.

Wir gelangen also auch durch Äquivalenzumformungen auf Grund der Rechengesetze in $\mathbb{R}$ zu **Satz 10.1** (s. S. 238).

Beispiel:
$\mathbb{L} = \{x \mid (2x+1)(2x-1) = 39\}_{\mathbb{R}}$
$(2x+1)(2x-1) = 39 \Leftrightarrow 4x^2 - 1 = 39 \Leftrightarrow 4x^2 = 40$
$\Leftrightarrow x^2 = 10 \Leftrightarrow x = \sqrt{10} \vee x = -\sqrt{10} \quad \mathbb{L} = \{-\sqrt{10};\, \sqrt{10}\}$

Die Gleichung $x^2 = a$ ist bei $a > 0$ äquivalent zu $x = -\sqrt{a} \vee x = \sqrt{a}$, also zu einer Adjunktion aus zwei Aussageformen. Will man die Schreibweise mit der Adjunktion vermeiden, so kann man sich des **Betrages** von reellen Zahlen bedienen. Der Betrag ist nämlich definiert durch

$$|x| = \begin{cases} x & \text{für } x \geq 0, \\ -x & \text{für } x < 0. \end{cases}$$

Schreibt man $x = -\sqrt{a}$ um in $-x = \sqrt{a}$, so lassen sich beide Glieder der Adjunktion in $|x| = \sqrt{a}$ zusammenfassen, so daß sich die folgende Äquivalenz ergibt:

$$x^2 = a \Leftrightarrow |x| = \sqrt{a}.$$

10. Quadratische Aussageformen

Beispiel:
$\mathbb{L} = \{x \mid (5x - 2)(5x + 2) = 146\}_{\mathbb{R}}$
$(5x - 2)(5x + 2) = 146 \Leftrightarrow 25x^2 - 4 = 146 \Leftrightarrow 25x^2 = 150$
$\Leftrightarrow x^2 = 6 \Leftrightarrow |x| = \sqrt{6} \Leftrightarrow -x = \sqrt{6} \vee x = \sqrt{6} \Leftrightarrow x = -\sqrt{6} \vee x = \sqrt{6}$
$\mathbb{L} = \{-\sqrt{6}; \sqrt{6}\}$

Aufgaben

Löse folgende Gleichungen in der Menge $\mathbb{R}$ der reellen Zahlen, wenn dies möglich ist. Hältst du eine Gleichung für nichterfüllbar in $\mathbb{R}$, so begründe dies.

1. a) $x^2 = 121$ b) $x^2 = 441$ c) $y^2 = 729$ d) $y^2 = 1024$
2. a) $x^2 = 21$ b) $x^2 = 27$ c) $y^2 = 53$ d) $y^2 = 83$
3. a) $x^2 - 484 = 0$ b) $x^2 - 71 = 0$ c) $y^2 - 82 = 0$ d) $y^2 - 102 = 0$
4. a) $x^2 + 4 = 0$ b) $x^2 + 16 = 0$ c) $x^2 + 225 = 0$ d) $x^2 + 23 = 0$
5. a) $7x^2 = 343$ b) $5x^2 = 245$ c) $10y^2 - 810 = 0$ d) $11y^2 - 891 = 0$
6. a) $13z^2 - 52 = 0$ b) $15z^2 + 60 = 0$ c) $72w^2 - 360 = 0$ d) $35w^2 + 315 = 0$
7. a) $\frac{x^2}{4} = 9$ b) $\frac{y^2}{16} = 25$ c) $\frac{z^2}{9} = 576$ d) $\frac{w^2}{13} = 52$
8. a) $\frac{3}{4}x^2 = \frac{27}{64}$ b) $\frac{8}{9}x^2 = \frac{72}{169}$ c) $\frac{4}{5}x^2 - \frac{125}{784} = 0$ d) $\frac{8}{7}x^2 = \frac{7}{18}$
9. a) $4x^2 + 11x^2 = 60$ b) $17x^2 + 8x^2 = 2500$ c) $5x^2 + 4x^2 = 129$
10. a) $5x^2 + 1 = 81$ b) $7x^2 - 64 = 3x^2$ c) $9y^2 - 16 = 5y^2$
11. a) $6x^2 - 1620 = x^2$ b) $4x^2 - 1700 = -100$ c) $6x^2 - 63 = -x^2$
12. a) $5x^2 - 6 = 4x^2 + 3$ b) $7x^2 - 5 = 3x^2 + 11$ c) $7x^2 - 1 = 5x^2 + 31$
13. a) $4x^2 - 120 = 1 - 5x^2$ b) $14x^2 - 86 = 10x^2 + 110$ c) $10x^2 - 3 = 13{,}9$
14. a) $3x^2 - 3{,}01 = -0{,}58$ b) $7x^2 - 5{,}2 = 2x^2 - 10$ c) $3x^2 - 71 = 29 - 7x^2$
15. a) $x^2 = \sqrt{2}$ b) $x^2 = \sqrt{5}$ c) $y^2 - \sqrt{13} = 0$ d) $y^2 - \sqrt{7} = 0$
16. a) $(x - 7)(x + 7) = 0$ b) $\left(x - \frac{1}{3}\right)\left(x + \frac{1}{5}\right) = 0$ c) $\left(x + \frac{1}{2}\right)\left(x - \frac{1}{2}\right) = \frac{5}{16}$
17. a) $(x + 5)(x - 4) = x + 16$ b) $(x - 4)(x + 7) = 3(x + 12)$
    c) $(x - 12)(x + 11) = 37 - x$.
▲ 18. a) $(4x + 9)^2 = 9(x + 4)^2 + 4x^2 + 45$ b) $(3 - 2x)^2 + 20 = 6(9 - 2x)$

Bestimme folgende Lösungsmengen (stets in der Menge $\mathbb{R}$).

▲ 19. a) $\mathbb{L} = \{x \mid (5 + x)(7 - x) + (5 - x)(7 + x) = -2\}$
    b) $\mathbb{L} = \{x \mid (x + 7)(x - 3) + (x + 3)(x - 7) = 126\}$
    c) $\mathbb{L} = \{x \mid (x - 9)^2 + 9(x + 1)^2 = 90\}$

20. a) $\mathbb{L} = \left\{ x \mid 4x \cdot \dfrac{x}{25} = 6400 \right\}$ b) $\mathbb{L} = \left\{ x \mid \dfrac{x^2 - 9}{10} = 4 \right\}$

21. a) $\mathbb{L} = \left\{ x \mid \left(\dfrac{3x}{5}\right)^2 + 64 = 100 \right\}$ b) $\mathbb{L} = \left\{ x \mid 25 - \left(\dfrac{4x}{9}\right)^2 = -39 \right\}$

Beachte bei den folgenden Gleichungen die Definitionsmenge in $\mathbb{R}$.

22. a) $\mathbb{L} = \left\{ x \mid \dfrac{13x}{4} = \dfrac{16}{13x} \right\}$ b) $\mathbb{L} = \{ x \mid 289 : 3x = x : 27 \}$.

23. a) $\mathbb{L} = \left\{ x \mid \dfrac{x - 2}{3x + 14} = \dfrac{3(8 - x)}{20 - x} \right\}$ b) $\mathbb{L} = \left\{ x \mid \dfrac{2 - x}{x + 2} = \dfrac{x - 8}{x + 8} \right\}$

24. a) $\mathbb{L} = \left\{ x \mid \dfrac{x - 4}{x + 4} + \dfrac{x + 4}{x - 4} = \dfrac{64}{x^2 - 16} \right\}$

b) $\mathbb{L} = \left\{ x \mid \dfrac{x + 3}{x - 3} + \dfrac{x - 3}{x + 3} = \dfrac{36}{x^2 - 9} \right\}$

Aufgaben aus der Geometrie

25. Ein Rechteck hat Seiten der Länge a) 15 cm und 8 cm, b) 4,3 cm und 9 cm, c) 11,2 cm und 3,2 cm, d) 0,9 m und 27 dm. Wie lang sind die Diagonalen?

26. Ein Quadrat hat eine Diagonale der Länge a) 5 m, b) 7,2 m, c) 3,72 m. Wie groß ist die Seitenlänge?

27. Ein Rhombus hat die Seitenlänge 5,3 m. Die eine Diagonale ist 7 m lang. Welche Länge hat die andere Diagonale?

28. Wie tief ist ein kegelförmiger Trichter, der einen Durchmesser von 6,20 m und eine Böschungslinie von 3,60 m Länge hat?

10.3.2. Gemischtquadratische Gleichungen

1. Welche ganzen Zahlen machen beim Einsetzen für x aus
   a) $(x + 1)^2 = 4$,   b) $(x - 1)^2 = 4$,   c) $(x - 3)^2 = 4$ eine wahre Aussage?
2. Berechne die Lösungen in $\mathbb{Q}$ für   a) $x(x + 1) = 0$,   b) $x(x - 2) = 0$.

Ist die Gleichung $(x + 3)^2 = 5$ in $\mathbb{R}$ zu lösen, so ergibt sich nach dem Verfahren von 10.3.1.:

$$(x + 3)^2 = 5 \Leftrightarrow |x + 3| = \sqrt{5} \Leftrightarrow -(x + 3) = \sqrt{5} \vee (x + 3) = \sqrt{5}$$
$$\Leftrightarrow x + 3 = -\sqrt{5} \vee x + 3 = \sqrt{5} \Leftrightarrow x = -3 - \sqrt{5} \vee x = -3 + \sqrt{5}$$
$$\mathbb{L} = \{-3 - \sqrt{5}, -3 + \sqrt{5}\}$$

Soll auf die Gleichung
$$x^2 + 4x = 3,$$
also eine **gemischtquadratische Gleichung**, das eben benutzte Verfahren angewandt werden, so müssen wir zunächst so umformen, daß auf der linken Seite das Quadrat eines Terms steht, d.h. wir ergänzen den vorhandenen Term zu einem vollständigen Quadrat.

Das Verfahren der **quadratischen Ergänzung** beruht auf einer Anwendung der ersten binomischen Formel:

$$(a + b)^2 = \underset{\downarrow}{a^2} + \underset{\downarrow}{2ab} + b^2$$

Wir setzen x für a, $4x$ für $2ab$.

Wenn $4x$ für $2ab$ gesetzt ist, so muß, da ja schon x für a gesetzt ist, 2 für b gesetzt werden. Damit ist der **Ergänzungsterm** 2^2, also 4, gefunden:

$$
\begin{array}{r}
(a + b)^2 = \underset{\downarrow}{a^2} + \underset{\downarrow}{2ab} + b^2 \\
x^2 + 4x = 3 \\
\Leftrightarrow x^2 + 4x + 4 = 3 + 4 \\
\Leftrightarrow (x + 2)^2 = 7
\end{array}
$$

Nun können wir die Lösungsmenge wie oben bestimmen:

$$(x + 2)^2 = 7 \Leftrightarrow |x + 2| = \sqrt{7} \Leftrightarrow -(x + 2) = \sqrt{7} \vee (x + 2) = \sqrt{7} \Leftrightarrow$$
$$x + 2 = -\sqrt{7} \vee x + 2 = \sqrt{7} \Leftrightarrow x = -2 - \sqrt{7} \vee x = -2 + \sqrt{7}$$

Damit können wir kurz zusammenfassen:

Gemischtquadratische Gleichungen werden mit Hilfe einer quadratischen Ergänzung auf reinquadratische Gleichungen zurückgeführt.

Die bisher gelösten Gleichungen enthalten als quadratischen Term x^2 ($= 1 \cdot x^2$). Das folgende Beispiel soll zeigen, wie man eine gemischtquadratische Gleichung mit dem Term ax^2 bei $a \neq 1$ in eine äquivalente Gleichung mit dem quadratischen Term x^2 umformt.

10. Quadratische Aussageformen

Beispiel:

1. $\mathbb{L} = \{x \mid 3(x - 2\sqrt{2})(x+1) + (2x - \sqrt{2})(x+3) = 3\sqrt{2}(x-3) + 9x - 5\}_{\mathbb{R}}$
$3(x^2 - 2\sqrt{2}x + x - 2\sqrt{2}) + (2x^2 - \sqrt{2}x + 6x - 3\sqrt{2}) = 3\sqrt{2}x - 9\sqrt{2} + 9x - 5$
$\Leftrightarrow 3x^2 - 6\sqrt{2}x + 3x - 6\sqrt{2} + 2x^2 - \sqrt{2}x + 6x - 3\sqrt{2} = 3\sqrt{2}x - 9\sqrt{2} + 9x - 5$
$\Leftrightarrow 5x^2 - 10\sqrt{2}x = -5 \mid :5 \qquad \Leftrightarrow x^2 - 2\sqrt{2}x = -1 \mid + (\sqrt{2})^2$
$\Leftrightarrow x^2 - 2\sqrt{2}x + (\sqrt{2})^2 = -1 + 2 \Leftrightarrow (x - \sqrt{2})^2 = 1 \Leftrightarrow |x - \sqrt{2}| = \sqrt{1}$
$\Leftrightarrow x - \sqrt{2} = -1 \vee x - \sqrt{2} = 1 \quad \Leftrightarrow x = \sqrt{2} - 1 \vee x = \sqrt{2} + 1$
$\mathbb{L} = \{\sqrt{2} - 1; \sqrt{2} + 1\}$

Gemischtquadratische Gleichungen, bei denen das variablenfreie Glied fehlt, kann man nicht nur durch eine quadratische Ergänzung, sondern noch einfacher lösen.

Beispiel:

2. $x^2 - \sqrt{17}x = 0 \Leftrightarrow x(x - \sqrt{17}) = 0$
$\Leftrightarrow x = 0 \vee x = \sqrt{17} \qquad \mathbb{L} = \{0; \sqrt{17}\}$

Schließlich zeigt das folgende Beispiel, daß – wie bei den reinquadratischen Gleichungen – **nicht** jede gemischtquadratische Gleichung eine Lösung in $\mathbb{R}$ hat.

Beispiel:

3. $x^2 + 6x + 13 = 0 \Leftrightarrow x^2 + 6x = -13 \mid +9$
$\Leftrightarrow x^2 + 6x + 9 = -4 \Leftrightarrow (x+3)^2 = -4$.
Da das Quadrat jeder reellen Zahl nicht-negativ ist, besitzt diese Gleichung in $\mathbb{R}$ keine Lösung:
$\mathbb{L} = \emptyset$.

Aufgaben

Löse folgende Gleichungen in der Menge $\mathbb{R}$ der reellen Zahlen. Dabei sind nicht-rationale Lösungen auf 2 Dezimalen genau anzugeben.

1. a) $x^2 - 4x + 5 = 0$ \qquad b) $x^2 - 8x + 12 = 0$
2. a) $x^2 - 2x - 3 = 0$ \qquad b) $x^2 - 2x - 8 = 0$
3. a) $x^2 + 4x + 5 = 0$ \qquad b) $x^2 + 8x + 12 = 0$
4. a) $x^2 + 4x - 12 = 0$ \qquad b) $x^2 + 6x - 7 = 0$
5. a) $x^2 - 6x + 8 = 0$ \qquad b) $y^2 - 8y + 15 = 0$
6. a) $y^2 + 10y + 16 = 0$ \qquad b) $y^2 + 18y + 56 = 0$
7. a) $z^2 - 14z - 51 = 0$ \qquad b) $z^2 + 12z - 108 = 0$

10. Quadratische Aussageformen

8. a) $w^2 - 7w + 12 = 0$ b) $w^2 + 7w + 12 = 0$
9. a) $x^2 + x - 12 = 0$ b) $x^2 - x - 12 = 0$
10. a) $x^2 - 25x + 156 = 0$ b) $x^2 + 25x + 156 = 0$
11. a) $y^2 - 11y + 10 = 0$ b) $y^2 - 9y - 22 = 0$
12. a) $x^2 + x = 2$ b) $x^2 + x = 30$
13. a) $x^2 - 15x = 100$ b) $x^2 - 5x = 6$
14. a) $y^2 - 18y = -81$ b) $x^2 + 1{,}2x + 0{,}36 = 0$
15. a) $x^2 - 5x + 6\frac{1}{4} = 0$ b) $x^2 + \frac{1}{5}x + \frac{1}{100} = 0$
16. a) $x^2 - \frac{4}{5}x + \frac{3}{25} = 0$ b) $x^2 - \frac{6}{7}x - \frac{1}{7} = 0$
17. a) $y^2 - \frac{3}{4}y + \frac{1}{8} = 0$ b) $y^2 + \frac{3}{10}y + \frac{1}{50} = 0$
18. a) $x^2 + \frac{5}{6}x + \frac{1}{6} = 0$ b) $x^2 - \frac{3}{5}x + \frac{1}{20} = 0$
19. a) $y^2 - 1\frac{5}{12}y + \frac{1}{2} = 0$ b) $y^2 + 1{,}1y + 0{,}3 = 0$
20. a) $z^2 + 4{,}2z - 4 = 0$ b) $z^2 + 2\frac{2}{3}z - 1 = 0$
21. a) $w^2 - 0{,}8w + 0{,}12 = 0$ b) $w^2 + 0{,}6w = -0{,}05$
22. a) $w^2 + 0{,}7w + 0{,}1 = 0$ b) $w^2 - 0{,}3w - 0{,}28 = 0$
23. a) $x^2 - 6{,}2x + 9{,}45 = 0$ b) $x^2 - 5{,}2x = 15{,}33$
24. a) $y^2 + 2{,}4y = 1{,}8$ b) $y^2 - 1{,}8y = 0{,}4$
25. a) $2x^2 + 3x - 35 = 0$ b) $3x^2 - 4x = 39$
26. a) $6x^2 + 7x = 3$ b) $9x^2 + 9x = 4$
27. a) $4x^2 + 15x = 4$ b) $3x^2 - 10x + 3 = 0$
28. a) $\frac{3}{4}y^2 - 5y + 8 = 0$ b) $\frac{2}{3}y^2 - 1{,}6y = 1{,}2$
29. a) $x^2 - 2x - 2 = 0$ b) $x^2 - 6x + 7 = 0$
30. a) $x^2 - 4x = 1$ b) $x^2 + x = 1$
31. a) $x^2 - 6x - 41 = 0$ b) $x^2 + 10x + 13 = 0$

32. Es ist $(x - 1)(x - 2) = 0 \Leftrightarrow x - 1 = 0 \vee x - 2 = 0 \Leftrightarrow x = 1 \vee x = 2$ und $(x - 1) \cdot (x - 2) = 0 \Leftrightarrow x^2 - 3x + 2 = 0$. Also ist $x^2 - 3x + 2 = 0$ eine quadratische Gleichung, die die Lösungsmenge $\{1, 2\}$ hat.
$x^2 + 2x + 1 = 0$ ist eine quadratische Gleichung mit der Lösungsmenge $\{-1\}$, denn es ist $x^2 + 2x + 1 = 0 \Leftrightarrow (x + 1)^2 = 0 \Leftrightarrow x + 1 = 0 \Leftrightarrow x = -1$.

10. Quadratische Aussageformen

Bestimme entsprechend jeweils eine quadratische Gleichung, die die folgende Lösungsmenge hat.

a) $\{3, 2\}$ b) $\{0, 2\}$ c) $\{-2, 3\}$ d) $\{-4, -5\}$ e) $\{\sqrt{3}, \sqrt{7}\}$ f) $\{-\sqrt{2}, \sqrt{5}\}$
g) $\{7\}$ h) $\{-3\}$ i) $\{0\}$ ▲ k) $\{2+\sqrt{3}, 2-\sqrt{3}\}$
▲ l) $\{\sqrt{11}\}$ ▲ m) $\{5-\sqrt{7}\}$

33. a) $2x^2 - 2x = 1$ b) $9x^2 - 6x = 4$

34. a) $x(10 + x) = -21$ b) $x^2 = 2(12 - 5x)$

35. a) $(x - 1)(x - 2) = 20$ b) $4(x^2 - 1) = 4x - 1$

36. a) $(x + 1)(2x + 3) = 4x^2 - 22$ b) $(2x - 3)^2 = 8x$

37. a) $x + \dfrac{1}{2} = \dfrac{1}{2x}$ b) $\dfrac{1}{x^2} - \dfrac{1}{x} = 6$

38. a) $\dfrac{x}{2} + \dfrac{2}{x} = \dfrac{x}{4} + \dfrac{3}{2}$ b) $\dfrac{x^2}{6} - 12 = x$

39. a) $\dfrac{2x}{3} + \dfrac{1}{x} = \dfrac{7}{3}$ b) $\dfrac{x}{5} + \dfrac{5}{x} = 5{,}2$

40. a) $\dfrac{x}{4} - \dfrac{100}{x} = 7\dfrac{1}{2}$ b) $2x + \dfrac{1}{x} = 3$

41. a) $4x - \dfrac{12 - x}{x - 3} = 22$ b) $4x - \dfrac{14 - x}{x + 1} = 14$

42. a) $\dfrac{2x + 11}{x} = 5 - \dfrac{x - 5}{3}$ b) $3x - \dfrac{169 - 3x}{x} = 29$

43. a) $\dfrac{x}{x + 60} = \dfrac{7}{3x - 5}$ b) $\dfrac{x}{x + 8} = \dfrac{x + 3}{2x + 1}$

44. a) $\dfrac{x + 2}{x - 2} + \dfrac{x - 2}{x + 2} = \dfrac{13}{6}$ b) $\dfrac{x}{x + 1} + \dfrac{x}{x + 4} = 1$

45. a) $\dfrac{x + 1}{x - 1} - \dfrac{x - 2}{x + 2} = \dfrac{9}{5}$ b) $\dfrac{x + 4}{x - 4} + \dfrac{x + 2}{x - 2} = 7$

46. a) $\dfrac{2x - 1}{x - 1} - \dfrac{2x - 3}{x - 2} + \dfrac{1}{6} = 0$ b) $\dfrac{3x + 4}{5} - \dfrac{30 - 2x}{x - 6} = \dfrac{7x - 14}{10}$

47. a) $x^2 - 2\sqrt{2}x - 16 = 0$ b) $x^2 - 3\sqrt{2}x + 4 = 0$

48. a) $x^2 + 4\sqrt{2}x + 6 = 0$ b) $x^2 + 5\sqrt{3}x + 18 = 0$

49. a) $x^2 - \sqrt{2}x - 12 = 0$ b) $x^2 + 5\sqrt{2}x + 12 = 0$

50. a) $x^2 - (2 + \sqrt{3})x + 23 = 0$ b) $x^2 - (3 - \sqrt{2})x - 32 = 0$

51. a) $x^2 - \sqrt{2} \cdot x + 1 = 0$ b) $x^2 + \sqrt{3} \cdot x + 3 = 0$

52. a) $y^2 - \sqrt{6} \cdot y + 6 = 0$ b) $2y^2 + \sqrt{2} \cdot y - 4 = 0$

53. a) $2z^2 - 4z + \sqrt{5} = 0$ b) $3z^2 + 6z = 6\sqrt{3}$

10. Quadratische Aussageformen

▲ Die folgenden Gleichungen höheren Grades lassen sich auf quadratische Gleichungen zurückführen. Bei einigen von ihnen kommt man durch eine **Substitution,** bei anderen durch **Ausklammern** der Variablen – dazu muß also der variablenfreie Summand fehlen – zum Ziel.

Beispiele:

4. $\mathbb{L} = \{x \mid x^4 - 5x^2 + 4 = 0\}_\mathbb{R}$
  Substitution: z für x^2
  $z^2 - 5z + 4 = 0$
  $\Leftrightarrow z^2 - 5z + \left(\frac{5}{2}\right)^2 = -4 + \frac{25}{4}$
  $\Leftrightarrow \left(z - \frac{5}{2}\right)^2 = \frac{9}{4} \Leftrightarrow \left|z - \frac{5}{2}\right| = \frac{3}{2}$
  $\Leftrightarrow z - \frac{5}{2} = +\frac{3}{2} \vee z - \frac{5}{2} = -\frac{3}{2}$
  $\Leftrightarrow z = 4 \vee z = 1$

  Mit der Substitution x^2 für z ergeben sich hieraus die äquivalenten Aussageformen:
  $x^2 = 4 \vee x^2 = 1$
  $\Leftrightarrow x = -2 \vee x = 2 \vee x = -1 \vee x = 1$
  $\mathbb{L} = \{-2; -1; 1; 2\}$

5. $\mathbb{L} = \{x \mid x^3 - 6x^2 + 8x = 0\}_\mathbb{R}$
  Ausklammern der Variablen
  $x(x^2 - 6x + 8) = 0$
  $\Leftrightarrow x = 0 \vee x^2 - 6x + 8 = 0$

  Formt man die quadratische Gleichung weiter nach dem üblichen Verfahren um, so ergibt sich:
  $x = 0 \vee x = 2 \vee x = 4$
  $\mathbb{L} = \{0; 2; 4\}$

▲

54. a) $x^4 - 13x^2 + 36 = 0$ b) $x^4 - 25x^2 + 144 = 0$

55. a) $x^4 - 7x^2 - 144 = 0$ b) $x^4 + 7x^2 - 144 = 0$

56. a) $x^4 - 14x^2 + 33 = 0$ b) $x^4 - 17x^2 + 30 = 0$

57. a) $x^6 - 9x^3 + 8 = 0$ b) $x^6 - 35x^3 + 216 = 0$

58. a) $x^8 - 17x^4 + 16 = 0$ b) $x^8 + 17x^4 + 16 = 0$

59. a) $x^8 - 82x^4 + 81 = 0$ b) $x^8 - 97x^4 + 1296 = 0$

60. a) $x^8 - 65x^4 + 1296 = 0$ b) $x^8 + 65x^4 + 1296 = 0$

61. a) $x^3 + 6x^2 + 8x = 0$ b) $x^3 + 8x^2 + 15x = 0$

62. a) $x^3 + 2x^2 = 15x$ b) $x^3 + 3x^2 = 18x$

63. a) $x^3 - 5x^2 = 24x$ b) $x^3 + 5x^2 = 24x$

64. a) $x^4 - 14x^3 - 32x^2 = 0$ b) $x^4 + 12x^3 = 45x^2$

Anwendungsaufgaben

Zahlenrätsel

65. Zerlege die natürliche Zahl 132 in zwei Faktoren, deren Summe 23 ist.

66. Zerlege die Zahl 264 in ein Produkt
   a) zweier natürlicher Zahlen,   b) zweier rationaler Zahlen,   deren Differenz 13 ist.

10. Quadratische Aussageformen

67. Wie heißen a) die natürlichen Zahlen, b) die ganzen Zahlen,
deren Quadrat ihr 10faches um 96 übertrifft?

68. Von zwei ganzen Zahlen ist die eine um 6 größer als die andere. Addiert man zum doppelten Quadrat der kleineren Zahl die Zahl 56, so erhält man das Quadrat der größeren Zahl.

69. Um welche ganze Zahl muß jeder Faktor des Produkts 15 · 12 vergrößert werden, damit das Produkt um 160 größer wird?

70. Um welche rationale Zahl muß der erste Faktor des Produkts 16 · 17 vermindert und der zweite Faktor vermehrt werden, damit das Produkt um 12 kleiner wird?

71. Addiert man zu einer rationalen Zahl ihren Kehrbruch, so erhält man $\frac{85}{18}$. Für welche rationalen Zahlen ist dies der Fall?

72. Berechne rationale Zahlen, deren 9faches um 8 größer ist als ihr Quadrat.

73. Der Nenner eines Bruches ist um 4 größer als der Zähler. Wird der Zähler um 2 vermehrt, der Nenner dagegen um 4 vermindert, so ist der entstehende Bruch dreimal so groß wie der ursprüngliche.

74. Die Summe zweier Brüche, die beide den Zähler 2 haben, beträgt $\frac{8}{9}$; der Nenner des einen Bruches ist um 6 größer als der Nenner des anderen.

75. Eine Zahl besteht aus zwei Ziffern, deren Summe 10 ist. Stellt man die Ziffern um und multipliziert die so erhaltene Zahl mit der ursprünglichen, so erhält man a) 2296, b) 2944, c) 2701.

76. Von den Ziffern einer zweiziffrigen Zahl ist die erste um 3 größer als die zweite. Multipliziert man die Zahl mit ihrer ersten Ziffer, so erhält man 680.

Geometrische Aufgaben

77. Die Hypotenuse eines rechtwinkligen Dreiecks ist 17,4 cm, die Höhe 6 cm. Wie lang sind die Katheten?

78. Die kleinere Kathete eines rechtwinkligen Dreiecks ist 12 cm, die Hypotenusenabschnitte unterscheiden sich um 2 cm. Wie groß sind sie?

79. Um wieviel muß man den Radius eines Kreises, dessen Umfang 31,4 cm lang ist, verkürzen, damit die Fläche nur noch a) $\frac{1}{2}$, b) $\frac{1}{3}$, c) $\frac{1}{4}$ der ursprünglichen Kreisfläche wird?

80. Kann man mit einem a) 55 m, b) 52 m, c) 50 m langen Zaun eine rechteckige Fläche von 169 m² Größe einzäunen?

81. Ist es möglich, ein Quadrat mit der Seitenlänge 12 cm in ein flächengleiches Rechteck zu verwandeln, dessen Umfang
a) 60 cm, b) 70 cm, c) 72 cm, d) 80 cm lang ist?

82. Ist es möglich, die längere Seite eines Rechtecks mit den Seiten
a) 2 cm und 12 cm, b) 3 cm und 15 cm, c) 4 cm und 12 cm
um ein Stück zu verkürzen und zugleich die kürzere Seite um dasselbe Stück zu verlängern, so daß die Rechtecksfläche doppelt so groß wird?

83. Ein Spiegel von 60 cm Höhe und 56 cm Breite soll ringsum mit einem Rahmen von überall gleicher Breite versehen werden, so daß die Rahmenfläche genau so groß wird wie die Glasfläche. Wie breit muß der Rahmen werden?

84. Bei der Teilung einer Strecke nach dem **Goldenen Schnitt** verhält sich die kleinere Teilstrecke zur größeren Teilstrecke wie diese zur ganzen Strecke. Gib die Länge der Teilstrecken an, wenn die gegebene Strecke
   a) 2 m,   b) 1,8 m,   c) 1,2 m   lang ist.

10.3.3. Quadratische Gleichungen mit Formvariablen

1. Löse die quadratischen Gleichungen

   $x^2 - 1 = 0, \quad x^2 - 2 = 0, \quad x^2 - 3 = 0, \quad x^2 - 4 = 0, \quad x^2 - 5 = 0.$

2. Setze in $x^2 - 2ax + a^2 = 0$ nacheinander 1, 2, 3, 4, 5 für a und löse die Gleichungen, die auf diese Weise entstehen.

Alle bisher behandelten quadratischen Gleichungen führen nach Umformungen zu Gleichungen der Form

$$x^2 + px + q = 0 \quad \text{mit} \quad p, q \in \mathbb{R}.$$

Die Gleichung mit den Formvariablen p und q nennen wir die **Normalform der quadratischen Gleichungen mit Formvariablen.**

Wie bei den gemischtquadratischen Gleichungen formen wir mit Hilfe der quadratischen Ergänzung um:

$$x^2 + px + q = 0 \quad \Leftrightarrow \quad x^2 + px = -q$$
$$\Leftrightarrow x^2 + px + \left(\frac{p}{2}\right)^2 = \left(\frac{p}{2}\right)^2 - q \quad \Leftrightarrow \quad \left(x + \frac{p}{2}\right)^2 = \left(\frac{p}{2}\right)^2 - q.$$

Nach Satz 10.1 ergeben sich drei Fälle, je nachdem, ob der Term

$$\left(\frac{p}{2}\right)^2 - q$$

positiv, Null oder negativ ist.

Diesen Term bezeichnen wir zur Abkürzung mit D.

Fall 1: $D > 0$.

In diesem Fall ergibt sich: $\left|x + \dfrac{p}{2}\right| = \sqrt{\left(\dfrac{p}{2}\right)^2 - q}$

$\Leftrightarrow x + \dfrac{p}{2} = -\sqrt{\left(\dfrac{p}{2}\right)^2 - q} \quad \vee \quad x + \dfrac{p}{2} = +\sqrt{\left(\dfrac{p}{2}\right)^2 - q}$

$\Leftrightarrow x = -\dfrac{p}{2} - \sqrt{\left(\dfrac{p}{2}\right)^2 - q} \quad \vee \quad x = -\dfrac{p}{2} + \sqrt{\left(\dfrac{p}{2}\right)^2 - q}.$

Fall 2: $D = 0$.

Jetzt gilt: $x + \frac{p}{2} = 0 \Leftrightarrow x = -\frac{p}{2}$.

Fall 3: $D < 0$.

In diesem Fall ist die Lösungsmenge leer.

Satz 10.2
Die Lösungsmenge $\mathbb{L}$ einer quadratischen Gleichung der Form $x^2 + px + q = 0$,
mit $p, q \in \mathbb{R}$, $D = \left(\frac{p}{2}\right)^2 - q$, **enthält in $\mathbb{R}$ bei**

a) $D > 0$ **zwei Elemente**: $\mathbb{L} = \left\{ -\frac{p}{2} - \sqrt{\left(\frac{p}{2}\right)^2 - q};\ -\frac{p}{2} + \sqrt{\left(\frac{p}{2}\right)^2 - q} \right\}$,

b) $D = 0$ **ein Element**: $\mathbb{L} = \left\{ -\frac{p}{2} \right\}$,

c) $D < 0$ **kein Element**: $\mathbb{L} = \emptyset$.

Beispiele:
1. $\mathbb{L} = \{x \mid x^2 - 4x - 12 = 0\}_\mathbb{R}$

   $D = \left(\frac{4}{2}\right)^2 + 12 = 4 + 12 = 16,\quad \sqrt{D} = 4.\quad \mathbb{L} = \{2 - 4;\ 2 + 4\}$
   $= \{-2;\ 6\}$.

2. $\mathbb{L} = \{x \mid x^2 - \sqrt{10} \cdot x + \frac{5}{2} = 0\}_\mathbb{R}$

   $D = \left(\frac{\sqrt{10}}{2}\right)^2 - \frac{5}{2} = \frac{10}{4} - \frac{5}{2} = 0.\qquad \mathbb{L} = \left\{\frac{\sqrt{10}}{2}\right\}$.

3. $\mathbb{L} = \{x \mid x^2 + 4x + 20 = 0\}_\mathbb{R}$

   $D = \left(\frac{4}{2}\right)^2 - 20 = -16 < 0.\qquad \mathbb{L} = \emptyset$.

Für viele Zwecke ist es praktisch, für die Lösungsterme $-\frac{p}{2} - \sqrt{\left(\frac{p}{2}\right)^2 - q}$
und $-\frac{p}{2} + \sqrt{\left(\frac{p}{2}\right)^2 - q}$ Abkürzungen einzuführen. Wir setzen

$$-\frac{p}{2} - \sqrt{\left(\frac{p}{2}\right)^2 - q} = l_1,\qquad -\frac{p}{2} + \sqrt{\left(\frac{p}{2}\right)^2 - q} = l_2.$$

Diese Abkürzungen dürfen wir einführen, weil für $p, q \in \mathbb{R}$ und
$D > 0$ die Lösungen **existieren** und weil sie durch $l_1 < l_2$ **eindeutig** bestimmt
sind.

10. Quadratische Aussageformen

Aufgaben

Anmerkung: Beachte bei allen folgenden Gleichungen die Definitionsmengen, wenn für die Variablen reelle Zahlen gesetzt werden. Hauptvariable ist x.

1. a) $x^2 + c = 0$ b) $x^2 + bx = 0$ c) $ax^2 + b = 0$

2. a) $ax^2 - c = bx^2$ b) $ax^2 + b = x^2$ c) $ax^2 + ax = x^2$

3. a) $mx^2 - p^2 = nx^2$ b) $12ab + x^2 = 4a^2 + 9b^2$ c) $\dfrac{x^2}{m} = mn^2$

4. a) $x^2 - a^2 = b^2$ b) $x^2 - s^2 = t(t - 2s)$ c) $\dfrac{x^2}{2(m - n)} = 2(m - n)$

5. a) $\dfrac{a - x}{1 - ax} = \dfrac{1 - bx}{b - x}$ b) $\dfrac{a + 2x}{2(a + x)} = \dfrac{b + x}{b + 2x}$

6. a) $\dfrac{x + a}{x - a} + \dfrac{x - a}{x + a} = \dfrac{2(a^2 + 1)}{1 - a^2}$ b) $\dfrac{2c - 3x}{2c + 3x} = \dfrac{3x - 2c}{3x + 2c}$

7. a) $\dfrac{x - a}{x + a} = \dfrac{b - x}{b + x}$ b) $ax : (b + x) = (b - x) : x$

8. a) $x^2 + px - q = 0$ b) $x^2 - px + q = 0$

9. a) $ax^2 + bx + c = 0$ b) $ax^2 - bx - c = 0$

10. a) $\dfrac{x}{a + x} + \dfrac{x + a}{x} = \dfrac{5}{2}$ b) $\dfrac{1}{a - x} - \dfrac{1}{a + x} = \dfrac{x^2 - 3}{a^2 - x^2}$

11. a) $ax^2 - (a^2 + 1)x + a = 0$ b) $x^2 - (a + b)x + ab = 0$

12. a) $\dfrac{2x + b}{a} - \dfrac{4x - a}{2x - b} = 0$ b) $\dfrac{x}{a} + \dfrac{a}{x} = \dfrac{x}{b} + \dfrac{b}{x}$

13. a) $\dfrac{a + x}{b + x} + \dfrac{b + x}{a + x} = \dfrac{5}{2}$ b) $\dfrac{x - 2a}{2a} + \dfrac{x - 3b}{3b} = \dfrac{x^2 - 6ab}{6ab}$

10.3.4. Der Vietasche Wurzelsatz für quadratische Gleichungen

▲ 1. Vergleiche die Lösungen der durch ein Semikolon voneinander getrennten Gleichungen miteinander.
a) $x^2 + 6x - 7 = 0$; $x^2 - 6x - 7 = 0$
b) $x^2 + 3x - 4 = 0$; $x^2 - 3x - 4 = 0$
c) $x^2 + x - 3 = 0$; $x^2 - x - 3 = 0$
d) $x^2 + x - 12 = 0$; $x^2 - x - 12 = 0$

2. Vergleiche jeweils die beiden Lösungen der unter 1. angegebenen Gleichungen
a) mit dem Koeffizienten von x, b) mit dem variablenfreien Summanden.

In der folgenden Übersicht sind quadratische Gleichungen in Normalform und ihre Lösungen zusammengestellt:

Gleichung	Koeffizient von x	Variablenfreier Summand	Lösungen	Summe der Lösungen	Produkt der Lösungen
$x^2 + 5x + 6 = 0$	5	6	$-3;\ -2$	-5	6
$x^2 - 5x + 6 = 0$	-5	6	$2;\ 3$	5	6
$x^2 + 4x - 5 = 0$	4	-5	$-5;\ 1$	-4	-5
$x^2 - 4x - 5 = 0$	-4	-5	$-1;\ 5$	4	-5
$x^2 - 7\ \ \ \ = 0$	0	-7	$-\sqrt{7};\sqrt{7}$	0	-7
$x^2 + x\ \ \ \ = 0$	1	0	$-1;\ 0$	-1	0

Diese Beispiele zeigen, daß die Summe und das Produkt der Lösungen in einer engen Beziehung zu den Zahlen in der Gleichung stehen:
In allen Fällen stimmt die Summe der Lösungen mit der entgegengesetzten Zahl zum Koeffizienten von x, das Produkt mit dem variablenfreien Summanden überein.
Wir wollen zeigen, daß diese Beziehungen stets gelten, wenn Lösungen existieren.
Wenn $\mathbf{D > 0}$ ist, gilt nach Satz 10.2 mit den eingeführten Abkürzungen:

$$l_1 = -\frac{p}{2} - \sqrt{\left(\frac{p}{2}\right)^2 - q}, \quad l_2 = -\frac{p}{2} + \sqrt{\left(\frac{p}{2}\right)^2 - q}.$$

Daraus ergibt sich:

$$l_1 + l_2 = \left(-\frac{p}{2} - \left(\sqrt{\left(\frac{p}{2}\right)^2 - q}\right)\right) + \left(-\frac{p}{2} + \sqrt{\left(-\frac{p}{2}\right)^2 - q}\right) = -p,$$

$$l_1 \cdot l_2 = \left(-\frac{p}{2} - \sqrt{\left(\frac{p}{2}\right)^2 - q}\right) \cdot \left(-\frac{p}{2} + \sqrt{\left(\frac{p}{2}\right)^2 - q}\right)$$

$$= \left(\frac{p}{2}\right)^2 - \left[\left(\frac{p}{2}\right)^2 - q\right] = q.$$

Wenn **D = 0** ist, gilt $l_1 = l_2$, die Gleichung hat nur **eine** Lösung. Die Aussage behält mit $2l_1 = -p$, $l_1^2 = \left(\frac{p}{2}\right)^2 = q$ ihre Gültigkeit.

Wenn **D < 0** ist, wird die Aussage sinnlos, da keine Lösungen existieren.

Satz 10.3
Für $p, q \in \mathbb{R}$ und $D \geqq 0$ gilt für die Lösungsterme l_1 und l_2 der quadratischen Gleichungen $x^2 + px + q = 0$:

$$l_1 + l_2 = -p, \qquad l_1 l_2 = q.$$

Wenn $D = 0$ ist, gilt $l_1 = l_2$ und daher $2l_1 = -p$ und $l_1^2 = q$.

Anmerkungen:
1. François Viète war ein französischer Mathematiker (1540–1603), der sich in der Entwicklung der Gleichungslehre große Verdienste erwarb.
2. Früher nannte man die Lösungen von Gleichungen auch deren **Wurzeln.**

Diese Aussage nennt man den **Vietaschen Wurzelsatz** für quadratische Gleichungen.

Quadratische Gleichungen, deren Lösungen **ganze Zahlen** sind, lassen sich nach diesem Satz oft durch Probieren lösen.

Beispiele:

1. $x^2 - 9x - 10 = 0$.

    Das Produkt der Lösungen dieser Gleichung ist -10, die Summe der Lösungen 9. Die Paare von ganzen Zahlen, deren Produkt -10 ist, sind

    $(1; -10), (-1; 10), (2; -5), (-2; 5)$.

    Nur die Zahlen des zweiten Paares haben die Summe 9. Also sind -1 und 10 die Lösungen der Gleichung.

2. $x^2 + 25x + 46 = 0$.

    Das Produkt der Lösungen dieser Gleichung ist 46, die Summe der Lösungen -25. Die Paare von ganzen Zahlen, deren Produkt 46 ist, sind $(1; 46), (-1; -46), (2; 23), (-2; -23)$.
    Nur die Zahlen des letzten Paares haben die Summe -25. Also sind -2 und -23 die Lösungen der Gleichung.

Sind l_1 und l_2 die Lösungsterme der Gleichung $x^2 + px + q = 0$, dann gilt nach dem Vietaschen Wurzelsatz:

$$x^2 + px + q = x^2 - (l_1 + l_2)x + l_1 l_2.$$

Daraus folgt weiter:

$$x^2 + px + q = (x - l_1)(x - l_2).$$

Auf diese Weise ist die **Summe** $x^2 + px + q$ in das **Produkt** $(x - l_1)(x - l_2)$ verwandelt. Da die Variable x in $x - l_1$ und $x - l_2$ nur in der ersten Potenz vorkommt, sagt man, die Summe $x^2 + px + q$ sei in **Linearfaktoren** zerlegt.

Satz 10.4
Für $p, q \in \mathbb{R}$ und $D \geqq 0$ kann $x^2 + px + q$ in Linearfaktoren zerlegt werden:
$$x^2 + px + q = (x - l_1)(x - l_2).$$
Hierin sind l_1 und l_2 die Lösungsterme von $x^2 + px + q = 0$.
Bei $D = 0$ gilt $l_1 = l_2$ und $x^2 + px + q = (x - l_1)^2$.

Beispiele:

3. $x^2 + 5x - 66 = (x + 11)(x - 6)$.

   Begründung: $D = \left(\frac{5}{2}\right)^2 + 66 = \frac{25 + 264}{4} = \frac{289}{4} > 0$, $\sqrt{D} = \frac{17}{2}$.

   $x^2 + 5x - 66 = 0 \Leftrightarrow x = -\frac{5}{2} - \frac{17}{2} \vee x = -\frac{5}{2} + \frac{17}{2}$.

   $\Leftrightarrow x = -11 \vee x = 6$.

4. $x^2 - \sqrt{2}x - 1 = \left(x - \frac{\sqrt{2} - \sqrt{6}}{2}\right)\left(x - \frac{\sqrt{2} + \sqrt{6}}{2}\right)$.

   Begründung: $D = \left(-\frac{\sqrt{2}}{2}\right)^2 + 1 = \frac{3}{2} > 0$, $\sqrt{D} = \sqrt{\frac{3}{2}} = \frac{\sqrt{6}}{2}$.

   $x^2 - \sqrt{2} \cdot x - 1 = 0 \Leftrightarrow x = \frac{\sqrt{2}}{2} - \frac{\sqrt{6}}{2} \vee x = \frac{\sqrt{2}}{2} + \frac{\sqrt{6}}{2}$

   $\Leftrightarrow x = \frac{\sqrt{2} - \sqrt{6}}{2} \vee x = \frac{\sqrt{2} + \sqrt{6}}{2}$.

5. $x^2 - 6x + 9 = (x - 3)^2$.

   Begründung: $D = \left(\frac{-6}{2}\right)^2 - 9 = (-3)^2 - 9 = 0$,

   $\sqrt{D} = 0$, $x^2 - 6x + 9 = 0 \Leftrightarrow x = 3 \vee x = -3$.

6. $x^2 + 2x + 10$ besitzt **keine** Faktorzerlegung in $\mathbb{R}$.

   Begründung: $D = \left(\frac{2}{2}\right)^2 - 10 = -9 < 0$.

Als weitere Anwendung des Vietaschen Wurzelsatzes stellen wir die **Normalform einer quadratischen Gleichung zu gegebenen Lösungen** auf.

Beispiele:

7. $\mathbb{L} = \{-5; 8\}$ Aus $l_1 + l_2 = -p$ und $l_1 l_2 = q$ ergibt sich:
   $-5 + 8 = -p \Leftrightarrow p = -3$ und $(-5) \cdot 8 = q \Leftrightarrow q = -40$.
   Die Normalform der Gleichungen mit der angegebenen Lösungsmenge lautet: $x^2 - 3x - 40 = 0$.

8. $\mathbb{L} = \{-3; -\sqrt{2}\}$. Aus $l_1 + l_2 = -p$ und $l_1 l_2 = q$ ergibt sich:
   $(-3) + (-\sqrt{2}) = -p \Leftrightarrow p = 3 + \sqrt{2}$ und $(-3)(-\sqrt{2}) = q \Leftrightarrow q = 3\sqrt{2}$.
   Normalform: $x^2 + (3 + \sqrt{2})x + 3\sqrt{2} = 0$.

10. Quadratische Aussageformen

Aufgaben

1. Löse die folgenden Gleichungen und mache die Probe mit Hilfe des Vietaschen Wurzelsatzes.

   Beispiel:
   $x^2 - 8x + 12 = 0$ \qquad Probe: $2 + 6 = -(-8)$
   $\Leftrightarrow x = 2 \lor x = 6$ \qquad $\land\ 2 \cdot 6 = 12$ \quad W (wahre Aussage)
   $\mathbb{L} = \{2; 6\}$

   a) $x^2 + 5x + 6 = 0$ \qquad b) $x^2 - 5x + 6 = 0$
   c) $x^2 - 4x - 5 = 0$ \qquad d) $x^2 - 12x + 32 = 0$
   e) $x^2 - 21x + 80 = 0$ \qquad f) $x^2 + 6x + 8 = 0$
   g) $y^2 - 3y - 10 = 0$ \qquad h) $y^2 + 9y + 14 = 0$
   i) $z^2 - z - 2 = 0$ \qquad k) $z^2 + 3z + 2 = 0$

2. Gib quadratische Gleichungen an, deren Lösungen die folgenden reellen Zahlen bzw. Terme sind.

   a) $+5; -5$ \qquad b) $+3; -3$ \qquad c) $-5; +7$ \qquad d) $-3;\ 8$
   e) $-2; -3$ \qquad f) $-3;\ 4$ \qquad g) $+1; +6$ \qquad h) $-1; +9$
   i) $-10; +3$ \qquad k) $-3; 72$ \qquad l) $-4; 12$ \qquad m) $-12;\ 0$
   n) $\frac{3}{4}; \frac{1}{2}$ \qquad o) $\frac{3}{4}; \frac{4}{3}$ \qquad p) $-\frac{4}{5}; \frac{4}{5}$ \qquad q) $-\frac{3}{5}; \frac{1}{2}$
   r) $-\frac{3}{4}; -\frac{1}{2}$ \qquad s) $2; -\frac{1}{2}$ \qquad t) $3\frac{1}{2}; -4\frac{2}{3}$ \qquad u) $2 + \sqrt{3}; 2 - \sqrt{3}$
   v) $-3 + \sqrt{5}; -3 - \sqrt{5}$ \qquad w) $-a; +a$ \qquad x) $a + b; a - b$
   y) $b; 3b$ \qquad z) $a + \sqrt{b}; a - \sqrt{b}$

3. Bestimme die Vorzeichen der Lösungen der folgenden Gleichungen, **ohne** vorher die Lösungen auszurechnen.

   a) $x^2 - 7x + 1 = 0$ \qquad b) $x^2 - 8x + 2 = 0$ \qquad c) $x^2 - 54x + 200 = 0$
   d) $x^2 + 54x + 200 = 0$ \qquad e) $x^2 - 46x - 200 = 0$ \qquad f) $x^2 + 46x - 200 = 0$
   g) $x^2 - 7{,}2x + 3{,}12 = 0$ \qquad h) $x^2 + 9{,}4x + 12{,}36 = 0$ \qquad i) $y^2 - \frac{4}{5}y + \frac{1}{5} = 0$
   k) $y^2 + \frac{8}{9}y + \frac{1}{9} = 0$ \qquad l) $z^2 + \frac{5}{6}z + \frac{1}{12} = 0$ \qquad m) $z^2 - \frac{5}{6}z + \frac{1}{12} = 0$

4. Löse die folgenden quadratischen Gleichungen durch Probieren mit Hilfe des Vietaschen Wurzelsatzes (vgl. Seite 255, Beispiele 1. und 2.).

   a) $x^2 - 8x - 9 = 0$ \qquad b) $x^2 - 5x + 6 = 0$ \qquad c) $x^2 + 4x + 3 = 0$
   d) $x^2 - 4x + 3 = 0$ \qquad e) $x^2 - 10x + 16 = 0$ \qquad f) $x^2 + 10x + 16 = 0$
   g) $x^2 - 17x + 60 = 0$ \qquad h) $x^2 - 16x + 48 = 0$ \qquad i) $x^2 - 13x + 36 = 0$
   k) $x^2 - 20x + 36 = 0$ \qquad l) $x^2 - 8x + 7 = 0$ \qquad m) $x^2 - 21x + 20 = 0$
   n) $x^2 - 16x + 64 = 0$ \qquad o) $x^2 - 20x + 100 = 0$ \qquad p) $x^2 - 13x + 12 = 0$
   q) $x^2 - 15x + 56 = 0$ \qquad r) $x^2 - 7x - 120 = 0$ \qquad s) $x^2 - 2x - 80 = 0$
   t) $y^2 + 7y - 120 = 0$ \qquad u) $y^2 + 3y - 88 = 0$ \qquad v) $x^2 - 14x - 51 = 0$

5. Zerlege nach Satz 10.4 die folgenden Terme in Produkte von Linearfaktoren oder begründe die Unmöglichkeit der Zerlegung.
a) $x^2 + 4x + 3$
b) $x^2 - 6x + 8$
c) $x^2 - 5x + 5$
d) $y^2 - 9y - 10$
e) $y^2 - 4y - 5$
f) $x^2 - x + 1$
g) $x^2 + x + 2$
h) $y^2 - \sqrt{2} \cdot y + 3$
i) $y^2 - \sqrt{5} \cdot y + \sqrt{5}$
k) $z^2 - z + 3$
l) $x^2 - \sqrt{3} \cdot x - \sqrt{20}$
m) $x^2 - \sqrt{3} \cdot x - \sqrt{5}$
n) $y^2 - \sqrt{5} \cdot y - \sqrt{60}$
o) $z^2 - \sqrt{7} \cdot z + \sqrt{57}$
p) $w^2 - \sqrt{7}w + 2\sqrt{3}$

6. Löse die folgenden Gleichungen möglichst geschickt, z.B. durch Ausklammern der Variablen oder mit dem Vietaschen Wurzelsatz.
a) $x^2 + 7x = 0$
b) $x^2 + 7x + 6 = 0$
c) $x^2 - 25x = 0$
d) $x^2 - 25 = 0$
e) $x^2 - 24x - 25 = 0$
f) $x^2 + 3x = 0$
g) $x^2 + 3x + 2 = 0$
h) $x^2 - 121 = 0$
i) $x^2 - 16x = 0$
k) $x^2 - 36x = 0$
l) $x^2 + 1{,}7x = 0$
m) $x^2 + 65x = 0$
n) $y^2 + 4\frac{1}{2}y = 0$
o) $3y^2 - 8y = 0$
p) $ax^2 + bx = 0$

7. Von den folgenden quadratischen Gleichungen ist ein Koeffizient und eine Lösung bekannt. Bestimme jeweils den anderen Koeffizienten und die zweite Lösung.
a) $x^2 + 4x + q = 0$ $\mathbb{L} = \{\ 1; \ldots\}$
b) $x^2 - 2x + q = 0$; $\mathbb{L} = \{\ 3; \ldots\}$
c) $x^2 + 8x + q = 0$ $\mathbb{L} = \{-5; \ldots\}$
d) $x^2 - 3x + q = 0$; $\mathbb{L} = \{\ 2; \ldots\}$
e) $x^2 + px - 12 = 0$ $\mathbb{L} = \{\ 3; \ldots\}$
f) $x^2 + px + 16 = 0$; $\mathbb{L} = \{-8; \ldots\}$
g) $x^2 + px + 24 = 0$ $\mathbb{L} = \{-3; \ldots\}$
h) $x^2 + px - 28 = 0$; $\mathbb{L} = \{-4; \ldots\}$

10.4. Quadratische Funktionen $x \to x^2 + px + q$ und $x \to -x^2 + px + q$

1. Zeichne die Graphen zu

   $y = 3x, y = 3x + 1, y = 3x - 1, y = 3x + 2, y = 3x - 2$

   in dasselbe Koordinatensystem und vergleiche sie miteinander.

2. Verschiebe den Graphen zu $y = 2x + 5$ um 4 Einheiten nach rechts. Entnimm die Gleichung des neuen Graphen deiner Zeichnung.

---

x	y
-2	11
-1	6
0	3
1	2
2	3
3	6
4	11

Einige Punkte des Graphen zu

$$y = x^2 - 2x + 3$$

gewinnen wir mit Hilfe einer Wertetafel:

Da jeder Zahl aus $\mathbb{R}$ für x genau eine Zahl für y zugeordnet wird, beschreibt die obige Gleichung eine Funktion, nämlich

$$x \to x^2 - 2x + 3; \quad x \in \mathbb{R}$$

Dem Bild 10.12 entnehmen wir die Vermutung, daß die Graphen zu $y = x^2 - 2x + 3$ und zu $y = x^2$ kongruent sind. Dies überprüfen wir zunächst grob mit einer Parabelschablone. Wir stellen fest, daß sie wirklich auf den neuen Graphen paßt.

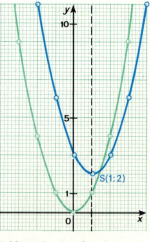

Bild 10.12 Graphen zu $y = x^2 - 2x + 3$ und $y = x^2$

Darüber hinaus wird die Vermutung nahegelegt, daß der neue Graph durch eine **Schiebung** um 1 Einheit in x-Richtung und 2 Einheiten in y-Richtung aus dem Graphen zu $y = x^2$ hervorgeht. Der Punkt (0; 0) des Graphen zu $y = x^2$, der **Scheitelpunkt der Parabel,** geht bei dieser Schiebung in S(1; 2) über.

Wir überprüfen diese Vermutung:
Um die Original- und die Bildparabel auch durch die Schreibweise ihrer Gleichungen unterscheiden zu können, bezeichnen wir die Koordinaten eines Originalpunktes P mit x und y, die Koordinaten des Punktes $\overline{P}$, der das Bild von P sein soll, mit $\overline{x}$ und $\overline{y}$ (gelesen: P quer, x quer, y quer). Die Originalparabel hat somit die Gleichung $y = x^2$, die Bildparabel die Gleichung $\overline{y} = \overline{x}^2 - 2\overline{x} + 3$.

Zeichnen wir beide Parabeln in dasselbe Koordinatensystem (Bild 10.13), in dem also die x-Achse zugleich $\overline{x}$-Achse, die y-Achse zugleich $\overline{y}$-Achse ist, und ordnen Original- und Bildpunkte einander zu, so gilt:

Die Abszisse jedes Bildpunkts $\overline{P}$ ist um 1 größer als die Abszisse des Origi-

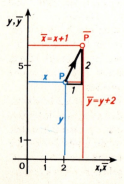

Bild 10.13

nalpunktes P, die Ordinate von $\overline{P}$ ist um 2 größer als die Ordinate von P. In Bild 10.13 ist z. B. dem Punkt P(2; 4) der Punkt $\overline{P}$(3; 6) zugeordnet. Für **alle** einander zugeordneten Punkte gelten also die **Abbildungsgleichungen**

$$\begin{array}{|l|l|} \hline \overline{x} = x + 1 & x = \overline{x} - 1 \\ \overline{y} = y + 2 & y = \overline{y} - 2 \\ \hline \end{array}$$

Bei der Abbildung muß die Gleichung $y = x^2$ der Normalparabel in eine Gleichung mit den Variablen $\overline{x}$ und $\overline{y}$ übergehen, die die Bildkurve beschreibt. Diese Gleichung ergibt sich, wenn man x und y in $y = x^2$ durch $\overline{x}$ und $\overline{y}$ ausdrückt. Dazu haben wir die Abbildungsgleichungen $\overline{x} = x + 1$, $\overline{y} = y + 2$ durch $x = \overline{x} - 1$, $y = \overline{y} - 2$ auch nach x und y aufgelöst, um die erhaltenen Terme für x und y einsetzen zu können:

$$\overline{y} - 2 = (\overline{x} - 1)^2$$
$$\Leftrightarrow \overline{y} - 2 = \overline{x}^2 - 2\overline{x} + 1$$
$$\Leftrightarrow \overline{y} = \overline{x}^2 - 2\overline{x} + 3.$$

Diese Gleichung stimmt bis auf die Bezeichnung der Variablen mit der gegebenen Gleichung $y = x^2 - 2x + 3$ überein. Damit sind unsere Vermutungen bestätigt: Der Graph zu $y = x^2 - 2x + 3$ ist eine Parabel, die durch eine Schiebung aus der Normalparabel hervorgeht. Der Bildpunkt von (0; 0) ist der Punkt (1; 2). Da die Ordinate des tiefsten Punktes 2 ist, wird die Wertemenge der Funktion $x \to x^2 - 2x + 3$; $x \in \mathbb{R}$, durch $\mathbb{W} = \{y \mid y \geq 2\}$ angegeben.

Bei dem eben durchgeführten Verfahren brauchen wir zunächst den mit Hilfe einer Wertetafel gezeichneten Graphen, um die Schiebung zu finden. Unsere Arbeit würde sehr abgekürzt, wenn wir die Schiebung **ohne** Wertetafel und Zeichnen des Graphen ermitteln könnten. Wir werden jetzt zeigen, daß dies mit Hilfe der **quadratischen Ergänzung** möglich ist.

Da wir den neuen Graphen als Bildgraphen auffassen, müssen wir die Variablen der gegebenen Gleichung mit $\overline{x}$ und $\overline{y}$ bezeichnen. Dann ergibt sich mit Hilfe der quadratischen Ergänzung:

$$\overline{y} = \overline{x}^2 - 2\overline{x} + 3$$
$$\Leftrightarrow \overline{y} - 3 = \overline{x}^2 - 2\overline{x}$$
$$\Leftrightarrow \overline{y} - 3 + 1 = \overline{x}^2 - 2\overline{x} + 1$$
$$\Leftrightarrow \overline{y} - 2 = (\overline{x} - 1)^2.$$

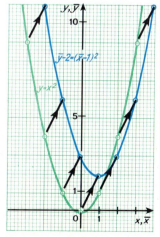

Bild 10.14 Der Graph zu $\overline{y} - 2 = (\overline{x} - 1)^2$ entsteht durch eine Schiebung aus der Normalparabel.

Anmerkung: Dieses Beispiel zeigt, daß für unsere Überlegungen sowohl die nach $\overline{x}$ und $\overline{y}$, als auch die nach x und y aufgelösten Abbildungsgleichungen wichtig sind. Wir wollen daher in Zukunft immer beide Gleichungspaare angeben.

Weiter ist zu beachten, daß nicht nur die Punkte der Normalparabel, sondern **alle** Punkte der Ebene nach den angegebenen Gleichungen abgebildet werden.

Setzt man $\quad x = \bar{x} - 1,\quad$ also $\quad \bar{x} = x + 1,$
$\quad\quad\quad\quad\quad\quad y = \bar{y} - 2,\quad\quad\quad \bar{y} = y + 2,$

so ergibt sich als Gleichung der Originalkurve $y = x^2$ und dazu die Aussage, daß diese Parabel durch eine Schiebung um 1 in x-Richtung und 2 in y-Richtung in den Graphen zu $\bar{y} = \bar{x}^2 - 2\bar{x} + 3$ übergeht.

Besonders einfach werden die Überlegungen für Graphen zu Gleichungen der Form
$$y = (x - m)^2 \quad \text{und} \quad y - n = x^2.$$

Im ersten Fall entsteht der Graph aus dem zu $y = x^2$ durch eine Schiebung um m Einheiten in x-Richtung, im zweiten Fall durch eine Schiebung um n Einheiten in y-Richtung.

Wie die Schiebungen liefern auch die **Spiegelungen** wichtige Einsichten über die Parabel.

1. Spiegelung an der y-Achse:

Die Abbildungsgleichungen dieser Spiegelung lauten:

$\bar{x} = -x$	$x = -\bar{x}$
$\bar{y} = y$	$y = \bar{y}$

Aus $y = x^2$ ergibt sich $\bar{y} = (-\bar{x})^2 \Leftrightarrow \bar{y} = \bar{x}^2$.

Dies bedeutet: Liegt ein Punkt auf der Parabel, so gilt dasselbe auch für seinen Spiegelpunkt, d. h. die Normalparabel geht durch Spiegelung an der y-Achse in sich über. Die y-Achse ist **Symmetrieachse** der Parabel und heißt daher **Parabelachse**. Der Schnittpunkt von Parabel und Parabelachse – also der Punkt (0; 0) – heißt **Scheitelpunkt** der Parabel.

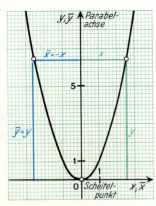

Bild 10.15

2. Spiegelung an der x-Achse:

Die Abbildungsgleichungen lauten nun:

$\bar{x} = x$	$x = \bar{x}$
$\bar{y} = -y$	$y = -\bar{y}$

Damit ergibt sich für den Bildgraphen zu $y = x^2$:
$$(-\bar{y}) = \bar{x}^2 \Leftrightarrow \bar{y} = -\bar{x}^2$$

Original- und Bildparabel zeigt Bild 10.16. Im Ursprung 0 liegt sowohl der Scheitelpunkt der Original-, wie auch der Bildparabel.

Für die Normalparabel ist der Scheitelpunkt der Punkt mit dem **kleinsten,** für ihr Spiegelbild der Punkt mit dem **größten** Wert für y.

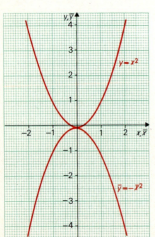

Bild 10.16

10. Quadratische Aussageformen

Aufgaben

1. Zeichne die Graphen zu den folgenden Gleichungen und gib in jedem Fall die Wertemenge der durch die Gleichung definierten Funktion $x \to y$, $x \in \mathbb{R}$, an.
   a) $y - 3 = x^2$
   b) $y - 4,5 = x^2$
   c) $y + 4 = x^2$
   d) $y + 3\frac{1}{3} = x^2$
   e) $y = x^2 + 2$
   f) $y = x^2 + 3\frac{1}{2}$
   g) $y = x^2 - 2,7$
   h) $y = x^2 - 4,2$
   i) $y - x^2 = 3$
   k) $y - x^2 = -7$
   l) $x^2 - y = 5$
   m) $x^2 - y - 3 = 0$

2. Durch welche Abbildungen gewinnt man aus dem Graphen zu $y = x^2$ die Graphen zu folgenden Gleichungen?
   a) $y + 2,7 = x^2$
   b) $y - 3\frac{1}{4} = x^2$
   c) $y = x^2 + 1\frac{1}{2}$
   d) $y = x^2 - 2,5$
   e) $y = (x - 2)^2$
   f) $y = (x + 4)^2$
   g) $y = (x - 4)^2$
   h) $y = \left(x + 2\frac{1}{2}\right)^2$
   i) $y = (x - 4,5)^2$
   k) $y = (x + 2,3)^2$
   l) $y = \left(x + \frac{3}{8}\right)^2$
   m) $y = (x + 2)^2$

3. Zeichne die Graphen zu den folgenden Gleichungen.
   a) $y - 4 = (x - 1)^2$
   b) $y - 3 = (x - 2)^2$
   c) $y = (x + 3)^2 - 1$
   d) $y = (x + 1)^2 + 3$
   e) $y = (x - 3)^2 - 5$
   f) $y = (x - 2)^2 - 9$

   Bestimme in jedem Fall die Wertemenge der durch die Gleichung definierten Funktion $x \to y$; $x \in \mathbb{R}$.

Anleitung: Bestimme jeden Graphen zunächst durch eine Abbildung der Normalparabel und mache dann die Probe mit mindestens fünf Einsetzungen für x.

Nach unseren bisherigen Überlegungen läßt sich nun überblicken, wie die Graphen zu
$$y = x^2 + px + q, \quad p, q \in \mathbb{R}$$
aus dem Graphen zu $y = x^2$ hervorgehen. Wir fassen die Punkte des Graphen zu $y = x^2 + px + q$ als Bildpunkte auf, schreiben deshalb die Gleichung mit den Variablen $\bar{x}$ und $\bar{y}$ und formen sie dann mit Hilfe der quadratischen Ergänzung um, wobei wir wie früher $\left(\frac{p}{2}\right)^2 - q$ durch D abkürzen:

$$\bar{y} = \bar{x}^2 + p\bar{x} + q \Leftrightarrow \bar{y} - q = \bar{x}^2 + p\bar{x} \Leftrightarrow \bar{y} - q + \left(\frac{p}{2}\right)^2 = \bar{x}^2 + p\bar{x} + \left(\frac{p}{2}\right)^2$$

$$\Leftrightarrow \bar{y} + D = \left(\bar{x} + \frac{p}{2}\right)^2.$$

Setzt man

$x = \bar{x} + \frac{p}{2}$	$\bar{x} = x - \frac{p}{2}$
$y = \bar{y} + D$	$\bar{y} = y - D$

so erweist sich der Graph für alle $p, q \in \mathbb{R}$ als eine Parabel, die aus der Normalparabel durch eine Schiebung um $-\frac{p}{2}$ in x-Richtung und $-D$ in y-Richtung hervorgeht. Ihr Scheitelpunkt ist daher $S\left(-\frac{p}{2}; -D\right)$.

Durch jede Gleichung der Form $y = x^2 + px + q$ wird eine quadratische Funktion beschrieben, deren Wertemenge $\mathbb{W} = \{y \mid y \geqq -D\}$ ist.

Satz 10.5
Die Graphen zu $y = x^2 + px + q$ mit $p, q \in \mathbb{R}$ sind Parabeln mit dem Scheitelpunkt $S\left(-\frac{p}{2}; -D\right)$, die durch Schiebungen aus der Normalparabel entstehen.
Die oben genannten Gleichungen beschreiben quadratische Funktionen
$x \to x^2 + px + q, x \in \mathbb{R}$.

Die bisher gewonnenen Einsichten ermöglichen schließlich z. B. das Zeichnen des Graphen zu
$$\bar{y} = -\bar{x}^2 + 6\bar{x} - 2$$

Dazu führen wir zunächst auf den Fall zurück, daß $\bar{x}^2$ nicht mehr den Koeffizienten -1, sondern $+1$ besitzt:
$$-\bar{y} = \bar{x}^2 - 6\bar{x} + 2 \Leftrightarrow -\bar{y} - 2 = \bar{x}^2 - 6\bar{x} \Leftrightarrow -\bar{y} - 2 + 9 = \bar{x}^2 - 6\bar{x} + 9$$
$$\Leftrightarrow -\bar{y} + 7 = (\bar{x} - 3)^2 \Leftrightarrow \bar{y} - 7 = -(\bar{x} - 3)^2$$

Setzt man

$x = \bar{x} - 3$	$\bar{x} = x + 3$
$y = \bar{y} - 7$	$\bar{y} = y + 7$

,

so ergibt sich:
Den Graphen zu $\bar{y} = -\bar{x}^2 + 6\bar{x} - 2$ können wir uns durch die Schiebung um 3 in x-Richtung und 7 in y-Richtung aus dem Graphen zu $y = -x^2$ entstanden denken.

Aufgaben

4. Bestimme die Schiebungen, die die Normalparabel auf die Graphen zu folgenden Gleichungen abbilden.
   a) $y = x^2 + 2x - 1$ b) $y = x^2 - 2x - 1$ c) $y = x^2 + 3x + 2$
   d) $y = x^2 - 4x + 5$ e) $y = x^2 + 4x - 7$ f) $y = x^2 - x + 1$
   g) $y = x^2 + 3x - 2$ h) $y = x^2 - 7x - 9$ i) $y = x^2 - x + 7$

5. Welche Gleichung hat der durch Schiebung aus $y = x^2$ entstandene Graph, wenn sein Scheitelpunkt S die folgenden Koordinaten hat?
   a) $(1; 1)$ b) $(-1; 2)$ c) $(-3; 5)$ d) $(-2; 7)$ e) $(-2; -4)$

6. Durch die Gleichungen
   a) $\bar{x} = x - 2,$ b) $\bar{x} = x,$ c) $\bar{x} = x + 1,$ d) $\bar{x} = x - 2,$
      $\bar{y} = y$ $\bar{y} = y - 1$ $\bar{y} = y - 5$ $\bar{y} = y + 6$
   e) $\bar{x} = x + 2,$ f) $\bar{x} = x - 3,$ g) $\bar{x} = x,$ h) $\bar{x} = x + 5,$
      $\bar{y} = y - 1$ $\bar{y} = y - 3$ $\bar{y} = y - 5$ $\bar{y} = y + 5$

   sind Abbildungen definiert. Zeichne in jedem Fall fünf Originalpunkte mit den zugehörigen Bildpunkten und bestimme danach die geometrische Bedeutung der Abbildung. Übe die Abbildung dann auf die Normalparabel aus.

7. Durch welche Abbildungen entstehen die Graphen zu folgenden Gleichungen aus $y = -x^2$?

a) $y = -x^2 + 6x + 3$
b) $y = -x^2 + 2x - 1$
c) $y = -x^2 - 4x + 11$
d) $y = -x^2 - 6x + 3$

8. Aus welchem der beiden Originalgraphen $y = x^2$ bzw. $y = -x^2$ entstehen die Graphen zu

a) $y = x^2 + 2x + 4$
b) $y = x^2 - 2x - 11$
c) $y = -x^2 + 6x - 2$
d) $y = -x^2 + 4x - 7$
e) $y = x^2 + \frac{11}{2}x + 15{,}25$
f) $y = -x^2 - 6x - 11$

durch eine Schiebung? Wie lauten die Abbildungsgleichungen für diese Schiebung?

9. Zeige, daß die Graphen zu

$$y = -x^2 + px + q \quad \text{mit} \quad p, q \in \mathbb{R}$$

Parabeln mit dem Scheitelpunkt $S\left(\frac{p}{2}; \left(\frac{p}{2}\right)^2 + q\right)$ sind.

Wie lauten die Gleichungen der Schiebungen, die $y = -x^2$ in die Parabeln zu $y = -x^2 + px + q$ überführen?

10.5. Einfache Extremalaufgaben

1. Die Parabeln zu $y = x^2$ und $y = -x^2$ besitzen beide im Ursprung ihren Scheitelpunkt. Wodurch unterscheidet sich in den beiden Fällen die Ordinate des Scheitelpunktes von den Ordinaten der Nachbarpunkte?

2. Stelle am Graphen zu $y = (x-1)^2 + (x+1)^2$ fest, für welche Einsetzungen für x sich die kleinste Ordinate ergibt.

Ein Geflügelfarmbesitzer will einen rechteckigen Hühnerhof anlegen. Er will dafür einen Drahtzaun von 60 m Länge verwenden. Da sein Grundstück auf einer Seite durch eine Felswand begrenzt wird, kann er sich auf dieser Seite die Umzäunung ersparen. Wie muß er Länge und Breite des Rechtecks wählen, um eine möglichst große Fläche zu umgrenzen?

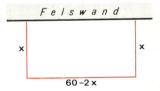

Bild 10.17 Skizze des Grundrisses des Hühnerhofs

Für die Breite des Hühnerhofs setzen wir die Variable x m.

Text	Zeichen
Länge des Hühnerhofs	$(60 - 2x)$ m
Flächengröße A des Hühnerhofs	$x(60 - 2x)$ m²

Zur Lösung unserer Aufgabe müssen wir untersuchen, bei welcher Einsetzung für x $\quad A = x(60 - 2x) \Leftrightarrow A = 60x - 2x^2$
die größte Zahl ergibt. Da sowohl die Länge als auch die Breite des Rechtecks positive Maßzahlen haben müssen, kommen als Lösungen nur solche Einsetzungen in Frage, die für x und $60 - 2x$ positive Zahlen ergeben, also Zahlen mit $0 < x < 30$.

Wir könnten unsere Aufgabe sofort lösen, wenn der Koeffizient von x^2 nicht -2, sondern -1 wäre. Die Überführung in eine Aufgabe dieser Form gelingt aber ohne Schwierigkeiten, wenn wir $y = \frac{A}{2}$ setzen, so daß $y = 30x - x^2$ zu untersuchen ist. Denn bei $\mathbf{y = \frac{A}{2}}$ gilt:

y ist genau dann am größten, wenn A am größten ist, und umgekehrt.

Der Graph zu $y = 30x - x^2$ ist eine nach unten geöffnete Parabel, deren Scheitelpunkt – und damit auch die größte für y gesetzte Zahl – wir nach dem Verfahren des vorhergehenden Abschnitts bestimmen:

$$\begin{aligned} y &= -x^2 + 30x \\ \Leftrightarrow \quad -y &= x^2 - 30x \\ \Leftrightarrow \quad -y + 15^2 &= x^2 - 30x + 15^2 \\ \Leftrightarrow \quad -y + 225 &= (x - 15)^2 \\ \Leftrightarrow \quad y &= -(x - 15)^2 + 225 \end{aligned}$$

Hieraus ergibt sich: Der Graph ist in einem Koordinatensystem, in dem die Zahlen für x auf der Abszissenachse und die Zahlen für y auf der Ordinatenachse abgetragen werden, eine nach unten geöffnete Parabel, die ihren Scheitelpunkt in (15; 225) hat. Da im Scheitelpunkt die **größte** Zahl für y gesetzt und $A = 2y$ ist, haben wir aus dem Graphen das folgende Ergebnis gefunden: Die größte Fläche wird erreicht, wenn als Breite 15 m und als Länge 30 m gewählt werden. Die Flächengröße ist dann 450 m².

Bei der eben behandelten Aufgabe haben wir – ähnlich wie beim linearen Optimieren – eine **optimale Lösung** eines Problems gesucht. Zum Unterschied von den Aussageformen beim linearen Optimieren ist die hier vorkommende Aussageform nicht linear.

Aufgaben

1. a) Gib fünf Beispiele von Rechtecken an, die den Umfang 16 cm haben.
   b) Welches der Rechtecke mit dem Umfang 16 cm hat den größten Flächeninhalt?

2. Aus einem Holzstab der Länge 30 cm soll ein rechteckiger Rahmen so gebaut werden, daß die Innenfläche möglichst groß wird. Wie sind Länge und Breite zu wählen?

3. Einem rechtwinkligen Dreieck mit den Katheten der Länge 5 und 8 sind Rechtecke so einzubeschreiben, daß zwei Seiten auf den Katheten liegen (Bild 10.18). Welches dieser Rechtecke hat den größten Flächeninhalt?

Anleitung: Aus Bild 10.18 ergibt sich mit Hilfe des 2. Strahlensatzes:

$$8 : x = 5 : (5 - y).$$

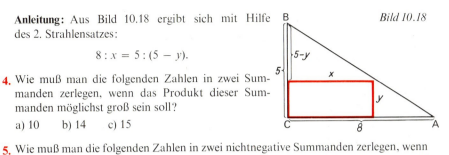

Bild 10.18

4. Wie muß man die folgenden Zahlen in zwei Summanden zerlegen, wenn das Produkt dieser Summanden möglichst groß sein soll?
   a) 10   b) 14   c) 15

5. Wie muß man die folgenden Zahlen in zwei nichtnegative Summanden zerlegen, wenn die Summe der Quadrate der beiden Summanden möglichst groß bzw. klein sein soll?
   a) 10   b) 15   c) 21   d) 28   e) 36   f) 50

6. Auf Seite 128 haben wir die Ungenauigkeit Δ beim Interpolieren mit der Quadratzahltafel bestimmt:
   $$\Delta = k(1 - k)(b - a)^2, \quad a < b.$$
   Wie groß kann die Ungenauigkeit höchstens werden?

QUADRATE

→ **Hundertstel** →

Zahl	0	1	2	3	4	5	6	7	8	9	D
1,0	**1**,000	1,020	1,040	1,061	1,082	1,103	1,124	1,145	1,166	1,188	22
1,1	1,210	1,232	1,254	1,277	1,300	1,323	1,346	1,369	1,392	1,416	24
1,2	1,440	1,464	1,488	1,513	1,538	1,563	1,588	1,613	1,638	1,664	26
1,3	1,690	1,716	1,742	1,769	1,796	1,823	1,850	1,877	1,904	1,932	28
1,4	1,960	1,988	**2**,016	2,045	2,074	2,103	2,132	2,161	2,190	2,220	30
1,5	2,250	2,280	2,310	2,341	2,372	2,403	2,434	2,465	2,496	2,528	32
1,6	2,560	2,592	2,624	2,657	2,690	2,723	2,756	2,789	2,822	2,856	34
1,7	2,890	2,924	2,958	2,993	**3**,028	3,063	3,098	3,133	3,168	3,204	36
1,8	3,240	3,276	3,312	3,349	3,386	3,423	3,460	3,497	3,534	3,572	38
1,9	3,610	3,648	3,686	3,725	3,764	3,803	3,842	3,881	3,920	3,960	40
2,0	**4**,000	4,040	4,080	4,121	4,162	4,203	4,244	4,285	4,326	4,368	42
2,1	4,410	4,452	4,494	4,537	4,580	4,623	4,666	4,709	4,752	4,796	44
2,2	4,840	4,884	4,928	4,973	**5**,018	5,063	5,108	5,153	5,198	5,244	46
2,3	5,290	5,336	5,382	5,429	5,476	5,523	5,570	5,617	5,664	5,712	48
2,4	5,760	5,808	5,856	5,905	5,954	**6**,003	6,052	6,101	6,150	6,200	50
2,5	6,250	6,300	6,350	6,401	6,452	6,503	6,554	6,605	6,656	6,708	52
2,6	6,760	6,812	6,864	6,917	6,970	**7**,023	7,076	7,129	7,182	7,236	54
2,7	7,290	7,344	7,398	7,453	7,508	7,563	7,618	7,673	7,728	7,784	56
2,8	7,840	7,896	7,952	**8**,009	8,066	8,123	8,180	8,237	8,294	8,352	58
2,9	8,410	8,468	8,526	8,585	8,644	8,703	8,762	8,821	8,880	8,940	60
3,0	**9**,000	9,060	9,120	9,181	9,242	9,303	9,364	9,425	9,486	9,548	62
3,1	9,610	9,672	9,734	9,797	9,860	9,923	9,986	**10**,05	10,11	10,18	6
3,2	10,24	10,30	10,37	10,43	10,50	10,56	10,63	10,69	10,76	10,82	7
3,3	10,89	10,96	11,02	11,09	11,16	11,22	11,29	11,36	11,42	11,49	7
3,4	11,56	11,63	11,70	11,76	11,83	11,90	11,97	12,04	12,11	12,18	7
3,5	12,25	12,32	12,39	12,46	12,53	12,60	12,67	12,74	12,82	12,89	7
3,6	12,96	13,03	13,10	13,18	13,25	13,32	13,40	13,47	13,54	13,62	7
3,7	13,69	13,76	13,84	13,91	13,99	14,06	14,14	14,21	14,29	14,36	8
3,8	14,44	14,52	14,59	14,67	14,75	14,82	14,90	14,98	**15**,05	15,13	8
3,9	15,21	15,29	15,37	15,44	15,52	15,60	15,68	15,76	15,84	15,92	8
4,0	**16**,00	16,08	16,16	16,24	16,32	16,40	16,48	16,56	16,65	16,73	8
4,1	16,81	16,89	16,97	**17**,06	17,14	17,22	17,31	17,39	17,47	17,56	8
4,2	17,64	17,72	17,81	17,89	17,98	**18**,06	18,15	18,23	18,32	18,40	9
4,3	18,49	18,58	18,66	18,75	18,84	18,92	**19**,01	19,10	19,18	19,27	9
4,4	19,36	19,45	19,54	19,62	19,71	19,80	19,89	19,98	**20**,07	20,16	9
4,5	20,25	20,34	20,43	20,52	20,61	20,70	20,79	20,88	20,98	**21**,07	9
4,6	21,16	21,25	21,34	21,44	21,53	21,62	21,72	21,81	21,90	**22**,00	9
4,7	22,09	22,18	22,28	22,37	22,47	22,56	22,66	22,75	22,85	22,94	10
4,8	**23**,04	23,14	23,23	23,33	23,43	23,52	23,62	23,72	23,81	23,91	10
4,9	**24**,01	24,11	24,21	24,30	24,40	24,50	24,60	24,70	24,80	24,90	10
5,0	**25**,00	25,10	25,20	25,30	25,40	25,50	25,60	25,70	25,81	25,91	10
5,1	**26**,01	26,11	26,21	26,32	26,42	26,52	26,63	26,73	26,83	26,94	10
5,2	**27**,04	27,14	27,25	27,35	27,46	27,56	27,67	27,77	27,88	27,98	11
5,3	**28**,09	28,20	28,30	28,41	28,52	28,62	28,73	28,84	28,94	**29**,05	11
5,4	29,16	29,27	29,38	29,48	29,59	29,70	29,81	29,92	**30**,03	30,14	11
Zahl	0	1	2	3	4	5	6	7	8	9	D

↓ Einer und Zehntel ↓

QUADRATE

⟶ Hundertstel ⟶

Einer und Zehntel ↓

Zahl	0	1	2	3	4	5	6	7	8	9	D
5,5	30,25	30,36	30,47	30,58	30,69	30,80	30,91	31,02	31,14	31,25	11
5,6	31,36	31,47	31,58	31,70	31,81	31,92	32,04	32,15	32,26	32,38	11
5,7	32,49	32,60	32,72	32,83	32,95	33,06	33,18	33,29	33,41	33,52	12
5,8	33,64	33,76	33,87	33,99	34,11	34,22	34,34	34,46	34,57	34,69	12
5,9	34,81	34,93	35,05	35,16	35,28	35,40	35,52	35,64	35,76	35,88	12
6,0	36,00	36,12	36,24	36,36	36,48	36,60	36,72	36,84	36,97	37,09	12
6,1	37,21	37,33	37,45	37,58	37,70	37,82	37,95	38,07	38,19	38,32	12
6,2	38,44	38,56	38,69	38,81	38,94	39,06	39,19	39,31	39,44	39,56	13
6,3	39,69	39,82	39,94	**40**,07	40,20	40,32	40,45	40,58	40,70	40,83	13
6,4	40,96	41,09	41,22	41,34	41,47	41,60	41,73	41,86	41,99	42,12	13
6,5	42,25	42,38	42,51	42,64	42,77	42,90	43,03	43,16	43,30	43,43	13
6,6	43,56	43,69	43,82	43,96	44,09	44,22	44,36	44,49	44,62	44,76	13
6,7	44,89	45,02	45,16	45,29	45,43	45,56	45,70	45,83	45,97	46,10	14
6,8	46,24	46,38	46,51	46,65	46,79	46,92	47,06	47,20	47,33	47,47	14
6,9	47,61	47,75	47,89	48,02	48,16	48,30	48,44	48,58	48,72	48,86	14
7,0	49,00	49,14	49,28	49,42	49,56	49,70	49,84	49,98	**50**,13	50,27	14
7,1	50,41	50,55	50,69	50,84	50,98	51,12	51,27	51,41	51,55	51,70	14
7,2	51,84	51,98	52,13	52,27	52,42	52,56	52,71	52,85	53,00	53,14	15
7,3	53,29	53,44	53,58	53,73	53,88	54,02	54,17	54,32	54,46	54,61	15
7,4	54,76	54,91	55,06	55,20	55,35	55,50	55,65	55,80	55,95	56,10	15
7,5	56,25	56,40	56,55	56,70	56,85	57,00	57,15	57,30	57,46	57,61	15
7,6	57,76	57,91	58,06	58,22	58,37	58,52	58,68	58,83	58,98	59,14	15
7,7	59,29	59,44	59,60	59,75	59,91	**60**,06	60,22	60,37	60,53	60,68	16
7,8	60,84	61,00	61,15	61,31	61,47	61,62	61,78	61,94	62,09	62,25	16
7,9	62,41	62,57	62,73	62,88	63,04	63,20	63,36	63,52	63,68	63,84	16
8,0	64,00	64,16	64,32	64,48	64,64	64,80	64,96	65,12	65,29	65,45	16
8,1	65,61	65,77	65,93	66,10	66,26	66,42	66,59	66,75	66,91	67,08	16
8,2	67,24	67,40	67,57	67,73	67,90	68,06	68,23	68,39	68,56	68,72	17
8,3	68,89	69,06	69,22	69,39	69,56	69,72	69,89	**70**,06	70,22	70,39	17
8,4	70,56	70,73	70,90	71,06	71,23	71,40	71,57	71,74	71,91	72,08	17
8,5	72,25	72,42	72,59	72,76	72,93	73,10	73,27	73,44	73,62	73,79	17
8,6	73,96	74,13	74,30	74,48	74,65	74,82	75,00	75,17	75,34	75,52	17
8,7	75,69	75,86	76,04	76,21	76,39	76,56	76,74	76,91	77,09	77,26	18
8,8	77,44	77,62	77,79	77,97	78,15	78,32	78,50	78,68	78,85	79,03	18
8,9	79,21	79,39	79,57	79,74	79,92	**80**,10	80,28	80,46	80,64	80,82	18
9,0	81,00	81,18	81,36	81,54	81,72	81,90	82,08	82,26	82,45	82,63	18
9,1	82,81	82,99	83,17	83,36	83,54	83,72	83,91	84,09	84,27	84,46	18
9,2	84,64	84,82	85,01	85,19	85,38	85,56	85,75	85,93	86,12	86,30	19
9,3	86,49	86,68	86,86	87,05	87,24	87,42	87,61	87,80	87,98	88,17	19
9,4	88,36	88,55	88,74	88,92	89,11	89,30	89,49	89,68	89,87	**90**,06	19
9,5	90,25	90,44	90,63	90,82	91,01	91,20	91,39	91,58	91,78	91,97	19
9,6	92,16	92,35	92,54	92,74	92,93	93,12	93,32	93,51	93,70	93,90	20
9,7	94,09	94,28	94,48	94,67	94,87	95,06	95,26	95,45	95,65	95,84	20
9,8	96,04	96,24	96,43	96,63	96,83	97,02	97,22	97,42	97,61	97,81	20
9,9	98,01	98,21	98,41	98,60	98,80	99,00	99,20	99,40	99,60	99,80	20
Zahl	0	1	2	3	4	5	6	7	8	9	D

KUBEN

→ Hundertstel →

Zahl	0	1	2	3	4	5	6	7	8	9	D
1,0	**1**,000	1,030	1,061	1,093	1,125	1,158	1,191	1,225	1,260	1,295	36
1,1	1,331	1,368	1,405	1,443	1,482	1,521	1,561	1,602	1,643	1,685	43
1,2	1,728	1,772	1,816	1,861	1,907	1,953	**2**,000	2,048	2,097	2,147	50
1,3	2,197	2,248	2,300	2,353	2,406	2,460	2,515	2,571	2,628	2,686	58
1,4	2,744	2,803	2,863	2,924	2,986	**3**,049	3,112	3,177	3,242	3,308	67
1,5	3,375	3,443	3.512	3,582	3,652	3,724	3,796	3,870	3,944	**4**,020	76
1,6	4,096	4,173	4,252	4,331	4,411	4,492	4,574	4,657	4,742	4,827	86
1,7	4,913	**5**,000	5,088	5,178	5,268	5,359	5,452	5,545	5,640	5,735	97
1,8	5,832	5,930	**6**,029	6,128	6,230	6,332	6,435	6,539	6,645	6,751	108
1,9	6,859	6,968	**7**,078	7,189	7,301	7,415	7,530	7,645	7,762	7,881	119
2,0	**8**,000	8,121	8,242	8,365	8,490	8,615	8,742	8,870	8,999	**9**,129	132
2,1	9,261	9,394	9,528	9,664	9,800	9,938	**10**,08	10,22	10,36	10,50	15
2,2	10,65	10,79	10,94	11,09	11,24	11,39	11,54	11,70	11,85	12,01	16
2,3	12,17	12,33	12,49	12,65	12,81	12,98	13,14	13,31	13,48	13,65	17
2,4	13,82	14,00	14,17	14,35	14,53	14,71	14,89	15,07	15,25	15,44	19
2,5	15,63	15,81	16,00	16,19	16,39	16,58	16,78	16,97	17,17	17,37	21
2,6	17,58	17,78	17,98	18,19	18,40	18,61	18,82	19,03	19,25	19,47	21
2,7	19,68	19,90	**20**,12	20,35	20,57	20,80	21,02	21,25	21,48	21,72	23
2,8	21,95	22,19	22,43	22,67	22,91	23,15	23,39	23,64	23,89	24,14	25
2,9	24,39	24,64	24,90	25,15	25,41	25,67	25,93	26,20	26,46	26,73	27
3,0	27,00	27,27	27,54	27,82	28,09	28,37	28,65	28,93	29,22	29,50	29
3,1	29,79	**30**,08	30,37	30,66	30,96	31,26	31,55	31,86	32,16	32,46	31
3,2	32,77	33,08	33,39	33,70	34,01	34,33	34,65	34,97	35,29	35,61	33
3,3	35,94	36,26	36,59	36,93	37,26	37,60	37,93	38,27	38,61	38,96	34
3,4	39,30	39,65	**40**,00	40,35	40,71	41,06	41,42	41,78	42,14	42,51	37
3,5	42,88	43,24	43,61	43,99	44,36	44,74	45,12	45,50	45,88	46,27	39
3,6	46,66	47,05	47,44	47,83	48,23	48,63	49,03	49,43	49,84	**50**,24	41
3,7	50,65	51,06	51,48	51,90	52,31	52,73	53,16	53,58	54,01	54,44	43
3,8	54,87	55,31	55,74	56,18	56,62	57,07	57,51	57,96	58,41	58,86	46
3,9	59,32	59,78	**60**,24	60,70	61,16	61,63	62,10	62,57	63,04	63,52	48
4,0	64,00	64,48	64,96	65,45	65,94	66,43	66,92	67,42	67,92	68,42	50
4,1	68,92	69,43	69,93	**70**,44	70,96	71,47	71,99	72,51	73,03	73,56	53
4,2	74,09	74,62	75,15	75,69	76,23	76,77	77,31	77,85	78,40	78,95	56
4,3	79,51	**80**,06	80,62	81,18	81,75	82,31	82,88	83,45	84,03	84,60	58
4,4	85,18	85,77	86,35	86,94	87,53	88,12	88,72	89,31	89,92	**90**,52	61
4,5	91,13	91,73	92,35	92,96	93,58	94,20	94,82	95,44	96,07	96,70	64
4,6	97,34	97,97	98,61	99,25	99,90	**100**,5	101,2	101,8	102,5	103,2	6
4,7	103,8	104,5	105,2	105,8	106,5	107,2	107,9	108,5	109,2	109,9	7
4,8	110,6	111,3	112,0	112,7	113,4	114,1	114,8	115,5	116,2	116,9	7
4,9	117,6	118,4	119,1	119,8	120,6	121,3	122,0	122,8	123,5	124,3	7
5,0	125,0	125,8	126,5	127,3	128,0	128,8	129,6	130,3	131,1	131,9	8
5,1	132,7	133,4	134,2	135,0	135,8	136,6	137,4	138,2	139,0	139,8	8
5,2	140,6	141,4	142,2	143,1	143,9	144,7	145,5	146,4	147,2	148,0	9
5,3	148,9	149,7	150,6	151,4	152,3	153,1	154,0	154,9	155,7	156,6	9
5,4	157,5	158,3	159,2	160,1	161,0	161,9	162,8	163,7	164,6	165,5	9
Zahl	0	1	2	3	4	5	6	7	8	9	D

↓ Einer und Zehntel ↓

KUBEN

⟶ Hundertstel ⟶

Zahl	0	1	2	3	4	5	6	7	8	9	D
5,5	166,4	167,3	168,2	169,1	170,0	171,0	171,9	172,8	173,7	174,7	9
5,6	175,6	176,6	177,5	178,5	179,4	180,4	181,3	182,3	183,3	184,2	10
5,7	185,2	186,2	187,1	188,1	189,1	190,1	191,1	192,1	193,1	194,1	10
5,8	195,1	196,1	197,1	198,2	199,2	**200**,2	201,2	202,3	203,3	204,3	11
5,9	205,4	206,4	207,5	208,5	209,6	210,6	211,7	212,8	213,8	214,9	11
6,0	216,0	217,1	218,2	219,3	220,3	221,4	222,5	223,6	224,8	225,9	11
6,1	227,0	228,1	229,2	230,3	231,5	232,6	233,7	234,9	236,0	237,2	11
6,2	238,3	239,5	240,6	241,8	243,0	244,1	245,3	246,5	247,7	248,9	11
6,3	250,0	251,2	252,4	253,6	254,8	256,0	257,3	258,5	259,7	260,9	12
6,4	262,1	263,4	264,6	265,8	267,1	268,3	269,6	270,8	272,1	273,4	12
6,5	274,6	275,9	277,2	278,4	279,7	281,0	282,3	283,6	284,9	286,2	13
6,6	287,5	288,8	290,1	291,4	292,8	294,1	295,4	296,7	298,1	299,4	14
6,7	**300**,8	302,1	303,5	304,8	306,2	307,5	308,9	310,3	311,7	313,0	14
6,8	314,4	315,8	317,2	318,6	320,0	321,4	322,8	324,2	325,7	327,1	14
6,9	328,5	329,9	331,4	332,8	334,3	335,7	337,2	338,6	340,1	341,5	15
7,0	343,0	344,5	345,9	347,4	348,9	350,4	351,9	353,4	354,9	356,4	15
7,1	357,9	359,4	360,9	362,5	364,0	365,5	367,1	368,6	370,1	371,7	15
7,2	373,2	374,8	376,4	377,9	379,5	381,1	382,7	384,2	385,8	387,4	16
7,3	389,0	390,6	392,2	393,8	395,4	397,1	398,7	**400**,3	401,9	403,6	16
7,4	405,2	406,9	408,5	410,2	411,8	413,5	415,2	416,8	418,5	420,2	17
7,5	421,9	423,6	425,3	427,0	428,7	430,4	432,1	433,8	435,5	437,2	18
7,6	439,0	440,7	442,5	444,2	445,9	447,7	449,5	451,2	453,0	454,8	17
7,7	456,5	458,3	460,1	461,9	463,7	465,5	467,3	469,1	470,9	472,7	19
7,8	474,6	476,4	478,2	480,0	481,9	483,7	485,6	487,4	489,3	491,2	18
7,9	493,0	494,9	496,8	498,7	**500**,6	502,5	504,4	506,3	508,2	510,1	19
8,0	512,0	513,9	515,8	517,8	519,7	521,7	523,6	525,6	527,5	529,5	19
8,1	531,4	533,4	535,4	537,4	539,4	541,3	543,3	545,3	547,3	549,4	20
8,2	551,4	553,4	555,4	557,4	559,5	561,5	563,6	565,6	567,7	569,7	21
8,3	571,8	573,9	575,9	578,0	580,1	582,2	584,3	586,4	588,5	590,6	21
8,4	592,7	594,8	596,9	599,1	**601**,2	603,4	605,5	607,6	609,8	612,0	21
8,5	614,1	616,3	618,5	620,7	622,8	625,0	627,2	629,4	631,6	633,8	23
8,6	636,1	638,3	640,5	642,7	645,0	647,2	649,5	651,7	654,0	656,2	23
8,7	658,5	660,8	663,1	665,3	667,6	669,9	672,2	674,5	676,8	679,2	23
8,8	681,5	683,8	686,1	688,5	690,8	693,2	695,5	697,9	**700**,2	702,6	24
8,9	705,0	707,3	709,7	712,1	714,5	716,9	719,3	721,7	724,2	726,6	24
9,0	729,0	731,4	733,9	736,3	738,8	741,2	743,7	746,1	748,6	751,1	25
9,1	753,6	756,1	758,6	761,0	763,6	766,1	768,6	771,1	773,6	776,2	25
9,2	778,7	781,2	783,8	786,3	788,9	791,5	794,0	796,6	799,2	**801**,8	26
9,3	804,4	807,0	809,6	812,2	814,8	817,4	820,0	822,7	825,3	827,9	27
9,4	830,6	833,2	835,9	838,6	841,2	843,9	846,6	849,3	852,0	854,7	27
9,5	857,4	860,1	862,8	865,5	868,3	871,0	873,7	876,5	879,2	882,0	27
9,6	884,7	887,5	890,3	893,1	895,8	898,6	**901**,4	904,2	907,0	909,9	28
9,7	912,7	915,5	918,3	921,2	924,0	926,9	929,7	932,6	935,4	938,3	29
9,8	941,2	944,1	947,0	949,9	952,8	955,7	958,6	961,5	964,4	967,4	29
9,9	970,3	973,2	976,2	979,1	982,1	985,1	988,0	991,0	994,0	997,0	30
Zahl	0	1	2	3	4	5	6	7	8	9	D

↓ Einer und Zehntel ↓

SACHWORTREGISTER

Abbildungsgleichungen 261
Abbildungsgruppe 202, 210, 211
Achsenspiegelung 227
Additionsmethode 63, 72, 86
Addition
– von Bruchtermen 29
– von Pfeilen 182
Ähnlichkeitsabbildungen 198, 215
–, gleichsinnige 223
–, Gruppe der 229
–, ungleichsinnige 226ff
Ähnlichkeitsbeziehungen
– am Kreis 218ff
Ähnlichkeitsgruppe 229
Ähnlichkeitssätze 215
Ähnlichkeitszentrum 203, 213
Altersbestimmungen 47, 68
Anwendungsaufgaben 45, 67, 250
Arbeit und Leistung 52
Argumentmenge 235
Argumentvariable 236
Aufgaben aus der Geometrie 51, 69, 251
Ausklammern 16, 250
Aussageformen
–, quadratische 235ff

Basis 170
Basisvektoren 169, 170
Betrag
– von reellen Zahlen 243
Bewegungsaufgaben 58
Bruchgleichungen 1, 2, 35
– mit Formvariablen 42
Bruchterm 2
Bruchungleichungen 1, 2, 38

Cramersche Regel 87, 91

Definitionsmenge 3, 35, 38, 42f
– der Systeme 90
– des Bruchterms 2f
– einer Bruchgleichung 3
– einer Bruchungleichung 3

– einer Gleichung 2
– einer Ungleichung 2
– eines Terms 2
Determinante 87f
Dezimalbruch 104f
– abbrechender 94f, 97, 101
Dezimalschachtelung 100ff, 104f, 111, 116
Differenzvektor 162
Distributivgesetz
– für die Multiplikation einer Vektorsumme mit einer Zahl 173
Dividieren
– ganzrationaler Terme 15
–, gliedweises 16
– von Potenzen 5
Division 5
– von Bruchtermen 26
– zweier ganzrationaler Terme 17
Dodekaeder 157
Drehstreckung 223ff
Drehung 223f
Drehzentrum 224
Dreiecke
–, ähnliche 215
–, gleichsinnig ähnliche 224
–, rechtwinklige 133

Ecke
–, räumliche 152, 156
Einheitsvektor 158
Einschachtelung 99
Einsetzungsmethode 60, 62, 71, 85
Element
–, inverses 22
Entfernung
–, kürzeste 153
Ergänzung
–, quadratische 246, 261
Ergänzungsterm 246
Erweitern 9
– von Termen 10
Erweiterungsterm 9f, 15f
Euklid 133
–, Höhensatz des 134, 216
–, Kathetensatz des 134, 216
Extremalaufgaben 265

Faktorenzerlegung 11
Fixgerade 209, 211
Fixpunkt 136, 199, 224, 230
Fixpunktachse 136
Flächeninhalt 138, 140, 185, 188, 204, 221
Flächensätze 133
Flächenverwandlung 136
Formvariablen 42, 88
Funktion 235, 260
–, quadratische 260ff
Funktionswert 236

Gebilde 111
Geometrie
–, Anfänge der 232
Geschwindigkeit 179
gleichsinnig ähnlich 222
Gleichungen
–, ganzrationale 2, 3, 36
–, gemischtquadratische 238, 246f
– mit drei Variablen 185
–, quadratische 96
–, quadratische mit zwei Variablen 235
–, reinquadratische 237f, 242f, 246f
Gleichungssysteme 182
–, lineare 55ff
Gleichungs- und Ungleichungslehre 112
Gleitspiegelung 227
goldener Schnitt 220
Graphen 260, 264, 266
– der Gleichung 236
– der Funktion 242
– von Ungleichungssystemen 74
graphische Lösungsmethoden 55
– für quadratische Ungleichungen 241
graphisches Lösen von quadratischen Gleichungen 235
Gruppe 174

Halbsehnensatz 219
Hauptnenner 38
– aller Terme 35
– der Bruchterme 32
Hauptvariable 44, 48

Heronische Formel 217

Ikosaeder 157
Interpolieren 94, 125, 128
Intervall 95
Intervallschachtelung 100ff, 105, 111
Inversionseigenschaft 109
Inversionsgesetz 38
Iterationsverfahren 115, 129

Kathetensatz 136
Kehrterm 26
Klasseneinteilung 145
Kleinerrelation 107
Koeffizientendeterminante 87f
Körper
–, angeordnete 111
–, regelmäßige 156
kollinear 164, 183ff, 207f
Kollinearitätsbedingung 164f
Kommutativität
– der Multiplikation in $\mathbb{R}$ 112
Komplanaritätsbedingung 167
Komponenten des Vektors 170
Kongruenzabbildung 225
Kraft 179
Kubikwurzel 96f, 130
Kubikzahlen 130
Kubikzahltafel 130, 270f
Kürzen 9
– von Termen 10
Kürzungsterm 9ff, 22

Lineares Optimieren 77, 80
Linearfaktoren 256f
Linearkombination 167, 176, 189
– der Vektoren 166
– dreier Vektoren 169
Lösungsmenge 4, 35, 39, 43, 55, 57, 59, 61, 72, 73, 75, 246
– des Systems 60
– einer quadratischen Gleichung 253
Lösungsterme 43, 256f

Lücken auf der Zahlengeraden 99

Matrix 87
Menge 110
Mischungsaufgaben 50, 69
Mittel
–, geometrisches 180, 183
Modell 180, 183
Monotonieeigenschaft 109
– der Summe 107f
Multiplikation 109
– eines Vektors mit einer Zahl 164
– von Bruchtermen 21f
Multiplikationsdiagramm 9, 12, 109

Näherungszahlen 124, 130
– für Quadratwurzeln 115
Normalform der quadratischen Gleichungen mit Formvariablen 252
Normalparabel 237, 261, 264
Nullpfeil 183
Nullvektor 161, 167

Oktaeder 157
Ort
–, geometrischer 148

Parabelachse 262
Parallelprojektion 195f
Pfeile 158, 179, 183f, 200
–, inverse 183
–, Menge der 183
Pfeilgleichung 182f, 185
Planungsdreieck 78
Planungsvieleck 80
Prismen 150f
Projektion 153
– in der Ebene 195
Proportionale
–, mittlere 219
Punktmenge

–, konvexe 83f
Pyramide 150f, 231
Pythagoras 233

Quadrat 96, 124
Quadratwurzel 116, 118, 124, 127f, 243
– aus Summen von Produkten 117
Quadratwurzelkörper 120
Quadratzahltafel 124, 268f

Radikand 116, 130
Rationalmachen des Nenners 118f
Rechenstab 124, 127, 131

Satz des Desargues 206ff
Satz des Pythagoras 133ff
–, Umkehrung des 144
Scheitelpunkt 262, 264, 266
– der Parabel 260
Scherung 136
Schiebungen 206f, 210f, 213, 224, 260, 264
– im Raum 158
–, Verkettung von 160
Schnittmenge 84
– der Lösungsmengen 55f, 59
Sehnensatz 218
Sehnen-Tangenten-Satz 219
Seitenlänge
–, Berechnung der 142
Sekantensatz 218
Spiegelungen 262
Strahlensätze 188ff, 195
– mit Vektorrechnung 189
–, Umkehrungen der 192
Streckenlänge 140
Streckfaktor 198, 202, 210f, 224, 230
Streckungen
–, zentrische 198ff, 210f,

213, 223ff
–, zentrische im Raum 230ff
Streckspiegelung 226f
Streckzentrum 198, 224, 230
Substitution 250
Subtraktion von Bruchtermen 29
Summenvektor 161
Symmetrieachse der Parabel 262
Systeme
– mit drei und mehr Variablen 71
– mit Formvariablen 84
– von Aussageformen 56
– von zwei Gleichungen mit zwei Variablen 55

Tafel der Gesetze 274
Tangente 213
Taschenrechner 128
Term 2, 235
–, ganzrationaler 2, 3
Termumformungen 116
Tetraeder 156
Thales von Milet 233
Transitivität 107

Umlaufsinn 204
ungleichsinnig ähnlich 222
Ungleichung
–, ganzrationale 2, 3
Ungleichungsketten 95
Ungleichungssysteme mit zwei Variablen 74
Unterkörper 120

Vektorbegriff 158ff
Vektoren 158, 164, 174, 193, 199f, 207, 230
–, Addition 161
–, Betrag 158
–, Gruppe der 160
– in der Physik 179

–, inverse 161
–, kollineare 164, 199, 230
–, komplanare 166f
–, Subtraktion von 162
Vektorraum 174, 180, 183
Vektorrechnung
–, Anwendung der 176
Vektorsumme 161, 173
Verkettung
– zentrischer Streckungen 202ff
– von Schiebungen 160
– von Schiebungen mit zentrischen Streckungen 209
Verknüpfungsgebilde 120
Verteilungsaufgaben 48
Vietascher Wurzelsatz 255f

Wertemenge 261
Winkel
– zwischen Geraden und Ebenen im Raum 152
– zwischen Ebenen 154
Würfel 156

Zahlen
–, irrationale 110, 127, 140
–, rationale 92, 104f, 107, 111
–, reelle 92, 107, 110f, 140
–, pythagoreische 147
Zahlengerade 99ff, 105, 107, 109
Zahlenrätsel 45, 67, 250
Zentralprojektion 196, 198
zentrisch ähnlich 208, 213, 225
zentrisch ähnliche Figuren 203ff
zentrische Ähnlichkeit zweier Kreise 212
Zielgeraden 80
Zielgleichung 79
Zielmenge 235

TAFEL DER GESETZE

I. GESETZE FÜR DIE
GLEICHHEITS-RELATION und KLEINER-RELATION

Für alle $a, b, c \in \mathbb{R}$ gilt:

Reflexivität: $a = a$ **R$_=$**

Symmetrie: $a = b \curvearrowright b = a$ **S$_=$**

Transitivität

| $a = b \wedge b = c \curvearrowright a = c$ **T$_=$** | $a < b \wedge b < c \curvearrowright a < c$ **T$_<$** |

Einzigkeitsgesetz

Von den drei Aussageformen $a = b$, $a < b$ und $b < a$ führt bei jeder Einsetzung von reellen Zahlen **genau eine** zu einer wahren Aussage.   **E**

II. GESETZE DES ANGEORDNETEN KÖRPERS ($\mathbb{R}; +, \cdot, <$)

1. VERKNÜPFUNGSGESETZE für die

| ADDITION | MULTIPLIKATION |

REELLER ZAHLEN

Assoziativgesetze

Für alle $a, b, c \in \mathbb{R}$ gilt:

| $(a+b)+c = a+(b+c) = a+b+c$ **A$^+$** | $(a \cdot b) \cdot c = a \cdot (b \cdot c) = a \cdot b \cdot c$ |

Gesetze über neutrale Elemente

Die

| **0** | **1** |

ist **das neutrale Element**, d.h., **für alle** $a \in \mathbb{R}$ gilt:

| $a + 0 = 0 + a = a$ **n$^+$** | $a \cdot 1 = 1 \cdot a = a$ **n$^\cdot$** |

Gesetze über inverse Elemente

Für alle

| $a \in \mathbb{R}$ | $a \in \mathbb{R} \setminus \{0\}$ |

ist

| $-a$ | $\dfrac{1}{a}$ |

das inverse Element zu a, d.h.,

| $a + (-a) = (-a) + a = 0$ **i$^+$** | $a \cdot \dfrac{1}{a} = \dfrac{1}{a} \cdot a = 1$ **i$^\cdot$** |

Kommutativgesetze

Für alle $a, b \in \mathbb{R}$ **gilt:**

| $a + b = b + a$ | **K⁺** | $a \cdot b = b \cdot a$ | **K·** |

Distributivgesetz

Für alle $a, b, c \in \mathbb{R}$ **gilt:**

$(a + b) \cdot c = a \cdot c + b \cdot c$ **D**

2. GESETZE DER

| GLEICHHEITS-RELATION | KLEINER-RELATION |

BEZÜGLICH DER SUMME UND DES PRODUKTS

| Gleichheitsgesetz | Monotoniegesetz |

der Summe

Für alle $a, b, c \in \mathbb{R}$ **gilt:**

| $a = b \curvearrowright a + c = b + c$ **G⁺** | $a < b \curvearrowright a + c < b + c$ **M⁺** |

des Produkts

Für alle $a, b \in \mathbb{R}$

und $c \in \mathbb{R} \setminus \{0\}$ **gilt:**	und $c \in \mathbb{R}^+$ **gilt:**
$a = b \curvearrowright a \cdot c = b \cdot c$ **G·**	$a < b \curvearrowright a \cdot c < b \cdot c$ **M·**

Inversionsgesetz

Für alle $a, b \in \mathbb{R}$ und $c \in \mathbb{R}^-$ **gilt:**

$a < b \curvearrowright a \cdot c > b \cdot c$ **J**

3. INTERVALLSCHACHTELUNGSGESETZE

a) Jede Intervallschachtelung aus rationalen Zahlen bestimmt genau eine reelle Zahl, die keine rationale Zahl sein muß.

b) Zu jeder reellen Zahl gibt es mindestens eine Intervallschachtelung aus rationalen Zahlen. Diese Intervallschachtelung kann stets als Dezimalschachtelung gewählt werden.

EINFÜHRUNG IN DIE MATHEMATIK
für allgemeinbildende Schulen

Ausgabe in Jahrgangsbänden

Für Gymnasien, Real-, Hauptschulen sowie Förder- bzw. Orientierungsstufe, sechsjährige Grundschulen und Gesamtschulen:
Band für das **5. Schuljahr** (7081)
Band für das **6. Schuljahr** (7082)

Für Gymnasien und Realschulen sowie entsprechende Kurse an Gesamtschulen:
Band für das **7. Schuljahr** (7083)
Band für das **8. Schuljahr** (7084)

Für Gymnasien sowie entsprechende Kurse an Gesamtschulen:
Band für das **9. Schuljahr** (7085)
Band für das **10. Schuljahr** (7086)

Für Realschulen sowie entsprechende Kurse an Gesamtschulen:
Band für das **9. Schuljahr** (7135)
Band für das **10. Schuljahr** (7136)

Länderausgaben

NRW

Für Gymnasien in Nordrhein-Westfalen:
Band für das **8. Schuljahr** (7088)
Band für das **9. Schuljahr** (7089)
Band für das **10. Schuljahr** (7090)

Für Realschulen in Nordrhein-Westfalen:
Band für das **8. Schuljahr** (7088)
Band für das **9. Schuljahr** (7115)
Band für das **10. Schuljahr** (7136)

Hessen

Für mittlere und obere Leistungskurse:
Band für das **7. Schuljahr** (7127)
Band für das **8. Schuljahr** (7128)
Band für das **9. Schuljahr** (7129)
Band für das **10. Schuljahr** (7130)

Niedersachsen

Information auf Wunsch

Oberstufe

Analytische Geometrie (7077)
Einführung in die Koordinaten- und Abbildungsgeometrie (7117)
Lineare Algebra und analytische Vektorgeometrie (7118)
Gruppen von affinen Abbildungen (7119)
Analysis (7076)
Grundkurs Analysis (7116)